高等教育新商科应用型规划教材
教育部产学合作协同育人项目建设成果
扬州大学出版基金资助成果
扬州大学精品本科教材

Big Data Analytics

大数据分析

袁凤林 主 编

东北财经大学出版社
Dongbei University of Finance & Economics Press

大连

图书在版编目（CIP）数据

大数据分析 / 袁凤林主编. —大连：东北财经大学出版社，2025.1. —（高等教育新商科应用型规划教材）. —ISBN 978-7-5654-5397-7

Ⅰ.TP274

中国国家版本馆 CIP 数据核字第 20242F2B23 号

东北财经大学出版社出版

（大连市黑石礁尖山街217号　邮政编码　116025）

网　　址：http://www.dufep.cn

读者信箱：dufep@dufe.edu.cn

大连雪莲彩印有限公司印刷　东北财经大学出版社发行

幅面尺寸：185mm×260mm　　字数：447千字　　印张：19

2025年1月第1版　　　　　　　2025年1月第1次印刷

责任编辑：王　莹　王　斌　　　责任校对：一　心

封面设计：原　皓　　　　　　　版式设计：原　皓

定价：48.00元

前　言

随着人工智能、大数据、移动互联网、物联网、云计算与区块链等新一代信息技术的发展与应用，数字经济成为经济高质量发展的重要领域，数据成为新的生产要素。越来越多的企业致力于数字化转型，注重数据资产的价值创造，重视数据驱动决策，以赢得竞争优势。大数据产业迎来蓬勃的发展机遇，大数据分析人才需求日益迫切。与此同时，大数据分析相关教材不断涌现但体系庞杂，主要原因在于该领域的知识体系尚未成熟。

综观现有的大数据分析相关教材，其主要分为以下三类：第一类是满足计算机与信息技术领域的工科专业教学使用的教材，以"大数据分析技术与应用"为书名的居多，这类教材技术性强，对计算机、英语、数学、数理统计等相关专业知识要求较高，对于非理工科专业学生而言学习难度偏大；第二类是大数据入门教材，这类教材以大数据导论知识为主，也包括部分大数据分析理论与方法，但不注重大数据分析体系化知识的讲解；第三类是直接以 Spark、Hadoop、Power BI 等大数据分析工具或软件平台命名的工具运用类教材，这类教材往往缺少大数据分析所必需的理论与原理知识。这三类教材虽然为大数据人才培养发挥了重要作用，但就财经类专业而言难以将其作为依托来有效组织教学。为弥补这一空缺，本教材以通识性大数据分析知识为基础，以较容易获取的 Power BI 作为大数据分析工具，较为详细地讲授了大数据分析相关知识与实际运用，具有鲜明的理论与实践相结合的特点。

本教材分为上下两篇：上篇为大数据分析基础理论，主要包括大数据概述、大数据与其他新兴信息技术、数据采集、数据质量与大数据预处理、大数据存储、大数据清洗与数据脱敏、大数据分析、大数据分析可视化。下篇为基于 Power BI 的大数据分析工具及其应用，主要包括 Power BI 概述、数据整理与清洗、数据建模与 DAX 工具应用、Power BI 可视化报表、Power BI 大数据分析应用。本教材主要有以下特点：

1. 注重课程思政。本教材始终坚持立德树人，以习近平新时代中国特色社会主义思想为指导，挖掘课程的思政元素，培养学生的爱国情怀、工匠精神；贯彻落实社会主义核心价值观，坚持为国育人的理念，以助力国家大数据发展战略，为社会输送大数据分析人才，促进经济高质量发展。

2. 理论与实践相结合。本教材的写作原则为"理论够用，强化实践"，即以学以致用为目标，将大数据分析基础理论与大数据分析实践相结合，着力激发学生的学习兴趣，培养新时代的大数据分析人才。

3. 图文并茂，操作性强。本教材内容深入浅出，将文字表述与操作流程相融合，力求理论阐述看得懂、学得会、易理解；同时，以 Power BI 作为大数据分析工具，内容丰富，步骤清晰，图文并茂，操作简便易上手。

4. 以案例、实例加强应用性。本教材系统地提供了一些企业日常生产经营管理中的实例，以及根据实际需求设计的若干案例，通过演示与操作培养学生举一反三的能力。

本教材主要适用于开设大数据分析课程的本科高校非计算机类专业，也适合商科研究生使用，并可作为高职院校、成人高等教育及社会自学人士的参考教程。

在本教材的编写过程中，作者查阅与参考了前人和同行有关大数据或大数据分析的大量文献，浏览并借鉴了国内外相关网站资源，在此深表诚挚的谢意。主要参考文献中尽可能予以列出，如有遗漏，敬请指出与谅解。

本教材的编写与出版得到了东北财经大学出版社的大力支持，在此深表感谢。本教材由扬州大学和扬州大学商学院出版基金资助，是扬州大学精品本科教材，同时感谢教育部产学合作协同育人项目"财经大数据实践与创新中心建设"（编号：220503540261732）的支持。

在本教材的编写过程中，作者虽然查阅与参考了诸多文献，也进行了不少调研，力求完美，但囿于自身水平与技术能力，书中难免存在疏漏与瑕疵，诚恳地希望广大读者批评指正，对于不足之处将于再版时完善。

作　者
2024 年 10 月于扬州瘦西湖畔

课程思政元素

习近平总书记指出："推动思想政治理论课改革创新，要不断增强思政课的思想性、理论性和亲和力、针对性。"遵循这一指引，本教材设置的各章思政元素如下：

章序	专业知识导引	课程思政研讨	思政元素
1	大数据概述	大数据对国家社会经济发展有何重要作用？	大数据思维，创新和探索的精神，与时俱进
2	大数据与其他新兴信息技术	大数据与其他新兴信息技术有哪些关系？它们是如何相互影响的？	普遍联系的哲学思想，科学精神
3	数据采集	如何合理合法地运用爬虫获取数据？	遵纪守法，数据伦理
4	数据质量与大数据预处理	如何正确地规范数据？	去伪存真，工匠精神
5	大数据存储	如何确保数据安全存储？	法治意识，数据安全
6	大数据清洗与数据脱敏	如何清洗不合理数据？如何维护数据安全？	精细管理，社会责任与职业道德
7	大数据分析	如何运用适当的方法进行大数据分析？	科学方法，诚信敬业
8	大数据分析可视化	如何呈现数据分析结果以支持决策？	价值创造，审美求真
9	Power BI 概述	商务智能如何助力企业决策？	民族自信，文化自信
10	数据整理与清洗	BI 工具如何确保数据的真实可靠？	精细管理，社会责任与职业道德
11	数据建模与 DAX 工具应用	如何理解商务智能中的大数据分析思维？	工欲善其事，必先利其器
12	Power BI 可视化报表	不同维度的可视化呈现是如何建立联系并提供决策支持的？	创新意识
13	Power BI 大数据分析应用	大数据分析应用如何赋能企业发展新质生产力？	追求卓越，工匠精神

目　录

上篇　大数据分析基础理论

下篇　基于Power BI的大数据分析工具及其应用

上篇　大数据分析基础理论

第1章　大数据概述

【本章导学】

　　本章从一般意义上的数据出发，讲解了数据的概念、数据类型、数据的组织形式与数据的价值性，并对数据与信息之间的区别与联系进行了说明，重点讲述了大数据的含义、大数据的发展历程、大数据的种类和特点、大数据思维，分析了大数据的影响，介绍了我国大数据产业的政策背景、目标与发展任务。

【素养导引】

　　经济的高质量发展，离不开数字经济的发展，这就要求企业进行数字化转型，通过数字赋能，实现数据驱动决策。本章的学习有助于学生形成大数据思维，树立正确的世界观、人生观、价值观。当前，大数据已渗透至各行各业，数据价值获得前所未有的重视，当代大学生需要培养自己的大数据能力，为实现经济高质量发展做出贡献。

1.1　数据

1.1.1　数据的概念

　　随着信息技术的发展，"数据"成为当今社会的热词，特别是在数据被列入生产要素后，社会各界都十分关注数据要素作用的发挥。数据分析特别是大数据分析越来越成为政府、企业等进行管理与决策的重要手段。

　　人们对"数据"这个词并不陌生，人们对数据的理解随着信息技术的发展与应用也在不断深化，特别是随着物联网技术、电子商务、社交媒体等新技术、新业态的发展，大数据日益深入人心。大数据与传统的数据既有联系又有区别，本节先从一般的数据开始进行阐述。

　　关于数据的概念，有以下几种表述：①数据是对客观世界详尽的观察与记录。②数据是对客观事物的性质、状态以及相互关系等进行记载的物理符号或这些物理符号的组合，是可识别的、抽象的符号。③数据是用于表示客观事物的未经加工的原始素材，如图形符号、数字、字母等。④数据是通过物理观察得来的事实和概念，是关于现实世界中的地方、事件、其他对象或概念的描述。在数学、计算机科学、信息科学、公共管理、经济管理等学科领域，人们对数据的理解虽然侧重点有所不同，但总体来看仍比较接近。

　　与"数据"联系比较密切的词语是"信息"，但它们的概念有所不同。信息是较为宏观的概念，它是由数据的有序排列组合而成的，用于传递某个概念、方法等；而数据是构成信息的基本单位，离散的数据没有任何实用价值。

通常情况下，数据本身对决策没有作用，只有经过处理转化为信息才能为决策服务。因此，从数据与信息的关系来看，数据是信息的载体，信息是数据的表现和描述。信息是出于特定目的从数据中提取出来的，那些不能提取信息的数据部分就是数据冗余。

在一些用户看来，数据就是信息，但在另外一些用户看来，数据就是数据，对决策没有用处。因此，数据具有相对性。在计算机科学中，数据是指所有能输入计算机并被计算机程序处理的符号的介质的总称。

1.1.2　数据分类

数据分类的目的是更好地管理和利用数据，实现数据共享，提高数据处理效率。在数据安全治理过程中，实行数据分类分级是保障数据安全的前提，因此，研究数据类型具有十分重要的意义。

数据分类就是把具有某种共同属性或特征的数据归并在一起，通过其类别的属性或特征来对数据进行区别。换句话说，就是将相同内容、相同性质的数据以及要求统一管理的数据集合在一起，而把相异的和需要分别管理的数据区分开来，然后确定各个集合之间的关系，形成一个有条理的分类系统。

数据分类是一种将数据按照不同的标准与方法进行归类和组织的过程。根据不同的标准，数据可以进行如下分类：

（1）按照数据结构特征划分，可分为结构化数据、非结构化数据和半结构化数据。结构化数据具有统一的、确定的关系，包括企业经营数据、财务数据、行政审批数据等，通常以电子表格、数据库等形式存在；非结构化数据没有统一的、确定的关系，如以docx、txt、pdf等格式存储的文本，以及图片、音频、视频等多媒体数据；半结构化数据具有基本固定的结构模式，如日志文件、可扩展标记语言（XML）文档等。

（2）按照数据性质划分，可分为参考数据、主数据、事务数据、统计数据和观测数据。参考数据是对其他数据进行分类和规范的数据，如国家、地区、货币等；主数据是反映核心业务实体状态属性等基础信息的数据，如企业核心业务对象、交易业务的执行主体；事务数据是围绕主数据实体产生的业务行为和结果型数据；统计数据是描述事物数量特征的数据；观测数据是通过统计调查或观测方式，在没有人为控制条件下获取的客观数据。

（3）按照数据类型划分，可分为连续型变量和分类变量。连续型变量如身高、体重、化验值等，可以直接录入；分类变量如性别、药物反应等，其变量值是定性的，表现为互不相容的类别或属性。

（4）按照数据分布的形式划分，可分为离散变量和连续变量。离散变量，如点计数据，取值个数有限；连续变量，如测量数据，取值个数无限。

（5）按照数据的表现形式划分，可分为文本、图片、音频和视频。文本是指由若干字符构成的计算机文件，比如用记事本、写字板、Word等程序生成的文件；图片是指由图形图像构成的平面媒体，图片的格式非常多，大体可以分为点阵图和矢量图两类，我们常用的bmp、jpg属于点阵图，Flash动画软件生成的swf文件以及Photoshop绘图软件生成的psd等格式的图形属于矢量图形；音频是指存储声音内容的文件，用一定的音频程序来播放就可以还原以前录下来的声音，音频文件的格式非常多，如 wav、mp3 等；视频是指各种动态影像的存储格式，如 mpeg-4、avi、dat 等格式都是视频常用的格式。

1.1.3　数据组织形式

数据库已经成为计算机软件开发的基础和核心，数据库在财务管理、人力资源管理、固定资产管理、销售管理等诸多领域发挥着至关重要的作用。数据库的发展历程经历了文件系统、层次结构型数据库、网状结构型数据库、关系型数据库、对象数据库、NoSQL 数据库等阶段。到目前为止，关系型数据库仍然是主流数据库，大多数商业应用系统都是构建在关系型数据库基础之上的。随着 Web 2.0 的兴起，非结构化数据迅速增加，目前人类社会产生的数字内容中有 90% 是非结构化数据（林子雨，2021），因此，能够更好支持非结构化数据管理的 NoSQL 数据库应运而生。

数据组织形式通常有以下四种：

（1）层次结构型（hierarchical），是指数据按照树形结构组织，具有上下级关系，每个节点只有一个父节点，但可以有多个子节点。

（2）网状结构型（network），是指数据以网状结构组织，节点之间存在多对多的关系，可以有多个父节点和多个子节点。

（3）关系型（relational），是指把数据存储在不同的表中，通过键值进行关联。由于数据是分离的，使用起来更加灵活、方便，因此该组织形式被广泛应用于各种信息系统。

（4）非结构型（nonstructured），是指数据结构不规则或不完整，没有预定义的数据模型。不方便用数据库二维逻辑表来表现的数据，包括所有格式的办公文档、文本、图片、HTML、各类报表、图像、音频和视频等，一般用此种形式进行组织。

1.1.4　数据使用

有学者认为，数据使用是指用数据来完成某项现实任务。数据使用体现了数据的使用价值。数据资源、数据资产、数据要素这些概念是基于数据的有用性或使用价值提出的。与数据再生产不同，数据使用不是以生产新数据为目的，而是以完成某项现实任务为目的。要注意的是，如果数据使用的目的是完成某项网络空间内的任务，那么该过程就是数据再生产。

数据使用的前景日益广阔，利用数据促进发展已经成为社会共识。当前的数据使用已不局限于科学研究、商业决策与技术设计，还越来越多地在电子商务、市场营销、社交媒体、政务管理、社会治理等领域开展。概括来说，数据使用通常涉及以下方面：

（1）数据分析，即对数据进行收集、清洗、加工和分析，以发现其中的规律和趋势。

（2）决策支持，即利用数据为决策提供支持，使决策更加科学化和准确化。各类组织都日益重视数据的收集与使用，以更好地为组织决策服务。

（3）业务运营，即把数据应用于业务运营，如提高生产效率、控制成本、改进客户服务等。

（4）个性化推荐，即通过对用户的行为数据进行分析，为用户推荐符合其兴趣和需求的内容与产品。

（5）安全监控，即利用数据分析技术对系统和网络进行实时监控与诊断，以发现异常和风险并及时采取措施。

（6）人工智能，即利用大量数据训练机器学习模型，实现自动化的图像识别、语音识别、自然语言处理等人工智能应用。

1.1.5　数据的价值性

数据量大是大数据具有价值的前提。当数据量不够大时，它们只是离散的碎片，人们很难读懂其背后的故事。随着数据量不断增加，在数据量达到甚至超过某个临界值后，这些碎片就会在整体上呈现出规律性，并在一定程度上反映出数据背后的奥秘。大数据的"大"是相对的，与人们所关注的问题相关。通常来说，人们要分析和解决的问题越宏观，所需要的数据量就越大。

大数据价值链包括数据采集、流通、储存、分析与处理、应用等环节，其中分析与处理是核心。这是因为，大数据通常价值巨大但价值密度低，人们很难通过直接读取数据提炼价值，只有综合运用数学、统计学、计算机等领域的知识进行分析，才能使大数据产生价值，完成从数据到信息再到决策的转换。

数据的价值性主要表现在以下方面：

（1）决策价值。数据可以为决策提供支持，使决策更加科学化和准确化。通过对数据进行分析和挖掘，人们可以发现其中的规律，从而帮助企业更好地做出决策。

（2）商业价值。数据是企业核心竞争力的重要组成部分。对用户行为数据的收集与分析，能够为企业提供商业洞察和市场信息，帮助企业提高产品或服务的市场份额，增加销售额和盈利水平。

（3）创新价值。数据可以作为创新的基础。利用数据技术和算法对数据进行分析与挖掘，可以发现新的商业机会和产品创意，推动企业创新。

（4）社会价值。数据可以为公共安全、环保、医疗等领域提供支持，有助于提高社会福利水平和人们的生活质量。

（5）个人价值。数据可以为个人提供定制化的产品和服务，如个性化推荐、智能家居、移动支付等，从而提升便利性和舒适度。

1.1.6　数据爆炸

数据爆炸（data explosion）是指在信息技术和互联网应用的推动下，数据规模呈现出爆炸式增长的趋势，主要表现在以下方面：

（1）数据量大幅度增加。用户、设备、应用程序等各种来源产生数据的速度不断加快，使得数据量急剧膨胀。

（2）多样化数据快速生成。各种类型的数据和数据格式的数量、种类、复杂度也在不断增加。

（3）存储和处理难度提高。数据量的急剧膨胀对数据存储和管理技术、计算能力、网络带宽等提出了更高的要求。

（4）数据利用价值提升。当前，数据分析技术和算法快速发展，数据分析维度不断丰富，数据分析深度进一步加深，数据利用价值逐步显现。

数据作为世界各国发展数字经济、建设数字政府的重要引擎，其爆炸式增长成为数字时代的重要特征。物联网技术的运用突破了数据采集瓶颈，宽带网络的实施突破了数据传输与交换瓶颈，云计算技术的运用突破了数据存储与大规模运算瓶颈，世界正在经历前所未有的数据爆炸，由此引发了全球范围内大数据研究和应用的热潮。作为重要战略资源和关键生产要素，数据爆炸式量级增长对技术应用、管理方式、学科范式乃至人们的生活方式产生了巨大影响。如何利用数据爆炸带来的机遇，同时妥善应对其带来的挑战，成为数字时代各国政府和企业面临的重要课题。

1.2　大数据

1.2.1　信息化发展四次浪潮

信息是经过加工处理后对决策有用的数据。随着计算机技术、通信技术与网络技术的发展与应用的深化，人们处理数据、生成信息的能力不断增强，"信息化"一词日益成为耳熟能详的高频词。

在信息化实践中，"信息化"可用作名词、动词与形容词。"信息化"用作名词，通常是指现代信息技术应用，特别是促成应用对象或领域（比如企业或社会）发生转变的过程，如企业信息化，不仅是指在企业中应用信息技术，更重要的是指深入应用信息技术所促成或能够达成的业务模式、组织架构乃至经营战略转变；"信息化"用作动词，通常是指企事业单位在管理流程、业务流程等方面运用现代信息技术的过程，如会计信息化，就是运用计算机等新兴信息技术进行记账、算账与报账，提高会计管理效率的过程；"信息化"用作形容词，常指对象或领域因信息技术的深入应用所达成的新形态或状态，如信息化社会，是指信息技术应用到一定程度后达成的社会形态，它包含许多只有充分应用现代信息技术才能达成的新特征。

自计算机发明以来，信息化不断向纵深发展。当今世界正处于以信息化全面引领创新、以信息化为基础重构国家核心竞争力的新阶段，业已迎来新一轮信息化浪潮。无论是新工业革命、第四次工业革命、第二次机器革命、下一代生产革命，还是新一轮科技革命和产业变革，其核心内容都是新一代信息技术的创新发展及其给人类社会生产生活方式带来的巨大而深刻的影响。①纵观信息化发展的整个过程，可以将其概括为以下四次浪潮：

（1）第一次信息化浪潮——电子计算机时代。20 世纪 50 年代至 70 年代，电子计算机广泛应用，计算机技术和信息处理能力快速提升。1981 年 IBM 公司推出第一台个人计算机，此后计算机逐渐进入千家万户，个人计算机的普及也为网络时代的到来奠定了良好的基础。

（2）第二次信息化浪潮——网络时代。20 世纪 80 年代至 90 年代中期，互联网技术的发展使得人们可以通过互联网实现信息共享和交流，从而进入网络时代。以微软、苹果、Intel、联想为代表的计算机硬件与软件厂商极大地推动了计算机技术的发展；以亚马逊、eBay、京东为代表的电商企业促成了交易的快速实现；以微信、X（原 Twitter）、Meta（原 Facebook）、新浪微博等为代表的社交媒体推动了社交方式的变革；以百度为代表的搜索引擎提升了人们获取信息的速度。这些企业促进了互联网的发展与应用，加速了移动互联网时代的到来。

（3）第三次信息化浪潮——移动互联网时代。21 世纪初至今，以 Wi-fi、移动数据、

---

① 赵昌文.认识和把握新一轮信息革命浪潮［N］.人民日报，2019-06-14.

NFC、蓝牙为代表的移动互联网技术快速发展，智能手机、平板电脑、智能穿戴设备走进大众生活，特别是物联网技术、智能感知技术在企业生产经营中的应用，推动了信息化的新浪潮，使得人们随时随地可以获取和分享信息。与此同时，以微信、淘宝、抖音为代表的移动互联网应用走进大众生活，并以此为基础创造出各种新业态和商业模式，如短视频、直播带货等。数据驱动决策成为现实。

（4）第四次信息化浪潮——人工智能时代。当前，云计算、大数据、人工智能、区块链、物联网、5G等新一代信息技术的应用领域越来越广泛。人工智能成为关键的驱动力，推动各行各业的数字化转型与创新，带来更高效、更安全、更可持续的发展。

1.2.2　大数据时代

在第三次信息化浪潮中，大数据随之产生，人工智能、互联网、物联网、云计算、区块链等信息技术的快速发展与应用为大数据时代提供技术支撑。数据产生方式的变革，促成大数据时代的来临。

2010年10月，全球知名咨询公司麦肯锡在《大数据：创新竞争和提高生产率的下一个新领域》的研究报告里正式使用"大数据"一词，并提出大数据时代已经到来。麦肯锡称，"数据，已经渗透到当今每一个行业和业务职能领域，成为重要的生产要素。人们对海量数据的挖掘和运用，预示着新一波生产率增长和消费者盈余浪潮的到来"。

《纽约时报》在2012年2月刊载的一篇专栏提到，大数据时代已经降临，在商业、经济及其他领域，决策所依据的将是数据分析而非经验和直觉。

大数据时代是指在信息技术和互联网应用的推动下，数据量呈现爆炸式增长，数据来源、类型和格式多样化，数据分析技术和算法快速发展，给人类带来新的机遇与挑战的时代。面对大数据时代带来的机遇与挑战，组织需要采取相应的技术和管理手段来应对。

需要指出的是，大数据时代与人工智能时代并不是两个时代，二者只是学者或业界在分别阐述大数据与人工智能相关主题时提出的表述，大数据与人工智能的关系详见2.3.4节的内容。

1.2.3　大数据发展历程

1）从技术视角看大数据发展历程

（1）数据孤岛阶段。在这个阶段，计算机在企业管理中的应用只是单项应用，如总账核算、薪资管理等；数据存储和处理技术相对落后，各管理系统模块之间的数据无法共享和整合，形成数据孤岛。

（2）数据集成阶段。随着企业信息化程度的提高和互联网技术的发展，企业开始采用基于互联网或局域网的ERP、CRM、SCM等集成型管理软件，通过数据集成来实现不同系统之间的数据共享以及部门之间的数据协作。

（3）大数据技术引入阶段。随着计算机技术和互联网技术的快速发展，Hadoop、MapReduce、NoSQL等大数据技术开始出现，并得到广泛应用。

（4）商业价值释放阶段。随着大数据技术和算法的不断成熟，企业逐渐认识到数据的商业价值和战略重要性，开始投资于大数据平台和数据分析师团队，探索数据在商业领域中的应用。

2）从时间维度看大数据发展历程

数据作为生产要素的作用日益发挥，更好地促进了数字经济的发展与繁荣。大数据是信息技术发展的必然产物，大数据推动信息化进入新阶段。从时间维度看，大数据发展历程总体上可以分为萌芽期、成长期、爆发期和大规模应用期。

（1）萌芽期（1980—2008年）。1980年，托夫勒在其所著的《第三次浪潮》一书中首次提出"大数据"一词，将大数据称为"第三次浪潮的华彩乐章"。2008年9月，《自然》杂志推出了"大数据"封面专栏。在这一阶段，大数据技术相关概念虽然在一定程度上得到传播，但并没有实质性发展。

（2）成长期（2009—2012年）。在这一阶段，互联网技术不断发展，数据呈爆发式增长，大数据市场迅速成长，媒体与学术界都十分关注大数据的发展。2012年，《大数据时代：生活、工作与思维的大变革》一书在国内出版，大数据技术逐渐被大众熟悉。

（3）爆发期（2013—2015年）。2013年，以百度、腾讯为代表的互联网公司推出创新性的大数据应用。大数据迎来发展高峰，世界各国纷纷制定大数据战略。

（4）大规模应用期（2016年至今）。在这一阶段，大数据的应用渗透到各行各业，大数据价值不断凸显，数据驱动决策变得越来越重要，社会智能化程度大幅提高，大数据产业的技术创新能力显著提升。

我国政府高度重视并不断完善大数据政策支撑，大数据产业加速发展，我国正逐步从数据大国向数据强国迈进。经过梳理得到，我国大数据发展大致经过预热阶段、起步阶段、落地阶段与深化阶段（如图1-1所示）。2022年，《中共中央 国务院关于构建数据基础制度更好发挥数据要素作用的意见》（又称"数据二十条"）发布以来，我国产业数据化与数据产业化蓬勃发展，大数据的大规模应用取得重大进展。

预热阶段	起步阶段	落地阶段	深化阶段
●"大数据"开始成为热点 ●2014年3月，"大数据"首次被写入政府工作报告 ●2014年可以被称为大数据元年	●2015年8月，国务院印发《促进大数据发展行动纲要》，对我国大数据发展进行顶层设计，全面推进我国大数据的发展和应用	●2016年3月，《中华人民共和国国民经济和社会发展第十三个五年规划纲要》发布，其中第二十七章为"实施国家大数据战略"，大数据上升到国家战略 ●2016年12月，工信部发布《大数据产业发展规划（2016—2020年）》	●2017年10月，党的十九大报告提出"推动互联网、大数据、人工智能和实体经济深度融合" ●2017年12月，中央政治局就实施国家大数据战略进行集体学习 ●2019年3月，大数据连续六年被写入政府工作报告 ●2020年4月9日，《中共中央 国务院关于构建更加完善的要素市场化配置体制机制的意见》发布，明确数据要素市场化配置上升为国家政策
2014年	2015年	2016年	2017年　　　　　2020年

图1-1　中国大数据发展的主要阶段

资料来源：佚名.大数据的发展历程［EB/OL］.［2023-12-15］. https://aidata.haut.edu.cn/info/1159/2741.htm.

1.2.4 大数据的含义

"大数据"源于英文的"big data"一词，对这个术语的引用最早可追溯到 Apache.org 的开源项目 Nutch。当时，大数据是指为更新网络搜索索引需要同时进行批量处理或分析的大量数据集。随着谷歌文件系统（Google File System，GFS）和 MapReduce 的发布，大数据不再仅指大量数据，还涵盖了数据处理速度。从某种程度上说，大数据是数据分析的前沿技术。

高德纳（Gartner）公司对大数据的定义如下："大数据是只有运用新处理模式才拥有更强的决策力、洞察力和流程优化能力的海量、高增长率和多样化的信息资产。"从数据类别看，大数据指的是无法使用传统流程或工具进行分析与处理的信息。它定义了那些超出正常处理范围和大小、使得用户不得不采用非传统处理方法的数据集。

麦肯锡全球研究所（McKinsey Global Institute）于2011年发布的《大数据：创新、竞争和生产力的下一个前沿》是这样定义大数据的："大数据是指大小超出传统数据库软件的采集、存储、管理和分析能力的数据集。"这个定义也有很强的主观色彩，因为究竟什么规格的数据才是大数据，并没有统一的标准，也就是无法确定超过多少 TB（1 000GB）的数据才是大数据。随着时间的推移和技术的发展，大数据的量越来越大。此外，该定义也会因为部门的差异而发生标准的变化，这与通用的是什么软件以及特定行业数据集的大小有密切的关系，比如，现有各行各业的大数据既可以是数十 TB，也可以是数千 TB。

根据美国知名信息存储与数据库软件公司易安信(EMC)的界定，大数据特指大型数据集，规模可达 10TB。但在实际应用中，很多企业用户将多个数据集集合在一起，已经形成了 PB 级的数据量。

Informatica 中国区首席产品顾问但彬提到过，大数据中有海量数据的含义，但其范畴又大于海量数据的定义。简单来说，海量数据加上其他复杂类型的数据就是大数据的概念。但彬还提到，所有交易和交互数据集都属于大数据，它的规模和复杂程度早已在依据合理成本和时限捕捉、管理、处理数据集的传统技术的能力之上。

舍恩伯格和库克耶在《大数据时代：生活、工作与思维的大变革》中指出："大数据不采用传统的随机分析法（即抽样调查），而是对所有数据进行分析处理。"

全球最大的数据中心 IDC 侧重从技术角度进行说明："大数据处理技术代表了新一代的技术架构，这种架构通过高速获取数据并对其进行分析和挖掘，可以从海量且形式各异的数据源中更有效地抽取出富含价值的信息。"

如今人们对于大数据的理解仍不统一，上面几种具有代表性的观点提供了不同视角。随着人工智能、云计算、区块链、物联网等新兴信息技术的快速发展与广泛应用，大数据的内涵与外延将更加清晰。

综合上述各种观点，简单来说，大数据就是现有的一般技术难以管理的大量数据的集合，比如目前关系型数据库无法进行管理的具有复杂结构的数据，或者体量太大导致查询时间超出允许范围的庞大数据。由此，我们把大数据定义为：规模（体量）和复杂度（多样性）常常超出现有数据管理软件和传统数据处理技术在可接受的时间范围内收集、存储、管理、检索、分析、挖掘和可视化（价值）能力的数据集的聚合。

1.2.5 大数据的特点

随着人工智能、物联网、大数据、移动互联网、5G、区块链、云计算等新一代信息技术的发展与应用，特别是各类新兴信息技术的相互交融与促进，大数据收集、清洗、分析与可视化技术的智能化发展日新月异，大数据分析的价值日益凸显，因此，把握大数据的特点有利于更好地分析大数据、运用大数据，以及发挥大数据分析的价值。

大数据技术的战略意义不仅在于掌握庞大的数据信息，而且在于对这些有意义的数据进行专业化处理。换言之，如果把大数据比作一种产业，那么这种产业实现盈利的关键就在于提高对数据的加工能力，通过加工实现数据的增值。从大量数据中挖掘出价值较高的知识和洞见，是各界对于大数据的一个共识。

麦肯锡认为，大数据具有海量的数据规模（volume）、快速的数据流转（velocity）、多样的数据类型（variety）和价值密度低（value）四大特征，即"4V"特征。在此基础上，IBM公司增加了真实性（veracity）特征，因此也有另一种说法，即大数据具有"5V"特征。

1) 数据规模巨大

大数据的起始计量单位至少是P、E或Z字节级别的，数据量达到甚至超过传统数据库存储能力的级别，需要使用分布式计算技术进行管理和处理。电脑的数据运算和储存单位都是字节（byte）。1KB（kilobyte）等于1 024B，就是千字节。除此之外，还有更高的单位，如MB（megabyte，兆字节）、GB（gigabyte，吉字节）、TB（trillionbyte，太字节）、PB（petabyte，拍字节）、EB（exabyte，艾字节）、ZB（zettabyte，泽字节）和YB（yottabyte，尧字节）。换算关系是每级为前一级的1 024倍。

2009年，员工人数超过1 000人的美国企业的数据存储量大多超过200TB。在不少经济部门中，企业平均的数据存储量甚至达到1PB。2010年，欧洲组织的数据存储总量大概为11EB，美国数据总量约为16EB。2010年，全球企业在硬盘上的数据存储量超过7EB，个人在台式电脑和笔记本电脑等设备上的数据存储量超过6EB。硬件技术的发展速度远远跟不上数据容量的增长速度，由此产生了数据存储和处理的危机，数量巨大的数据被处理掉。比如，医疗卫生服务提供商会处理掉90%的数据，其中包括几乎所有在手术过程中产生的实时视频和图像资料。

2018年，全世界创建、捕获、复制和消耗的数据总量为33ZB，相当于33万亿GB。2020年，这一数字增长到59ZB。国际数据公司（IDC）预测，到2025年，这一数字将达到175ZB。1泽字节代表十万亿亿字节，即1 000 000 000 000 000 000 000比特。英国朴次茅斯大学物理学家梅尔文·M.沃普森（2021）提出，为了让1ZB的大数据更直观，假设一个比特是一枚1英镑的硬币，大约3毫米（0.1英寸）厚，那么由一摞硬币组成的1ZB将有2 550光年高，可以让你到达最近的恒星系统——半人马座阿尔法星600次。2020年产生的数据量是1ZB的59倍，复合增长率估计在61%左右。

2) 数据种类和来源多样化

除了传统的结构化数据，大数据还包括非结构化数据（如图片、音频、视频等）和半结构化数据（如日志文件、XML文档等）。Excel软件中处理的数据，像地形图、影像图等，属于结构化数据；户籍数据以及各专业部门统计的表格数据，属于半结构化数据；街道上的视频监测数据，属于非结构化数据。统计表明，全世界非结构化数据的增长率是

63%，而结构化数据的增长率只有32%。2012年，非结构化数据在整个互联网数据中的占比超过75%。

传统数据库管理的大多是结构化数据，而大数据主要处理半结构化数据和非结构化数据。大数据主要由以下三种技术趋势汇聚而成。

（1）海量交易数据，包括半结构化数据和非结构化数据。从ERP应用程序到基于数据仓库应用程序的在线交易处理（OLTP）和分析系统，数据总在不断增长。企业的很多数据和业务流程也在不断向公共云和私有云转移，数据处理将更为复杂。

（2）海量交互数据。Meta、X、LinkedIn等社交媒体兴起，海量交互数据随之诞生，有呼叫详细记录（call detail records，CDR）、设备传感器数据、GPS和地理定位映射数据，还有利用管理文件传输（manage file transfer）协议传送的海量图像文件、Web文本和点击流数据、科学信息、电子邮件等。

（3）海量数据处理。随着大数据的涌现，很多用于处理密集型数据的架构应运而生，比如分布式系统基础架构（Hadoop），它具有以可靠、高效、可伸缩的方式分布式处理大数据的软件框架，具有开放源码以及在商品硬件群中运行的特性。Hadoop可以处理PB级的数据。

3）数据增长速度快，处理速度也快

数据的采集、存储和处理速度越来越快，需要采用实时处理技术和流计算技术进行处理。过去，结构化数据常常是半年甚至一两年才更新一次；现如今，数据的变化频率大大提高，这些更新的数据每时每刻都要追加到大数据当中来，对它的管理及其他要求比过去要高得多。

4）数据价值密度相对较低

随着物联网与移动互联网的发展，数据获取能力得到极大的提升，同时，随着人工智能技术的发展，大数据处理成为可能。大数据汇集后数量愈发巨大，这些数据潜藏着很多规律、知识和模式，对于企业生产经营管理决策、政府制定政策以及为老百姓的生活提供便利等意义重大。对数据进行深入分析和挖掘，可以从中发现商业价值、科学价值等各种价值，促进经济和社会的发展。但是，海量数据价值密度相对较低，如何结合业务逻辑并通过强大的机器算法来挖掘数据价值，是大数据时代亟待解决的问题。

5）数据具有真实性

包括数据的准确性和可靠性在内的数据质量是数据的生命。IBM公司认为，互联网上留下的都是人类行为的真实电子踪迹，能真实地反映或折射人们的行为乃至思想和心态。但研究者发现事实并非如此，互联网中有大量虚假、错误的数据。曾经有人认为某电商平台的交易数据具有很高的可靠性，但人们很快就发现其中存在虚假流量和虚假成交量问题。这种数据从电子踪迹的角度来说是真实的，但不能真实地反映人们的交易行为。类似事例使人们认识到，不同领域、不同来源的大数据的可靠性是有差异的。就舆情研究来说，互联网数据的可靠性更加值得重视。

总之，大数据与传统数据在数据规模、数据生成速度、数据源、数据类型、数据存储、数据处理工具等方面有明显的区别（见表1-1）。

表 1-1　　　　　　　　　　　　　　　　传统数据与大数据的区别

比较项目	传统数据	大数据
数据规模	小规模，以 MB、GB 为单位	大规模，以 TB、PB 为单位
数据生成速度	每小时、每天	每秒，甚至更快
数据源	集中的数据源	分散的数据源
数据类型	单一的结构化数据	结构化、半结构化、非结构化等多源异构数据
数据存储	关系型数据管理系统（RDBMS）	非关系型数据库（NoSQL）、分布式存储系统（Hadoop 分布式文件系统）
数据处理工具	一种或少数几种处理工具	不存在单一的全处理工具

1.2.6　大数据的种类

按照不同的分类标准，大数据可以被划分为不同类型，这有助于分析师从不同维度进行统计分析，以推断出对决策有用的结论。

1）按照结构化程度分类

（1）结构化数据。结构化数据是高度组织化的易于被机器学习的数据，这类数据中每条数据属性的数量和顺序相同，且数据的结构信息和数据内容是分离的。1976 年 IBM 公司开发的结构化查询语言（SQL）是用于管理结构化数据的编程语言，最典型的是关系型数据库的表。结构化数据示例如商品销售数据库，包括商品编号、商品名称、销售员、销售地区、销售日期、销售单价、销售数量等。结构化数据具有易用性与易访问的特点。

（2）半结构化数据。半结构化数据是指带有自描述信息的数据，即数据的结构信息和数据内容混在一起，比结构化数据复杂，但又比非结构化数据容易存储。常见的半结构化数据存储文件有 XML、JSON、HTML 和 CSV 文件等。

（3）非结构化数据。顾名思义，非结构化数据就是没有固定结构的数据，无法通过传统的结构化数据处理工具来分析与处理，常见的各种文档、图片、视频、音频等都属于非结构化数据。这类数据一般以二进制的形式进行整体存储。非结构化数据示例包括物联网（IoT）传感器数据、移动活动、文本、社交媒体帖子等。

2）按照数据来源分类

（1）企业系统数据。企业是一个供、产、销、人、财、物相互交融的信息系统。随着企业信息化的推进，企业系统数据包括 CRM 的消费者数据、传统的 ERP 数据、库存数据以及账目数据等。

（2）机器和传感器数据。随着企业数字化转型与智能制造的发展，机器和传感器大量使用并实现自动化、物联网化，产生了呼叫详细记录、智能仪表数据、工业设备传感器数据、设备日志、交易数据等相关数据。

（3）社交数据。随着移动互联网的发展，人人享有互联网红利，各类社交媒体不断涌现，如微信、QQ、微博、博客、抖音、X、Meta 等。这些社交媒体不断产生用户行为记录、反馈数据等社交数据。

3）按照数据体系分类

在大数据体系中，传统数据包括业务数据和行业数据，而传统数据中没有考虑过的数据类型包括内容数据、线上行为数据和线下行为数据。

（1）业务数据，如消费者数据、客户关系数据、库存数据、账目数据等。

（2）行业数据，如车流量数据、能耗数据、PM 2.5 数据等。

（3）内容数据，如应用日志、电子文档、机器数据、语音数据、社交媒体数据等。

（4）线上行为数据，如页面数据、交互数据、表单数据、会话数据、反馈数据等。

（5）线下行为数据，如车辆位置和轨迹、用户位置和轨迹、动物位置和轨迹等。

4）按照数据形态分类

生产活动、生活行为会形成不同的场景。在不同的场景下，时空不同、目的不同、人类接受信息的感官不同，就会产生不同形态的数据。因此，按照数据形态分类，大数据类型有文本数据、图片数据、音频数据、视频数据、地理位置信息数据等。

5）按照数据处理程度分类

按照数据处理程度不同，大数据可以分为原始数据、衍生数据。

（1）原始数据，是指来自上游系统的、没有经过任何加工的数据。

（2）衍生数据，是指通过对原始数据进行加工处理后产生的数据。数据衍生的目的有以下两种：一种是为了提高数据交付效率，如数据集市、汇总层、宽表①；另一种是为了解决业务问题，如数据分析和挖掘结果。

这种分类方式主要用于管理数据。对原始数据的管理和对衍生数据的管理有一些差别。虽然会从原始数据中产生大量衍生数据，但通常还是会保留一份未做任何修改的原始数据。一旦衍生数据发生问题，就可以随时使用原始数据重新计算。衍生数据则不同，管理形式比较灵活。凡是有利于提高数据分析和挖掘效率、产生更大的数据价值，任何管理形式都可以尝试。

1.3　大数据的价值

1.3.1　大数据决策成为一种新的决策方式

依据数据制定决策，并非大数据时代所特有的。从20世纪90年代开始，数据仓库和商务智能工具就被大量用于企业决策。发展到今天，数据仓库已经是一个集成的信息存储仓库，既具备批量和周期性的数据加载能力，也具备数据变化的实时探测、传播和加载能力，并能结合历史数据和实时数据实现查询分析和自动规则触发，从而提供对战略决策（如宏观决策和长远规划）和战术决策（如实时营销和个性化服务）的双重支持。但是，数据仓库以关系型数据库为基础，无论在数据类型还是数据量方面都存在较大的限制。

随着技术的发展，如今企业可以针对类型繁多、海量的非结构化数据进行分析并做出决策，大数据决策成为受到追捧的全新决策方式。比如，电商平台与店主可以通过对客户在电商平台上的浏览时间、对象、加入购物车、下单、评论等数据的综合分析来了解客户的消费偏好与消费行为，进而提供优质的平台服务，做出合理的供货决策或营销决策。

---

① 宽表是一种字段比较多的数据库表。

1.3.2　大数据分析成为提升国家治理能力的新途径

政府可以透过大数据揭示政治、经济、社会事务中传统技术难以展现的关联关系，并对事物的发展趋势做出准确预判，从而在复杂情况下做出合理、优化的决策。随着数据成为重要的生产要素，大数据成为经济增长新引擎。随着大数据产业的发展，与大数据采集、管理、交易、分析等相关的业务正在成长为巨大的新兴市场。大数据作为提升社会公共服务能力的新手段，通过打通政府、公共服务部门、各类企业的数据交换通道，促进数据流转共享，将有效促进行政审批事务的简化，提高公共服务效率，更好地服务民生，提升人民群众的获得感和幸福感。此外，政府部门可以把大数据技术融入舆情分析，通过对论坛、微博、微信、社区等多种来源数据进行综合分析，弄清信息中本质性的事实和趋势，揭示信息中含有的隐性内容，对发展趋势做出预测，进而做出决策，有效应对各种突发事件。

1.3.3　大数据应用促进信息技术与各行业的深度融合

《促进大数据发展行动纲要》和"数据二十条"的发布，加速了大数据与实体经济深度融合，有助于推动传统产业提质增效，促进经济转型，催生新业态。有专家指出，大数据将会在未来 10 年内改变几乎每一个行业的业务功能，如互联网行业、银行业、保险业、交通、材料、能源、服务业等领域，不断累积的大数据将加速推进这些行业与信息技术的深度融合，开拓行业发展的新方向。比如，大数据可以帮助快递公司选择运输成本最低的最佳行车路径，协助投资者选择收益最大化的股票投资组合，辅助零售商有效定位目标客户群体，帮助互联网公司实现广告精准投放，还可以让电力公司做好配送电计划，确保电网运行安全等。大数据应用与交通行业深度融合的典范是百度 Apollo 自动驾驶出行服务平台推出"萝卜快跑"。自动驾驶集人工智能、大数据、新能源汽车等前沿技术于一体，是数实融合的重要应用场景。总之，在大数据所触及的每个角落，人们的社会生产和物质文化生活都会发生巨大而深刻的变化。

1.3.4　大数据开发推动新技术和新应用不断涌现

随着我国数字经济的发展，产业数字化、数字产业化趋势更加明显。大数据的应用需求，是新技术开发的源泉。在各种应用需求的强烈驱动下，各种突破性的大数据技术将不断被提出并得到广泛应用，数据的作用将不断得到释放。在不远的将来，原来那些依靠人类自身判断力的领域应用将逐渐被各种基于大数据的应用取代。比如，今天的汽车保险公司只能凭借少量信息对客户类别进行简单的划分，再根据汽车出险次数给予相应的保费优惠，客户选择哪家保险公司都没有太大差别。随着车联网的出现，汽车大数据将会改变汽车保险业的商业模式。如果某家保险公司能够获取客户车辆的相关信息，并利用事先构建的模型对客户等级进行更加细致的判定，提供更具个性化的优惠方案，那么毫无疑问，这家保险公司将拥有更为明显的市场竞争优势，获得客户的更多青睐。

1.4   大数据思维

每个行业都有特定的思维方式，这种思维方式正是从事这个行业的精英们从多年实践中总结出来的行之有效的方法论。在传统数据理念下，在交易完成后，人们往往把一些行为相关的数据丢弃，认为这部分数据已经过时，不再有利用价值；而在大数据理念下，该技术领域的专家学者认为，大数据是人们获得新的认知、创造新的价值的源泉，是改变市场、组织机构及政府与公民关系的方法。《大数据时代：生活、工作与思维的大变革》一书的作者舍恩伯格和库克耶认为，大数据的核心是预测，这个核心代表着分析数据时的三个转变：第一个转变是要全体而不要抽样，在大数据时代要分析更多的数据，有时甚至要处理与某个特别现象相关的所有数据，而不再依赖于随机采样；第二个转变是要效率而不要绝对精确，作为研究对象的数据如此之多，以至于不再热衷于追求精确度；第三个转变是要相关而不要因果，第三个转变由前两个转变促成，即不再热衷于寻找因果关系而是寻找相关关系。大数据思维有利于推动新产业、新商业与新服务。可以说，这三个转变所形成的三种思维构成了大数据思维，即大数据思维包括全样思维、容错思维和相关思维（舍恩伯格、库克耶，2012；龚才春，2018[①]）。

1.4.1   全样思维

为了研究事物发展的规律或趋势，并能为决策提供支持，传统上一般采用抽样方式。抽样就是从要研究的总体中随机抽取一部分作为研究对象，并通过对这部分研究对象的研究，发现、估计或推断样本总体的规律或特征。基本要求是保证所抽取的样本具有充分的代表性与随机性。国家统计局在劳动力、城乡居民收支、畜禽监测、居民消费价格等调查中采用抽样方法。抽样是普遍采用的一种经济、有效的工作和研究方法。在数据采集难度大、分析和处理困难的特定时期，抽样曾经极大地推动了社会发展。一个典型的例子是，要计算洞庭湖中银鱼的数量，我们可以事先对1万条银鱼打上特定记号，并将这些鱼均匀地投放到洞庭湖中。过一段时间进行捕捞，假设捕捞上来1万条银鱼，其中有4条银鱼有记号，那么可以得出结论，洞庭湖大概有2 500万条银鱼。抽样既有好处也不足之处。一方面，抽样保证了在客观条件达不到的情况下有可能得出一个相对可靠的结论，让研究有的放矢。另一方面，抽样也带来了新的问题，即抽样是不稳定的、随机的，有可能导致结论与实际情况之间存在明显差异。沿用上面的例子，有可能今天去捕捞得到有记号的银鱼4条，明天去捕捞得到有记号的银鱼400条，这是抽样结论不稳定的极端表现。

在很多情况下不能抽样。例如，为了准确获得我国的人口数量，使政策、方针的制定更加符合时代要求，一般不采用人口抽样，而采用人口普查。人口普查是按现行人口普查政策有针对性地对人口数据进行统计分析，是在国家规定的时间内，按照统一的方法、统一的项目、统一的调查表和统一的标准时点，对全国人口逐户逐人地进行全范围、一次性调查登记计算。人口普查工作是一项重大国情国力调查，包括对人口普查资料的搜集、数据汇总、资料评价、分析研究、编辑出版等全部过程。它是当今世界各国广泛用于搜集人

---

① 本节内容参考：龚才春.权威解读：什么是大数据思维［EB/OL］.［2018-04-27］.https://www.sohu.com/a/229687421_100047426.

口资料的最基本的科学方法，是提供全国基本人口数据的主要来源。2020 年 11 月 1 日，根据《中华人民共和国统计法》《全国人口普查条例》的规定和《国务院关于开展第七次全国人口普查的通知》（国发〔2019〕24 号）的要求，中国进行了第七次全国人口普查。再如，经济普查也是一项重大国情国力调查。2023 年 12 月 31 日开展的第五次全国经济普查首次统筹开展投入产出调查，全面调查我国第二产业和第三产业发展规模、布局和效益，摸清各类单位基本情况，掌握国民经济行业间经济联系，客观反映推动高质量发展、构建新发展格局、建设现代化经济体系、深化供给侧结构性改革以及创新驱动发展、区域协调发展、生态文明建设、高水平对外开放、公共服务体系建设等方面的新进展。通过普查，进一步夯实统计基础，推进统计现代化改革，为加强和改善宏观经济治理、科学制定中长期发展规划、全面建设社会主义现代化国家，提供科学准确的统计信息支持。人口普查和经济普查与抽样调查采用的是不同的思维方式，调查目的、调查内容、调查方法、参与主体及工作量方面都存在较大差异，数据质量也存在很大的不同。

"大数据"与"小数据"的根本区别在于大数据采用全样思维，小数据强调抽样思维。抽样是在数据采集、数据存储、数据分析、数据呈现技术达不到实际要求或成本远超预期情况下的权宜之计。随着人工智能、云计算、区块链、移动互联网、物联网、5G 技术的发展与应用的深化，获取全样数据、存储全样数据、分析全样数据成为可能。

1.4.2 容错思维

在"小数据"时代，受限于技术与方法，人们通常采用抽样进行调查研究，而抽样并不能保证结论就是稳定的。一般来说，全样样本数量是抽样样本数量的很多倍，因此，抽样的"失之毫厘"可能导致结论"谬以千里"。为保证抽样得出的结论相对可靠，人们对抽样的数据精益求精，容不得半点差错。这种对数据质量近乎疯狂的追求，是"小数据"时代的必然要求。一方面，这极大地增加了数据预处理的代价，一大堆数据清洗算法和模型被提出，导致系统逻辑特别复杂；另一方面，不同的数据清洗模型可能造成清洗后数据差异很大，从而进一步加大数据结论的不稳定性。世界本身不是完美的，现实中的数据往往会存在异常、纰漏、疏忽甚至错误。在对抽样数据进行极致的清洗后，有可能导致结论反而不符合客观事实，这也是很多模型在测试阶段效果非常好但在实际应用中效果非常差的原因。

大数据时代，随着物联网、互联网、云计算、人工智能等新一代信息技术的快速发展与应用，企业在数字化转型后基本采集了生产经营管理各方面的全样数据，而不是部分数据，数据中的异常、纰漏、疏忽、错误都是已有数据的实际情况，通常不会产生太大的影响。因此，正如《大数据时代：生活、工作与思维的大变革》一书的作者舍恩伯格和库克耶所说，在大数据时代，人们不再过度追求数据的精度，而是更关注数据处理效率，这就是大数据的容错思维，这样的结果是最接近客观事实的。

1.4.3 相关思维

以前，人们在进行数据分析与研究时比较注重因果关系，但是因果关系作为根源于数据抽样理论的一种数据之间的关系，有时是脆弱、不稳定的关系。只要存在一个反例，因果关系就不成立。比如，欧洲人因为把当地能看到的天鹅都看了，所以认为"天鹅都是白色的",这就是因果关系的建构,但当人们在澳大利亚发现黑天鹅时,欧洲人关于天鹅的观念崩溃了,这个因果关系也瞬间崩塌了。

大数据时代,人们很可能找不到因果关系,甚至不需要去找到因果关系,取而代之的是关注相关关系。通过大数据分析,人们能发现是什么,尽管不知道为什么。这就颠覆了人们的思维惯性,对人类的认知和人类与世界交流的方式提出了全新的挑战。比如,一些男人在超市购买婴儿纸尿裤后会顺便为自己买啤酒,显然买纸尿裤与买啤酒不是因果关系,而是相关关系。同样,摩天大厦与经济危机之间的关系并非直接因果关系,而是通过一系列复杂的经济机制相互作用而体现出来的相关关系。

1.5　大数据产业

1.5.1　大数据产业政策背景

2020年,中共中央、国务院颁布《关于构建更加完善的要素市场化配置体制机制的意见》,把数据与土地、劳动力、资本和技术并列为五大要素市场。其中,数据要素主要包括数据采集、数据存储、数据加工、数据流通、数据分析、数据应用、生态保障七大模块,具有可复制性强、迭代速度快、复用价值高等特点,是连接产业数字化、数字产业化的重要桥梁,被看作数字经济的核心主线,对我国经济增长发挥着越来越大的促进作用。根据2022年国家工业信息安全发展研究中心等机构发布的《中国数据要素市场发展报告》,从2015年到2021年,数据要素对我国GDP增长的贡献率呈现持续上升状态。2021年,数据要素对我国GDP增长的贡献率和贡献度分别为14.7%和0.83个百分点。

数据已成为重要的生产要素,大数据产业作为以数据生成、采集、存储、加工、分析、服务为主的战略性新兴产业,是激活数据要素潜能的关键支撑,是加快经济社会发展质量变革、效率变革、动力变革的重要引擎。面对世界百年未有之大变局和新一轮科技革命和产业变革深入发展的机遇期,世界各国纷纷出台大数据战略,开启大数据产业创新发展新赛道,聚力数据要素多重价值挖掘,抢占大数据产业发展制高点。

2021年11月,工业和信息化部发布的《"十四五"大数据产业发展规划》提出,到2025年我国大数据产业测算规模突破3万亿元。该规划立足新发展阶段,完整准确全面贯彻新发展理念,构建新发展格局,统筹问题导向和目标导向,统筹短期目标和中长期目标,统筹全面规划和重点部署,聚焦突出问题和明显短板,充分激发数据要素价值潜能,夯实产业发展基础,构建稳定高效产业链,统筹发展和安全,培育自主可控和开放合作的产业生态,打造数字经济发展新优势,为建设制造强国、质量强国、网络强国、数字中国提供有力支撑。

1.5.2　大数据产业发展目标

1)释放数据要素价值

数据是新时代重要的生产要素,是国家基础性战略资源。大数据产业提供全链条大数据技术、工具和平台,深度参与数据要素"采、存、算、管、用"全生命周期活动,是激活数据要素潜能的关键支撑。《"十四五"大数据产业发展规划》坚持数据要素观,以释放数据要素价值为导向，推动数据要素价值的衡量、交换和分配，加快大数据容量大、类型多、速度快、精度准、价值高等特性优势转化，支撑数据要素市场培育，激发产业链各环节潜能，以价值链引领产业链、创新链，推动产业高质量发展。

2）做强做优做大大数据产业

产业基础是产业形成和发展的基本条件，产业链是产业发展的根本和关键，打好产业基础高级化、产业链现代化的攻坚战不仅是"十四五"时期产业发展的必然要求，更是支撑产业高质量发展的必要条件。《"十四五"大数据产业发展规划》坚持固根基、扬优势、补短板、强弱项并重，围绕产业基础高级化的目标，坚持标准先行，突破核心技术，适度超前统筹建设通信基础设施、算力基础设施和融合基础设施等新型基础设施，筑牢产业发展根基。围绕产业链现代化的目标，聚焦产业数字化和数字产业化，在数据生成、采集、存储、加工、分析、服务、安全、应用各环节协同发力、体系推进，打好产业链现代化攻坚战。

3）推动产业生态良性发展

任何产业要实现高质量发展都离不开优质的企业主体、全面的公共服务、扎实的安全保障。经过多年的培育，大数据产业协同互促的发展生态初步形成，但是距离支撑高质量发展仍存在一定差距。《"十四五"大数据产业发展规划》坚持目标导向和问题导向，培育壮大企业主体，优化大数据公共服务，推动产业集群化发展，完善数据安全保障体系，推动数据安全产业发展，为产业高质量发展提供全方位支撑。

1.5.3 大数据产业发展任务

《"十四五"大数据产业发展规划》针对大数据产业明确了六大重点任务：

（1）加快培育数据要素市场。围绕数据要素价值的衡量、交换和分配全过程，着力构建数据价值体系、健全要素市场规则、提升数据要素配置作用，推进数据要素市场化配置。

（2）发挥大数据特性优势。围绕数据全生命周期关键环节，加快数据"大体量"汇聚，强化数据"多样化"处理，推动数据"时效性"流动，加强数据"高质量"治理，促进数据"高价值"转化，将大数据特性优势转化为产业高质量发展的重要驱动力，激发产业链各环节潜能。

（3）夯实产业发展基础。适度超前部署通信、算力、融合等新型基础设施，提升技术攻关和市场培育能力，发挥标准引领作用，筑牢产业发展根基。

（4）构建稳定高效产业链。围绕产业链各环节，加强数据全生命周期产品研发，创新服务模式和业态，深化大数据在工业领域应用，推动大数据与各行业深度融合，促进产品链、服务链、价值链协同发展，不断提升产业供给能力和行业赋能效应。

（5）打造繁荣有序产业生态。发挥龙头企业引领支撑、中小企业创新发源地作用，推动大中小企业融通发展，提升协同研发、成果转化、评测咨询、供需对接、创业孵化、人才培训等大数据公共服务水平，加快产业集群化发展，打造资源、主体和区域相协同的产业生态。

（6）筑牢数据安全保障防线。坚持安全与发展并重，加强数据安全管理，加大对重要数据、跨境数据安全的保护力度，提升数据安全风险防范和处置能力，做大做强数据安全产业，加强数据安全产品研发应用。

1.5.4　大数据产业链

大数据产业链是指一切与支撑大数据组织管理和价值发现相关的企业经济活动的集合。中商产业研究院认为，大数据产业是对数量巨大、来源分散、格式多样的数据进行采集、存储和关联分析，从中发现新知识、创造新价值、提升新能力的新一代信息技术和服务业态。大数据产业链可以通过上游、中游与下游三个环节来描述。上游为基础支撑，包括数据采集、数据可视化、数据存储等；中游为数据服务；下游主要应用于政府、金融、电信、医疗等领域。

厦门大学大数据专家林子雨（2021）认为，大数据产业包括 IT 基础设施层、数据源层、数据管理层、数据分析层、数据平台层和数据应用层。

（1）IT 基础设施层，包括提供硬件、软件、网络等基础设施以及提供咨询、规划和系统集成服务的企业，比如提供数据中心解决方案的 IBM、惠普和戴尔等，提供存储解决方案的 EMC，提供虚拟化管理软件的微软、思杰、SUN、Redhat 等。

（2）数据源层，即大数据生态圈中的数据提供者，比如提供生物大数据的各类生物信息学领域研究机构，提供交通大数据的交通主管部门，提供医疗大数据的各大医院、体检机构，提供政务大数据的政府部门，提供电商大数据的电商平台，提供社交网络大数据的社交媒体平台（如微博、微信等），提供搜索引擎大数据的科技公司（如百度等），提供企业财务与业务大数据的各类企业等。

（3）数据管理层，包括提供数据抽取、转换、存储和管理等服务的企业或其产品，如分布式文件系统（如 HDFS、GFS）、ETL 工具（如 Informatica、Datastage、Kettle）、数据库和数据仓库（如 Oracle、MySQL、SQL Server、HBase、GreenPlum）。

（4）数据分析层，包括提供分布式计算、数据挖掘、统计分析等服务的企业或其产品，如分布式计算框架 MapReduce、统计分析软件 SPSS 和 SAS、数据挖掘工具 Weka、数据可视化工具 Tableau、BI 工具（Power BI、MicroStrategy、Cognos、BO）等。

（5）数据平台层，包括提供数据分享平台、数据分析平台、数据租售平台等服务的企业，如百度、中国电信等。

（6）数据应用层，包括提供智能交通、智慧医疗、智能物流、智能电网等行业应用的企业、机构或政府部门，如国家电网、各大医疗机构、交通主管部门等。

【课后思考】

1. 什么是数据？
2. 数据与信息是什么关系？
3. 数据按照数据结构的不同分为哪些类型？
4. 数据的组织形式有哪几种？
5. 请你联系实际谈谈数据的主要应用领域。
6. 请你谈谈我国大数据发展经历了哪几个阶段。
7. 什么是大数据？大数据有哪些特点？
8. 大数据对人们的生产生活及国家治理有哪些影响？

第2章　大数据与其他新兴信息技术

【本章导学】

本章重点讲述了大数据与人工智能、云计算、物联网、区块链等新一代信息技术的相互关系，具体阐述了各种新兴信息技术的产生与发展、含义、特征及与大数据的相关性。

【素养导引】

大数据不仅具有数据量大、数据流转速度快、数据类型多样、价值密度低等特征，而且与人工智能、云计算、物联网、区块链等新兴技术具有重要且密切的联系。我们要运用普遍联系的观点，正确理解并构建各种新兴技术之间的逻辑关系，积极主动地融入新兴技术的发展与运用，践行社会主义核心价值观，促进大数据的发展与大数据分析，更好地实现价值创造。

2.1　云计算与大数据

2.1.1　云计算的产生与发展

1）萌芽阶段

如今耳熟能详的云计算起源于20世纪60年代。在那个鲜有人用过计算机的时代，被誉为"人工智能之父"的麻省理工学院教授约翰·麦卡锡（John McCarthy）于1961年提出效用计算（utility computing）的目标："有一天，计算可能会被组织成一个公共事业，就像电话系统是一个公共事业一样"，即"计算能力可能变成一种公共资源"，并认为可以将计算能力作为像电力一样的基础设施按需付费使用。

1966年，计算机科学家道格拉斯·帕克希尔（Douglas Parkhill）在其著作《计算机效用的挑战》（The Challenge of the Computer Utility）中对云计算的特点（如作为公共设施供应、弹性供应、实时供应以及具备"无限"供应能力等）和云计算的服务模式（如公共模式、私有模式、政府以及社团模式）进行了详尽的讨论。

这些事实让我们不得不承认人类的想象力和智慧是推动世界进步的巨大动因，同时也反映出云计算不是偶然的技术产物，而是技术和计算模式不断发展和演变的结果。

2）产生阶段

1996年，康柏公司的一份内部文件中首次提到了现代意义上的云计算，但是云计算概念的流行却是在十年之后的2006年。当时，谷歌推出了"Google 101计划"，并正式提出"云"的概念和理论。该计划基于谷歌员工比希利亚的设想，初衷是设置一门课程，着重引导学生们进行"云"系统的程序开发。

现代的云计算模式诞生于20世纪90年代末的互联网大潮。1997年,拉姆纳特·切拉帕(Ramnath Chellappa)在一次演讲中提出了"云计算"这个词。1999年成立的Salesforce.com公司被公认为云计算先驱,它主要向企业客户销售基于云的SaaS(Software as a Service,软件即服务)产品。

由于Salesforce.com公司的成功第一次证明了基于云的服务可以替代大型业务系统,不但经济实惠,还可以提高企业运营效率,促进业务发展,并在可靠性方面维持一个极高的标准。此后,许多企业用户开始全面拥抱云计算。

3)发展阶段

2007年,谷歌和IBM联合了美国6所知名大学帮助学生在大型分布式计算系统上进行开发,当时的IBM发言人指出这种所谓的"大型分布式计算系统"就是云计算,明确将云计算作为一个新概念提出。由于当年谷歌和IBM在信息技术领域处于领军地位,使得云计算的概念一经提出就立刻有大量的公司、IT技术人员和媒体追逐,甚至在云计算的概念中提出一系列IT创新。

相比于谷歌和IBM,亚马逊在当时的影响力有限。虽然它在2006年就发布了云计算产品Amazon Elastic Compute Cloud(EC2),但在业界并未引发太大的关注,这是因为EC2是一个商业项目,并不像IBM-Google的项目那样大大推动了云计算概念的普及。2007年10月启动的IBM-Google并行计算项目让云计算迅速普及,客户渴望得到商用云计算服务,此时EC2已是一个相当商业化的云计算产品,并且拥有完善的云计算服务,于是短时间内亚马逊在云计算乃至信息技术领域声名鹊起,由此奠定了亚马逊在云计算领域的领军位置。

随后进入云计算的飞速发展时期,一大批优秀的IT企业积极投身云计算行业,推出了一大批优秀的云计算产品和解决方案(如IBM的蓝云计划、亚马逊的AWS、微软的Azure等),与此同时,也有一批开源项目(如OpenStack、CloudStack等)加入云计算的"大家庭",为云计算行业开启了一个百花齐放的新时代。

近几年,中国在云计算领域也有了长足的进步,涌现了如阿里云、青云、华为云、天翼云、移动云等优秀的公共云解决方案。中国信息通信研究院发布的《中国公共云服务发展调查报告》显示,公共云服务市场规模正在以每年40%左右的速度增长,企业的"云"化趋势愈加显著,云计算的大潮正以不可阻挡之势向前推进。

如今云计算进入百花齐放的时代。人们不再讨论云计算是否可行,而是探讨云计算未来的发展方向,研究在大数据时代怎样将云计算的潜力充分发挥出来,云计算可以实时获取数据,通过算力模型进行数据处理,从而更好地挖掘数据价值,为企业生产经营与社会治理提供决策支持。

2.1.2　云计算的概念与特征

1)云计算的概念

"云"是互联网的一种比喻。过去常常用"云"来表示电信网,后来也用"云"来表示互联网和底层基础设施。因此,云计算甚至可以达到10万亿次/秒的运算能力,如此强大的计算能力可以被用于模拟核爆炸、预测气候变化和市场发展趋势。用户可以通过台式电脑、笔记本电脑、手机等方式接入数据中心，按自己的需求进行运算。

云计算是继 20 世纪 80 年代大型计算机到客户端——服务器的大转变之后的又一巨变，是一种基于互联网的计算方式。通过这种计算方式，共享的软硬件资源和信息可以按需求被提供给计算机和其他设备。用户不再需要了解"云"中基础设施的细节，不必具有相应的专业知识，也无须直接进行控制。云计算描述了一种基于互联网的新的 IT 服务增加、使用和交付模式，通常涉及通过互联网来提供动态、易扩展且经常是虚拟化的资源。

云安全联盟（Cloud Security Alliance，CSA）在《云计算关键领域的安全指南 V3.0》（Security Guidance For Critical Areas of Focus In Cloud Computing V3.0）中提出，云计算的本质是一种服务提供模型，通过这种模型可以随时、随地、按需通过网络访问共享资源池的资源，这个资源池的内容包括计算资源、网络资源、存储资源等，这些资源能被动态分配和调整，在不同用户之间进行灵活的划分，凡是符合这些特征的 IT 服务都可以称为云计算服务。CSA 的解释很好地说明了云计算的本质。

美国国家标准与技术研究院（U.S. National Institute of Standards and Technology，NIST）在《The NIST Definition of Cloud Computing》（SP 800-145）中给出了云计算的定义：云计算是一种模式，能以泛在的、便利的、按需的方式通过网络访问可配置的计算资源（如网络、服务器、存储器、应用和服务），这些资源可实现快速部署与发布，并且只需要极少的管理成本或服务提供商的干预。云计算的基本要素是按需自助服务、宽带网络访问、可衡量的服务、资源的灵活调度、资源集中。NIST SP 800-145 提出的云计算基本要素精明扼要地反映了云计算系统的特征，通过这五个特征能够快速地将云计算系统同传统 IT 系统区分开来，因此它也被业界普遍接受。云计算按服务模式分为三类：软件即服务（SaaS）、基础设施即服务（IaaS）、平台即服务（PaaS）。云计算按部署模式分为四种：公共云、私有云、社区云、混合云。图 2-1 为 NIST 提出的云计算概念图。

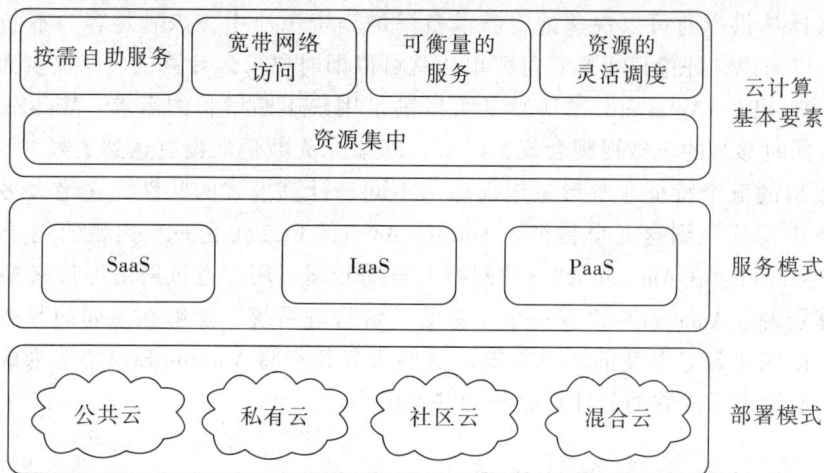

图 2-1　NIST 提出的云计算概念图

2）云计算的特征

如前所述，NIST 提出云计算具有按需自助服务、宽带网络访问、可衡量的服务、资源的灵活调度、资源集中五个特征，分述如下。

（1）按需自助服务。在云计算服务中，用户通过自助方式获取服务。自助服务是区分简单的 B/S 架构与真正云计算的重要标准。自助服务方式充分发挥了云计算后台架构强大的运算能力，也使用户获得了更加快捷、高效的体验。例如，WebEx公司推出的在线会议系统，可使用户自助挑选会议类型、设定参会人数、上传会议资料。WebEx公司的后台服务器会在指定时间将参会人员连接到一个虚拟在线会议室中。云服务提供商并不需要人工干预这个流程，所有的细节都由用户自己在网页上选择和决定。以往的会议服务仅能将提供多方会议服务的设备从分散的用户机房集中到统一的中心机房，而软硬件设施仍然是僵化的传统框架，无法自动跟上用户需求的快速变化，需要人工干预才能完成资源的重新划分和调整。

（2）宽带网络访问。宽带网络访问打破了地理位置的限制，打破了硬件部署环境的限制，实现了只要有网络就有计算，从而革命性地改变了人们使用电脑的习惯。以书写为例，在云计算真正普及后，只需要在诸如 iPad 的终端上登录 Google Docs，就能够进行在线写作。Google Docs 提供了大部分电子文档编辑功能，不需要新添置计算机，不需要购买 Office 软件，只需要通过任何一台拥有 Web 浏览器的设备就可以工作。

（3）可衡量的服务。一个完整的云计算平台会对存储、CPU、带宽等资源保持实时跟踪，并将这些信息以可量化的指标反映出来。基于这些指标，云计算平台运营商或管理企业内部私有云的 IT 部门能够快速地对后台资源进行调整和优化。

（4）资源集中。在云计算中，计算资源（CPU、存储、网络等）有了新的组织结构，可以称之为资源池。资源集中是指将所有设备的运算能力放在一个池内再进行统一分配。对于 IT 部门来说，计算资源不再以单台服务器为单位，云计算打破了服务器机箱的限制，将所有的 CPU 和内存等资源解放出来，汇集到一起，形成一个个 CPU 池、内存池、网络池，当用户产生需求时，便从这些池中配置能够满足需求的组合。

（5）资源的灵活调度。资源的灵活调度是资源集中的下一步发展。由于计算资源已经被集中，云计算供应商可以快速地将新设备添加到资源池中，以满足客户不断增长的需求。对于用户来说，好像只要愿意付账单，就可以即时要求云计算供应商提供无限制的资源。例如，WebEx、Amazon EC2 等总是可以满足用户不断增长的需求。WebEx平台上召开过上千人同时参与的全球视频会议，但WebEx表示人数仍然没有达到上限。

NIST 提出的五个特征非常形象地提炼出不同云计算模式的共性。在绝大多数获得成功的云服务中都能找到这五个特征。Amazon AWS 的 EC2 就是一个典型的例子。Amazon EC2 的服务全部可以在 Amazon AWS 的网站上自助开通，用户通过网络可获取 Amazon EC2 的后台计算资源。Amazon EC2 有一个完善的后台管理系统，能够在不同的数据中心之间调配资源，以满足瞬息万变的用户需求。这些服务特点将 Amazon EC2 塑造为成功的云服务提供商，也给出了优秀的云计算服务的基本模型。

2.1.3 云计算与大数据的关系

1）云计算与大数据的区别

（1）定义不同。云计算是一种基于互联网的计算模式，提供计算资源和服务；而大数据是指处理和分析大量数据的技术与方法。

（2）目标不同。云计算的主要目标是提供计算资源和服务，帮助用户灵活、可扩展地使用计算和存储资源；而大数据的主要目标是从大量数据中挖掘出有价值的信息和规律，提高决策的精度和效率。

（3）应用领域不同。云计算主要应用于计算和存储方面，服务于企业 IT 架构优化、资源整合、成本控制等，如企业电子邮件、网站托管、虚拟服务器、云数据库、软件即服务（SaaS）等；而大数据主要应用于数据分析和决策支持方面，如商业智能、数据挖掘、人工智能等。

（4）技术要求不同。云计算的技术要求主要是分布式计算、虚拟化、安全、自动化等；而大数据的技术要求主要是数据采集、数据清洗、数据存储、数据分析等。

（5）数据处理对象与方式不同。云计算主要处理小规模、实时性要求较高的数据；而大数据主要处理海量、多样性的数据，并且要使用分布式计算、数据挖掘、机器学习等技术。

（6）数据来源不同。云计算的数据来源主要是结构化数据，如企业的交易记录、客户信息等；而大数据的数据来源主要是非结构化数据或半结构化数据，如社交媒体、视频、音频、传感器等。

2）云计算与大数据的联系

云计算和大数据是相辅相成的关系。从应用角度来讲，大数据离不开云计算，因为大规模的数据运算需要很多计算资源，大数据是云计算的应用案例之一，而云计算是大数据的实现工具之一。大数据说的是移动互联网和物联网背景下的应用场景，各种应用产生的巨量数据需要经过处理和分析，挖掘有价值的信息；云计算说的是一种技术解决方案，就是利用这种技术可以解决计算、存储、数据库等一系列 IT 基础设施按需构建的需求。两者并不是同一个层面的东西。

大数据的价值开始日益受到重视，人们对数据处理的实时性和有效性的要求也在不断提高。大数据的意义并不在于大容量、多样性等特征，而在于如何对数据进行管理和分析，以及如何利用因此发掘出的价值。如果在分析处理上缺少相应的技术支撑，大数据的价值将无从谈起。

具体到企业而言，处于大数据时代的经营决策过程具备明显的数据驱动特点，这种特点给企业 IT 系统带来的是海量待处理的历史数据、复杂的数学统计和分析模型、数据之间的强关联性频繁的数据更新产生的重新评估等挑战。这就要求底层的数据支撑平台具备强大的通信（数据流动和交换）能力、存储（数据保有）能力、计算（数据处理）能力，从而保证海量的用户访问、高效的数据采集和处理、多模式数据的准确实时共享以及面对需求变化的快速响应。

传统的处理和分析技术难以满足这些需求，而云计算的出现不仅提供了一种挖掘大数据价值使其得以凸显的工具，而且使大数据的应用有了更多的可能性。在大数据时代，云为数据分析提供了潜在的自动计算模型。云计算和大数据分析都是虚拟化技术和网格计算模型的延伸，使得云成为成本远低于传统数据平台、能够提供业务支持、灵活的数据平台。

从技术上看，大数据与云计算的关系密不可分。如图 2-2 所示，大数据必然无法用单台计算机进行处理，必须采用分布式计算架构。大数据的特色在于对海量数据的挖掘，但它必须依托云计算的分布式处理、分布式数据库、云存储和虚拟化技术。云计算包含服务和平台两方面的内容，所以，云计算既是商业模式，也是计算模式。比如，美国加州大学伯克利分校在一篇关于云计算的报告中就认为，云计算既指在互联网上以服务形式提供的应用，也指在数据中心提供这些服务的硬件和软件。

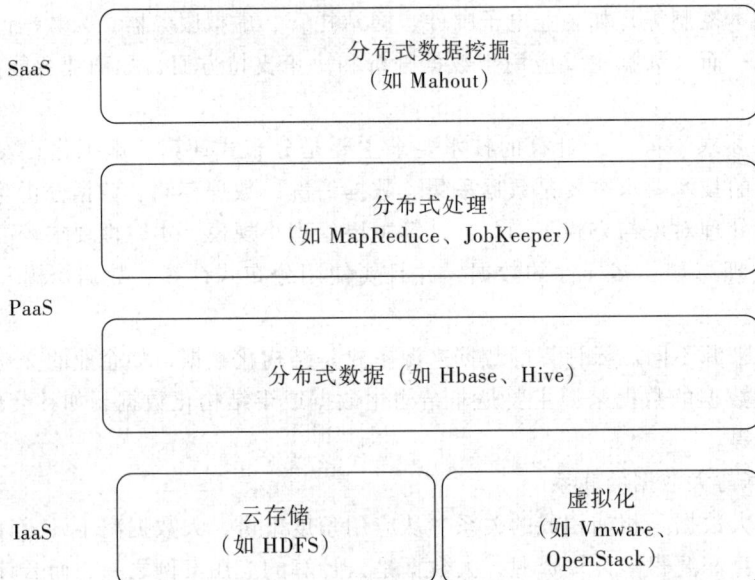

SaaS	分布式数据挖掘（如 Mahout）
PaaS	分布式处理（如 MapReduce、JobKeeper） 分布式数据（如 Hbase、Hive）
IaaS	云存储（如 HDFS） / 虚拟化（如 Vmware、OpenStack）

图2-2　大数据与云计算的关系

就目前的技术发展来看，云计算以数据为中心、以虚拟化技术为手段来整合服务器、存储、网络、应用等各种资源，并利用SOA架构为用户提供安全、可靠、便捷的应用数据服务。云计算完成了系统架构从组件走向层级再走向资源池的过程，实现了IT系统不同平台（硬件、系统和应用）层面的通用化，突破了物理设备障碍，达到了集中管理、动态调配和按需使用的目的。

借助云的力量，可以实现对多格式、多模式的大数据的统一管理、高效流通和实时分析，挖掘大数据的更多价值，发挥大数据的真正作用。

2.2　物联网与大数据

2.2.1　物联网的起源

关于物联网的起源，最广为人知的是"特洛伊咖啡壶"的故事。1991年，英国剑桥大学特洛伊计算机实验室的工作人员为了随时查看不在同一楼层的咖啡是否煮好，同时又不影响工作，在咖啡壶旁边安装了便携式摄像头，并编写了一套程序来控制该摄像头，利用终端计算机的图像捕捉技术，以3帧/秒的速率传递到实验室计算机上。这个程序的目的是远程观测咖啡壶工作情况，这就是早期物联网运用的雏形。

1993年，作为首个X-Windows系统案例，"特洛伊咖啡壶"服务器事件还被传到网上，近240万人点击过这个名噪一时的"咖啡壶"网站。就网络数字摄像机而言，确切地说，其市场开发、技术应用以及日后的种种网络扩展都源于这个世界上颇负盛名的"特洛伊咖啡壶"。

物联网（the internet of things，IoT）这个词是由20世纪90年代美国麻省理工学院成立的自动标识中心（Auto-ID Center）提出的，该中心实验室运用其制定的产品电子编码（electronic product code，EPC）标准来实时跟踪物品信息，并实现全球物品信息的互联。物联网的概念是国际电信联盟（ITU）在 2005 年信息社会世界峰会（WSIS）上正式提出的。ITU 认为，物联网是旨在运用网络实时监控物体的相关信息。

2.2.2　物联网的含义

物联网，即物物相连的互联网，是指把所有物品通过信息传感设备与互联网连接起来，实现智能化识别、运作与管理功能的网络。当把射频识别、红外感应器、全球定位系统等信息传感设备安装到现实中的各种物体上，所有资料都可以形成数据并上传至网络时，真实的物体就被赋予了"智能"，物与物、人与物之间就可以实现"沟通"和"对话"，物联网也就随之形成。

物联网被称为继计算机、互联网之后世界信息产业的第三次浪潮。物联网有别于互联网，如果说互联网技术让世界变成一个"村"，那么物联网技术就让这个"村"变成一个"人"，它有了自己的智慧。互联网针对的是虚拟空间，其商业模式建立在信息共享基础上，解决的是传统领域流通环节信息不对称的问题；而物联网面向实体世界，是对传统产业核心、模式的深刻变革[①]。

2.2.3　物联网与大数据的关系

物联网可以简化许多部门的操作，以实现机器与人（M2H）、设备与机器（M2M）之间的交互。在大多数情况下，传感器收集的数据被馈送到大数据系统进行分析，并生成最终报告，这是物联网与大数据相互联系的要点。

由于物联网设备利用其传感器收集了大量结构化和非结构化数据，因此，在数据存储、数据整合、数据分析、数据报告等方面都将面临挑战，而大数据处理海量信息的潜力正是其主要优势之一。大数据与物联网之间是一种共生关系，物联网的无缝连接以及大数据捕获和分析可以帮助企业对未来有更高层次的了解。考虑到物联网传感器每秒收集的数据量，企业有必要配备先进的系统来有效收集和分析数据，从中发现相关性并揭示趋势，进而评估可操作的见解[②]，提升业务能力。

物联网的感知层产生了海量数据，这将极大地促进大数据的发展。同样，大数据应用也会反向刺激物联网的使用需求，进而发挥物联网的价值。当越来越多的企业发现能够通过物联网与大数据的密切配合提升价值时，它们就会对物联网充满信心，增加对物联网建设的投资。

2.3　人工智能与大数据

2.3.1　人工智能的产生

1956 年召开的达特茅斯会议标志着人工智能（artificial intelligence，AI）的诞生。约

---

① 本刊编辑部.万物互联 感知世界［J］.网络传播，2017（5）：31.
② 可操作的见解，是指基于数据分析结果提出具体的、可执行的建议和措施，帮助企业做出明智的决策，实现商业目标。

翰·麦卡锡(John McCarthy) 联合马文·明斯基(Marvin Minsky)、克劳德·香农(Claude Shannon)、纳撒尼尔·罗切斯特(Nathaniel Rochester) 在达特茅斯组织了为期两个月的工作坊。达特茅斯会议将不同研究领域的研究者组织在一起，提出了"人工智能"这个名词。随后，人工智能也成为一个独立的研究领域。尽管参会者只有十人，但是他们中的每一位在未来很长的一段时间内都对人工智能领域产生了举足轻重的影响。

人工智能是计算机科学的分支之一，是一门研究开发用于模拟与拓展人类智能的理论、方法和技术手段的科学。人工智能旨在了解智能的实质，并生产出能以与人类智能相似的方式做出反应的智能机器。智能是人类所特有的区别于一般生物的主要特征，通常被解释为"人认识客观事物并运用知识解决实际问题的能力"，往往通过观察、感知、学习、记忆、想象、意识、思维、理解、判断等表现出来。人工智能不是人类智能，但能像人那样思考，甚至有可能超越人类智能。人工智能是一门极富挑战性的科学，从事这项工作的人必须懂得计算机知识、心理学和哲学。

人工智能领域的研究包括机器人、语言识别、图像识别、自然语言处理和专家系统等。人工智能研究的主要目标之一是使机器能够胜任一些通常需要人类智能才能完成的复杂工作。人工智能从诞生以来，理论和技术日趋成熟，应用领域也不断扩大，可以设想，未来人工智能带来的科技产品将会是人类智慧的"容器"，势必承载着人类科技的发展进步。

2.3.2 人工智能产业发展现状

随着大数据、云计算、物联网、区块链、移动互联网、5G等新一代信息技术的发展与应用深化，人工智能取得迅猛发展，受到政府、产业界、学术界的持续关注。

深圳市人工智能行业协会、深圳市易行网数字科技有限公司发布的《2024人工智能发展白皮书》显示，2023年，中国人工智能核心产业规模达到1 751亿元，同比增长11.9%；人工智能相关企业数量达到9 183家；人工智能发明专利申请数量接近8万件，保持在高位。截至2023年底，中国人工智能领域融资金额为727.2亿元，融资事件数为590起。截至2023年底，深圳有19.5%的人工智能相关企业处于基础层，主要集中在大数据、物联网以及云计算领域；15.6%的人工智能相关企业处于技术层，重点聚焦在生物特征识别和计算机视觉领域；64.9%的人工智能相关企业处于应用层，主要集中在公共安全、智能制造、智能家居和智能交通领域。

毕马威联合中关村产业研究院发布的《人工智能全域变革图景展望：跃迁点来临(2023)》指出，人工智能技术的飞速发展给人类社会的生产生活方式带来重大变革影响。人工智能应用场景日渐丰富，AI技术在金融、医疗、制造、交通、教育、安防等多个领域实现技术落地。人工智能的广泛应用及商业化，加快推动企业数字化转型、产业链结构重塑优化以及生产效率的提升。

人工智能产业链可划分为基础层、技术层、应用层，人工智能核心企业是处于基础层、技术层的企业。人工智能基础层包含数据、算力、算法三驾马车，代表性企业有百度、地平线机器人等；人工智能技术层主要包含计算机视觉与模式识别、自然语言处理、类脑算法、语音技术、人机交互，代表性企业有OpenAI、旷视科技、智谱华章等；人工智能应用层包含所有AI技术与传统应用结合形成的产业种类。

1）人工智能企业数量

全球人工智能企业数量由爆发式增长转入稳步增长区间。截至2023年6月底，全球人工智能企业共计3.6万家。人工智能企业数量逐年增长，2016—2019年全球人工智能企业爆发式增长，每年新增注册企业数量超3 000家，尤其是2017年新增注册企业数量达到顶峰（3 714家）。从2019年开始，人工智能新增注册企业数量有所下降，2022年当年新增注册企业数量与2013年基本持平。

美国人工智能企业数量位居全球首位，约1.3万家，在全球占比达到33.6%；中国紧随其后，占比为16.0%；英国位居全球第三，占比为6.6%。以上三个国家的人工智能企业数量合计占全球的56.2%。亚洲的印度、日本、韩国，北美的加拿大，欧洲的德国、法国等国家也拥有较好的基础，位居第二梯队。

2）融资情况

《2018—2023年中国人工智能产业市场运营现状分析及未来前景商机预测报告》显示，全球人工智能企业的融资情况与企业分布情况大致相同，美国人工智能企业在2016年融资总量约为180亿美元，中国企业为25.7亿美元，英国企业为8.16亿美元。

《人工智能全域变革图景展望：跃迁点来临（2023）》指出，人工智能领域企业融资占全球风险投资比重逐年提升。受宏观政策变化等因素影响，全球人工智能企业风险投资放缓，2022年投资案例2 956起，披露投资金额458亿美元；2023年上半年风险投资案例下降，披露投资金额246亿美元，较上年同期下降14.6%。

3）人工智能产业发展趋势

《人工智能全域变革图景展望：跃迁点来临（2023）》指出，自2022年大模型爆发式增长以来，人工智能技术发展日新月异，创新成果纷纷涌现。该报告从技术变革、应用创新、安全治理、生态协同四大维度总结了人工智能产业发展十大趋势。

①技术变革维度：多模态预训练大模型成为人工智能产业的标配；高质量数据愈发稀缺将倒逼数据智能飞跃；智能算力无处不在的计算新范式将加速实现。

②应用创新维度：人工智能生成内容（AIGC）应用向全场景渗透；人工智能驱动的科学研究（AI for science）从单点突破加速迈向平台化；具身智能、脑机接口等开启通用人工智能（AGI）应用探索。

③安全治理维度：人工智能安全治理趋严、趋紧、趋难；可解释AI、伦理安全、隐私保护等催生技术创新机遇。

④生态协同维度：开源创新将是AGI生态建设的基石；模型即服务（MaaS）将是AGI生态构建的核心。

4）我国人工智能产业政策

在政策扶持下，我国人工智能产业关键技术发展迅速，逐渐渗入各行各业。2017年12月，工信部发布《促进新一代人工智能产业发展三年行动计划（2018—2020年）》，以新一代人工智能技术的产业化和集成应用为重点，推动人工智能和实体经济深度融合，力争到2020年，一系列人工智能标志性产品取得重要突破，在若干重点领域形成国际竞争优势。《中华人民共和国国民经济和社会发展第十四个五年规划和2035年远景目标纲要》提出，聚焦高端芯片、操作系统、人工智能关键算法、传感器等关键领域，加快推进基础理论、基础算法、装备材料等研发突破与迭代应用。《扩大内需战略规划纲要（2022—

2035年）》提出，推动5G、人工智能、大数据等技术与交通物流、能源、生态环保、水利、应急、公共服务等深度融合，助力相关行业治理能力提升。

2.3.3　人工智能的特征

人工智能是一种模拟人类智能的技术，具有模拟人类智能、学习能力、推理能力、自主决策能力、知识表示和表达能力、自然语言处理能力、感知能力和交互能力等基本特征。这些特征使得人工智能得以应用于各个领域，从而实现人机交互、自主决策、智能控制等多种功能。

李萌（2017）指出，人工智能有五大特点：一是从人工知识表达到大数据驱动的知识学习技术；二是从分类型处理的多媒体数据转向跨媒体的认知、学习、推理，这里讲的"媒体"不是新闻媒体，而是界面或者环境；三是从追求智能机器到寻求高水平的人机、脑机协同；四是从聚焦个体智能到聚焦基于互联网和大数据的群体智能；五是从拟人化的机器人转向更加广阔的智能自主系统，如智能工厂、智能无人机系统等。

人工智能有三类，即弱人工智能、强人工智能、超级人工智能。弱人工智能就是利用现有智能化技术来改善经济社会发展所需要的一些技术条件和发展功能；强人工智能非常接近人的智能，这需要脑科学的突破，国际上普遍认为这个阶段要到2050年前后才能实现；在脑科学和类脑智能极大发展后，人工智能就成为一个超强的智能系统。从技术发展看，从脑科学突破角度发展人工智能，现在还有局限性。《新一代人工智能发展规划》中的新一代人工智能，是建立在大数据基础上的，受脑科学启发的类脑智能机理综合起来的理论、技术、方法形成的智能系统。[①]

2.3.4　人工智能与大数据的关系

林子雨（2021）认为，人工智能与大数据关系密切，但两者既有区别又有联系。

1）人工智能与大数据的联系

（1）大数据为人工智能提供数据支撑。大数据是人工智能实现智能化的基础，人工智能的算法需要大量数据进行训练和优化，才能得到更高的准确性和精度。通过分析大数据，人工智能可以识别出数据中的模式和趋势，并利用这些信息来推断新的结果。比如，在金融领域，人工智能可以通过分析大量的交易数据，提高金融风险的识别和管理能力；在交通领域，人工智能可以通过分析实时车辆数据，提高出行效率；在医疗领域，人工智能可以通过分析大量的医疗数据，提高医生对疾病的诊断准确率；在社会治理领域，人工智能可以通过各类监控数据，分析社会治理领域的风险，提高社会治理能力。人工智能分析的数据越多，其获得的结果就越准确。过去，人工智能由于处理器速度慢、数据量小而不能有效发挥作用；今天，大数据为人工智能提供了海量数据，使得人工智能技术有了长足的发展，甚至可以说，没有大数据就没有人工智能。

（2）人工智能提供更高效、更精准的大数据处理与分析工具。人工智能不仅可以从大数据中学习和发现规律，还可以为大数据的处理与分析提供更高效、更精准的工具和方法。例如，机器学习可以自动分析大量数据，发现其中的规律和趋势，提供更精准的预测

---

① 国新网.新一代人工智能具有五大特点［EB/OL］.［2017-07-24］. https://www.most.gov.cn/xwzx/twzb/fbh17072101/twzbzbzy/201707/t20170724_134187.html.

与决策支持。

（3）大数据与人工智能的结合可以促进技术的创新和发展。在大数据时代，面对海量的数据，传统的单机存储和单机算法都已经无能为力，建立在集群技术之上的大数据技术（主要是分布式存储和分布式计算）可以为人工智能提供强大的存储能力和计算能力。

大数据和人工智能的结合可以为各行各业带来更多的创新和发展机会。例如，制造业企业可以通过分析大量的传感器数据、业务数据和交易数据，提高生产效率和产品质量。

2）人工智能与大数据的区别

人工智能与大数据也存在着明显的区别。人工智能允许机器执行认知功能，例如对输入起作用或做出反应，类似于人类的做法；而大数据不会根据结果采取行动，只是寻找结果。此外，二者要达成的目标和实现目标的手段不同。大数据的主要目的是通过数据的对比分析来掌握和推演出更优的方案。以视频推送为例，我们之所以会接收到不同的推送内容，是因为大数据会根据我们日常观看的内容，综合考虑观看习惯和日常的观看内容推断出哪些内容更可能让我们会有同样的感觉，并将其推送给我们。而人工智能的开发，则是为了辅助甚至代替我们更快、更好地完成某些任务或做出某些决定。不论是汽车自动驾驶，还是医学样本自动化检测，都是追求速度更快、错误更少。人工智能通过机器学习掌握人类日常进行的重复性事项，并运用计算机的处理优势来高效地达成目标。

2.4　区块链与大数据

2.4.1　区块链的产生

区块链的概念是由中本聪（Satoshi Nakamoto）在2008年提出的。中本聪真实身份未知，他在一篇论文中介绍了一种去中心化的数字货币系统，这个系统被称为比特币。

区块链作为比特币的底层技术，是一种分布式账本，它记录了比特币网络中发生的所有交易。在区块链中，所有的交易都被打包成块，每个块都包含了前一个块的哈希值和一些新的交易，因此所有的块都被链接在一起，形成不可篡改的链式结构，这个链式结构被称为区块链。

2.4.2　区块链的含义

工业和信息化部信息化和软件服务业司及国家标准化管理委员会工业标准二部指导、中国区块链技术和产业发展论坛编写的《中国区块链技术和应用发展白皮书（2016）》提出，广义来讲，区块链技术是利用块链式数据结构来验证与存储数据、利用分布式节点共识算法来生成和更新数据、利用密码学的方式保证数据传输和访问的安全、利用由自动化脚本代码组成的智能合约来编程和操作数据的一种全新的分布式基础架构与计算范式。狭义来讲，区块链是一种按照时间顺序将数据区块以顺序相连的方式组合成的一种链式数据结构，并以密码学方式保证的不可篡改和不可伪造的分布式账本。①

---

① 本刊编辑部.区块链 改变价值传递方式［J］.网络传播，2019（1）：46-47.

2.4.3 区块链的技术基础

中本聪对区块链有重要贡献，那么他是凭空创造出来的吗？当然不是，他也是汲取了前人的智慧。

1976年，迪菲（Diffie）与赫尔曼（Hellman）首次提出了公钥的概念以及通过公钥与私钥进行安全通信的方案，奠定了现代密码学的基础。

1977年，罗纳德·李维斯特（Ron Rivest）、阿迪·萨莫尔（Adi Shamir）、伦纳德·阿德曼（Leonard Adleman）三位数学家设计了RSA算法，成功实现了非对称加密。

1980年，拉尔夫·默克尔（Ralph Merkle）提出了默克尔树，这个数据结构后来被比特币采用，成为区块链的一个重要组成部分。

1982年，大卫·乔姆（David Chaum）提出了盲签名技术。他在1990年创建了数字现金公司（DigiCash），开发并实验了一个数字化货币系统（eCash）。

1985年，尼尔·科布利茨（Neal Koblitz）和维克多·米勒（Victor Miller）各自独立提出了椭圆曲线加密算法，这是一种基于椭圆曲线的非对称加密算法，安全性高，使用的密钥较小。

1991年，斯图尔特·哈伯（Stuart Haber）与斯科特·斯托内塔（Scott Stornetta）提出了时间戳协议，用于保证数字文件的安全。

1997年，亚当·巴克（Adam Back）发明了哈希现金算法机制，这是一种工作量证明机制，后来被广泛应用于挖矿算法。

1998年，戴伟（Wei Dai）发表了B-money白皮书，这是一种匿名的、分布式电子加密货币系统。同年，尼克·绍博（Nick Szabo）发明了数字货币BitGold，使用了工作量证明机制。

2001年，美国国家安全局（NSA）发布了SHA系列算法，这成为比特币后来采用的哈希算法。

2005年，哈尔·芬尼（Hal Finney）设计出可重复使用的工作量证明机制（reusable proofs of work，RPoW）。

2012年，克里斯·拉森（Chris Larsen）与杰德·麦卡莱布（Jed McCaleb）向瑞安·富格（Ryan Fugger）提出了数字货币的理念，随后三人共同成立了OpenCoin，开发了新的支付协议Ripple。2014年，Ripple（前身为OpenCoin）与德国互联网银行Fidor合作，这是它的第一家银行用户；4个月后它获得两家美国银行的支持；当年12月，它又与银行支付网络Earthport达成合作。如今，Ripple可以支持27个国家的实时全球支付。

至此，区块链技术的所有技术基础在理论和实践上得以奠定。

2.4.4 区块链的发展状况

1）区块链在国外的发展

2008年11月，中本聪第一次提出了区块链的概念和理论。2009年1月，比特币和区块链相继诞生。这时的区块链是区块链1.0（第一代区块链）。第一代区块链是电子货币的区块链。在随后的几年中，区块链成为电子货币比特币交易的公共账簿，逐渐引起人们的重视。

2014年，区块链2.0（第二代区块链）成为去中心化数据库的代名词。第二代区块链的主要特点是交易的智能协议。区块链2.0技术不需要"在价值交换中担任金钱和信息仲裁的中介机构"。2015年10月，英国《经济学人》杂志发表了封面文章《信任机器——比特币背后的技术如何改变世界》（The trust machine：How the technology behind the bitcoin could change the world）。这篇文章使区块链的风暴席卷全球，它使人们认识到，比特币底层技术——区块链比比特币本身的价值更大。区块链技术让人们在既没有中心权威机构的监督和管理又没有金钱和信息仲裁中介机构的情况下就能够进行可信的交易。此后，世界一些大公司和银行（包括美国高盛公司、花旗银行、美联储、英国央行等）纷纷投资区块链。

2016年1月，梅兰妮·斯万（Melanie Swan）发表《区块链：新经济蓝图及导读》（Blockchain：Blueprint for a new economy），把超越货币、金融范围的区块链应用归结为区块链3.0（第三代区块链）。第三代区块链是分布式人工智能和组织的区块链。

从2015年10月至2019年10月，比特币的价格一路攀升。2009年1月3日中本聪建立"创世区块"、第一个比特币诞生时，1美元可以买到1 300枚比特币，即一个比特币只值0.09美分；2016年一个比特币的价格上涨到1 200美元；2018年5月和2019年10月一个比特币的价格上涨到2万多美元，比第一个比特币的价格上涨了2 600万倍。在比特币峰值时，全世界的比特币总市值超过3 000亿美元。

2）区块链在中国的发展

中国网民的参与使比特币价格暴涨，暴涨之后比特币的价格呈现波浪式走向。近几年，比特币的前几大资金池（称为比特币"矿池"）都在中国境内的网上。

2013年12月5日，中国人民银行、工信部、银监会、证监会和保监会①五部委联合发布《关于防范比特币风险的通知》，开始加强对比特币的管理和监督。

2016年1月20日，中国人民银行数字货币研讨会宣布对数字货币研究取得阶段性成果。会议肯定了数字货币在降低传统货币发行等方面的价值，并表示央行在探索发行数字货币。

2016年12月20日，数字货币联盟——中国FinTech数字货币联盟和FinTech研究院正式筹建。

2019年1月10日，国家互联网信息办公室发布《区块链信息服务管理规定》，自2019年2月15日起施行。

2019年10月24日，中共中央政治局就区块链技术发展现状和趋势进行第十八次集体学习。习近平总书记在主持学习时强调，"把区块链作为核心技术自主创新的重要突破口"，"加快推动区块链技术和产业创新发展"。自此，区块链走进中国大众的视野，成为社会关注的焦点之一。

2.4.5 区块链的拓展趋势

1）区块链性能扩展

假设一个电子商务公司希望使用区块链技术来跟踪商品的供应链。由于传统的区块链

---

① 2023年，国家金融监督管理总局在中国银行保险监督管理委员会（简称银保监会）的基础上组建而成。银保监会于2018年在银监会和保监会的基础上设立。

（如比特币或初期的以太坊）无法快速处理大量交易，在交易量大幅增加的购物高峰期，用户可能需要等待几分钟甚至几个小时才能得到他们的交易被确认的消息，这显然是不可接受的。因此，区块链需要找到一种方法，在保持去中心化、安全性、透明性等核心优势的同时增加处理能力，这就是所谓的"区块链扩展"。

2）零知识证明

假设一个人正在使用一个基于区块链的投票系统进行投票。他们可能希望保护自己在投票选择上的隐私，但同时也希望其他人能够验证他们的投票是有效的。在这种情况下，零知识证明就派上用场了。它可以让投票者证明他们已经在符合规则的情况下进行了投票，而无须透露他们具体的投票选择。

3）跨链交互与加密算法

假设一个人在链A上拥有一定数量的资产，并且想把这些资产转移到链B上。为了保护其隐私，他可能不希望公开他的身份信息或这个交易的具体细节（如交易数量）。在这种情况下，零知识证明就可以起到重要的作用。他可以通过提供一个零知识证明来证明他在链A上确实拥有这些资产，并且他有权利进行这次转账，而无须公开任何具体信息。在链B上的验证者可以通过验证该零知识证明来确认这个交易的有效性，同时保护用户隐私。

此外，区块链间的通信也需要采用加密算法来保证数据的安全性。例如，链A和链B之间的交易数据应当经过加密处理后在网络中传输。通过这种方式，可以防止数据在传输过程中被窃取或篡改。这样一来，跨链交互就同时实现了不同区块链之间资产和数据的安全和有效转移，为区块链的广泛应用提供了可能。

4）图灵完备与智能合约

假设一个艺术家使用区块链来销售他的数字艺术作品，他希望每次作品被转售时他都能得到一部分收益。在这种情况下，智能合约就非常有用。该艺术家可以编写一个智能合约，每次作品被转售时，智能合约都会自动将一部分收益转给该艺术家。这只有在图灵完备的区块链（如以太坊）上才可能得以实现。

5）联盟链

假设几家银行希望彼此之间进行高效、安全的交易，同时保持某种程度的隐私。他们可以创建一个联盟链，每个银行都运行一个或多个节点，共同验证链上的交易。联盟链在这种情况下可以提供一个相对于公开区块链更加安全和高效的解决方案，同时也可以保持业务操作的隐私性。

2.4.6　区块链与大数据的关系

《中国区块链技术和应用发展白皮书（2016）》指出，区块链可以就各类高密度、高价值的大数据实现开放共享，更好地促进产业数字化、数据产业化，进而推动数字经济的发展。该文件从区块链进一步保证数据安全、区块链推动数据开放共享、区块链创新数据存储、区块链使数据分析更加安全、区块链促进数据流通等五个方面分析了区块链与大数据的关系。

在大数据时代，一方面大量数据不断产生，另一方面缺乏信任与安全的致命弱点使得大数据的价值无法有效实现。有了区块链，大数据的流动就更加安全可靠。区块链是去中心化的分布式记账技术，具有可信任性、安全性和不可篡改性，可以更好地进行数据确权，在建立数据共享机制和流程的同时，运用差别化的加密技术保障不同主体对数据的不同密级要求，为大数据的开放与共享提供保障，打破传统的数据孤岛现象。

区块链本质上是一种无权威化的信任体系，主要由分布式账本和智能合约技术组成。区块链被称为"互联网4.0"，原因就在于互联网改变的是信息传播方式，而区块链改变的是价值传输方式。区块链技术的广泛应用使得大数据规模越来越壮观，不同业务场景的区块链数据融合连接，进一步增加了数据的丰富性。美国经济学家乔治·吉尔德（George Gilder）在《后谷歌时代：大数据的没落与区块链经济的崛起》一书中提出，大数据时代必将被去中心化的区块链经济所迭代。但事实上，区块链的发展与应用不是大数据时代的终结，而是将有效破解大数据价值实现方面的难题，促进大数据发挥更大的价值。

区块链与大数据的区别主要表现在：（1）区块链更多的是作为一种底层技术而产生的技术生态变革；而大数据则是让数据说话，通过对数据的深度挖掘来发现问题，进而制定规则。（2）区块链作为结构定义的块，是典型的结构化数据；而大数据在更多情况下是非结构化数据。（3）区块链作为确保大数据安全的机制，具有相对独立性；而大数据要求对数据进行整合分析。

2.5　各种新兴信息技术之间的关系

本章前面各节比较详细地介绍了大数据与人工智能、云计算、物联网、区块链等新兴信息技术的关系。从某种意义上讲，其他新兴信息技术都是以数据作为处理对象的，它们与大数据之间相互联系、相互促进、相互渗透。

大数据是基础，物联网是架构，云计算是中心，区块链传递价值，人工智能是产出，它们之间共存共生、彼此依附。有人在研究新兴信息技术之间的关系时，形象地用人体系统来作比喻——人类用各个器官感知世间万物（大数据），经过人体经络（物联网）汇总到大脑，大脑经过记忆、分析和总结（云计算），进而形成智慧（人工智能）。

【课后思考】

1.当前有哪些新兴信息技术？你认为大数据与哪些新信息技术有关？

2.人工智能与大数据是什么关系？

3.云计算与大数据是什么关系？

4.大数据与物联网有何联系？

第3章　数据采集

【本章导学】

本章主要介绍了传统数据采集的特点、方式及不足之处，重点讲述了大数据采集的含义、特点与方法，以及大数据采集的数据源。数据采集是大数据分析的第一步。

【素养导引】

要做大数据分析，首先要有足够的数据。数据采集已不再拘泥于传统方式，而要充分发挥物联网、云计算及人工智能等新兴信息技术的作用。同时，在数据采集的过程中要注意保护个人信息、单位信息，遵守国家数据安全法，加强数据伦理意识，主动与不良的数据采集与运用行为作斗争，保护数据产权与知识产权，加强数据全链条的自律。

3.1　传统数据采集

数据是数据分析的基础。数据采集是计算机与外部世界联系的桥梁，是获取数据的重要途径。没有数据，数据处理人员就会陷入"巧妇难为无米之炊"的窘境。

数据采集，又称数据接入、数据获取、数据汇聚等，是指从业务系统数据库、埋点、上传的文件、各类传感器等自动采集信息并装载进入数据仓或大数据平台的过程。

3.1.1　传统数据采集的特点

这里所说的传统数据采集是相对于大数据时代的数据采集而言的一种表达。传统数据采集是手工采集结合计算机系统应用基础上的数据采集，主要有以下五个特点：

（1）数据采集系统一般包含计算机系统，这使得在节约硬件投资的同时，数据采集的质量与效率也大幅提高。

（2）软件在数据采集中的作用越来越大，增加了系统设计的灵活性。

（3）数据采集与数据存储、数据处理相结合。

（4）随着微电子技术的发展、电路集成度的提高，数据采集系统的体积越来越小，可靠性越来越高。

（5）随着通信技术、电子元器件的发展及采集技术思维的转变，出现了很多先进的数据采集技术，如无总线采集技术、分布式采集技术等。

3.1.2　传统数据采集的方式

1) 人工录入方式

人工录入方式是应用最早的数据采集方式。目前，部分制造业企业在特定的场合下仍然使用人工录入方式。数据采集人员首先采用记录卡片的方式进行现场数据信息的采集，再采用手动输入的方式将这些数据信息保存到计算机系统里。记录卡片是一种预先设置好格式的纸质类文档，通常置于标识对象的某一固定位置，用于记录车间的生产工艺信息，比如记录表格编号、生产日期、设备名称、供应商、操作负责人等信息。使用记录卡片进行数据采集在一定程度上满足了车间生产工艺的信息传递，但是记录卡片在生产线上易损坏、丢失，而且使用记录卡片存在数据传送不及时、不易管理等缺点。这些缺点导致人工录入方式正逐步被更先进的数据采集方式所淘汰。

此外，数据采集人员还会采用调查问卷、电话随访、现场访谈等方式获取数据，再进行人工录入。

2) 条形码录入方式

条形码技术通过计算机将代表数据信息的线条和空白以一定格式编排组合，并用数字和字母进行标注，当阅读器扫描条形码时，反射的光信号经过光电转换解码后还原为该标识对象本来的产品信息。

利用条形码进行数据采集的方式应用较为广泛，比如商品包装、书本封面、快递邮件、固定设备标识等都贴有条形码。在企业生产作业管理中，利用条形码技术可以有序组织生产，快捷地采集生产过程中的各种物料、半成品与产成品数据信息，建立产品识别码和产品档案，监控产品的生产过程及流向，提高产品的合格率。

条形码技术通过将计算机软件与生产实践相结合实现数据的自动采集与处理，数据采集更加准确，全程不需要人工参与，这在一定程度上弥补了人工录入方式的不足。但是，条形码是利用印刷工艺完成的，在生产制造过程中容易损坏，以至于不能满足后续生产工艺信息的采集。另外，条形码技术的数据存储量较小且不可重复读写，使得条形码技术在应用上存在局限性。

3.1.3　传统数据采集的不足之处

传统数据采集的不足之处主要有来源单一，存储管理和分析数据量相对较小，大多采用关系型数据库和并行数据库处理等。对于依靠并行计算提高数据处理速度而言，传统的并行数据库追求高度一次性和容错性，难以保证其可用性和可扩展性。

传统数据采集的缺点具体表现在以下方面：

（1）人工采集效率低下。传统数据采集通常需要人工完成，无论是从网站上抓取数据还是手动录入数据，都需要消耗大量时间和精力，而且人工采集容易出现错误，导致数据准确性不高。

（2）数据来源单一。传统数据采集通常只能从一个或者少数几个渠道获取数据，这样一来，就很可能无法全面反映市场状况。

（3）数据更新不及时。在传统数据采集方式下，如果要更新某些数据，就要重新进行采集和录入，更新速度较慢，无法满足快速决策的需求。

（4）数据质量难以保证。由于存在人为因素和其他干扰因素，传统数据采集方式下数据质量难以保证，容易导致决策出现偏差。

（5）数据安全性差。在传统数据采集方式下，数据由于存储在本地计算机或者服务器上，容易受到黑客攻击和病毒感染等威胁，因而数据安全性不高。

（6）数据处理能力有限。传统数据采集方式通常只能获取原始数据，如果需要进一步处理和分析，则需要使用其他软件进行操作。这容易导致数据处理能力受限，无法满足复杂的数据处理与业务需求。

（7）数据共享难度大。在传统数据采集方式下，难以实现多人协作和数据共享，容易导致信息孤岛和重复劳动。

（8）无法适应大规模数据采集需求。随着互联网和物联网技术的发展，企业需要采集的数据量越来越大，而传统数据采集方式无法满足大规模数据采集需求。

（9）成本高昂。因为传统数据采集方式需要人工完成，所以成本相对较高。如果要多次采集和处理数据，则会大大增加成本。

综上所述，传统的数据采集方式存在着许多缺点。在当今信息化时代，企业和个人需要采用更加高效、准确、安全、可靠的数据采集方式来满足业务需求，因此，需要大力发展大数据技术、云计算技术、物联网技术、人工智能技术等，并运用这些技术高效采集各类数据。

3.2　大数据采集

3.2.1　大数据采集的含义

大数据采集是指通过各种手段收集、整理和处理海量数据的过程。这些数据可以来自不同的来源，包括RFID射频数据、社交媒体、传感器、网络日志、移动互联网数据等。大数据采集涉及多个方面，包括数据来源、数据处理、数据存储和数据安全等。在数据采集过程中，需要使用各种工具和技术，如爬虫、数据挖掘和机器学习等，以获取和分析大数据。数据采集的目的是帮助企业做出更好的决策，提高生产效率和竞争力，但也带来了一些挑战，如隐私保护、数据质量和数据安全等。因此，在进行大数据采集时，需要注意法律、伦理和技术等方面的问题，确保采集的数据具有准确性和可靠性，同时也要符合相关的规定和标准。

3.2.2　大数据采集的特点

大数据要得以广泛应用，挖掘蕴含其中的价值，第一步就是需要采集数据。数据采集是大数据产业的基石，而大数据的完整性、准确性决定了数据应用是否真实可靠。

大数据时代的数据采集通常有以下四个特点：

（1）手段自动化。数据采集以自动化手段为主，尽量摆脱人工录入方式。

（2）内容全面性。数据采集以全样采集为主，尽量摆脱对数据进行抽样采集。

（3）方式多样化。数据采集方式多样化、内容丰富化，摆脱以往只采集基本数据的方式。

（4）类型多样化。采集的数据类型多样化，不仅涵盖基础的结构化交易数据，而且包括半结构化的用户行为数据、网状的社交关系数据、文本或音频类型的用户意见和反馈数据、设备和传感器采集的周期性数据、网络爬虫获取的互联网数据，以及未来越来越多有潜在意义的各类数据。

大数据采集与传统数据采集的区别见表 3-1。

表 3-1　　　　　　　　　　　　大数据采集与传统数据采集的区别

比较项目	传统数据采集	大数据采集
数据量	数据量相对较小	数据量巨大
数据源	来源单一	来源广泛
数据类型	类型单一，大多为结构化数据	类型丰富，包括结构化、半结构化和非结构化数据
数据存储	关系型数据库和并行数据仓库	分布式数据库和分布式文件系统

3.2.3　大数据采集的数据源

数据源，也就是数据的来源，它存储了所有建立数据库连接需要的信息，是对数据库的抽象映射，即一个数据源对应一个数据库。如果数据是"水"，数据库就是"水库"，数据源就是"连接水库的管道"，终端用户看到的数据集就是"管道里流出来的水"。大数据采集的数据源主要有传感器数据、互联网数据、日志文件、企业业务系统数据等。

1）传感器数据

传感器是一种检测装置，能感受到被测量环境的各种信号，并按一定规律变换成电信号或其他所需形式的信号输出，以满足数据的传输、存储、显示、记录与控制等要求。

在现代社会，人们聚集的地方大多可以找到传感器，如家庭、办公室、商场、医院、学校等。传感器有许多种类，如温度传感器、湿度传感器、化学品传感器、压力传感器、近距离传感器、太阳能电池、加速计液位传感器、红外线传感器、光学传感器等。传感器是物联网的重要组成部分，大多数现代智能手机都有传感器。如果传感器连接到一个网络，那么它们可以与其他设备和管理系统分享其收集到的信息。传感器可以捕捉到环境的变化，并对其做出反应。传感器对环境的适应能力很强，可以适应各种恶劣的工作环境。

传感器被用于许多企业的各类生产经营活动。在这些基于传感器建立的早期预警系统的帮助下，企业可以在故障出现前进行维护，避免出现昂贵的停机时间。

2）互联网数据

互联网数据一般来自三个方面：一是由专门的数据提供商建立的数据平台；二是电子商务平台；三是网络爬虫。互联网数据的来源多种多样，包括搜索引擎、社交媒体、电子邮件、网站浏览器、移动设备等。这些数据源产生的数据规模非常大，互联网数据增长量也很快，每天都在以指数级别增长。国际数据公司（IDC）预测，全球 2024 年将生成 159.2ZB 数据，2028 年将增加一倍以上，达到 384.6ZB，复合增长率为 24.4%。[①]

---

① IT 之家 .IDC：全球 2024 年预计生成 159.2ZB 数据，2028 年将增加一倍以上［EB/OL］.［2024-05-13］. https：//baijiahao.baidu.com/s? id=1798917981529963366&wfr=spider&for=pc.

3）日志文件

随着电子政务、电子商务的发展以及各类组织的数字化转型，各种业务系统产生了大量的日志文件，用于记录数据源执行的操作活动与用户行为，比如网络监控的流量管理、电子商务平台的消费行为数据、金融市场的股票数据、Web 服务器记录的用户访问行为、交通监控的出行数据等。通过这些日志文件进行数据采集并加以分析，可以挖掘到具有潜在价值的信息，从而为组织决策服务。

4）企业业务系统数据

企业在推进数字化转型的过程中，信息化与智能化水平越来越高。一些企业运用传统的 MySQL 或 Oracle 等来存储业务系统数据，一些企业运用 Redis 和 MongoDB 等 NoSQL 数据库来存储数据。企业每天都会产生大量的财务数据、经营数据与管理数据，这些数据以数据库行记录的形式直接写入数据库。企业还可以通过 ETL 工具把分散在企业不同位置的业务系统数据提取（extract）、转换（transform）、加载（load）到企业数据仓库，特别是随着新一代 ERP、SCM、CRM 等企业生产经营管理系统的集成与协同、云计算能力的提升，数据将驱动企业优化决策和运用，更好地促进战略实现。

根据腾讯云开发者社区中"携程技术"大数据团队提供的资料，携程网的数据类型包括结构化数据、半结构化数据与非结构化数据，这些数据来源于以下渠道或方式：

（1）结构化数据主要来源于携程各经营线的产品维度表和业务订单数据。这些数据包括门票、景点、酒店、团队游等，还包括一些基础数据，如城市维度表，车站数据等，这类数据基本上都是 T+1 日更新的。按照携程的自动化流程设置，系统会每天去各业务部门（BU）的生产表拉取数据。

（2）半结构化数据主要来源于携程用户的访问行为数据，如浏览、搜索、预订、反馈、评论等。这些数据由前端采集框架实时采集，然后下发到后端的收集服务，由收集服务写入 Hermes 消息队列，一路会传输到 Hadoop 平台上进行长期存储，另一路近线层[①]可以通过订阅 Hermes 此类数据主题进行接近实时的计算工作。

（3）非结构化数据主要产生于外部合作渠道，包括一些评论数据，实行 T+1 日更新。

3.2.4 大数据采集的方法

在大数据时代，数据采集方法有了质的飞跃。目前在移动通信领域使用最多的是安卓系统、苹果系统或鸿蒙系统的数据采集软件工具包，这类移动通信技术能帮助采集用户数、活跃情况、流失比例、使用时长等基础数据。网络爬虫是目前广泛使用的互联网采集技术，常被用于大规模全网信息采集、舆情监控、竞品分析等领域。在工业制造领域，传感器是常见的大数据采集装置，通常用于自动检测和控制等环节。当前，基于传感器数据的大数据应用刚刚起步，随着未来携带"传感器+大数据平台"的智能设备越来越多，其在智能医疗、智慧城市、智能制造等方面的应用前景将无限广阔。

1）线下采集法与线上采集法

（1）线下采集法，是指通过传感器、磁卡片等装置或 RFID 等技术获取用户的线下行为数据，建立用户的行为数据库。比如，利用传感器的物理学原理，通过测试物品的高

---

① 近线层，也叫准实时层，就是接近实时，但不是实时。近线层的特点是使用实时数据，但不保证实时服务。

度、温度、湿度、电压、电流等物理符号来获取数据，将这些数学值转换为可供人们使用的数字信息，并将所采集到的信息进行归类、总结，从而完成数据采集工作。

（2）线上采集法，是指通过软件技术对各类网络媒介的一些页面信息和后台系统日志进行采集。数据的线上采集方式有基于网络爬虫的外部数据采集（如网上购物评价）、基于日志采集技术的内部数据采集（如网站用户访问日志）、基于多种技术和行业多维度的多源数据采集（如来自政府或企业的、用于股价趋势分析的多维度数据）。

2）系统日志采集法与网络数据采集法

（1）系统日志采集法。系统日志是记录系统中硬件、软件和系统问题的信息，同时还可以监视系统中发生的事件。用户可以通过它来检查错误发生的原因，或者当受到攻击时寻找攻击者留下的痕迹。系统日志包含各种事件的记录，包括错误、警告和调试信息。Hadoop 等开源大数据平台会产生大量价值较高的系统日志数据，如何采集这些日志数据成为研究热点。基于 Hadoop 平台开发的 Chukwa、Cloudera 的 Flume、Facebook（现为 Meta）的 Scribe 均可称为系统日志采集法应用的典范。此类采集技术大约可以每秒传输数百 MB 的日志数据，满足了人们对信息速度的需求。

（2）网络数据采集法。研究与应用自然语言的学者除了将已存在的公开数据集用于日常的算法研究外，有时为了满足项目的实际需求，需要对网页中的数据进行采集、预处理和保存。网络数据采集法主要有以下几种：

① API。API 又称应用程序接口，是网站管理者为了给使用者提供便利而编写的一种程序接口，通过各软件厂商开放数据接口实现不同软件数据的互联互通。该类接口可以屏蔽网站底层复杂算法，仅仅通过简单调用即可实现对数据的请求功能。目前主流的社交媒体平台（如新浪微博、百度贴吧）以及 Facebook（现为 Meta）等均提供 API 服务，用户可以在其官网开放平台上获取相关 DEMO。但是，API 技术受限于平台开发者。为了减小网站（平台）的负荷，一般来说，平台都会对每天接口调用上限作限制，这会带来极大的不便，为此我们通常采用第二种方式——网络爬虫。

② 网络爬虫。网络爬虫又称网页蜘蛛，网络机器人，也称为蚂蚁、自动索引、模拟程序或者蠕虫，它是按照一定的规则，自动抓取万维网信息的程序或者脚本。最常见的爬虫是经常使用的搜索引擎，如百度搜索、360 搜索、搜狗搜索等。此类爬虫统称为通用型爬虫，它们对所有的网页进行无条件采集。给予爬虫初始 URL，爬虫就会提取所需资源并保存，同时提取出网站中存在的其他网站链接，经过发送请求、接收网站响应以及解析页面，再次提取所需资源并保存。为了满足更多需求，多线程爬虫、主题爬虫也应运而生。多线程爬虫是通过多个线程同时执行采集任务，一般而言，有几个线程，数据采集速度就会提升几倍。与通用型爬虫截然相反，主题爬虫通过一定的策略将与主题（采集任务）无关的网页信息过滤掉，仅仅留下需要的数据，此举可以大幅减少无关数据导致的数据稀疏问题。网络爬虫的实现过程并不复杂，但是需要注意的是，用户在使用爬虫技术时不要触犯法律，否则不仅会被禁封 IP，导致采集任务失败，而且可能被追究法律责任。

③ 开放数据库。采用开放数据库可以直接从目标数据库中获取需要的数据，准确性高，实时性也有保证，是比较直接、便捷的一种方式。

④ 软件机器人。八爪鱼采集器、后羿采集器等软件机器人，既能自动采集客户端软件数据，也能自动采集网站中的软件数据。

⑤ 感知设备。运用感知设备（如摄像头、麦克风）等可以获取非结构化数据。

⑥ 其他采集法。比如，科研院所、企业、政府等为了保证数据的安全传递，减少数据被泄露的风险，采用系统特定端口执行数据传输任务。

3）实时采集法、离线采集法、互联网采集法与其他方式采集法

（1）实时采集法。该方法主要用于考虑流处理[①]的业务场景。在流处理场景，数据采集成为Kafka[②]的消费者。Kafka就像一个水坝，先将上游源源不断的数据拦截住，然后根据业务场景作相应的处理，最后写入相应的数据存储。

（2）离线采集法。在数据仓库的语境下，ETL工具基本上就是数据采集的代表，包括数据的提取、转换和加载。在转换的过程中，用户需要针对具体的业务场景对数据进行治理。

（3）互联网采集法。比如，Scribe是Facebook（现为Meta）开发的数据（日志）收集系统，它支持图片、音频、视频等文件或附件的采集。

（4）其他方式采集法。对于保密性要求较高的数据，可以通过与数据技术服务商合作，使用特定系统接口等方式采集数据。

【课后思考】

1.传统数据采集途径有哪些？

2.大数据采集有何特点？

3.大数据采集有哪些数据源？

4.大数据采集的方法有哪些？

---

① 流处理是一种重要的数据处理技术，主要用于处理源源不断且实时到达的数据流。这种技术具有快速、高效和低延迟的特点，广泛应用于大数据处理领域。如在金融领域，流处理可以实时监测股市数据，提供实时分析和预测。

② Kafka是由Apache软件基金会开发的开源流处理平台。

第4章 数据质量与大数据预处理

【本章导学】

　　本章主要阐述了数据质量的含义，影响数据质量的因素、数据质量管理的重要性及数据质量提升的措施，重点阐述了大数据预处理的含义、意义与主要任务。

【素养导引】

　　数据成为企业决策的重要信息来源，是形成新质生产力的优质生产要素，认识到数据质量的重要性具有现实意义。当今时代是数据爆炸的时代，而大数据又具有数据价值密度低的特点，因此，要充分发挥数据要素的价值，就需要针对采集而来的数据去伪存真，在大数据预处理过程中发挥工匠精神，保证数据质量，为大数据分析做好准备。

4.1　数据质量

4.1.1　数据质量提出的背景

　　随着数字经济的发展与企业数字化转型进程的加快，数据类型日益多样，数据来源愈加丰富，数据规模快速增长，在企业内部，数据质量问题可能产生于从数据输入到数据存储、管理、使用的各个环节。

　　业务、技术、管理等多方面的因素都会影响数据质量。比如，在数据采集阶段，业务部门口径不统一、输入不规范等都会导致数据质量偏低；在数据的收集、加工、存储等过程中，也会因技术问题而对数据质量产生影响；某些情况下相关人员对数据重视程度不足，导致数据质量偏低，加之数据管理制度不完善，企业难以对数据质量问题进行监控和追责。概括来说，影响数据质量的因素可以归纳为主观因素和客观因素。主观因素是指在数据处理的各个环节中，由于人为疏忽或管理缺陷等情况导致数据错误、数据遗漏、数据丢失；客观因素是指在数据流通的各个环节，由于系统异常或者流程设置不当引起的数据质量问题。

　　当前，我国各类企业、政府部门及其他组织都在大力推进数字化转型，而数据质量管理的水平直接影响数字化转型，所以，各类组织要采取务实且有针对性的行动来提高数据质量。

　　2021年，Gartner公司的研究表明，糟糕的数据质量平均每年给企业造成1 290万美元的损失，这是一个惊人的数字。此外，长远来看，质量差的数据还会增加数据生态系统的复杂性，进而导致决策失误。也就是说，数据质量直接关系到决策质量。数据质量有利于企业不断提升竞争优势。

4.1.2　数据质量评价的含义

成立于1980年的DAMA International（国际数据管理协会，以下简称DAMA）是由技术和业务专业人员组成的国际性数据管理专业协会。作为非营利机构，DAMA独立于任何厂商，旨在世界范围内推广并促进数据管理领域的概念和最佳实践，为数字经济打下理论基础和实践基础。

DAMA在2018年发布的《DAMA数据管理知识体系指南（第二版）》中提出，数据质量既指高质量数据的相关特征，也指用于衡量或改进数据质量的过程。数据质量取决于使用数据的场景和数据消费者的需求，满足数据消费者需求的数据是高质量的，否则就是低质量的。从某种意义上讲，这并不能称为准确、完整的定义，而是仅就数据质量提供了两个层面的理解：一是数据有高质量数据与低质量数据之分，可以从用户层级、数据本身特征、数据约束关系定义数据质量；二是可以从动态的数据过程定义数据质量。

根据DAMA的表述，我们可以尝试对数据质量作如下定义：数据质量是指数据在满足特定用途的过程中以及在满足特定用户的需要和期望的过程中所表现出来的适当性、准确性、完整性、一致性、可靠性和时效性等一系列特征的度量。

4.1.3　数据质量评价的维度

既然数据质量有高低之分，那么如何评判数据质量的高低就成为一个重要的问题。DAMA认为，数据质量维度是数据的某个可测量的特性，类似于测量物理对象的维度（如长度、宽度、高度等）。数据质量维度提供了定义数据质量要求的一组词汇，通过这些维度定义可以评估初始数据质量和持续改进的成效。

DAMA还梳理了学者们在数据质量方面的研究成果，比较有代表性的分别是Strong-Wang框架（1996）、Thomas Redman（1996）及Larry English（1999）。Strong-Wang框架（1996）侧重于从消费者视角衡量数据质量，认为数据质量分为4个维度15个指标：内在数据质量维度包括准确性、客观性、可信度、信誉度4个指标；场景数据质量维度包括增值性、关联性、及时性、完整性、适量性5个指标；表达数据质量维度包括可解释性、易理解性、表达一致性、简洁性4个指标；访问数据质量维度包括可访问性、访问安全性2个指标。Thomas Redman在《信息时代的数据质量》一书中提出了20多个指标用于描述数据质量。Larry English（1999）在《改善数据仓库和业务信息质量》中从固有特征与实用特征两个层面提出了15个指标。

DAMA在已有研究的基础上，于2013年提出了数据质量的6个核心维度，即完备性、唯一性、及时性、有效性、准确性、一致性。DAMA在《DAMA数据管理知识体系指南（第二版）》中并没有提出数据质量评价体系，只是提出了具有普遍一致性的数据质量评价维度。这些维度包括准确性、完备性、一致性、完整性、合理性、及时性、唯一性、有效性等8个评价维度并进行详细说明[①]。

---

① 本书不作详述，具体内容请读者阅读相关书籍。

4.1.4 数据质量管理的含义与目标

1）数据质量管理的含义

根据DAMA的定义，数据质量管理是对数据从计划、获取、共享、维护、应用到消亡整个生命周期的各阶段里可能引发的各类数据质量问题进行识别、度量、监控、预警等一系列管理活动，并通过提高组织的管理水平改进数据质量。

2）数据质量管理的目标

数据质量管理是一个循环管理过程，是通过对数据进行清洗、整理、分类、监控等一系列管理来提高数据质量，减少数据库中的无效数据、旧数据、残缺数据、错误数据等，为企业等组织构建大数据和人工智能决策平台奠定数据基础。其终极目标是通过可靠的数据提升数据在使用中的价值，并最终为企业赢得经济效益或为提升社会治理效率提供决策支持。

4.1.5 数据质量低的表现[①]

常见的数据质量低的表现为重要数据缺失、数据异常、数据不一致、数据重复等。

1）重要数据缺失

重要数据缺失，是指一些表格、业务中缺少的重要数据未被填充。

数据缺失的原因主要有以下三个方面：（1）信息暂时无法获取，或者获取信息的代价太大；（2）采集信息时遗漏，比如系统故障导致大量数据无法输入；（3）属性值不存在，比如客户管理系统中未设置用户的微信号等联系方式。

数据缺失会导致大量有价值的信息未被采集或者丢失，这说明企业在信息收集、数据处理系统设计、数据模型构造等方面存在欠缺。针对缺失数据，企业可以通过简单的统计分析找到未填写数据和相关属性，对可能值进行插补填充。

2）数据异常

数据异常是指数据不符合常识或明显存在问题，这些问题将影响数据分析所得结论的正确性。

数据异常产生的原因，在大多数情况下为数据输入错误。

解决方法如下：首先确定最大值和最小值，然后通过系统判断数据是否在合理范围内，如果数据异常，系统会自动报警提醒。

3）数据不一致

数据不一致是指在数据集成汇总的时候，多个系统分布的相同数据出现不一致的情况。比如，客户住址、手机号发生变更，导致系统与真实数据不一致，影响业务决策。

业务人员应实时跟踪并发现数据变化，及时鉴别出不一致的数据并加以更新。

4）数据重复

数据重复是指在一个数据集中存在多个相同或相似的记录。企业在市场调研完成后要对采集到的数据进行统计分析，为解决因受访者多次填写造成数据重复的问题，可以在系

---

① 亿信华辰.数据质量管理，是数据价值的生命线［EB/OL］.［2022-06-15］.https://it.sohu.com/a/557522370_100097948.

统中设置过滤条件或限定条件，清除重复数据。

4.1.6　影响数据质量的因素

在数据输入、存储、管理、使用的过程中出现重要数据缺失、数据异常、数据不一致、数据重复等情况，主要是业务、技术、管理三类因素导致的。[①]

1）业务因素

研发、采购、生产、销售、财务等各项业务是企业生产经营的重要业务活动，在企业数字化建设过程中，往往存在不同业务部门因使用不同信息系统而产生的缺乏统一标准、数据口径不一致等各种问题。为此，企业应注重信息化标准的一致性，加强信息系统集成，不断改进数据质量。

2）技术因素

随着人工智能、大数据、云计算等新兴信息技术的发展与深化应用，企业数字化转型速度不断加快，但有时存在不同供应商提供的信息技术不兼容的情况，加之人员的信息技术素养跟不上，就会引起数据质量偏低。因此，企业要加大资金投入，加强人才培养力度，注重信息系统的一体化建设，尽力消除技术因素对数据质量造成的不利影响。

3）管理因素

企业人、财、物、信息技术等各方面都离不开科学管理，在企业生产经营过程中各个环节产生的数据规模庞大，结构化数据与非结构化数据并存。但是，管理制度、管理手段、管理流程不完善，往往会导致数据质量下降，进而影响管理决策，因此，企业要加强数据治理组织建设，加强数据的全局管理，建立数据质量管理与风险管控体系。

4.1.7　数据质量保障措施[②]

中翰软件基于其丰富的数据治理经验将数据质量保障措施归纳总结如下：

1）构建全视角管控的静态数据中心，全面保障数据质量

人们通常从基本、组织和业务三个视角信息对数据进行描述。其中，基本视角信息是对某条数据的基本特征信息的描述；组织视角信息是指某条数据在不同组织范围内描述的不同信息；业务视角信息是指某条数据在不同业务场景下描述的不同信息。当然也可以从共享的角度去描述一条数据的信息，也就是常常提到的主数据。

从全面解决数据质量问题的角度出发，构建360度全视角管控的静态数据中心，对全部三类视角的数据质量进行管控是最好的选择。数据的全视角描述包括基本、组织和业务三个视角信息。以物资数据为例，全视角描述的具体结构形式见表4-1。

2）通过"技术+行为"的手段深层次保障数据质量

纯技术手段并不能完全实现对数据质量的管控，因此需要从行为（行为约束）入手去深层次解决数据质量问题。行为约束是指对数据采集端的人的行为的控制。比如，数据新增过程中的审核也是行为约束的一种。

[①] 亿信华辰.数据质量管理，是数据价值的生命线［EB/OL］.［2022-06-15］.https://it.sohu.com/a/557522370_100097948.

[②] 山东中翰软件有限公司.数据治理：如何有效保障数据质量［EB/OL］.［2022-07-05］.http://fzdh.chinadevelopment.com.cn/sjzg/2022/0705/1785395.shtml.

表4-1   物资数据全视角描述

信息描述类别	特点	举例	管控层次
基本视角 （特征属性）	能够单独或者同其他属性配合标示一个物资的属性，具备唯一性	物资名称（说明）、物资类别、物资基本单位、物资规格、物资型号、物资材质、物资图号	集团层管控
组织视角	同一数据因物资的使用部门不同而具备不同的属性，同一属性因物资的使用部门不同而有不同的取值	数量较多，不再一一列举	集团层管控 子（分）公司层管控
业务视角 （业务场景属性）	同一数据因物资的使用部门不同而具备不同的属性，同一属性因物资的使用系统不同而有不同的取值	采购场景、采购员、参考价格、仓管员、财务分类、批次控制	子（分）公司层管控

　　最好的行为约束首先应该在源端，也就是针对数据维护操作严加管理。这就要求每个人都深入到属性字段级别准确地录入相关的属性取值，确保专业的事由专业的人来做，而不是由一个人维护部分甚至所有数据信息。维护入口的统一不代表数据的统一和高质量，反而掩盖了由不专业导致的二次维护错误问题。因此，要在技术手段的基础上建立数据协同维护机制，强调数据源头责任，强化过程行为约束，更深层次地管控数据质量。数据维护行为约束如图4-1所示。

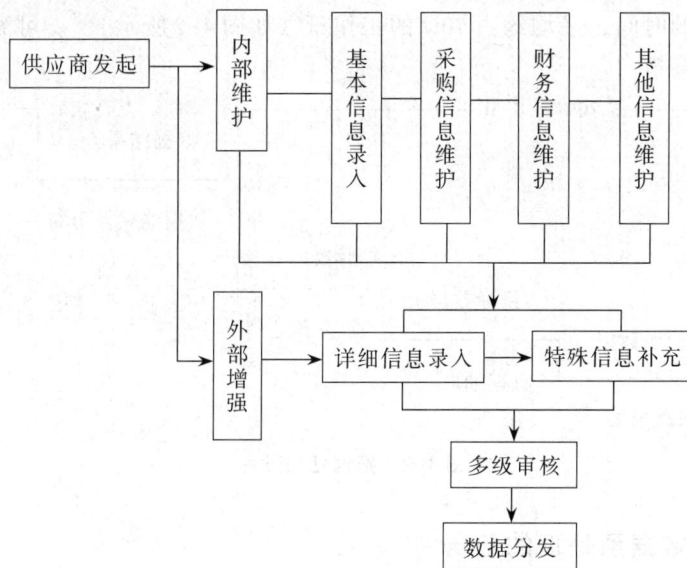

图4-1　数据维护行为约束

　　另外，许多企业的信息化建设经历了多年的发展，各业务系统中积累了大量的历史数据，对现存的历史数据的清洗同样可以使用"技术+行为"的手段。通过对历史数据的全面梳理和规范，将质量有保证的数据准确发布到各业务系统中，能够进一步确保各业务系统中历史数据的准确性。

　　3）构建日常数据质量监测体系，持续确保数据质量

　　导致数据质量产生问题的因素多种多样，针对数据质量的监测机制能够把问题扼杀在摇篮阶段。2018年3月中华人民共和国国家质量监督检验检疫总局、中国国家标准化管理

委员会发布的GB/T 36073-2018数据管理能力成熟度评估模型对企业的数据管理能力进行了分级，根据不同等级提出不同的改进与发展建议。但是，此类评估成本较高，周期较长，许多企业甚至很多年才评估一次。为了确保数据质量持续良好，在数据治理项目实施后要构建一个基于大数据行为分析的数据质量监测平台，而不是传统意义上的基于属性字段级的技术验证。该平台需要具备实时探知数据质量的能力，并且量化呈现数据质量，同时提供处理问题数据的通道。

4.2 大数据预处理

4.2.1 大数据预处理的含义及重要性

1）大数据预处理的含义

数据预处理（data preprocessing），是指对收集到的数据进行加工整理，形成合适的数据样式，以便后续分析的过程[①]。

2）大数据预处理的重要性

企业在管理过程中获取的数据往往被纳入数据库加以管理，但因为数据库越来越大，并且多半来自多个异构数据源，所以数据库极易受噪声、缺失值和不一致数据的侵扰。低质量的数据会导致低质量的数据挖掘。在大数据处理过程中，从问题理解到数据预处理将占用60%~80%的时间，平均约占70%的工作量（如图4-2所示）[②]。可见，大数据预处理是十分重要的环节。

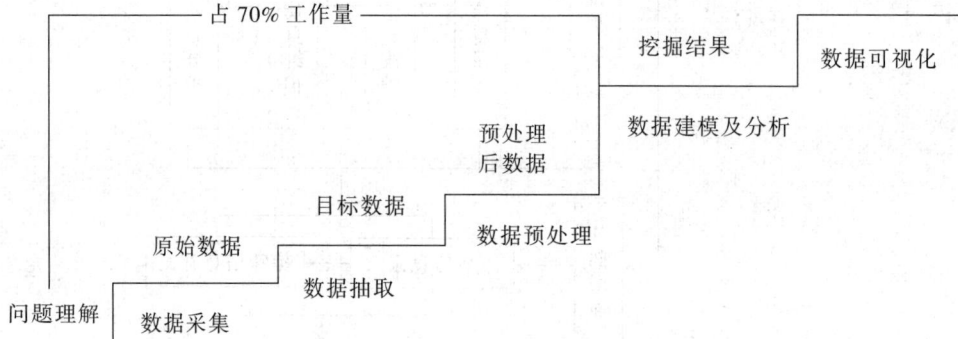

图4-2　数据处理过程

4.2.2 大数据预处理的任务

从不同来源采集到的数据可能存在各类质量问题，需要对数据进行预处理，以提高数据质量和分析结果的准确性。数据预处理的主要任务包括数据清洗、数据集成、数据规约与数据转换。

1）数据清洗

数据清洗（data cleaning）的过程一般包括填补存在遗漏的数据值、平滑有噪声的数据、识别和去除异常、解决数据不一致等问题。用户如果认为数据是脏的，那么可能不会

① 傅一航.《大数据学习手册》：数据预处理［EB/OL］.［2021-07-21］. https://www.shangyexinzhi.com/article/4040133.html.
② 张治斌，刘威.浅析数据挖掘中的数据预处理技术［J］.数字技术与应用，2017，35（10）：216-217.

相信由这些数据得到的挖掘结果。此外，脏数据可能使挖掘过程陷入混乱，导致不可靠的输出。计算机领域有句经典的话语来形容脏数据的危害——"garbage in，garbage out"，意思即指输入质量决定输出质量。尽管大部分挖掘采用一些例程来处理不完整或有噪声的数据，但是它们并非总是稳健的（robust）。因此，预处理的有用性就体现在使用数据清洗例程处理数据。数据清洗主要包括缺失值处理、异常值处理、重复值处理等方面。

2）数据集成

数据集成（data integration）是指将多个不同来源的数据合并在一起，形成一致的数据存储的过程。例如，将不同数据库中的数据集成到一个数据库中进行存储。在数据集成的过程中，由于数据库中可能出现具有不同属性的名字，导致数据出现不一致的情况和冗余问题。比如，同一个人的名字可能在第一个数据库中登记为"Jack"，在第二个数据库中登记为"Smith"，而在第三个数据库中登记为"J."。此外，有些属性可能是由其他属性导出的（如年收入可以从月收入导出）。包含大量冗余数据可能降低知识发现过程的性能或使之陷入混乱。因此，除数据清洗之外，必须采取措施避免数据集成过程中产生的冗余问题。通常来说，在为数据库准备数据时，数据清洗和数据集成将作为预处理步骤进行。

3）数据规约

数据规约（data reduction）是指在尽可能保持数据原貌的前提下，最大限度地减少数据量，以保证数据规约前后的数据挖掘结果相同或几乎相同。数据规约在保证原始数据完整性的前提下，减少了数据冗余量，提高了数据质量。

4）数据转换

数据转换（data transformation）是指将数据库转换成适合挖掘的方式，通常包括平滑处理、聚集处理、数据泛化处理、规范化、属性构造等方式。数据转换包括数据类型转换、数据格式转换、数据内容转换、数据聚合与拆分、数据映射等多种操作[①]。

（1）数据类型转换，是将一种数据类型转换为另一种数据类型，如将日期转换为时间戳等。

（2）数据格式转换，是将数据从一种格式转换为另一种格式，如将CSV文件转换为Excel文件，将JSON数据转换为XML数据等。

（3）数据内容转换，是对数据的内容进行修改与完善，如删除空字符、填补缺失值、转换日期格式等。

（4）数据聚合与拆分，是将数据按照特定规则进行聚合或拆分，如在计算总销售量时将省、市数据拆分为省级数据与市级数据等。

（5）数据映射，是在数据转换时定义源数据与目标数据之间的映射关系，以确保数据的正确转换。

总之，数据预处理可以改进数据的质量，从而有助于提高后期挖掘过程的准确率和效率。由于高质量的决策必然依赖于高质量的数据，因此数据预处理是知识发现过程的重要环节。

【课后思考】

1.请你谈谈数据质量的含义。

---

① 五五开发.数据转换：将数据从一种格式或结构转换为另一种格式或结构的过程［EB/OL］.［2024-11-19］. https://www.55kaifa.com/ruanjiankaifacihuishuyu/2128.html.

2.对于数据质量，可以从哪些维度进行评价?

3.影响数据质量的因素有哪些?

4.大数据预处理任务包括哪些方面?

5.什么是数据清洗? 数据清洗包括哪些方面?

第5章　大数据存储

【本章导学】

本章讲述了传统的数据存储方式及其不足，描述了大数据存储的意义与基本特征，介绍了大数据存储的方法和几种常见的大数据存储的文件系统。

【素养导引】

在进行大数据存储时，要树立法治意识，尊重数据产权，未经授权不得采集与存储他人数据，要遵守国家数据安全法，切实落实数据安全举措，不得为个人私利而出卖数据，损害他人、企业与国家利益，守住数据安全底线。

5.1　传统的数据存储方式及其不足

5.1.1　传统的数据存储方式

1）直连式存储

直连式存储（direct attached storage，DAS），是最早出现的、最直接的扩展数据存储模式，与普通的PC架构一样，存储设备与主机系统直接相连，挂接在服务器内部总线上。

2）网络附接存储

网络附接存储（network attached storage，NAS），是一种采用直接与网络介质相连的特殊设备实现数据存储的模式，提供文件级别访问接口，通常采用NFS、SMB/CIFS等网络文件共享协议进行文件存取，支持多客户端访问。

3）存储区域网络

存储区域网络（storage area network，SAN），是指存储设备相互连接并与服务器群相连形成网络，创造了存储的网络化。它是通过光纤交换机等专用高速网将一个或多个网络存储设备和服务器连接起来的专用存储系统，使得数据处理服务器上的操作系统可以像访问本地盘数据一样对这些存储设备进行高速访问，即在服务器和磁盘阵列等存储设备上直接搭设专门的存储网络。

5.1.2　传统数据存储方式的不足

1）存储空间能力不足

大数据时代，数据量剧增，传统单块磁盘的容量再大，也无法满足用户正常访问所需的数据容量要求。

2）存储处理能力不足

传统的集成开发环境（IDE）下输入输出（IO）值是 100 次/秒，SATA 固态硬盘为 500 次/秒，NVMe 固态硬盘达到 2 000~4 000 次/秒。即使磁盘的 IO 能力再扩大数十倍，也很难承受住网站访问高峰期数十万、数百万甚至上亿用户的同时访问，更何况还要受到主机网络 IO 能力的限制。

3）单点问题

单主机存储数据存在单节点故障（single point of failure，SPoF）问题。

传统存储的成本较高，需要购买专门的硬件、专门的软件授权（license）、专用的线缆、专用的交换机、专门的板卡、专门的多路径软件。在维护上，虽然有专门的人才，具备较多的数据保护特性，但由于厂商较多（既是优点也是缺点），也导致了在多厂商异构组网的时候难以维护。

5.2　大数据存储的概念与基本特征

5.2.1　大数据存储的概念

大数据存储是一种存储解决方案，可将巨量的结构化和非结构化数据存储到集群中，并以可扩展、高可用性及容错性的形式安全地存储、处理和管理数据。它支持分组存储、共享部署、海量存储空间和可拓展伸缩。

大数据存储的概念实质上是基于数据的存储，即多个用户可以同时从不同的位置访问同一个大型存储库，而不需要关心底层数据位置。它主要用于存储大量的数据，如日志文件、图像、视频等，这些内容可被集中管理和可持续使用。

与传统存储系统不同，大数据存储支持海量数据，其客户端可以连接到更多设备，压缩客户端资源消耗。它也旨在提供跨设备和存储介质的弹性可扩展性，以使数据能够向多种位置共享。

大数据存储支持各种网络环境和协议，因此，可以从多种可靠的流媒体服务商处获取服务，而不局限于特定的硬件设备。大数据存储可将大量数据集中存储和管理，支持容错机制，防止业务中断。它还可以针对大数据需求分析场景提供一个高效可靠的解决方案，使企业能够根据需要实时在大数据环境中挖掘有价值的数据信息。

此外，大数据存储在数据安全、可用性、容错性等方面有诸多优势，并且提供可扩展性和性能考虑，可以按需扩展存储容量，加快数据操作速度。总体而言，大数据存储是一种有效的大数据解决方案，可以更好地满足企业的业务需求及存储需求。

5.2.2　大数据存储系统的基本特征

1）大容量及高可扩展性

大数据存储系统容量大，具有高可扩展性，横向扩展（scale-out）是主流趋势。

2）高可用性

平均无故障时间（mean time between failures，MTBF）和平均修复时间（mean time to repair，MTTR）是衡量存储系统可用性的主要指标。

3）高性能

大数据存储系统的吞吐率、延时性、IOPS（每秒读写次数）使得系统具有高性能的特点。

4）安全性

大数据存储系统采用数据复制和容错技术，确保数据的安全性。

5）自管理和自修复性

大数据存储系统支持单节点故障重启，可以加速故障恢复速度。

6）经济性

大数据存储系统的存储成本、使用成本、维护成本比传统存储大为降低。

7）访问接口的多样化

大数据存储系统可以让多个用户同时从不同的位置访问一个大型存储库。

5.3 大数据存储的方法

1）分布式文件系统

分布式文件系统是一种将文件分布式存储在多个节点上的系统。它具有高可靠性和可扩展性的特点，并且能够处理大规模数据。Hadoop 分布式文件系统（HDFS）是最常见的分布式文件系统，它将文件切分成块并存储在不同的节点上。这种存储方式不仅能够提高数据的可靠性，还能够提高数据的读写性能。

2）关系型数据库

关系型数据库是一种基于关系模型的数据库管理系统。它使用表格来组织数据，并且支持采用 SQL 语言进行数据操作。关系型数据库具有结构化的特点，适用于事务性应用场景。在处理大数据时，关系型数据库可以通过数据分区和索引等技术来提高查询性能。例如，MySQL 数据库可以通过分库分表的方式来处理海量数据。

3）NoSQL 数据库

NoSQL 数据库是一种非关系型数据库。它采用键值对、文档、列族、图等数据模型来存储数据，具有高可扩展性和高性能的特点。NoSQL 数据库适用于非结构化和半结构化数据的存储和处理。例如，MongoDB 是一种常见的文档型 NoSQL 数据库，它能够存储和查询具有复杂结构的数据。

4）内存数据库

内存数据库是一种将数据存储在内存中的数据库。相比于传统的磁盘存储方式，内存数据库具有更快的读写性能。它适用于对数据实时性要求较高的应用场景，如实时分析和实时交易等。内存数据库可以通过数据分片和数据复制等技术来提高可用性和可扩展性。例如，Redis 是一种常见的内存数据库，支持键值存储和发布订阅等功能。

5）NewSQL 数据库

NewSQL 数据库既保留了 SQL 查询的方便性，又具有高性能和高可扩展性的特点，适合处理短事务、点查询、重复性事务。目前的 NewSQL 数据库有 Clustrix、NimbusDB、VoltDB 等。

6）云存储技术

云存储是指通过集群应用、网格技术或分布式文件系统等功能，将网络中大量各种类型的存储设备通过应用软件集合起来协同工作，共同对外提供数据存储和业务访问功能的系统。

云存储的架构包括存储层、基础管理层、应用接口层与访问层。其中，存储层包括存储虚拟化、存储集中管理、状态监控、维护升级、存储设备。基础管理层包括集群系统、分布式文件系统、网格计算、内容分发、对等互联网络技术（P2P）、重复数据删除、数据压缩、数据加密、数据备份、数据容灾。应用接口层包括网络接入、用户认证、权限管理、公用应用程序接口（API）、应用软件、网络服务（web service）。访问层包括：个人空间服务、运营商空间租赁等；企事业单位或服务器信息块（SMB）实现数据备份、数据归档、集中存储、远程共享；视频监控、交互式网络电视（IPTV）等系统的集中存储、网站大容量在线存储。

云存储中的数据缩减技术主要有自动精减配置技术、自动存储分词技术（AST）、重复数据删除技术（dedupe）、数据压缩技术。

不同的存储方法适用于不同的应用场景，需要根据具体需求来选择合适的存储方式。在实际应用中，也可以采用多种存储方式的组合来满足不同的需求。大数据存储的方法将继续发展和创新，以应对不断增长的数据规模和更加复杂的应用场景。

5.4　大数据存储的文件系统类型

5.4.1　分布式文件系统 HDFS

1）HDFS 的产生

大数据的存储是大数据时代海量数据管理必须面对的问题。谷歌分布式文件系统（Google file system，GFS）通过网络实现了文件在多台设备上的分布式存储，较好地满足了大规模数据存储的需求。HDFS（Hadoop distributed file system，Hadoop 分布式文件系统）是针对 GFS 的开源实现，是 Hadoop 的核心组成部分，提供了在廉价服务器集群中进行大规模分布式存储的能力。

2）HDFS 的优缺点

HDFS 的优点主要表现在：能够兼容廉价的硬件设备；实现流数据读写；建立大数据集；处理复杂的文件模型；具备强大的跨平台兼容性。

它的不足之处表现在：不适合访问低延迟的数据；无法高效存储大量小文件；不支持多用户写入及任意修改文件。

3）HDFS 的组成

作为分布式文件系统，HDFS 先建一个集群，再将集群节点分为名称节点、数据节点、第二名称节点。其中，名称节点是一个主控节点，负责存储元数据，在不同的节点上分配和调度数据存储，记录数据存储路径；数据节点是数据具体的存储节点；第二名称节点起到备份的作用，当名称节点发生故障时能够恢复数据。

数据首先被拆分成块，然后以文件块的形式存储于数据节点中，文件块的大小通常是

64MB，大数据被拆分成块后便于数据的传输和分配。

4）HDFS数据存储方式

HDFS通过名字空间进行数据存储与文件管理，形成树状的文件目录结构。名字空间文件保存在名字空间镜像及修改日志文件中，其中包括块的信息，比如一个文件的块存放在哪些数据节点上。

名称节点存放名字空间文件，用户通过名称节点访问存放自己文件块的数据节点。数据节点通过发送"心跳"信息等方式周期性地向名称节点传递文件、块的存储位置状态等信息。第二名称节点不断合并文字空间镜像并修改日志文件，同时备份一份原数据文件，以便当名称节点发生故障时进行恢复操作。

用户在数据节点上创建文件之前，会将文件以文件块的形式存放在当地的临时文件中，先分配好数据节点，再将文件块传到各数据节点上。

5.4.2 分布式数据库Hbase

1）BigTable介绍

作为分布式存储系统，BigTable利用谷歌提出的MapReduce分布式并行计算模型来处理海量数据，使用GFS作为底层数据存储，并采用Chubby提供系统服务管理，可以扩大到PB级的数据和上千台机器，具备广泛的实用性。BigTable已经在谷歌的实际生产系统中应用，包括搜索、地图、财经、打印、社交网站、视频共享网站和博客网站等。这些应用无论在数据量方面还是在延迟需求方面都对BigTable提出了截然不同的需求，尽管这些应用的需求大不相同，但BigTable依然能够为所有产品提供灵活的解决方案。

2）Hbase的特点

Hbase是针对BigTable的开源实现，是一个具有高可用性、高性能、面向列、可伸缩的分布式数据库，主要用来存储非结构化的松散数据和半结构化的松散数据。BigTable具有分布式并发数据处理效率极高、易于扩展且支持动态伸缩、适合读操作但不适合写操作等特点。Hbase支持超大规模数据存储，通过水平扩展方式，利用廉价服务器集群处理超过10亿行数据与数百万列元素组成的数据表。

与20世纪70年代发展起来的比较成熟的关系型数据库相比，Hbase的特点如下：

在数据类型方面，Hbase采用更加简单的数据模型，把数据存储为未经解释的字符串，用户可以把不同格式的结构化数据和非结构化数据都序列化为字符串，保存到Hbase中。用户需要自己编写程序，把字符串解析成不同的数据类型。

在数据操作方面，对于关系型数据库可以进行各种操作，如插入、删除、更新、查询等，可能涉及复杂的多表连接，通常是借助于多个表之间的主外键关联来实现的。Hbase操作则不存在复杂的表与表之间的关系，只有简单的插入、查询、删除、清空等。因为Hbase实际上避免了复杂的表与表之间的关系，通常只采用单表的组件查询，所以无法实现像关系型数据库中那样表与表之间的连接操作。

在存储模式方面，关系型数据库是基于行存储的，元组或行会被连续地存储在磁盘页中，在读取数据时需要先顺序扫描每个元素，然后从中筛选出查询所需要的属性。而Hbase是基于列存储的，每个列族都由几个文件保存，不同列族的文件是分离的，可以降低IO开销，支持大量并发用户查询。因为仅需要处理可以回答这些查询的列，而不需要处理与查询无关的大量数据行，这样一来，同一列族内的数据会被压缩，而同一列族内的数据相似度高，所以能获得较高的数据压缩比。

在数据索引方面，关系型数据库通常可以针对不同列构建复杂的多个索引，以提高数据访问性能。Hbase只有一个索引，通过巧妙的设计，Hbase中所有访问方法为通过行键访问或扫描，使得整个系统速度很快。Hbase是基于Hadoop框架的，可以使用Hadoop MapReduce来快速、高效地生成索引表。

在数据维护方面，在关系型数据库中执行更新操作，当前值会替换记录中的旧值，旧值被覆盖后不会存在；而在Hbase中执行更新操作，则会生成新的版本，旧的版本依然保留。

在可伸缩性方面，关系型数据库很难实现横向扩展，纵向扩展的空间也有限；相反，Hbase和BigTable这些分布式数据库则是为了实现灵活的水平扩展而开发的，因此很容易通过在集群中增加或减少硬件数量来实现性能的伸缩。

5.4.3 NoSQL

1）NoSQL的产生

NoSQL是由卡罗·斯特罗兹（Carlo Strozzi）开发的不提供SQL功能、轻量级、开源的关系型数据库。2009年，埃里克·埃文斯（Eric Evans）在一场关于开源分布式数据库的讨论会上再次提出NoSQL概念，并主要指代那些非关系型数据库。同年，在亚特兰大举行的"NO：SQL"讨论会进一步推动了NoSQL的发展，其含义演变为"不仅仅是SQL（not only SQL）"，NoSQL有了新的含义。

2）NoSQL数据库和关系型数据库的适用范围差异

NoSQL数据库和关系型数据库分别支持不同的应用需求，很多企业会同时使用这两种数据库来应对不同的使用场景。从技术角度来说，区别这两种数据库适用范围的主要标准见表5-1。

表5-1   关系型数据库与NoSQL数据库的适用范围差异

关系型数据库的适用范围	NoSQL数据库的适用范围
集中的、单一的应用	去中心化的（高伸缩性）、微服务应用
中高可用性	连续可用的，零宕机
中速数据	高速数据（设备、传感器等）
主要是结构化数据	结构化、半结构化或无结构的数据
复杂的、嵌套的事务和关联	简单的事务和查询
只能对数据读取进行扩容	可以对数据读取和数据写入进行扩容
垂直拓展	水平拓展

3）NoSQL常见类型[①]

（1）键值数据库。键值数据库是高度可分区的，并且允许以其他类型的NoSQL数据

① 佚名. NoSQL数据库［EB/OL］.［2024-10-16］. https：//www.cnblogs.com/yitongtianxia666/p/17703426.html.

库无法实现的规模进行水平扩展。游戏、广告技术和物联网等应用场景特别适合采用键值数据模型。键值数据库使用简单的键值方法来存储数据。键值数据库将数据存储为键值对集合，其中键作为唯一标识符。键和值都可以是从简单对象到复杂复合对象的任何内容。

（2）文档数据库。文档数据库旨在将数据作为类 JSON 文档存储和查询。在应用程序代码中，数据通常表示为对象或 JSON 文档，因为对开发人员而言这是高效和直观的数据模型。文档数据库让开发人员可以使用他们在应用程序代码中使用的相同文档模型更轻松地在数据库中存储和查询数据。文档和文档数据库的灵活、半结构化和层级性质允许它们随应用程序的需求而变化。文档模型可以很好地与目录、用户配置文件和内容管理系统等配合使用，其中每个文档都是唯一的，并会随时间而变化。文档数据库支持灵活的索引、强大的临时查询和文档集合分析。

（3）图形数据库。图形数据库旨在轻松构建和运行与高度连接的数据集一起使用的应用程序。图形数据库的典型应用场景包括社交网络、推荐引擎、欺诈检测和知识图形。热门图形数据库包括 Neo4j 和 Giraph。图形数据库专门用于存储和导航关系，图形数据库的大部分价值都源自这些关系。图形数据库使用节点来存储数据实体，并使用边缘来存储实体之间的关系。边缘总是有开始节点、结束节点、类型和方向，并且边缘可以描述父子关系、操作、所有权等。一个节点可以拥有的关系的数量和类型没有限制。图形数据库中的图形可依据具体的边缘类型进行遍历，也可对整个图形进行遍历。在图形数据库中，遍历联结或关系非常快，因为节点之间的关系不是在查询时计算的，而是留存在数据库中。在社交网络、推荐引擎和欺诈检测等应用场景中，需要在数据之间创建关系并快速查询这些关系，此时图形数据库更具优势。

（4）内存数据库。游戏和广告技术应用程序通常要具备排行榜、会话存储和实时分析等功能，它们需要微秒响应时间并且可能随时出现大规模的流量高峰，因此需要使用内存数据库来提高处理的实时性。

（5）搜索引擎数据库。许多应用程序输出日志以帮助开发人员解决问题。搜索引擎数据库专用于数据内容的搜索。搜索引擎数据库使用索引对数据之间的相似特征进行分类，并强化搜索功能。搜索引擎数据库经过优化可以处理内容很多的半结构化数据或非结构化数据，并且通常提供专门的方法，如全文搜索、复杂的搜索表达式和搜索结果排名等。

4）NoSQL 的优缺点

（1）优点。

① 查询速度快。由于 NoSQL 查询是非规范化的，而特定查询所需的所有信息通常会被存储在一起，因此开发者能够轻松地对正在处理的大量数据进行查询，无须担心出现重复的数据。同时，NoSQL 对于简单查询的响应也非常快。

② 持续可用性。由于 NoSQL 数据库中的数据分布在不同的区域和多个服务器上，因此，NoSQL 数据库不但消除了单点故障，减少了停机时间，而且更加具有扩展性、稳定性以及持续可用性。

③ 敏捷。NoSQL 数据库是动态的，可以处理多态化、半结构化、结构化以及非结构化等各种类型的数据。NoSQL 数据库为开发人员提供足够的灵活性，帮助他们提高生产力和创造力。NoSQL 数据库不但不会受到行和列的约束，并且其模式也不需要预先定义。应用程序开发人员可以直接构建并使用 NoSQL 数据库，无须花费精力和时间进行前期规划。

当需求发生变化或需要添加新的数据类型时，它能够按需修改，以满足不同数据类型和不断变化的功能需求。

④ 低成本扩展。NoSQL 数据库的水平扩展能力具有一定的成本效益。与昂贵的硬件升级不同，NoSQL 数据库可以通过简单地添加云实例或虚拟服务器来实现低成本扩展。此外，许多开源的 NoSQL 数据库也为软件开发公司提供了经济实惠的数据库选择。

（2）缺点。

① 没有标准化的语言。由于没有统一的用于执行 NoSQL 查询的固定语言，在查询不同类型的 NoSQL 数据库的数据时所使用的语法有所不同，因此，与只需要学习一种 SQL 语言相比，NoSQL 的学习曲线更加陡峭。此外，由于出现得较晚，开发团队可能缺乏有经验的 NoSQL 系统研发与实施人员，因此，开发团队需要增加培训或引进人才方面的成本。

② 执行复杂查询的效率低下。如果 NoSQL 数据库中存在丰富的数据结构，就会因为缺乏可执行复杂查询的标准接口导致查询效率低下。加之数据结构的原因，就算执行简单的 NoSQL 查询，也可能需要一定的编程技巧。显然，这对于倡导无代码化的开发人员而言是一种挑战。

③ 专家数量有待增加。不可否认，已有越来越多的开发人员愿意使用 NoSQL 数据库，并且在不断壮大 NoSQL 社区。但是，相对于成熟的 SQL 社区而言，NoSQL 领域的专家和顾问可能需要更多的时间去解决那些未曾被记录的 NoSQL 问题。

④ 数据检索不一致。由于 NoSQL 数据库是分布式的，因此，在快速获得数据的同时得到的查询结果不一定是最新、最准确的数据信息。毕竟分布式方法会使得数据库因查询服务器的不同而持续返回不同的数据值。

相对于 ACID 事务及其隔离级别[①]而言，许多 NoSQL 数据库更符合 BASE（basically available、soft state、eventually consistent，即基本可用、柔性状态、最终一致性）标准。显然，NoSQL 更重视的是可用性与速度。可以说，数据检索的不一致性是 NoSQL 数据库的主要缺点之一。

【课后思考】

1.传统的数据存储方式有哪些？它们有什么不足之处？

2.大数据存储的方法有哪些？

[①] 在实际的业务场景中，并发读写引出了事务控制的需求，主要关注 ACID 事务和隔离性的四个级别。事务是指一个被视为单一的工作单元的操作序列。一个良好的事务处理系统必须具备四个标准特性（ACID）：原子性（atomicity）、一致性（consistency）、隔离性（isolation）、持久性（durability）。i.原子性：一个事务必须被视为一个不可分割的最小工作单元，整个事务中的所有操作要么全部提交成功，要么全部失败回滚，对于一个事务来说，不可能只执行其中的一部分操作。ii.一致性：数据库总是从一个一致性的状态转换到另一个一致性的状态。iii.隔离性：通常来说，一个事务所作的修改在最终提交以前对其他事务是不可见的。针对不同的业务需求，隔离性分为四个级别，即读未提交、读已提交、可重复读、串行化。iv.持久性：通常来说，一旦事务提交，则其所作的修改会永久保存到数据库（即使系统崩溃，修改的数据也不会丢失）。

第6章　大数据清洗与数据脱敏

【本章导学】

大数据清洗是大数据分析的重要环节，本章在讲述大数据清洗的含义、内容的基础上，重点讲述了大数据清洗的原理与流程，介绍了大数据清洗工具与数据转换。为维护数据安全，介绍了数据脱敏相关政策规范、数据脱敏的含义与目标、关键技术能力以及数据脱敏步骤等知识。

【素养导引】

大数据量多而杂，需要运用一定的大数据清洗技术与方法加以处理。在进行大数据清洗时，既要充分运用国内外先进工具与技术，对数据实行精细管理与科学管理，也要注重数据安全与隐私，履行社会责任，遵守职业道德。

6.1　大数据清洗

6.1.1　大数据清洗的含义

大数据时代，数据来源多样化，数据种类多元化，数据规模海量化。要想挖掘数据价值，就要确保原始数据的质量。只有运用高质量的数据进行大数据分析与数据挖掘，才能得到相对准确的结果。

数据科学社区 Kaggle 对 16 700 名会员的问卷调查表明，49.4% 的被调查人员回答工作或职业发展中面临的最大挑战或障碍就是脏数据（dirty data）。脏数据是指源系统中的数据不在给定的范围内，或对于实际业务毫无意义，或数据格式非法，在源系统中存在不规范的编码和含糊的业务逻辑。若要提高数据质量，应当对脏数据进行清洗。

目前对于大数据清洗并没有统一的概念。数据清洗（data cleaning）是对数据进行重新审查和校验的过程，目的在于删除重复信息、纠正存在的错误，并确保数据一致性。数据清洗旨在发现并纠正数据文件中的错误，包括检查数据的准确性和一致性、处理无效值和缺失值、处理重复数据等。数据清洗本质上是通过人工或利用清洗规则、数理统计等技术，将脏数据转化为满足质量要求的数据。

大数据清洗是大数据处理过程中非常重要的环节。数据清洗可以有效保证数据质量，提高分析结果的准确性，进而实现数据驱动决策。

6.1.2　大数据清洗的原理与流程

1）大数据清洗的原理

大数据清洗的原理就是将空值、非法值、不一致数据、重复记录、拼写错误、不同的命名习惯等导致的"脏数据"通过预置的数据清洗的策略与规则进行检测与处理，进而生成满足数据质量要求的数据。

2）大数据清洗的流程

大数据清洗的流程包括预处理、缺失值清洗、格式与内容清洗、逻辑错误清洗与关联性验证。

（1）预处理

在预处理阶段首先要选择数据处理工具。通常来说，对于关系型数据库可以使用MySQL，在数据量很大的情况下可以使用Python操作。然后，要对大数据的元数据情况与数据特征进行了解，比如数字的字段数量、字段类型、数据来源、数据代码表等，为进一步的数据清洗做准备。

（2）缺失值清洗

缺失值是最常见的数据问题，处理办法有很多，一般采用以下四个步骤进行缺失值清洗：

第一步，确定缺失值范围。首先计算每个字段的缺失值比例，接着根据缺失比例和字段重要性制定不同策略。

第二步，删除不需要的字段。可以在删除之前首先进行数据备份，然后直接删除不需要的字段；也可以构建模型对抽取的部分数据进行处理，如果效果不错再推广到所有数据。

第三步，对缺失值填充内容。一般包含以下三种方式：①用业务知识或者生活与工作经验填充，比如字段"我爱*"，可以通过生活经验推断"*"处填充"你"；②同一个字段指标的计算结果填充，比如中位数、平均数等；③用不同指标的计算结果进行填充，比如通过查询身份证号推断年龄，通过观察收件者的邮政编码推断大体位置。

第四步，重新获取数据。某些情况下无法填充缺失值，只能重新获取数据。

（3）格式与内容清洗

不同来源的数据可能出现日期、时间、数值、半角全角等显示格式不一致的情况，也有可能存在不该存在的字符，比如身份证号中出现不合乎要求的字母、姓名中出现数字等，还有字段内容中明显存在的不合理，如姓名写成了性别、身份证号写成了手机号等。

（4）逻辑错误清洗

根据生活常识与专业知识，发现数据重复或明显不合理、不可靠，比如年龄为210岁或-20岁，身份证号的出生年月与年龄的数据明显不一致，需要进行清洗。

（5）关联性验证

关联性验证经常用于多数据源的合并，通过数据之间的关联性验证来选择准确的特征属性。比如，商品销售既有电话客服记录也有线上销售记录，将二者通过客户姓名和手机号关联，检查同一个人线下登记的商品信息和线上的信息是不是一致。

6.1.3　大数据清洗工具

选择正确、有效的大数据清洗工具将事半功倍，有利于尽快获取高质量的数据进行后续分析，达到数据驱动决策的目标。常用的大数据清洗工具主要以下几款：

1）DataCleaner

DataCleaner 是用 Java 开发的用于数据质量分析的开源工具包，能对数据进行类型转换、比较、验证分析与监控，还能将半结构化数据集转换为干净可读的数据集。DataCleaner 提供数据仓库和数据管理服务。

特点：在进行数据清洗方面简单易用，可以访问 Oracle、MySQL 等数据库。

2）OpenRefine

OpenRefine 是一种具有数据画像、清洗、转换等功能的工具，类似于 Excel 表格处理软件，可以观察和操作数据，类似数据库的工作方式。

特点：可以根据数据类型在数据导入时将数据转换为对应的数值和日期型，对相似性单元格字符串进行聚类，支持关键词碰撞和近邻匹配算法。

3）Kettle

Kettle 是一款用 Java 编写的、国外开源的 ETL（extract-transform-load，抽取-转换-加载）图形用户界面（GUI）设计工具，可以在 Windows、Linux 等系统上运行。

特点：开源免费，在数据清洗方面高效稳定，具有较好的可维护性，调试简单。

4）Trifacta Wrangler

Trifacta Wrangler 是市场上一款比较优秀的数据清理工具，可以从微软 Excel、JSON 文件和原始的 CSV 文件导入数据，自动整理数据、自动确定结构，能呈现存在值缺失的百分比，提供数据不匹配或不一致的情况，对数据按类型（比如按字符串、数据点 IP 地址、日期或时间）进行直观的分类，以便更好地用于分析。

特点：仅限于 100MB 数据，具有较强的交互性和转换工具，能够快速清理和准备数据，格式化时间较少。

5）Beeload

Beeload 是由北京灵蜂纵横软件有限公司研发的一款 ETL 工具。图形操作界面简单直观，拥有定时调度与工作流调度功能，可以适应各种规模的数据集成。

特点：国产的数据整合工具，支持市场上大部分主流数据接口，采用图形操作界面，能进行 ETL 规则设计，支持抽取数据的过滤与切分操作。

6）Power BI

Power BI（power business intelligence，商业智能增强版）是微软推出的大数据处理工具，是软件服务、应用和连接器的集合，它们协同工作以将相关数据来源转换为连贯的、视觉逼真的交互式见解。2006 年 9 月，Gartner 公司提出商业智能魔力象限（Magic Quadrant），Power BI 当前处于领先者象限。关于 Power BI（包括大数据清洗）的应用将在第 9 章至第 13 章系统讲解。

特点：免费，有 Excel 操作基础的技术人员上手快，操作简便，数据分析效果较好，支持主流数据接口。

7）其他

IBM Infosphere Quality Stage、Data Ladder、Melissa Clean Suite、TIBCO Clarity、Drake、WinPure 等大数据清洗工具也比较好用，它们在操作方便性、清洗效率、兼容性、成本效益等方面各具特点。

6.1.4　数据转换

1）数据转换的含义和目的

数据转换是指将数据从一种格式或结构的数据转换为另一种格式或结构的数据的过程，也是将原始数据转换为更适合建模的数据形式的过程。数据转换可能是简单的格式转换，也可能涉及数据的清洗、验证和聚合等复杂的转换。

数据转换的目的是确保数据完整性、一致性与准确性，方便数据在不同系统间迁移。

2）数据转换的内容

（1）数据类型的转换。数据类型包括文本型、数值型、日期型、逻辑型等。数据类型的转换如将文本型日期转换为日期型数据等。

（2）数据格式的转换。最典型的数据格式转换是时间格式的转换。不同的业务系统中可能存在不同的时间格式，为便于下游数据的使用，大数据系统会将其转换为同一数据格式。在文本分类中，为便于机器学习算法模型处理，需要将文本数据转换为向量形式。数据格式转换还涉及不同文件格式的转换，如从 CSV 文件转换为 JSON 文件。

（3）数据颗粒度的转换。这是指对大数据中不同来源的数据进行不同详细程度与不同级别的数据转换。比如，从数据仓库层（data warehouse）的数据明细层转到数据应用层的整个过程，是典型的数据颗粒度转换的过程。

3）数据转换的方法

数据转换是大数据管理与分析不可或缺的一环，是实现数据驱动决策的重要环节。对于不同规模、不同性质、不同来源的数据而言，数据转换任务的规模、复杂性和资源不同，因此选择合适的转换方法对于提高效率、确保数据质量至关重要。随着数据量的增加和数据类型的多样化，数据转换是一个充满挑战且日益重要的领域。一般来说，数据转换的方法有手工转换与自动转换两种。

（1）手工转换。手工转换是指使用文本编辑器、电子表格软件或者数据库管理工具，通过人工操作来对数据进行转换，是一种传统的数据转换方法。这种方法适合简单的、小规模或一次性的数据转换需求。这种方法的优点是实时调整，灵活性高，小规模数据转换效率高。不足之处是易出错，不适用于大规模数据转换。

（2）自动转换。大规模数据的转换不适合采用手工转换，需要借助于拥有算法的转换工具或软件。市场上存在许多自动化转换工具和 ETL 软件，如 Informatica、Microsoft SSIS、Talend 等。这些数据转换工具拥有丰富的数据转换功能和图形界面、强大的数据处理能力，能够提供强大的数据校验和调试支持。它们的缺点是购买成本与学习成本较高。

6.2　数据脱敏

6.2.1　数据脱敏相关政策规范

1）法律及部门规范

关于单位、个人的敏感信息和数据的安全与保护，国家出台了一系列的法律及部门规范，包括《中华人民共和国网络安全法》《中华人民共和国数据安全法》《中华人民共和国个人信息保护法》《信息安全技术 网络安全等级保护基本要求》《网络数据安全管理条例》等。

《中华人民共和国数据安全法》第二十七条规定，开展数据处理活动应当依照法律、法规的规定，建立健全全流程数据安全管理制度，组织开展数据安全教育培训，采取相应的技术措施和其他必要措施，保障数据安全。

根据《中华人民共和国个人信息保护法》第五十一条的规定，个人信息处理者应当根据个人信息的处理目的、处理方式、个人信息的种类以及对个人权益的影响、可能存在的安全风险等，采取相应的加密、去标识化等安全技术措施。限于篇幅，相关条款请读者自行阅读。

2024年9月24日，《网络数据安全管理条例》正式出台，自2025年1月1日起施行。《网络数据安全管理条例》第十二条规定，网络数据处理者向其他网络数据处理者提供、委托处理个人信息和重要数据的，应当通过合同等与网络数据接收方约定处理目的、方式、范围以及安全保护义务等，并对网络数据接收方履行义务的情况进行监督。向其他网络数据处理者提供、委托处理个人信息和重要数据的处理情况记录，应当至少保存3年。网络数据接收方应当履行网络数据安全保护义务，并按照约定的目的、方式、范围等处理个人信息和重要数据。两个以上的网络数据处理者共同决定个人信息和重要数据的处理目的和处理方式的，应当约定各自的权利和义务。

2）行业规范

每个行业有每个行业的数据管理特点与要求。比如，金融行业出台了《中国银行业"十二五"信息科技发展规划监管指导意见》《金融行业网络安全等级保护实施指引》《商业银行信息科技风险现场检查指南》等规范，旨在加强金融领域的信息安全。电信和互联网行业出台了《电信和互联网行业数据安全标准体系建设指南》《电信和互联网行业提升网络数据安全保护能力专项行动方案》《电信网和互联网数据脱敏技术要求与测试方法》《电信网和互联网数据安全评估规范》等，这些针对电信与互联网行业的数据安全规范对数据脱敏进行了较为详细的规定。

6.2.2　数据脱敏的含义与目标

1）数据脱敏的含义

数据脱敏是指对某些敏感信息通过脱敏规则进行数据的变形，实现敏感隐私数据的可靠保护。在涉及客户安全数据或者商业性敏感数据的情况下，在不违反系统规则条件下对真实数据进行改造并提供测试使用，如客户号、身份证号、手机号、卡号等个人信息都需要进行数据脱敏。

2）数据脱敏的目标

数据脱敏应充分考虑数据脱敏后数据可用性与数据保密性两者间的平衡。数据脱敏的目标是在控制重标识风险的情况下避免攻击者识别出原始个人信息主体，同时确保脱敏后的数据集尽量满足预期目的。

6.2.3　数据脱敏的步骤①

数据脱敏包括动态数据脱敏与静态数据脱敏。

1）动态数据脱敏的步骤

动态数据脱敏的步骤如下：首先进行协议解析，即解析用户及访问大数据组件网络流量；其次进行语法解析，对访问大数据组件的语句进行语法分析；再次进行脱敏规则匹配，即对用户身份信息及要访问的数据进行脱敏规则匹配；然后下发脱敏任务，即由脱敏引擎调度脱敏任务；最后输出脱敏结果，确保原始数据不可见。

2）静态数据脱敏的步骤

静态数据脱敏的步骤如下：首先进行数据策略配置，即选择待脱敏的数据库及表，配置脱敏策略及脱敏算法，生成脱敏任务；其次执行脱敏处理，对不同类型数据进行处理，将数据中的敏感信息进行删除或隐藏；最后进行数据导出，将脱敏后的数据按用户需求装载至不同环境中，包括文件至文件、文件至数据库、数据库至数据库、数据库至文件等多种装载方式。

【课后思考】

1.什么是大数据清洗？

2.大数据清洗的内容包括哪些？

3.谈谈大数据清洗的流程。

4.何谓数据转换？数据转换的内容包括哪些方面？

5.数据脱敏的目的是什么？

6.如何进行数据脱敏？

---

① 老朱2000.数据脱敏技术定义及实施过程解析［EB/OL］.［2023-10-16］.https://blog.csdn.net/qq_22941289/article/details/133865920.

第7章 大数据分析

【本章导学】

本章在描述大数据分析的含义、意义与特点的基础上，介绍了大数据分析的流程与步骤、大数据分析技术与平台，重点讲解了大数据分析方法。

【素养导引】

只有掌握科学的大数据分析方法与技术，才能有效地实现数据挖掘，发现数据背后的规律，体现数据价值，为企业决策服务，不断创造价值。大数据分析人员要树立正确的职业价值观，做到诚信敬业、尽职尽责。

7.1 大数据分析的含义、意义与特点

7.1.1 大数据分析的含义

大数据分析并没有统一的定义，对于大数据分析的理解存在两个视角：第一个视角是将大数据分析作为整个数据分析的一个环节，认为大数据分析是分析大量数据，以挖掘数据背后的规律，发现诸如隐藏模式、相关性、市场趋势和消费者偏好、个人活动或行为等信息的复杂过程，这些信息有助于企业或政府做出更好的决策；第二个视角是包括大数据采集、清洗、脱敏、分析、可视化等整个环节的内容。

考虑到本教材的学习目的，我们将大数据分析定义为对不同来源的大量数据，经过采集、预处理、存储、清洗及脱敏等环节，运用专门的大数据分析工具或平台，提取对企业或政府决策有用的信息的过程。本教材所作的上述定义，是从第二个视角来理解大数据分析的。

7.1.2 大数据分析的意义

大数据分析可以挖掘数据中潜藏的关联关系甚至因果关系，对数据整体中缺失的信息进行预测，对数据反映的系统走势进行预测，同时，支持对数据所在系统功能的优化，或者对决策起到评估和支撑作用。

大数据分析对于企业经营管理十分重要。据调查，近60%的企业设立了数据分析相关部门，超过1/3的企业将大数据分析应用于日常运营和销售。大数据分析主要有以下四个方面的作用：

（1）有利于企业加强科学管理，提高经营管理水平。企业要推行科学管理，有效发挥

决策、计划、组织、领导、控制等管理职能，就必须采取科学的态度，充分利用各种数据，分析企业现实情况。及时分析多种来源、多种形式、多种类型的海量数据，不仅有助于企业更深入地了解消费者需求、行为和情绪，优化产品开发，而且有助于企业更快地做出更明智的判断，改进战略管理流程。可以说，企业的一切活动都离不开数据分析，它既是必不可少的管理手段，又是提升企业经营管理水平的利器。比如，企业所做的每一项决策，都应事先进行科学预测；企业开展的每一项经营活动，都应进行量化监控；企业完成的每一项工作，都需要总结、分析与提高。

（2）有利于企业实现标准化管理，提高经营管理效率。企业的管理工作都是围绕企业的效率与效益展开的，数据分析工作也不例外。近百年来，管理学界总结并创建了诸多数据分析方法与模型，推进了企业规范化、标准化管理工作。使用这些分析方法与模型对企业经营管理数据进行分析，有助于企业提高数据处理效率和业务流程效率，加强供应链、物流管理，节约成本。

（3）有利于企业提高经济效益，增强核心竞争力。不断提高经济效益是经济发展的客观要求。为了满足这一要求，企业应当开展数据分析工作，对经营活动进行监控。通过经常分析和定期分析，对企业年度预算目标完成进展情况进行比较，找出差距及其原因，及时采取应对策略，有利于企业提高经济效益；通过与竞争对手的对标分析，找出竞争中的薄弱环节，有利于企业增强核心竞争力。

（4）有利于企业完善经济责任制，搞好企业内部分配。通过数据分析，可以考察客观经济环境变化对企业各项经济活动的影响，分清影响企业内部各部门经济效益的主客观原因，查明企业内部各部门的经营管理活动对目标实现的影响和应负的经济责任，这有助于企业正确评价各部门的工作业绩，分清责任与贡献大小，搞好企业内部分配，实行合理奖惩。

大数据分析不仅对于企业生产经营决策具有重要的作用，而且对于促进国家治理能力现代化具有十分重要的现实意义。各类组织都可以运用大数据分析实现数据驱动决策。随着我国数字经济的发展，在数据产业化、产业数字化的进程中，大数据分析将创造无法估量的价值。

7.1.3　大数据分析的特点

1）高效性

在大数据时代，随着人工智能、云计算、移动互联网、物联网、区块链及5G等新一代信息技术的发展与应用，大数据分析工具能够处理海量数据，并且可以在短时间内得出分析结果，进而为企业提供快速获取市场信息、客户需求等重要情报的机会，使企业能够及时调整战略和行动计划，提高决策的效率与质量。

2）预测性

大数据分析的理论核心是数据挖掘算法，通过建立数据模型和算法，可以预测个人消费行为及企业生产经营活动未来的趋势和结果，为企业提供精准的市场预测和风险评估，有助于企业做出更加科学、合理的决策。

3）可解释性

大数据分析是建立在人工智能算法、算力及大数据基础上的数据分析，通过云计算平台的数据模型和算法处理，提供大量相关、可靠的数字和图表，并通过可视化技术将数据背后的逻辑和关联呈现出来，帮助企业更好地理解和利用数据，预测未来趋势。

7.2　大数据分析的思路与步骤

7.2.1　大数据分析的思路

通过前面关于大数据相关内容的阐述，可以从数据收集、数据清洗、数据存储、数据挖掘、数据可视化、数据分析报告六个环节进行大数据分析。

（1）数据收集。俗话说，巧妇难为无米之炊。数据收集是大数据分析的开始，只有拥有足够有效的数据才能开展大数据分析。

（2）数据清洗。通过对数据进行清洗、转换等工作，可以确保数据的可靠性、安全性与一致性，从而得到高质量的数据用于后续分析。

（3）数据存储。数据一是存储在数据仓库中，二是存储在各类数据处理系统中。

（4）数据挖掘。运用分类、聚类、关联规则等数据挖掘技术来分析数据，可以发现数据之间的规律与趋势。

（5）数据可视化。数据可视化就是在数据分析后将结果以静态或动态图表等形式直观地呈现出来，以便更好地阅读与使用数据。

（6）数据分析报告。数据分析报告是大数据分析的出发点与归宿，用于描述整个分析过程与结论，目的是为管理部门提供决策支持。

上述六个环节相互联系、相互衔接，每个环节都将影响大数据分析的成效。其中，数据收集和数据清洗是数据质量的保证；基于算法的数据挖掘能够体现大数据价值所在；数据可视化是对大数据分析结果的直观呈现；数据分析报告是最终成果，既有助于掌握分析对象现状，又能为决策与行动提供建议。

7.2.2　大数据分析的步骤

关于大数据分析的步骤，沈艳（2016）提出的大数据分析五步法具有代表性，即问题识别、数据可行性论证、数据准备、建立模型、评估结果[①]。

1）问题识别

大数据分析的第一步是搞清楚大数据分析要解决现实中的什么问题、支持何种决策，也就是明确大数据分析的目的。

2）数据可行性论证

大数据分析的第二步是对数据进行可行性论证，事关大数据分析的成效。企业生产经营活动或社会活动产生的数据不是出于特定数据分析目的而生成的，往往是附属产品，因此，这些数据可能是"脏数据"，存在重复、不一致、缺失的情况，甚至可能存在错误，需要对数据进行可行性论证。

数据可行性论证涉及三个环节：（1）厘清项目需要的大数据、小数据和专业知识；（2）完成从抽象概念到具体指标的落实；（3）考察数据的代表性。

① 沈艳.大数据分析五步法——以新经济指数为例［EB/OL］.［2016-03-18］.http://nsd.pku.edu.cn/sylm/gd/258083.htm.

3）数据准备

数据可行性论证完成后，需要对各个条目的数据进行梳理，为后续建立模型做好准备。数据准备包括数据的采集准备和清洗整理准备。

在数据的采集准备阶段，要考虑下列问题：项目的数据预算有多少？配备的人员设备是否足够？项目预期数据采集的完成期限是哪天？项目打算用什么方法收集数据？哪些数据可以通过自身努力获取，哪些数据需要通过购买获得？哪些数据在获取过程中会存在时间和经费上的不确定性？如果一些重要问题的答案是否定的或者含糊的，就可能需要重新回到数据可行性论证环节。

数据的清理准备就是对数据进行可靠安全与一致性准备，确保数据质量。

4）建立模型

通常需要建立模型来进行数据分析，具体包括专业领域模型与数据分析模型。大数据的专业领域模型一般有 PEST 分析模型、5W2H 分析模型、逻辑树分析模型、4P 营销理论模型、用户行为模型等。数据分析模型主要有结构化数据的数据挖掘算法模型、处理非结构化数据的语义引擎、可视化策略等，这些模型往往需要强大的运算能力和专家的主观判断。数据模型的核心是数据挖掘算法。

5）评估结果

评估结果是指评估上述步骤得到的结果是否严谨、可靠，确保数据分析结果能够对决策有用。评估结果包括定量评估和定性评估两部分。定量评估是关注主观标准的可靠性。尽管数据挖掘分析在计算上依靠的是技术，但有些重要节点判断则是建立在主观标准上的。定性评估的重点是考查大数据分析的结果是否合理、方案是否可行。

7.3　大数据分析技术

大数据分析技术主要有批处理计算、流计算、图计算、查询分析计算[①]。它们各自的适用范围及代表性产品见表 7-1。

表 7-1　　　　　　　　　　大数据分析技术的适用范围及代表性产品

大数据计算模式	适用范围	代表性产品
批处理计算	针对大规模数据的批量处理	MapReduce、Spark 等
流计算	针对流数据的实时计算	Storm、S4、Flume、Streams、Puma、DStream、Super Mario、银河流数据处理平台等
图计算	针对大规模图结构数据的处理	Pregel、GraphX、Giraph、PowerGraph、Hama、GoldenOrb 等
查询分析计算	大规模数据的存储管理和查询分析	Dremel、Hive、Cassandra、Impala 等

7.3.1　批处理计算

1）批处理计算的含义和应用领域

批处理计算是针对大规模数据进行批量处理的大数据分析技术，是一种将大规模数据

---

① 林子雨.大数据技术原理与应用：概念、存储、处理、分析与应用［M］.3 版.北京：人民邮电出版社，2021.

分割成多个批次进行处理的计算模型。批处理计算主要应用于大数据处理领域，它可以在相对较短的时间内完成数据处理和分析。

在大数据处理过程中，由于数据量非常大，计算机无法将所有数据一次性加载到内存中，因此，批处理计算将数据分成多个部分，每个部分被称为一个批次，计算机每次只处理一部分数据，然后通过一系列的计算与操作来完成数据的处理和分析，这样可以避免内存溢出等问题。同时，批处理计算还可以通过并行化处理来加速数据处理和分析过程。

2）应用批处理计算的注意事项

（1）要确定批处理的批次大小。批次大小决定了每个批次的数据量和处理效率。批次太小会增加内存压力，批次太大则会导致处理时间过长。

（2）要确定批处理的顺序。通常情况下，需要将数据按照一定的顺序进行排列，并确定批处理的顺序。正确的批处理顺序可以提高数据处理和分析的效率。

（3）要合理设计批处理计算的并行化方案。

3）批处理计算的代表性产品

MapReduce 是具有代表性的大数据批处理技术，是一种分布式并行编辑模型。

Spark 是一种针对超大数据集合的、低延迟的集群分布式计算系统，采用内存分布数据集，既可以提供交互式查询，还可以优化迭代工作负载，比 MapReduce 快得多。

7.3.2   流计算

1）流数据的含义和特征

流数据是指在时间分布和数量上无限的一系列动态数据集合体。

流数据的特征如下：数据实时、快速、连续到达；数据来源多、格式复杂；数据量大；流数据一旦经过处理，要么被丢弃，要么被归档存储；注重数据整体价值；数据顺序颠倒，系统无法控制将要处理的新到达的数据元素的顺序。

2）流计算的含义

流计算是一种对源源不断的数据（无界数据）进行处理的技术。系统实时获取来自不同数据源的海量数据并加以分析处理，以获取有价值的信息。其核心在于实时处理数据，确保数据的价值不会因时间的流逝而降低。

流计算的应用场景广泛，涵盖商业、科学计算以及互联网领域的多种需求。

3）流计算的系统要求

流计算要求系统具有高性能、实时性、分布式、易用性、可靠性等特点，能够对海量数据进行计算。

4）流计算框架与平台[①]

（1）商业级流计算平台，如 Streams 等。

（2）开源的流计算框架，如 Storm、S4、Spark Streaming、Flink 等。

（3）公司自行开发的流计算框架。比如，Meta 使用 Puma 和 Hbase 相结合来处理实时数据；百度开发了通用实时流数据计算系统 DStream；淘宝开发了通用流数据实时计算系统——银河流数据处理平台。

---

①　林子雨.大数据技术原理与应用：概念、存储、处理、分析与应用［M］.3 版.北京：人民邮电出版社，2021.

7.3.3 图计算

1）图计算的含义

图计算中的"图"是"图论"中的"图"（graph），而非图片（picture）、图形（image）。图计算技术通过对图数据的计算和分析发现其中有价值的信息、知识和规律，并且为事件溯源，揭示因果关系，以便为实际业务应用提供支持。

大数据中的图计算是指对大规模图数据进行处理、分析、挖掘的分布式计算技术。它以"图"为基本数据结构，支持高效的计算、查询、迭代和演化，能够处理包含数十亿乃至上百亿节点和边的超大规模图数据。

图数据由一系列的顶点与边构成，能更自然、更直观地表达事物之间复杂的关联关系，是一种更符合人类思考方式的抽象表达。我们生活中的数据都可以转化为图数据，如社交网、道路图、电路图、文献网等。

2）图计算的必要性

大数据时代，不仅数据量庞大，而且数据关系复杂。传统的关系型数据库难以实现有效的计算，也无法充分挖掘数据间的关联关系。以企业的风险管理为例，图计算可以揭示风险在不同实体之间的传递关系，从而制定风险防控策略。随着企业与社会治理的数字化转型，图计算的场景越来越丰富，图计算越来越重要。

3）图计算软件

通用的图计算软件主要包括以下两种：

（1）基于遍历算法的、实时的图数据库，如 Neo4j、OrientDB、DEX、Infinite Graph。

（2）以图顶点为中心、基于消息传递批处理的并行引擎，如 GoldenOrb、Giraph、Pregel、Hama，这些图处理软件主要是基于 BSP 模型实现的并行图处理系统。

4）图计算的应用领域

（1）社交网络分析。通过分析用户间的关系，挖掘用户的兴趣爱好、行为习惯等，从而为精准推荐提供支持。

（2）金融风险分析。通过分析不同实体间的关系，识别异常交易行为，预测金融风险。

（3）药物研发。通过构建药物-靶点图谱，预测药物的相互作用，发现新的药物分子。

（4）自然语言处理。通过分析文本中词语间的语义关系，实现情感分析、关键词提取等功能。

（5）能源管理。通过分析电网中节点间的关系，预测电力故障，优化能源调度。

7.3.4 查询分析计算

为满足企业经营管理需求，在针对超大规模数据的存储管理和查询分析方面要提供实时或准实时的响应。Dremel 是一种能够快速处理 PB 级数据、交互式可扩展的实时查询系统，用于只读嵌套数据的分析。通过集合多级树状执行过程和列状数据结构，它能做到几秒内完成对万亿张表的聚合查询。此系统可以扩展到成千上万的 CPU，满足 3 万用户在两三秒内完成 PB 级数据的查询操作。

Cloudera 公司参考 Dremel 系统开发了实时查询引擎 Impala，提供 SQL 语义，能快速查询存储在 Hadoop 的 HDFS 和 Hbase 中的其他 PB 级数据。

7.4　大数据分析平台

在全球范围内运用大数据推动经济发展、完善社会治理、提升政府服务和监管能力正成为趋势，未来全球大数据市场将保持持续稳定发展。根据赛迪（CCID）的统计，全球大数据市场规模由 2019 年的 1 821.9 亿美元增长至 2021 年的 2 133.5 亿美元，复合年增长率为 8.2%；2024 年全球大数据市场规模将达到 2 881.2 亿美元，未来 3 年复合年增长率约为 10.7%。

各个行业垂直领域都在以某种方式充分利用大数据分析。通过大数据分析，商品流通企业能对消费者行为进行分析和预测，规划新产品、服务和体验，改进工作流程，分析客户需求波动，促进销售或影响客户行为。

要开展大数据分析，需要基于大数据分析平台。近年来，大数据分析平台较多，主要有 Hadoop、Cassandra、Spark、Microsoft Power BI。

7.4.1　Hadoop

Hadoop 是流行的软件框架之一，它为大数据集提供了低成本的分布式计算能力。使 Hadoop 成为功能强大的大数据工具的因素是其分布式文件系统，它允许用户将 JSON、XML、视频、图像和文本等多种数据保存在同一文件系统上。

1）Hadoop 发展史

2005 年，道格·卡廷（Doug Cutting）联合 Yahoo 工程师团队提出了 Hadoop 的新项目，卡廷以儿子的玩具大象 Hadoop 命名该项目，因此，Hadoop 象征黄色玩具大象。

2007 年，Yahoo 成功使用 Hadoop 在 1 000 个节点集群上进行测试，并投入使用。

2011 年，ASF 发布了 Apache Hadoop 1.0，并于 2017 年 12 月发布了最新版本 Apache Hadoop 3.0。

2）Hadoop 的组成部分

Hadoop 的开发是为了解决大数据的两个主要问题：一是存储海量数据；二是处理存储的数据。Hadoop 的组成部分及其大数据解决方案如下：

（1）Hadoop 分布式文件系统（HDFS）。HDFS 是一个专用文件系统，通过流访问模式用普通、廉价的硬件集群来存储大数据。该系统便于将数据存储在集群中的多个节点上，从而保证数据的安全性和容错性。Hadoop 将每个数据集的三个副本存储在三个不同的位置，确保 Hadoop 不会出现单点故障。

（2）MapReduce 技术。为了处理存储在 HDFS 中的数据，一个查询会被发出，用来处理 HDFS 中的数据集。Mapping 出现在 Hadoop 检测数据的存储位置，并将查询分解为多个部分，以便同时处理数据，这种方法称为并行执行（parallel execution）。将多个部分的结果连接起来，然后将整体结果发回用户，这称为 reduce 过程。MapReduce 的核心计算模型将运行于规模集群上的复杂并行计算过程高度抽象为两个函数过程：map（映射）和

reduce（归约）。map 函数以 key/value 对作为输入，产生另外一系列 key/value 对作为中间输出写入本地磁盘。MapReduce 框架会自动地将这些中间数据按照 key 值进行聚集，并将 key 值相同的数据统一交给 reduce 函数处理。reduce 函数则以 key 及对应的 value 列表作为输入，经合并 key 相同的 value 值后，产生另外一系列 key/value 对作为最终输出写入 HDFS。

（3）Yet Another Resource Negotiator（YARN）。YARN 可以被用于管理 Hadoop 集群的资源，也是 Hadoop 中协调应用程序运行的作业调度框架。

3）Hadoop 的主要特点

Hadoop 作为重要的分布式计算平台，具有高度扩展性、快速访问、高容错性、高协同性、普遍适用的特点。

7.4.2　Cassandra

1）Cassandra 的特点与功能

Apache Cassandra™是开源分布式 NoSQL 数据库系统，具有去中心化、可调节一致、易操作的数据接口等特点。

Cassandra 提供了当今最苛刻的应用程序所需的高可用性、高性能和线性可伸缩性。它提供了跨云服务提供商、数据中心和地理位置的操作简便性和轻松的复制，并且可以在混合云环境中每秒处理 PB 级信息和数千个并发操作。

2）Cassandra 架构

Cassandra 被设计用来处理跨多个节点的大数据工作负载，没有单点故障。Cassandra 通过采用跨同构节点的对等分布式系统来解决故障问题，数据分布在集群中的所有节点上。每个节点使用点对点 gossip 通信协议频繁地交换自己和集群中其他节点的状态信息。每个节点上按顺序写入的提交日志被捕获写入活动，以确保数据的持久性。然后，数据被编入索引并写入内存结构，称为 memtable，它类似于回写缓存。每次内存结构满了，数据就被写到一个 SSTables 数据文件的磁盘上。所有写操作都会自动分区并在整个集群中复制。Cassandra 定期使用一个称为压缩的进程合并 SSTables，丢弃用 tombstone 标记为要删除的过时数据。为了确保集群中的所有数据保持一致，需要使用各种修复机制。

Cassandra 是一个分区的行存储数据库，其中行被组织成具有所需主键的表。Cassandra 的体系结构允许任何授权用户连接到任何数据中心的任何节点，并使用 CQL 语言访问数据，采用与 SQL 类似的语法并处理表数据。

7.4.3　Spark

1）Spark 概述

Spark 于 2007 年在 Yahoo 起步，用于改善 MR 算法，2009 年独立为一个项目，2010 年开源，2013 年进入 Apache 孵化。它被称为下一代计算平台。加州大学伯克利分校成立大数据技术中心，伯克利数据分析栈（Berkley Data Analysis Stack，BDAS）逐步形成大数据平台①，2014 年成为 Apache 顶级项目。

① IT 小尚. 大数据开发之 Spark 入门［EB/OL］.［2021-10-25］.https：//baijiahao.baidu.com/s？id=171456208556 4510172&wfr=spider&for=pc.

与Hadoop、Storm等其他大数据和MapReduce技术相比，Spark提供了一个全面、统一的框架，用于管理各种具有不同性质（如文本数据、图表数据等）的数据集和数据源（批量数据或实时的流数据）的大数据处理需求。Spark可以将Hadoop集群中的应用在内存中的运行速度提升100倍，甚至能将应用在磁盘上的运行速度提升10倍。

2）Spark与Hadoop的关系

Hadoop有两个核心模块，即分布式存储模块HDFS和分布式计算模块MapReduce。Spark本身并没有提供分布式文件系统，因此Spark的分析大多依赖于Hadoop的分布式文件系统HDFS。Hadoop的MapReduce与Spark都可以进行数据计算，而相比于MapReduce，Spark的速度更快并且提供的功能更加丰富。

3）Spark的特点

Spark采用Scala语言编写，底层采用了Actor Model的AKKA作为通信框架，代码十分简洁、高效，具有架构先进、运算高效、操作简便、集成处理、与Hadoop无缝衔接、拥有良好的生态圈等特点。

4）Spark的适用场景

Spark是基于内存的迭代计算框架，适用于需要多次操作特定数据集的应用场合。需要反复操作的次数越多，所需读取的数据量越大，效果越好。Spark不适用那种异步细粒度更新状态的应用。目前，互联网公司主要把Spark应用在广告、报表、推荐系统等业务上。比如，在广告业务方面，互联网公司需要基于大数据作应用分析、效果分析、定向优化等；在推荐系统方面，则需要运用大数据优化相关排名、个性化推荐、热点点击分析等。这些应用场景的普遍特点是计算量大、效率要求高。总的来说，Spark的适用面比较广泛。

7.4.4　Microsoft Power BI

Microsoft Power BI是一种收集数据、分析数据、提供可视化报告，以形成有用见解的有效方法。它帮助初创公司和企业通过操作实时数据源来创建具有见解的仪表盘。这些仪表盘提供了实时见解，以了解在组织内进行的流程的整体性能。Microsoft Power BI甚至可以提供咨询和开发方面的外包服务，以获得最佳效果。

Microsoft Power BI中有300多个预定义代码的DAX函数可以用于强化数据分析功能。Microsoft Power BI可从不同的数据源获取各种类型的数据，以及基于云端的系统到内部部署系统，还可使用Office 365套件通过Power Query和Power Map轻松集成到大数据分析中，便于企业整合多种来源的市场数据进行综合分析。

本教材采用Microsoft Power BI进行大数据分析，相关内容参见下篇。其他大数据分析平台如Datawrapper、Plotly、RAW、Visual.ly等在此不一一介绍，请读者参阅相关书籍。

7.5　大数据分析方法

7.5.1　聚类分析

1）聚类分析的产生

随着社会经济和科学技术的发展，各种各样的数据如潮水般出现，社会网络越来越错综复杂，仅从经验与专业知识层面难以对数据进行有效分类并运用数据为决策服务。因此，人们逐渐把数学工具引入分类学，形成了数值分类学，之后又将多元分析技术引入数值分类学，形成了聚类分析。

2）聚类分析的含义

聚类（clustering）就是寻找数据之间内在结构的技术。聚类把全体数据实例组织成一些相似组，而这些相似组被称作簇。处于相同簇中的数据实例彼此相同，处于不同簇中的实例彼此不同。

聚类分析（cluster analysis），又称群分析，是根据物以类聚的原理对样品或指标进行分类的多元统计分析方法，将若干数据对象按照某种标准归为多个类别，将相似或相关的数据对象归为一类，将相异或不相关的数据对象归为不同类。

3）聚类分析的应用领域

聚类分析可被用于数据预处理过程。对于复杂结构的多维数据，可以通过聚类分析的方法对数据进行聚集，使复杂结构数据标准化。聚类分析还可以被用来发现数据项之间的依赖关系，从而去除或合并有密切依赖关系的数据项。

聚类分析在商业经营、电子商务、生物科学研究等领域有广泛的运用。在商业经营中，聚类分析可被用于对不同客户群的特征进行刻画，研究消费者行为，寻找新的潜在市场；在电子商务中，聚类分析可以帮助企业了解自己的客户，向客户提供更合适的服务；在生物科学研究中，为获取种群的生物结构信息，聚类分析可被用于对动植物基因进行分析。

7.5.2　分类分析

1）分类的含义

分类是人类认识客观世界、区分客观事物的思维活动，也是根据事物的共性与特性聚集相同事物、区分不同事物的手段。

世界是无限宽广、丰富多样的。分类这一科学方法，自从有人类社会以来就存在，而且广泛应用于政治、经济、文化、教育和日常生活等领域。自然界中的动植物种类繁多，据统计，动物有800多万种，植物有55万种。对图书馆里的图书按图书编码分类，就可以通过作者、书名或关键词快速找到。智能机器人可以按邮政编码自动分拣，从而提高分拣效率，降低成本。帕累托法则又名二八法则，即任何一组东西中，最重要的只占其中一小部分，约20%，其余80%尽管是多数却是次要的；ABC分类法是二八法则的一种升级，二者的共同点是将对象分清主次，不同的是ABC分类法将事物分成三类，发生频率在70%以上的为主要影响因素，在10%～20%的为次要影响因素，在10%以内的为一般影响因素。

2）分类分析的目的

分类分析就是构建一个模型去识别某些特定模式，以便在下一次遇到这个模式的事物时可以识别出来。

3）分类分析的应用场景

分类的主要用途是预测，即根据现有样本预测新样本的所属类别，应用于企业信用评级、风险等级、欺诈预测等。

分类是模式识别的重要组成部分，被广泛应用于人脸识别、医学诊断、机器翻译、光学字符识别（OCR）、指纹识别、语音识别、视频识别等。

为数据化运用提供规则，也是分类分析的主要应用方向。比如，企业在考虑对沉默会员进行重新激活时，可以挑选具有某种特征的会员；企业对商品清仓时，通常结合具体情况选择某种促销活动。

此外，分类分析还可用于产品开发。比如，为吸引用户眼球，企业往往对手机按功能进行分类，有的注重通信质量，有的注重拍照效果。

7.5.3 回归分析

1）回归分析的含义

回归分析（regression analysis）是用于确定两种或两种以上变量间相互依赖的定量关系的一种统计分析方法。

2）回归分析的类型

回归分析按照自变量和因变量之间的关系，可分为线性回归分析和非线性回归分析；按照涉及的变量数量，可分为一元回归分析和多元回归分析；按照因变量的多少，可分为简单回归分析和多重回归分析。最为常见的是一元线性回归与多元线性回归。

常用的回归算法包括线性回归、二项式回归、对数回归、指数回归、岭回归、Lasso回归等。

3）回归分析的应用场景

回归分析是一种预测性建模方法，也就是通过研究因变量和自变量之间的因果关系，将预测数据与实际数据进行对比分析，确定事件发展趋势，为未来决策提供指导。回归分析在企业经营管理、财务管理、金融投资、风险管控、交通管理、社会治理、医学研究中广泛应用。

7.5.4 关联分析

1）关联分析的含义

关联分析就是从大规模数据中发现对象之间隐含关系与规律的过程，也称为关联规则学习。关联分析是一种简单、实用的分析技术，旨在发现存在于大量数据集中的关联性或相关性，从而描述一个事物中某些属性同时出现的规律和模式。根据所挖掘的关联关系，可以从一个属性的信息来推断另一个属性的信息。当置信度达到某一阈值时，可以认为规则成立。

2）关联分析的应用场景

关联分析不仅对于企业生产经营活动、商业与经济决策具有重要价值，而且在社会治理、信用与风险管理等方面也发挥着重要作用。

一个大家熟悉的例子是沃尔玛超市的销售人员在分析订单时发现，一些男性顾客买尿布时会顺便买啤酒，因此沃尔玛超市将啤酒和尿布摆在靠近的位置并辅以营销手段使得它们的销量双双提高。这就是购物篮分析，即发现超市销售数据库中不同商品之间的关联关系。实体商店或电商平台通过购物篮分析，能够了解顾客的购买习惯，进而通过跨品类推荐、购物车联合营销、商品货架陈列、定价策略等提升商品销量、找到高潜力用户，同时改善用户体验，节约用户购物时间。

在医院，医生通过询问、实验室检查、研究病历，有可能找到患同一疾病的病人都具有的共同暴露因素，进而发现暴露因素与疾病之间的关联性，由此发现病因并提供医疗建议。

7.5.5　协同过滤

1）协同过滤的含义

2003年，Linden等发表的论文[1]让协同过滤成为很长时间的研究热点和业界主流推荐模型。协同过滤是基于用户行为设计的推荐算法，具体来说，是通过群体行为找到某种相似性（用户之间的相似性或者物品之间的相似性），再通过相似性为用户作决策和推荐。

从字面上理解，协同过滤包括协同和过滤两个操作。协同就是汇集所有用户的反馈、评价等与网站不断进行的互动；过滤就是利用协同得到的信息对海量物品进行过滤，筛选出用户感兴趣的物品。

2）协同过滤的原理

协同过滤的原理是在为目标用户找出相似用户的基础上，通过相似用户的喜好挖掘目标用户的消费偏好。

协同过滤算法包含两个过程：一是预测过程，即利用目标用户的行为及日志等信息，挖掘目标用户的偏好模型，然后找出带有该偏好模型的相似用户；二是推荐过程，即把带有该偏好模型的相似用户喜好的物品推荐给目标用户。

如果用日常生活中看电影的例子来阐述，就是当一个人去看电影的时候，他会经常遇到要看哪部电影的选择。如果他在面对影院售票系统时难以决定看哪部电影，那么他有可能询问他的朋友或同学，而他问的这个朋友或同学通常是兴趣爱好相似且比较信任的。这个过程可以很生动地描述协同过滤的核心思想。

3）协同过滤的应用场景

电商平台与社交媒体大多基于用户历史评价、购买、下载等行为数据，运用挖掘算法发现用户的消费偏好，进而给用户推荐喜好的产品，比如京东推荐的商品、今日头条推送的信息、抖音推荐的短视频等。这些推荐不依赖于消费者年龄、性别等任何附加信息。

【课后思考】

1.什么是大数据分析？

2.大数据分析的意义何在？

3.请简要谈谈大数据分析的流程。

4.请列出一些大数据分析平台。

5.请谈谈聚类分析方法在大数据分析中的应用思路。

6.在大数据分析中如何应用回归分析方法？

---

① LINDEN G, SMITH B, YORK J.Amazon.com recommendations：Item-to-item collaborative filtering［J］.IEEE Internet Computing, 2003（7）：76-80.

第8章 大数据分析可视化

【本章导学】

本章介绍了大数据分析可视化的含义、特点、发展历程与意义，重点讲解了大数据可视化图表的适用场景与优缺点。

【素养导引】

大数据分析的目的是发现并运用数据价值，实现数据驱动决策，数据可视化作为大数据分析结果的呈现，能够有效达到大数据分析的目的。因此，要学会各种呈现工具与方法，充分展现图表之美，让决策者能够洞察业务与财务逻辑，做出科学决策。

8.1 大数据分析可视化的含义与特点

8.1.1 大数据分析可视化的含义

大数据分析可视化就是通过大数据采集、预处理、清洗得到高质量的数据，再运用大数据分析算法对复杂的数据进行分析，最后将分析结果运用合适的图形、图表显示出来，以更好地表达数据的变化、联系或趋势的过程。

数据可视化利用视觉感知来呈现数据，在数据分析的过程中更容易找到规律，展现隐藏在数据背后的信息，帮助用户更好地理解、分析和使用数据。

8.1.2 大数据分析可视化的特点

1）清晰且易于理解

数据可视化能够将复杂的数据以图像的形式展现出来，这种方法可以使数据更加清晰且易于理解。

2）高效

数据可视化可以快速地将数据之间的关系与规律呈现出来，从而加快决策过程。

3）交互性

通过数据可视化，用户可以自定义视角、分析维度、层次等来探索数据。

4）可视化

数据可视化将数据转换成视觉元素，使用户更容易发现数据中存在的规律和数据所展现的趋势。

5）生动形象

通过图表的直观呈现，数据变得更加鲜活。

8.2 大数据分析可视化的发展历程

8.2.1 萌芽阶段

数据可视化相关的历史文献并不多见。有的学者认为，10世纪的行星运动图描述了行星轨道随时间变化的趋势，能够作为第一个可考证的可视化图。有的学者认为，数据可视化直到16世纪才出现，当时，人类掌握了精确的观测技术和设备，可以采用手工方式制作可视化作品。

17世纪早期，可视化的主要形式是几何图表和地图，目的是展示一些重要的信息。17世纪中叶，测量设备与理论已被广泛应用于天文分析、地图制作等领域。17世纪末，基于真实测量数据的可视化方法产生。从那时起，人类社会开启了可视化思考的新模式。18世纪，时间线图、条形图、饼图和时序图等相继萌芽，并沿用至今。

19世纪是数据制图的黄金时期，欧洲开始着力发展数据分析技术，数据可视化在社会、工业、商业和交通规划等领域大放异彩。1854年英国伦敦爆发了霍乱，10天左右就造成500多人死亡，引发社会恐慌。当时，很多人认为霍乱是通过空气传播的，但约翰·斯诺（John Snow）不这么认为，这位医生绘制了一张霍乱病例分布图，分析了霍乱患者分布与泵井分布的关系，发现在某一口井的供水范围内患者明显偏多，据此判断宽街（Broad Street）的泵井污染是霍乱暴发的根源。在人们把这个泵井移除以后，霍乱的发病人数就开始明显下降。[①]这张霍乱病例分布图[②]正是数据可视化的典型实例。

8.2.2 发展阶段

20世纪70年代以后，Windows桌面操作系统、图形显示设备等领域的发展为交互式可视化提供了技术基础。特别是个人计算机的普及推动人们普遍采用计算机编程的方式实现可视化。

进入21世纪以来，原有的可视化技术难以应对海量、高维、多源、动态的数据分析挑战，于是可视分析学应运而生。它综合了计算机图形学、数据挖掘分析和人机交互等技术，以可视交互界面为通道，将人的感知和认知能力以可视的方式融入数据处理过程，形成人脑智能和机器智能的优势互补，建立螺旋式信息交流与知识提炼途径，进而完成有效的分析推理和决策。自此，数据分析迎来高速发展阶段。

在可视化发展过程中，图表本身在不断丰富，可视化思考方式也在不断升级，探索与传递知识的可视化形式更加丰富。随着数字经济的发展，大数据分析可视化需求日益增加，可视化技术与工具快速迭代，并且在各行各业广泛应用。比如，企业生产经营大屏、交通管理大屏、医疗管理大屏、水上管理大屏、企业财务大屏等可视化大屏技术随处可

---

① 王旭东，孟庆龙. 世界瘟疫史：疫病流行、应对措施及其对人类社会的影响［M］. 北京：中国社会科学出版社，2005：278.
② 霍乱病例分布图可参见：Mapbox中国. 霍乱爆发疫情分析图制作教程［EB/OL］.［2020-02-15］. https://zhuanlan.zhihu.com/p/107030894.

见，其背后是各类算法提供的大数据分析结果，让管理者能够对生产进度、产品质量、经营异常情况等实时进行全方位把控，在降低成本的同时为各种决策提供支持，实现可视化的价值传递。

8.3 大数据分析可视化的意义

随着大数据、人工智能、云计算、区块链、物联网等新信息技术的发展与应用，各类企业日益重视数据价值，纷纷开展数字化建设，数据可视化在当今世界中发挥着越来越重要的作用。通过可视化技术，用户可以更好地阅读数据、理解数据并运用数据为决策服务。

8.3.1 提高数据的可理解性

进入大数据时代，数据量大，数据类型多，数据内容庞杂，人们在大数据面前显得无所适从，仅凭传统的数据呈现手段与方法，人们已无法快速阅读并准确理解这些数据。数据分析的任务通常包括定位、识别、区分、分类、聚类、分布、排列、比较、关联、关系等，各类可视化工具能够直观地呈现数据分析结果，展现多维度、多样化的数据，突破常规统计分析的局限性。相对于冰冷的数字而言，形象的可视化图像更容易被人们理解、接受和记忆，有助于人们发现数据之间的关系和规律，从而更出色地完成相关任务，提高工作效率。

8.3.2 支持数据驱动决策

各行各业的决策者都需要依据大量的数据做出正确的判断。采用可视化手段呈现的数据，能让决策者更加准确把握问题的本质和趋势，辅助他们制定各类科学合理的决策，如生产决策、财务决策、社会治理决策、医疗管理决策等。

8.3.3 快速识别异常和问题

随着动态可视化技术的发展，实时在线可视化的图形能在算法的加持下呈现出数据中可能存在的异常和问题，如果这些异常和问题未被及时发现并加以妥善解决，将会影响后续的数据分析和模型建立。这些异常和问题如果是源自数据采集或处理过程中的人为错误，用户可以及时发现并予以纠正；如果是真实存在的意外情况，用户则可以及时采取措施，防患未然。

8.4 数据可视化图表

8.4.1 柱形图

柱形图，又称条形图，是以宽度相等的条形高度或长度的差异来显示统计指标数值多少或大小的一种图形。柱形图简明、醒目，是一种常用的统计图形。柱形图用于显示一段时间内的数据变化或显示各项之间的比较情况，可以看到数据的变化趋势。

8.4.2　直方图

直方图属于基本的统计学分析图形，是一种统计报告图，用一系列高度不等的纵向条纹或线段表示数据分布情况。直方图先对数据进行分组，再统计每个分组内数据元的数量。

在平面直角坐标系中，横轴标记出每个组的端点，纵轴表示频数，每个矩形的高代表对应的频数，这种图称为频数分布直方图。频数分布直方图需要经过频数乘以组距的计算过程才能得出每个分组的数量。同一个直方图的组距是一个固定不变的值，如果直接用纵轴表示数量，用每个矩形的高表示对应的数据元数量，那么，既能保持分布状态不变，又能直观地看出每个分组的数量。

8.4.3　饼图

饼图是一个被划分为几个扇形的圆形统计图表。每个扇形的弧长以及圆心角和面积的大小表示该种类占总体的比例，这些扇形合在一起刚好是一个完整的圆形。饼图最显著的功能在于表现同类事物在整体中的占比。以一个班级为例，按男女数量画出的饼图，可以直观地表示男生或女生在整个班级中的占比情况。

饼图可以快速帮助用户了解数据的占比分配，但饼图不适用于多分类的数据。一般来说，饼图不可多于9个分类，因为随着分类的增多，每个切片就会变小，最后导致大小区分不明显，每个切片看上去都差不多大小，这样对于数据的对比是没有任何意义的，所以饼图不适用于数据量大且分类很多的场景。

8.4.4　环形图

环形图是一种特殊的饼图。它是将两个或两个以上大小不一的饼图叠在一起，挖去中间部分构成的环状图形。在占比方面，环形图能够让人把视觉重心从面积转移到环带长度上；其内部空心部分可以用于呈现文本信息，提高图表的空间利用率。

8.4.5　折线图

折线图是用特定单位长度表示一定的数量，在坐标系中根据数量的多少描出各点，然后用线段把各点顺次连接起来。折线图既可以表示项目的具体数量，又能清楚地反映事物变化的情况。折线图的特点是易于显示数据的变化规律和趋势。比如，观察某产品一年中12个月的销量折线图，既可以了解该产品一年中各月的销售数量，又可以发现一年中销量的变化趋势，如淡旺季、畅销程度变化等情况。

8.4.6　散点图

散点图，又叫X-Y图，是统计中的常用图形工具之一。它是在直角坐标系上标注所有数据点，以显示变量间的相互影响程度。那些离点集群较远的点称为异常点。

用户可以通过对散点图上数据点分布情况的观察推断出变量间的相关性。如果变量间存在相关性，那么大部分数据点就会相对密集并以某种趋势呈现；如果变量间不存在相关性，那么在散点图上就会表现为随机分布的离散点。

数据的相关关系主要分为正相关、负相关、不相关、线性相关与指数相关。在运用散点图进行分析的过程中要注意，变量间的相关性并不等同于确定的因果关系。

8.4.7　气泡图

气泡图是一种多变量图表，是散点图的变体，可用于展示三个变量间的关系。

同散点图一样，气泡图将两个维度的数据值分别映射为笛卡尔坐标系上的坐标点；与散点图不同的是，气泡图的每个气泡都有分类信息，每一个气泡的面积代表第三个数据值。

气泡图通常用于比较和展示不同类别气泡之间的关系，气泡的位置以及面积大小可被用于分析数据之间的相关性。

8.4.8　漏斗图

漏斗图总是开始于一个 100% 的数量，结束于一个较小的数量，表明实际进度与目标完成情况之间的关系。漏斗图用梯形面积来表示本环节与上一个环节的差异，梯形边的斜率反映当前环节的减小率。对不同的环节标以不同的颜色，用户就能清晰地分辨各个环节间的差异。

漏斗图适用于业务流程相对规范、业务周期较长、环节较多的单流程单向分析。通过对漏斗各环节业务数据的比较，用户能直观地发现问题所处的环节，从而提出解决对策。

8.4.9　雷达图

雷达图，又称蜘蛛网图，是一种表现多维数据的图表。它将多个维度的数据量映射到坐标轴上，这些坐标轴起始于同一个圆心点，结束于圆周边缘。每一个维度的数据分别对应一个坐标轴，这些坐标轴具有相同的圆心，以相同的间距径向排列，并且各坐标轴的刻度相同。连接各坐标轴的网格线通常只作为辅助元素。将各坐标轴上的数据点用线连接起来就形成了一个多边形。坐标轴、点、线、多边形共同组成了雷达图。

雷达图的每个轴线表示不同维度，适用于展示性能数据。在企业经营管理领域，针对财务数据、营销数据的指标分析中，经常将实际值与目标值或标准值绘制成雷达图，可以一目了然地看到各指标的完成情况及与标杆的对比情况。

8.4.10　子弹图

子弹图因其样子很像子弹射出后带出的轨道而得名。子弹图的发明是为了取代仪表盘上常见的里程表、时速表等基于圆形的信息表达方式。

子弹图无修饰的线性表达方式使人们能够在狭小的空间中表达丰富的数据信息。由于线性的信息表达方式符合人们的文字阅读习惯，因而子弹图在变量的信息传递上具有明显的优势。

8.4.11　词云图

近年来，随着人工智能、大数据与云计算的发展，各类图形工具不断涌现，词云图是典型代表，不少在线网站都能生成词云图。词云图将出现频率最多的词用较大号的字体或颜色呈现，让用户一眼就能分辨出来。词云图作为一种文本数据分析工具，具有较强的图片视觉表达方式，受到文本分析者的喜爱。

8.4.12　仪表盘图

仪表盘，顾名思义就是按照汽车等交通工具或机械的仪表来命名的一种拟物化图表。仪表盘上的刻度表示度量，指针表示维度，指针角度表示数值。指针可以随着业务量的变化指向不同的刻度数值。

在财务分析中，可以首先设定一个标准值或目标值作为最大刻度或标准刻度，然后通过仪表盘指针指示实际完成的情况，以便随时跟踪指标完成进度。

仪表盘这种图形化工具比较友好，符合人们的常识，能提高用户的体验感，在呈现数据分析结果方面更直观、更人性化，能激发人们阅读数据的热情。正因为如此，仪表盘成为大数据分析可视化的重要工具之一。

【课后思考】

1.谈谈大数据分析可视化的含义。

2.大数据分析可视化的特点有哪些？

3.大数据分析可视化的意义有哪些？

4.请列出一些常用的大数据分析可视化的图表类型。

下篇　基于Power BI的
大数据分析工具及其应用

第9章　Power BI概述

【本章导学】

从本章开始讲解大数据分析工具 Power BI。本章首先介绍了 Power BI 的发展历程、特点，详细介绍了 Power BI 的安装和工作界面，重点讲解了数据类型、输入与编辑数据，并演示了常用的数据导入方式。

【素养导引】

数据分析与商业智能是全人类的知识结晶。我们既要刻苦钻研、认真学习，不断提升大数据分析能力，善于发现 Power BI 的工具之美，也要注重数据安全，确保国内数据不为国外有关机构不当使用。

9.1　Power BI的发展历程

微软于 2009 年发布了 Gemini，2010 年发布了 Power Pivot，2017 年发布了商业智能分析桌面版软件（Power Business Intelligence Desktop，Power BI）。Power BI 能够将静态数据转换为可视化图表，其核心理念是让用户不必具备强大的技术背景，只需要掌握 Excel 这样简单的工具就能快速上手商业大数据分析。微软经过多年的优化实践，使 Power BI 更好地满足企业对商业智能的各种需求，实现数据驱动决策，为组织赋能。

Power BI 是一套可视化数据探索和交互式报告工具。它可以连接数百个数据源，根据过滤条件对数据进行动态筛选，从不同角度分析数据，并使用实时仪表盘和报表让数据变得生动。每个人都可以创建个性化仪表盘，获取针对其业务的独立见解。它还提供了报表的发布功能，使之可以在电脑端和移动端与他人共享，或者将其嵌入应用或网站。

Power BI 整合了 Power Query、Power Pivot、Power View、Power Map 等一系列工具，Excel 2016 也提供了 Power BI 插件，用过 Excel 做报表或进行商业智能分析的人员可以快速上手，甚至可以直接使用以前的模型。Power BI 分为 Power BI Desktop（桌面版）、Power BI Mobile（移动版）、Power BI Service（在线版）、Power BI Pro、Power BI Premium、Power BI Embedded 等版本。Power BI 的发展脉络如图 9-1 所示，各组件之间的关系如图 9-2 所示，各应用端之间的关系如图 9-3 所示。

Gartner 公司在 2023 年发布的分析与商业智能平台魔力象限（Magic Quadrant for Analytics and Business Intelligence Platforms）如图 9-4 所示，微软的 Power BI 位列商业智能软件应用领导者象限的第一大厂商。

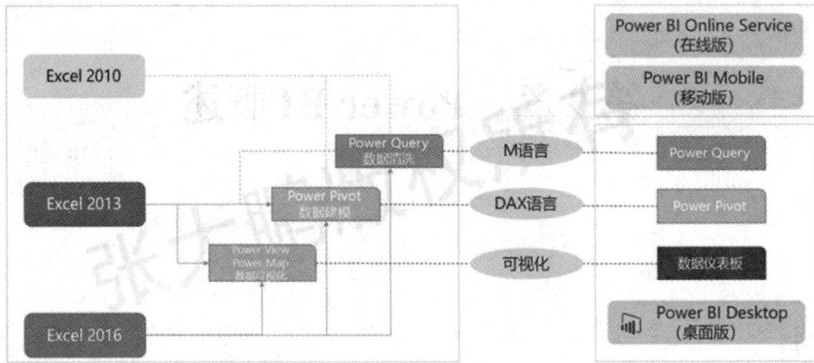

图 9-1　Power BI 的发展脉络

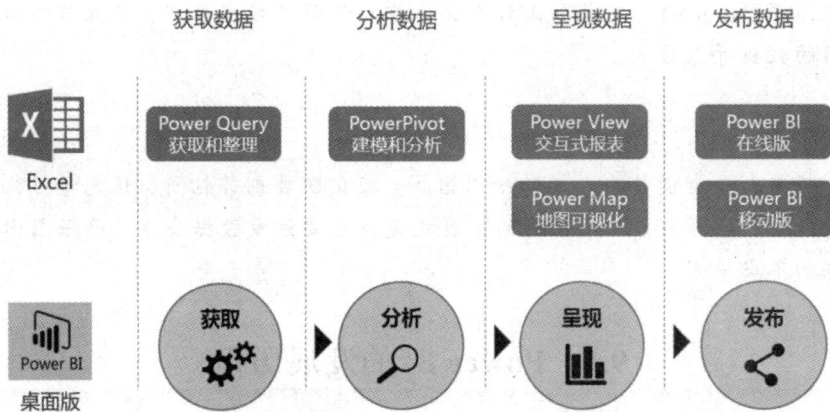

图 9-2　Power BI 各组件之间的关系

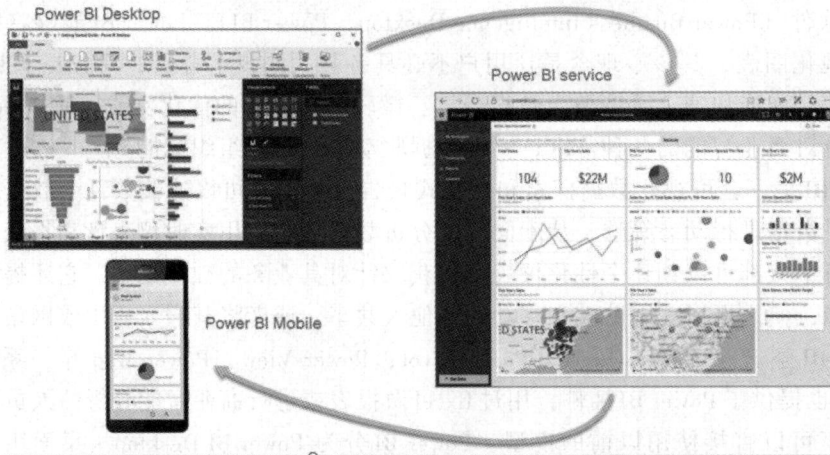

图 9-3　Power BI 各应用端之间的关系

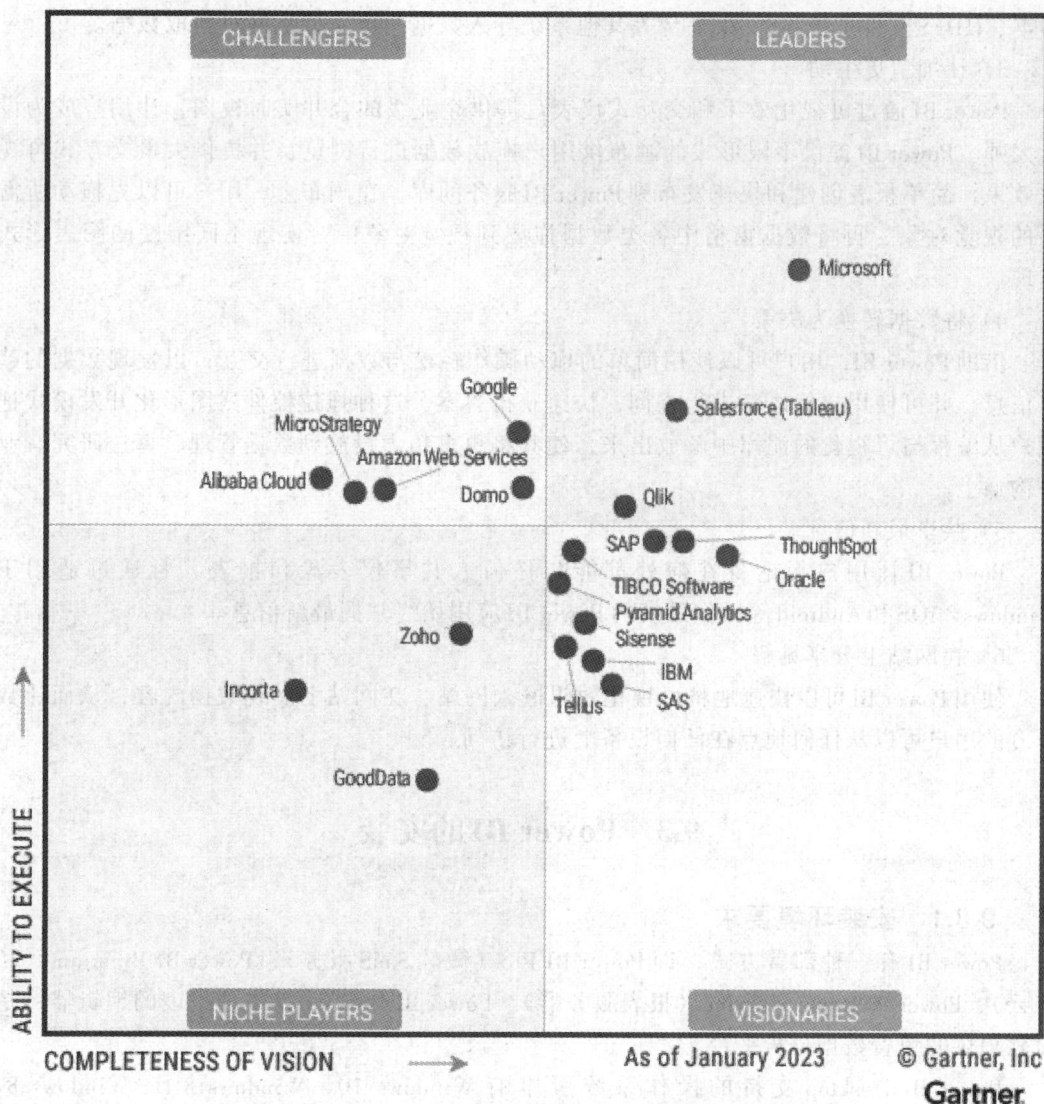

图 9-4　分析与商业智能平台魔力象限

9.2　Power BI 的特点

1）在一个窗格中查询所有信息

Power BI 可以将用户所有的本地信息和云信息集中在一起，也可以使用预封装的内容包和内置连接器快速从 Marketo、Salesforce、Google Analytics 等第三方应用程序中导入用户数据，便于用户随时随地进行访问，在一个窗格中查询所有信息，提高了信息查询效率。

2）打通各类数据源

Power BI 能够从各类数据源中抓取数据进行分析，除了支持微软自己的产品（如 Excel、SQL Server 等）、各类数据库（如 Oracle、My SQL、IBM DB2 等），还支持从 R 语言脚本、HDFS文件系统、Spark平台等其他系统导入数据，也支持从网页抓取数据。

3）让细节更生动

Power BI通过可视化效果和交互式仪表盘提供企业级的合并实时视图，让用户成为设计大师。Power BI提供不限形式的画布供用户拖放数据进行浏览，并提供大量交互式可视化效果、简单报表创建和快速发布到Power BI服务的库。在画布上，用户可以先拖动所需要的视觉对象，再将数据窗格中各类数据拖放到视觉对象中，实现不同维度的图表形式呈现。

4）将数据转换为决策

借助Power BI，用户可以使用简单的拖动操作轻松与数据进行交互，以发现数据的趋势信息，并可使用自然语言进行查询，快速获得答案。这种拖拉控件式图形化开发模式把用户从编程与可视化的泥潭中解放出来，使其将更多精力投放到数据管理、算法研究、业务沟通上。

5）共享最新信息

Power BI让用户无论身在何处都能与任何人共享仪表盘和报表，且通过适用于Windows、iOS和Android等操作系统的Power BI应用始终掌握最新信息。

6）在网站上分享见解

使用Power BI可以快速地将可视化效果嵌入网站，在网站上展现数据内容，从而让数百万的用户可以从任何地点在任何设备上进行访问。

9.3　Power BI的安装

9.3.1　安装环境要求

Power BI有三种部署方式，即Power BI Pro（微软SaaS服务）、Power BI Premium（私有云）、Power BI Report Service（报表服务器）。Power BI Desktop是本地报表的编辑器，是微软提供的免费数据分析平台。

Power BI Desktop支持的操作系统版本有Windows 10、Windows 8.1、Windows 8、Windows 7、Windows Server 2008 R2、Windows Server 2012和Windows Server 2012 R2。

Power BI Desktop同时支持32位（x86）和64位（x64）架构的Windows操作系统，操作系统中需要安装有Internet Explorer 10或更高版本的Internet Explorer浏览器。

由于Power BI Desktop的安装包按适用的Windows操作系统类型分为32位（x86）和64位（x64）两个文件，所以在下载安装包之前，需要查看正在使用的操作系统类型是32位（x86）还是64位（x64）。

右键单击电脑桌面"此电脑"窗口，单击"属性"，即可看到当前计算机的操作系统信息（如图9-5所示），当前操作系统为64位的Windows 10，可以安装Power BI Desktop。

9.3.2　Power BI Desktop安装步骤

Power BI Desktop安装包有多种渠道（比如应用商店与网页）可供下载，本教材主要说明网页渠道下载与安装。Power BI Desktop的安装步骤如下：

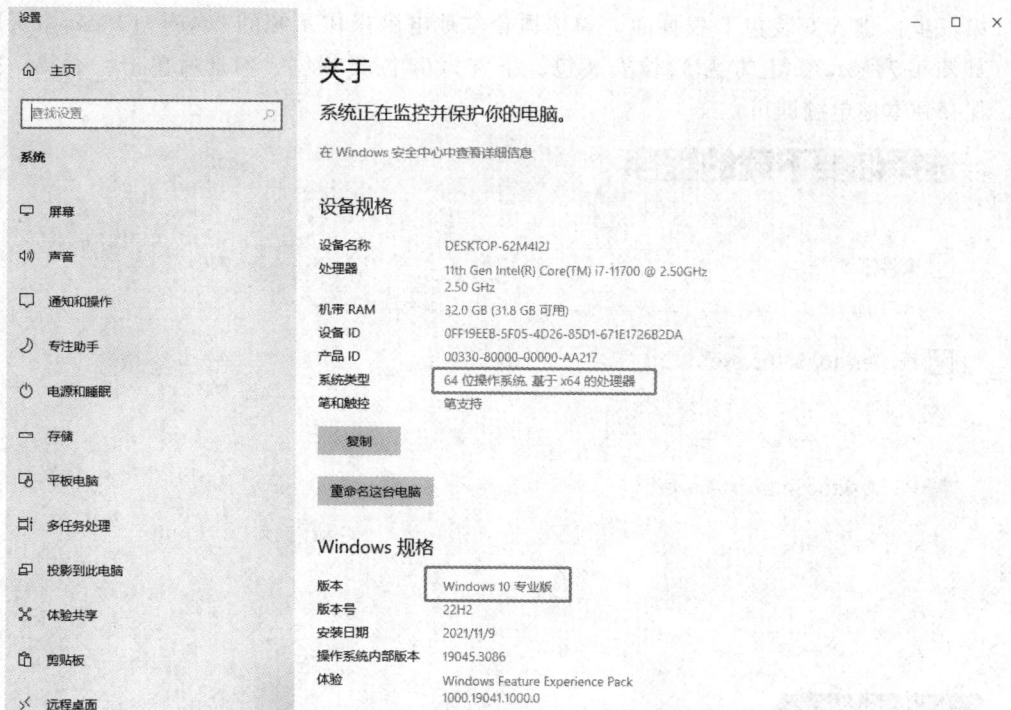

图 9-5   本地电脑操作系统及位数

第一步，进入微软 Power BI 下载页面。最新版本的网址为：

https://www.microsoft.com/zh-cn/download/details.aspx?id=58494

微软还提供历史版本以满足不同用户的需求。历史版本的网址为：

https://learn.microsoft.com/zh-cn/power-bi/fundamentals/desktop-latest-update-archive? ta
bs=powerbi-desktop

第二步，进入下载页面后，向下滑动即可看到如图 9-6 所示的下载语言选择页面，选
择语言为"中文（简体）"，单击"下载"按钮。

图 9-6   Power BI 下载语言选择

第三步，进入安装包下载页面，勾选适合本地电脑操作系统的 Power BI Desktop 安装包（如图9-7所示），上方为32位安装包，下方为64位安装包，勾选后单击"下载"按钮，保存到本地电脑即可。

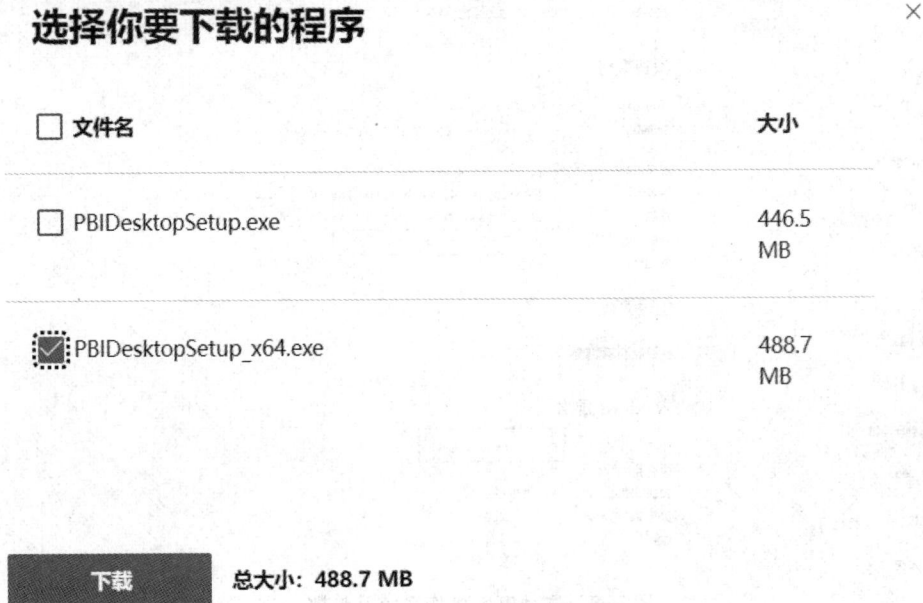

选择你要下载的程序 ✕

文件名	大小
☐ PBIDesktopSetup.exe	446.5 MB
☑ PBIDesktopSetup_x64.exe	488.7 MB

下载　　总大小: **488.7 MB**

图9-7　Power BI Desktop 安装包选择

第四步，运行安装文件，直至安装完成。

需要说明的是，如果要使用 Power BI Desktop 的所有功能，并共享制作完成的报表，还需要在浏览器中输入网址 https：//app.powerbi.com/signupredirect? pbi_source=web，使用工作单位或学校的电子邮箱注册 Power BI 账户（但通常需要企业邮箱才能注册成功）。注册账户的方法比较简单，这里不作介绍，请参阅相关书籍或微软网站介绍。

9.4　Power BI的工作界面

9.4.1　整体工作界面

启动 Power BI Desktop 并登录账户后，会出现如图9-8所示的欢迎界面。用户可在欢迎界面中获取数据、打开报表、浏览教学视频等。如果想要在下次启动 Power BI Desktop 时不再打开欢迎界面，可在欢迎界面的底部取消勾选"在启动时显示此屏幕"复选框。

Power BI Desktop 启动后，可以看到如图9-9所示的工作界面，主要包括快速访问工具栏、菜单栏、功能区、模块按钮、画布区、图表类型、图表属性、数据字段等分区。工作界面比较简洁，与 Microsoft Office 的 Word、PowerPoint、Excel 等系列软件界面风格一致。

顶部导航菜单栏主要包括"文件""主页""插入""视图""优化""帮助"等选项卡，用于数据可视化操作和帮助服务。"开始"选项卡包含"剪贴板"组、"数据"组、"插入"组、"查询"组、"计算"组、"共享"组。其中，"剪贴板"组包含"粘贴"按钮、"剪切"按钮、"复制"按钮、"格式刷"按钮。

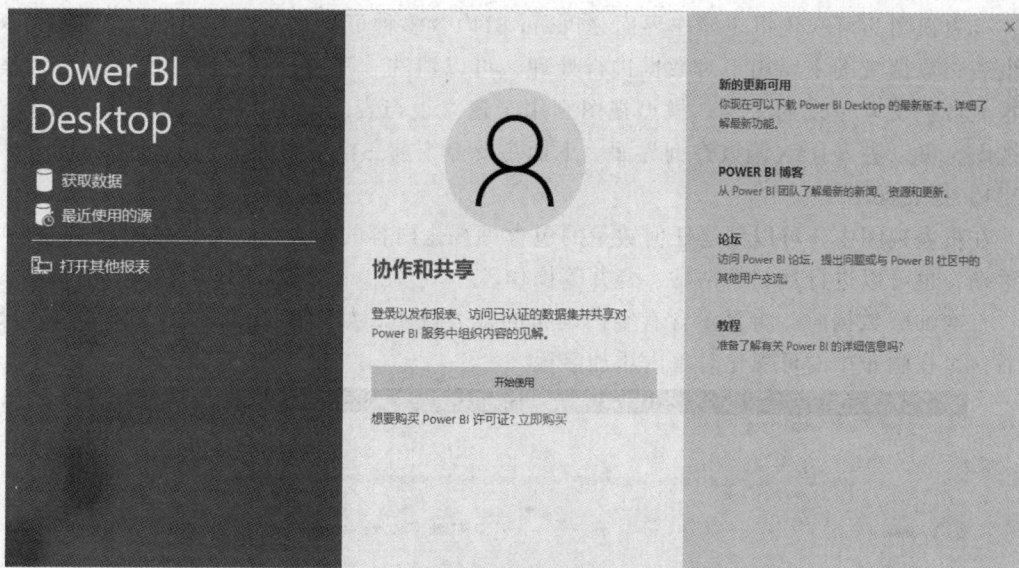

图 9-8   欢迎界面

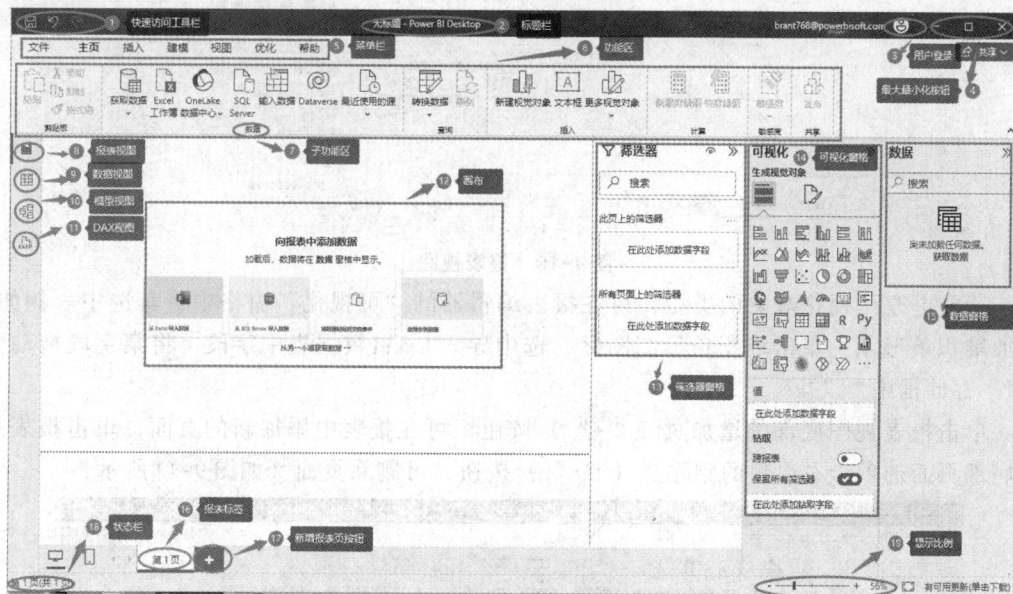

图 9-9   工作界面

报表画布显示工作内容的区域，当创建可视化效果时，在画布中会生成和显示这些可视化效果。

报表编辑器由"可视化""筛选器""数据"三个窗格组成。其中，"可视化""筛选器"窗格用于控制可视化效果的外观，包括类型、字体、筛选、格式设置等；"数据"窗格的作用是管理用于可视化效果的基础数据。

9.4.2   模块按钮

Power BI 有四大视图模块，即报表视图、数据视图、模型视图与 DAX 函数视图[①]。其

---

① 该软件更新频繁，DAX 函数视图是新版本增加的视图。

中，报表视图为可视化报表操作界面，Power BI内置多种可视化控件，能创建复杂、美观的报表；数据视图主要用于对数据进行处理，可以清洗、筛选、新建度量值、新建列等，是报表数据交互呈现的关键；模型视图则用于建立表与表之间的关系；通过DAX函数查询视图，可以进入DAX函数查询界面。下面主要介绍前三个视图。

1）报表视图

在报表视图中，可以创建任何数量的包含可视化内容的报表页。对于可视化内容，可以移动，也可以进行复制、粘贴、合并等操作。

首次加载数据时，将显示含有空白画布的报表视图，如图9-10所示。在导入Excel数据后，可在画布中的可视化对象内添加字段。

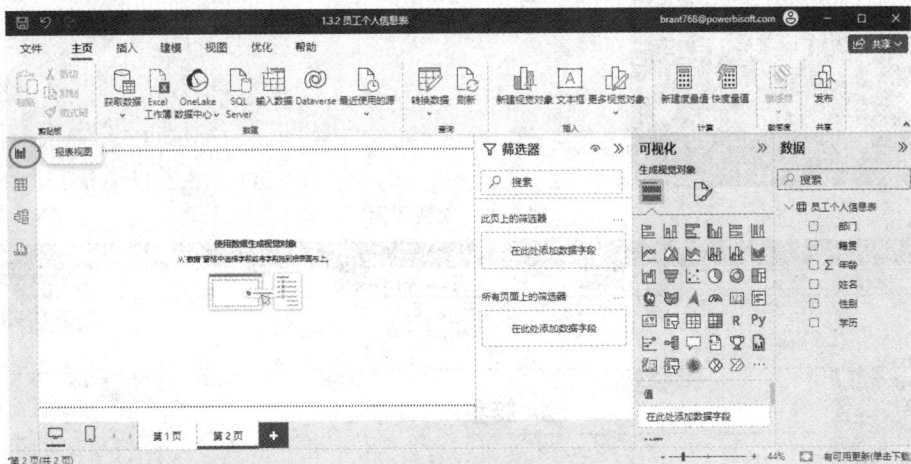

图9-10　报表视图

若要更改可视化对象的类型，可在报表编辑器的"可视化"窗格中将其选中。例如，添加堆积条形图，单击堆积条形图图标，选中导入Excel数据表中字段，将某字段拖动到"值"存储桶中。

单击报表视图底部的增加页（"+"）按钮，可在报表中添加新的页面；单击报表视图底部页面选项卡右上角的删除页（"×"）按钮，可删除页面（如图9-11所示）。

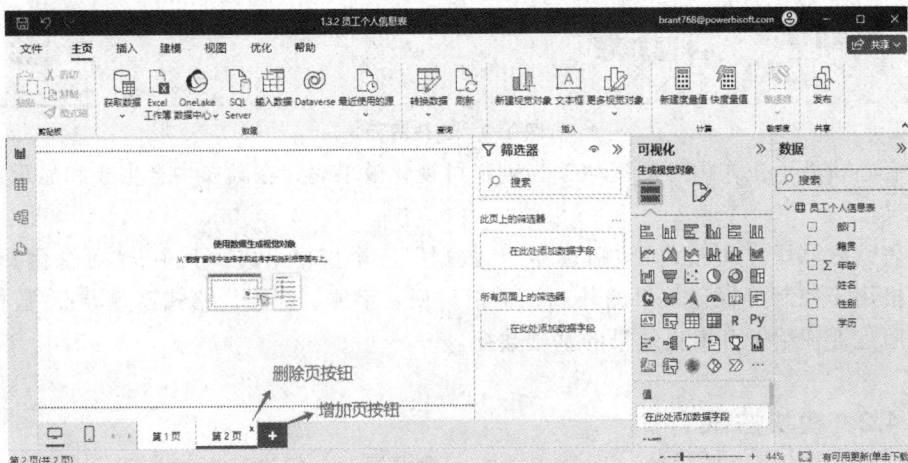

图9-11　增加页与删除页

2）数据视图

数据视图中显示的数据是其加载到模型中的样子，数据视图便于浏览、检查和编辑Power BI Desktop模型中的数据。在需要创建度量值、计算列、识别数据类型时，数据视图变得更为重要。

数据视图主要由六个部分构成，如图9-12所示。

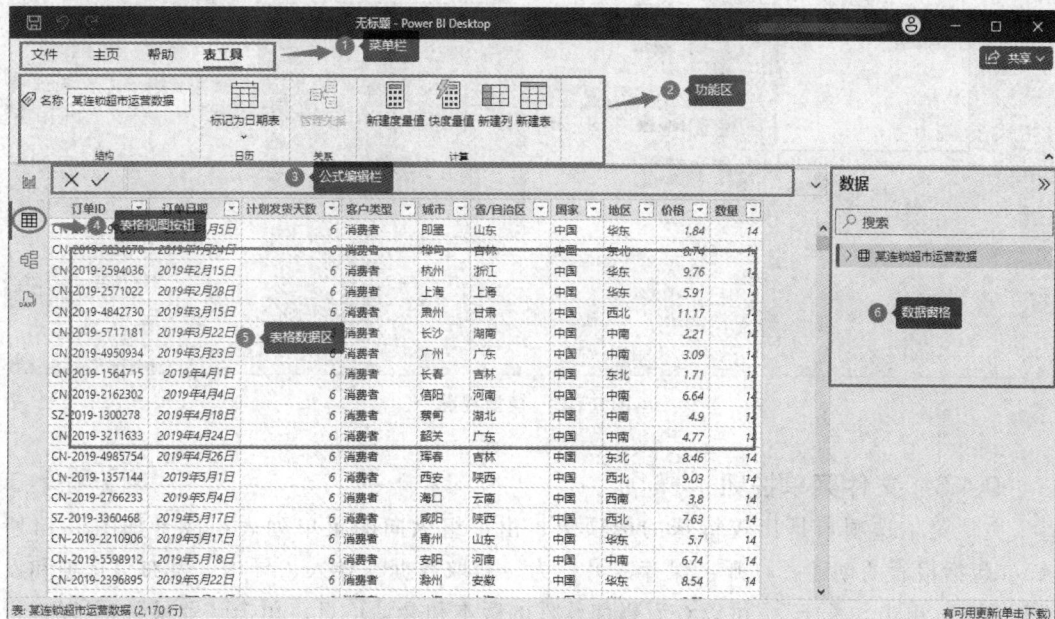

图9-12　数据视图

（1）菜单栏。菜单栏因视图不同而不同。选中"表格视图"后，菜单栏如图9-12所示。

（2）功能区。功能命令因菜单不同而不同。图9-12中显示的是"表工具"菜单的功能区命令集，"主页"菜单的功能区如9-9所示，主要用于获取数据、编辑查询、创建计算、管理关系等。

（3）公式编辑栏。公式编辑栏用于输入各种表达式。

（4）数据视图按钮。单击此图标按钮可显示数据视图。

（5）表格数据区或数据网格。显示选中的表的所有行和列，隐藏列显示为灰色。

（6）数据窗格。该窗格显示导入的Excel工作簿中工作表标签名，展开可以显示工作表中字段列表，可选择需要在数据网格中查看的表或列。同时，该窗格中还有搜索框，可在模型中搜索表或列。

3）模型视图

模型视图，又称关系视图，用于显示模型中的所有表、列与表间关系，尤其适用于包含许多表且关系复杂的模型，如员工信息表与员工销售表之间的关系。

模型视图主要由两个部分构成，如图9-13所示。

（1）模型视图图标。单击此图标可显示关系视图中的模型。

（2）关系。将鼠标指针悬停在关系上方可显示关联表时所用的列，双击可弹出"编辑关系"对话框。

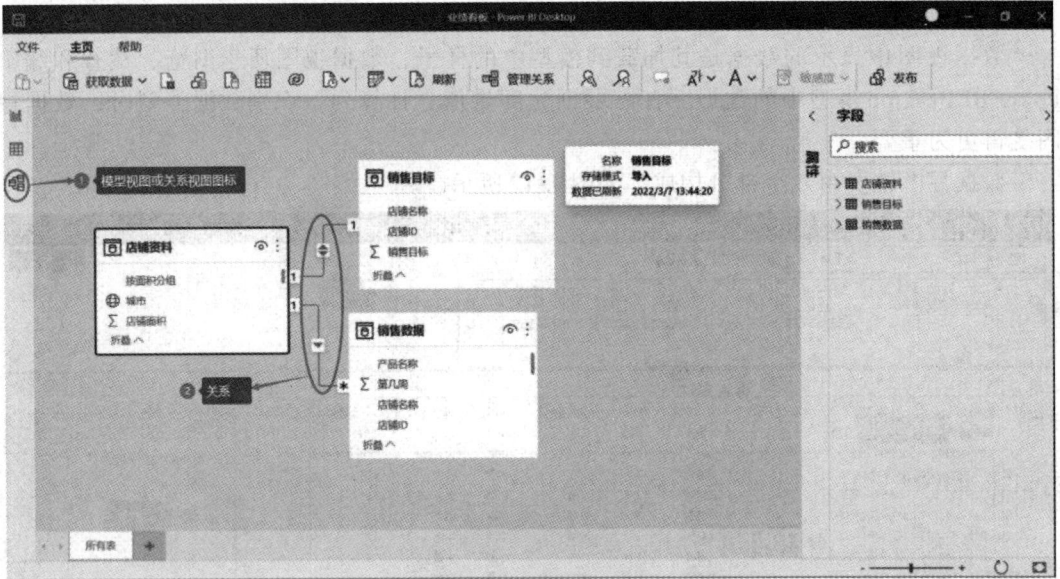

图9-13　模型视图

9.4.3　文件菜单按钮

　　文件菜单选项卡是比较特殊的选项卡，由一组纵向的菜单列表组成（如图9-14所示），包括报表的创建、打开、保存、另存为、获取数据、导入、导出、发布、选项和设置等命令。单击"关于"，可以查看当前软件的版本和会话信息；单击"登录"，可以进行用户管理。

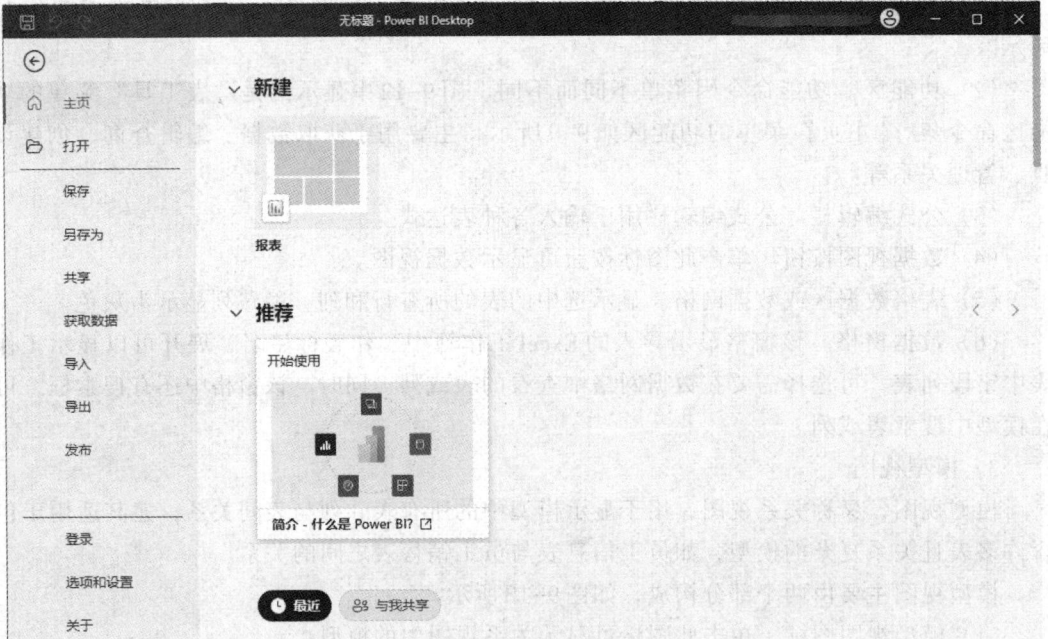

图9-14　文件菜单

9.4.4　Power BI窗格

报表视图中有三个窗格："筛选器"窗格、"可视化"窗格和"数据"窗格（旧版为"字段"窗格）。导入数据"员工个人信息表.xlsx"后，报表视图中的窗格部分如图9-15所示。

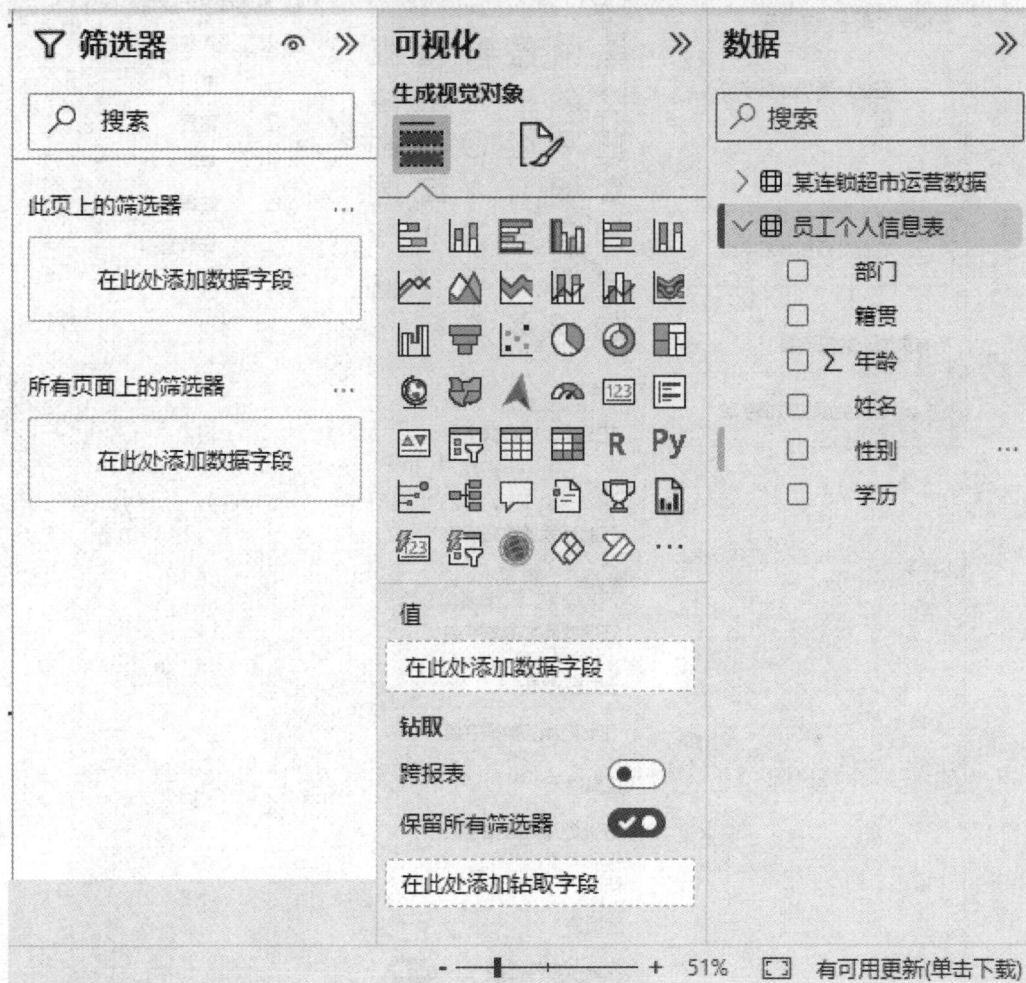

图9-15　报表视图窗格组成

1）"可视化"窗格

在"可视化"窗格中可以选择可视化效果，如簇状柱形图（如图9-15所示）。在"可视化"窗格的下方会显示"生成视觉对象"图标、"设置视觉对象格式"图标与"分析"图标。

单击"生成视觉对象"图标后，再选择画布簇状柱形图，就会看到"X轴""Y轴""图例""工具提示""钻取"等视觉对象属性（如图9-16所示）。当选择某个字段或将其拖动到画布中时，Power BI会自动将该字段添加到其中一个存储桶中，也可以直接将"数据"窗格中的字段拖动到存储桶中。某些存储桶只接受特定类型的数据。例如，"值"存储桶不接受非数字类型的字段。如果将"部门"字段拖动到"值"存储桶中，Power BI会自动将其更改为"部门的计数"。

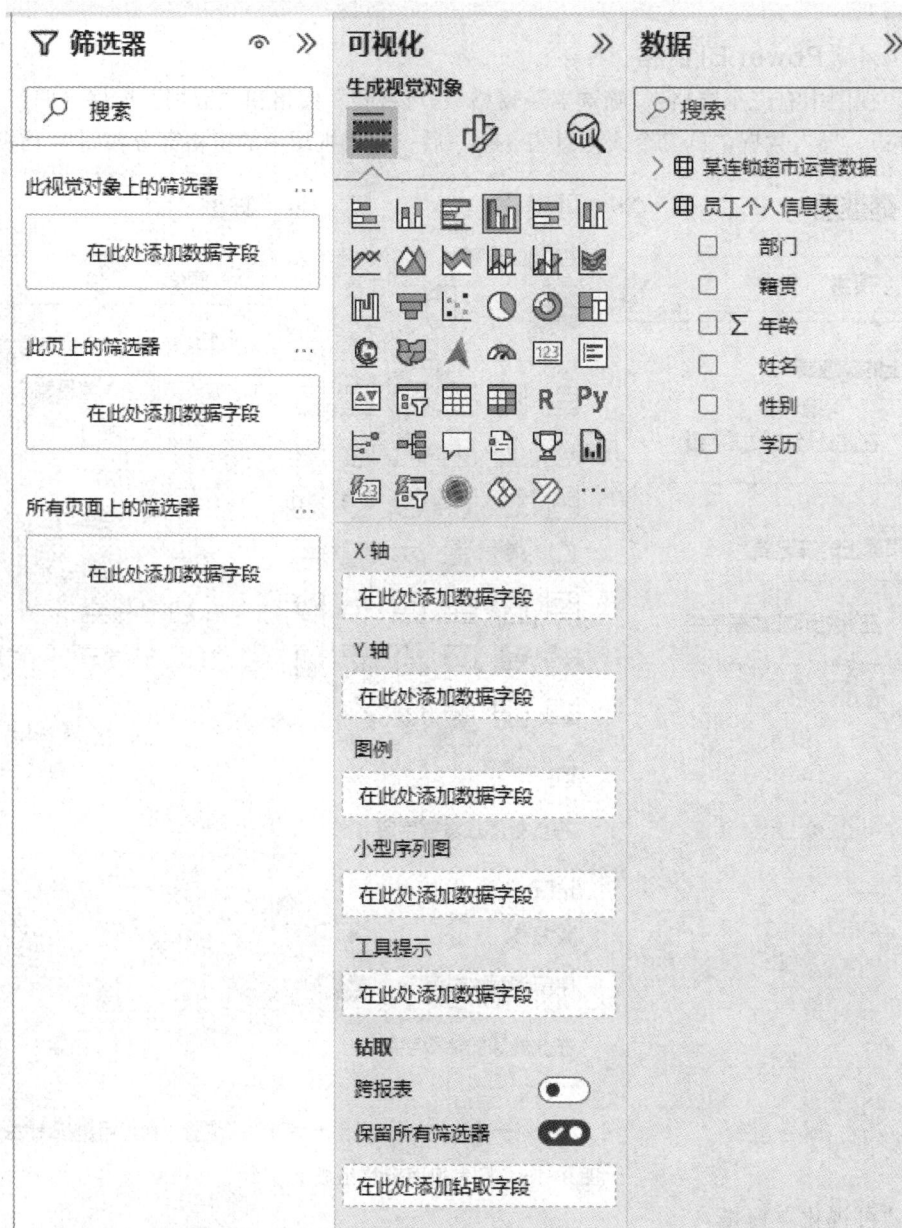

图9-16 可视化窗格构成

单击"设置视觉对象格式"图标，可以显示"格式"列表，下方有"视觉对象"与"常规"两个设置格式的标签。"视觉对象"为所选择的视觉对象格式的设置；"常规"为所有视觉对象的格式设置（如图9-17所示）。根据所选择的可视化效果的类型，具体选项会有所差异。由于此处选择的是簇状柱形图，因此设置选项包括"X轴""Y轴""图例""网络线""列""数据标签""绘图区背景"等设置格式的元素。

单击"分析"图标，可以显示"分析"列表（如图9-18所示）。根据所选择的可视化效果的类型，具体选项会有所差异。由于此处选择的是簇状柱形图，因此设置选项包括"恒定线""最小值线"等。

筛选器	可视化	数据
搜索	设置视觉对象格式	搜索

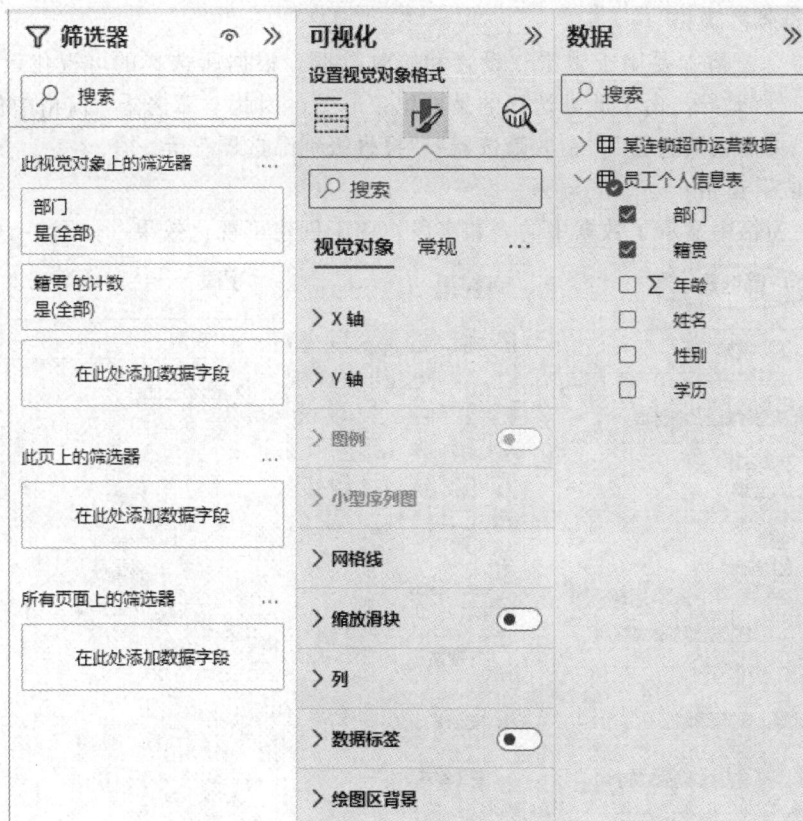

图 9-17　可视化窗格"设置视觉对象格式"设置

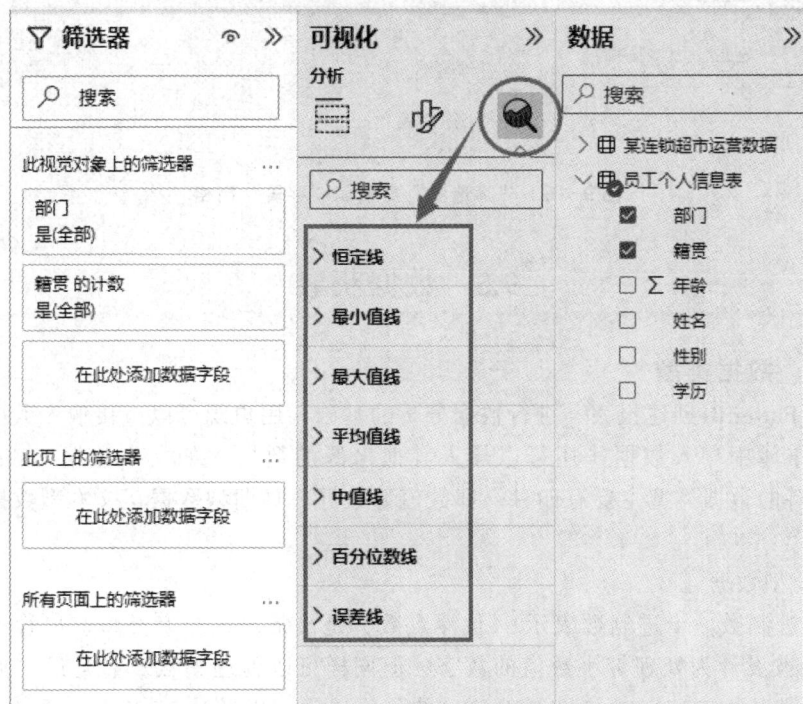

图 9-18　可视化窗格"分析"设置

2）"筛选器"窗格

"筛选器"窗格主要用于查看、设置和修改数据。根据所选择的可视化效果的类型，具体选项会有所差异。由于此处选择的是堆积条形图，因此"筛选器"窗格中包括"视觉级筛选器""页面级筛选器""钻取筛选器""报告级别筛选器"等。

3）"字段"窗格

"字段"窗格中显示了数据中的表和字段，用于创建可视化效果（如图9-19所示）。

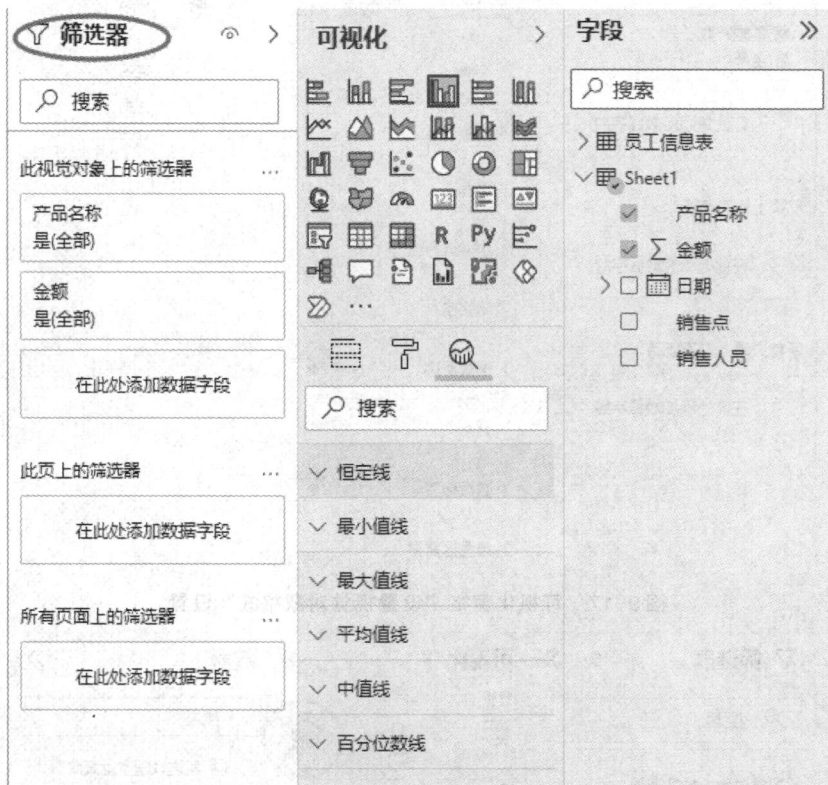

图9-19   "筛选器"窗格和"字段"窗格

9.5   数据获取

9.5.1   数据类型

数据是Power BI创建报表、进行数据分析的基础。用户既可以直接输入数据，也可以从Excel工作簿中导入数据，还可以导入其他来源的数据，如文本数据、Web数据等。Power BI支持的数据类型主要有四种，即数值型数据、日期型数据、文本型数据与逻辑型数据。

1）数值型数据

（1）十进制数。十进制数表示64位浮点数，是最常见的数字类型。尽管十进制数这一数字类型被设计为处理带小数值的数字，但同样可以处理整数。它是最常见的数字类型，可以处理从-1.79E+308到-2.23E-308的负值、零，以及从2.23E-308到1.79E+308的正值。例如，34、34.01和34.000367063都是有效的十进制数。可以用十进制数表示的最大精度为15位数，小数分隔符可以出现在数字的任意位置。十进制数类型与Excel存储数字的方式相对应。

（2）定点十进制数。在定点十进制数中，小数分隔符的位置是固定的，小数分隔符右侧始终有4位数，可以表示的最大值为922 337 203 685 477.5807（正或负）。定点十进制数在舍入可能引发错误的情况下非常有用。定点十进制数类型可以对应于SQL Server的十进制和Excel中的Power Pivot。

（3）整数。整数表示64位的整数值。在整数中，小数位没有数字，支持19位数，可以表示从-9 223 372 036 854 775 808（-2^{63}）到9 223 372 036 854 775 807（$2^{63}-1$）的正数或负数。整数可以表示各种数值型数据可能的最大精度。与定点十进制数一样，在需要控制舍入的情况下，整数类型非常有用。

2）日期型数据

（1）日期。仅表示日期，没有时间部分。

（2）时间。仅表示时间，没有日期部分。

（3）日期/时间。表示日期和时间值。日期和时间值是以十进制数的类型进行存储的。

（4）日期/时间/时区。表示世界协调时（UTC）日期/时间，加载到模型中时被转换为日期/时间类型。

（5）持续时间。表示时间的长度，加载到模型中时，被转换为十进制数类型。

3）文本型数据

文本是Unicode字符数据字符串，可以是以字符串、数字或文本格式表示的日期。字符串的最大长度为268 435 456个Unicode字符或536 870 912个字节。

4）逻辑型数据

（1）True/False类型，即True或False的布尔值。

（2）空白/Null类型。空白是在DAX中表示和替代SQL Null的数据类型，可以使用BLANK函数创建空白，并使用ISBLANK逻辑函数对其进行测试。

9.5.2 输入与编辑数据

1）在数据表中输入数据

当数据量不多时，用户可以直接在Power BI中手动输入数据，有两种方法可以打开"创建表"窗口，并输入数据。

方法一：在报表视图中，单击"主页"—"数据"区域内的"输入数据"按钮，打开"创建表"窗口，然后输入数据。

方法二：在数据视图中，单击"主页"—"数据"区域内的"输入数据"按钮，打开"创建表"窗口，然后输入数据。

打开"创建表"窗口后，会出现如图9-20所示的界面。可以通过图中编号所示的"+"按钮实现新增行或列，也可以单击某个单元格按回车键插入行。行或列的删除可以通过目标行号或列号上右键单击出现的"删除"命令实现。

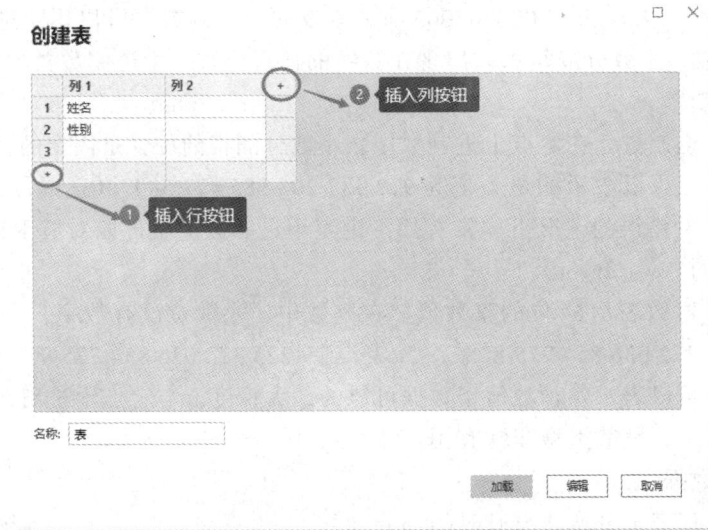

图 9-20　创建表插入行或列

2）加载数据表

在"创建表"窗口输入数据后，用户双击单元格可以编辑数据；在编辑或输入完成后，在"名称"文本框中输入表名称；单击图 9-20 中的"加载"按钮，出现"加载"提示对话框，提示表正在模型中创建连接，稍等片刻即可完成表的加载；加载完成后，可以在窗口右侧的"字段"窗格中看到表名称和表所包括的字段标题。

3）通过复制粘贴输入数据

用户可以复制 Excel 工作簿或网页中的数据，将其粘贴至 Power BI 数据表中。当复制目标数据时，在打开的创建表窗口中，按"Ctrl+V"组合键，即可将数据添加到当前的数据表中。Power BI 会尝试对数据进行次要转换，同时自动将数据第一行提升为列标题，如同用户从任何源中加载数据一样出现提示信息。此时可以忽略提示信息，单击"加载"按钮，Power BI 将根据当前数据创建新表，并使其字段在字段窗格中可用。

如果要对输入和粘贴的数据进行调整，那么，单击"编辑"按钮打开"查询编辑器"即可调整，后面会详细讲解数据的整理与清洗操作。

9.5.3　数据连接与导入

1）数据源类型

Power BI 支持本地文件和外部来源数据的导入。Power BI 可以连接多种类型的数据源，而不同类型的数据源又体现为不同的数据处理软件、数据库、数据平台。Power BI 可连接的数据源如下：

（1）文件，如 Excel 工作簿、文本/CSV、XML、JSON 等类型的文件。

（2）数据库，如 SQL Server、SQL Server 分析服务、Access、Oracle、MySQL 等数据库。

（3）Power Platform。

（4）Azure，如 Azure SQL 数据库、Azure SQL 数据仓库、Azure 分析服务数据库、Azure Blob 存储等。

（5）联机服务，如 Salesforce、Dynamics 365、Microsoft Exchange 在线等联机服务。

（6）其他数据源，如 Web 页面、网站、ODBC、OLE DB、Spark、Hadoop 文件等，还可以使用自定义的连接器连接某些特殊数据源。

2）连接模式

Power BI Desktop 中的数据源连接模式有三种，即导入、实时连接和 DirectQuery。

（1）导入。

① 建立数据连接时，为数据源中的每个表创建一个查询。可在查询编辑器中修改查询。编辑查询也称为建立数据模型。

② 加载数据时，查询返回的所有数据都将被导入 Power BI 中缓存。

③ 创建视觉对象时会查询导入的数据，"字段"窗格会列出已导入的所有表和字段。导入的数据在 Power BI 中缓存，在用户与视觉对象交互时，可以快速反映视觉对象的所有更改。视觉对象不能反映数据源中基础数据发生的变化，除非通过"刷新"重新导入数据。

④ 将报表发布到 Power BI 服务时，会创建一个数据集并上传，数据集包含报表中导入的数据。

⑤ 在 Power BI 服务中打开现有报表或创建新报表时，会再次进行查询，导入数据源的数据。

⑥ "刷新"数据源后，仪表板中的磁贴会自动刷新。

（2）实时连接。

实时连接的连接模式不导入数据，报表直接查询数据源的基础数据，不对数据进行缓存。在实时连接的连接模式下，不能定义数据模型，即无法定义新的计算列、层次结构、关系等。实时连接的好处是，视觉对象能实时反映数据源中基础数据的变化。实时连接的连接模式适用于 SQL Server Analysis Services（SSAS）、Power BI 数据集和 Common Data Services 等数据源。

（3）DirectQuery。

启用 DirectQuery 的源主要是可提供良好交互式查询性能的源。

Power BI 中的 DirectQuery 能发挥最大优势的情况如下：数据频繁更改，且需要准实时报表；需要处理大型数据，而无须预先聚合；基础源定义并应用安全规则；数据主权限制应用；源是包含度量值（如 SAP BW）的多维度源。

DirectQuery 连接模式具有以下特点：

① 建立数据连接时，根据数据源类型执行不同操作。对于关系数据源，为每个表建立一个查询；对于多维数据源（如 SAP BW），则只选择数据源。

② 加载数据时，不会导入数据进行缓存。创建视觉对象时，会向数据源发送查询检索所需的数据。

③ 视觉对象不能及时反映数据源中基础数据发生的变化，除非进行"刷新"。在 DirectQuery 连接模式下，"刷新"意味着向数据源重新发送查询检索数据。

④ 将报表发布到 Power BI 服务时，会创建一个空的数据集并上传。

⑤ 在 Power BI 服务中打开现有报表或创建新报表时会向数据源发送查询检索数据。

⑥ 仪表板中的磁贴会按计划自动"刷新"，以便快速打开仪表板。打开仪表板时，磁

贴反映的是上一次"刷新"时数据源基础数据的变化,不一定是最新变化。要保证磁贴反映数据源基础数据的最新变化,可反复"刷新"仪表板。

DirectQuery 连接模式适用的数据源包括 Amazon Redshift、Azure SQL 数据库、AzureSQL 数据仓库、Impala(版本 2.x)、Oracle 数据库(版本 12 及更高版本)、SAP HANA、Snowflake、SOL Server、Teradata 数据库等。

9.5.4 连接文件

文件属于最简单的数据源,通常采用导入连接模式。在 Power BI Desktop 的"主页"选项卡中单击"获取数据"按钮,打开"获取数据"对话框,"文件"类别中会列出 Power BI Desktop 可连接的全部数据源(如图 9-21 所示)。

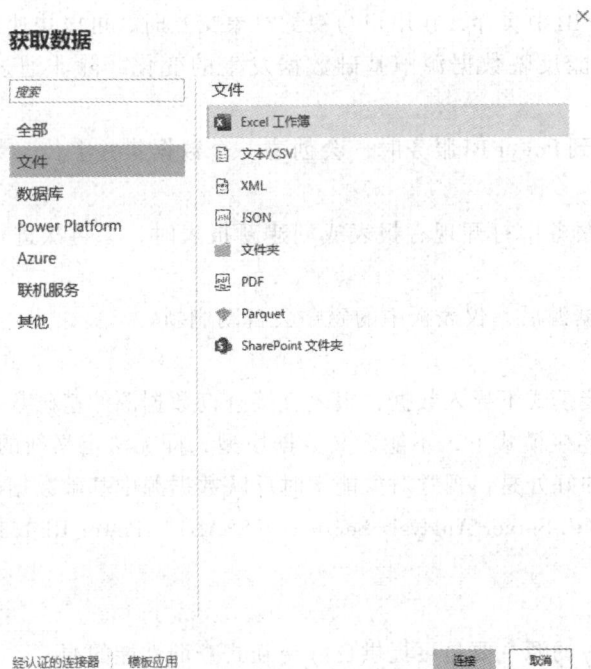

图 9-21　连接文件获取数据

1)连接 Excel 工作簿

从某种意义上讲,Excel 可以被看作 Power BI 的前身,也是处理数据、进行图表分析的办公软件之一。Power BI 可连接的 Excel 工作簿包括".xl"".xls"".xlsx"".xlsm"".xlsb"".xlw"等类型的文件。

【例 9-1】打开 Excel 文档,导入工作簿数据。

将 Excel 工作簿数据导入 Power BI Desktop 有三种方法。

第一种方法:从"主页"选项卡的"获取数据"列表获取数据。

具体操作步骤如下:

①在 Power BI Desktop 的"主页"选项卡中单击"获取数据"按钮,打开"获取数据"对话框。

②在"全部"或"文件"类型列表中单击选中"Excel 工作簿"选项,然后单击"连

接"按钮,打开"打开"对话框(如图 9-22 所示)。

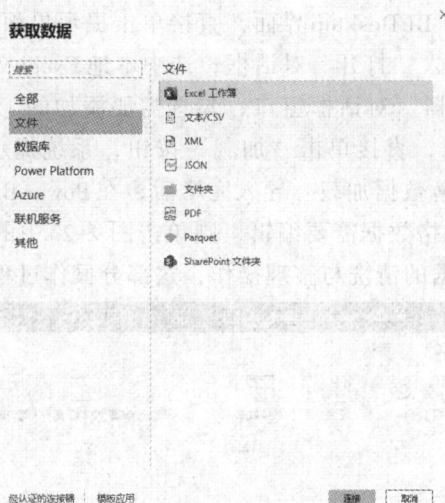

获取数据

搜索	文件
全部	Excel 工作簿
文件	文本/CSV
数据库	XML
Power Platform	JSON
Azure	文件夹
联机服务	PDF
其他	Parquet
	SharePoint 文件夹

已认证的连接器   模板应用   连接   取消

图 9-22   通过连接打开 Excel 文件

第二种方法:通过快捷键获取数据。

在"主页"选项卡"数据"功能区中单击"Excel 工作簿"按钮,然后从本地选择需要打开的"Excel 工作簿",进入 Power BI Desktop"导航器"窗口,选择工作表,单击"加载"命令,导入 Excel 文档数据(如图 9-23 所示)。

导航器

发货单

货主名称	货主地址	货主城市	货主地区	货主邮政…	货主国家	客户ID
谢小姐	新成东 96 号	长治	华北	545486	中国	HANAR
谢小姐	新成东 96 号	长治	华北	545486	中国	HANAR
谢小姐	新成东 96 号	长治	华北	545486	中国	HANAR
余小姐	光明北路 124 号	北京	华北	111080	中国	VINET
余小姐	光明北路 124 号	北京	华北	111080	中国	VINET
余小姐	光明北路 124 号	北京	华北	111080	中国	VINET
陈先生	清林桥 68 号	南京	华东	690047	中国	VICTE
谢小姐	光化街 22 号	秦皇岛	华北	754546	中国	HANAR
谢小姐	光化街 22 号	秦皇岛	华北	754546	中国	HANAR
陈先生	清林桥 68 号	南京	华东	690047	中国	VICTE
陈先生	清林桥 68 号	南京	华东	690047	中国	VICTE
谢小姐	光化街 22 号	秦皇岛	华北	754546	中国	HANAR
刘先生	东管西林路 87 号	长春	东北	567889	中国	SUPRD
刘先生	东管西林路 87 号	长春	东北	567889	中国	SUPRD
刘先生	东管西林路 87 号	长春	东北	567889	中国	SUPRD
林小姐	汉正东街 12 号	武汉	华中	301256	中国	CHOPS
林小姐	汉正东街 12 号	武汉	华中	301256	中国	CHOPS
林小姐	汉正东街 12 号	武汉	华中	301256	中国	CHOPS
方先生	白石路 116 号	北京	华北	120477	中国	RICSU
方先生	白石路 116 号	北京	华北	120477	中国	RICSU

搜索框
显示选项 ▾
▲ ▢ 数据源.xlsx [1]
  ☑ ▦ 发货单

ⓘ 由于大小限制,已截断预览中的数据。

加载   转换数据   取消

图 9-23   通过快捷键获取 Excel 数据

　　第三种方法：通过对话框获取数据。

　　如果是首次打开 Power BI Desktop 界面，直接单击提示界面（如图9-24所示）的"从 Excel 导入数据"按钮，进入"打开"对话框，选中本地 Excel 文档，单击"打开"按钮或双击该文件，打开"导航器"对话框窗口，勾选需要添加的工作表前面的复选框。如果 Excel 表格数据不需要编辑，直接单击"加载"按钮，系统提示正在将数据加载到模型，稍等片刻，即可完成工作簿数据加载。导入完毕后，在 Power BI 的字段窗格中显示已经命名的表和列；如果 Excel 表格数据需要编辑，则单击图9-23中的"转换数据"按钮，进入数据编辑器页面，进行数据的清洗与整理操作，这部分操作过程参见后面相关章节。

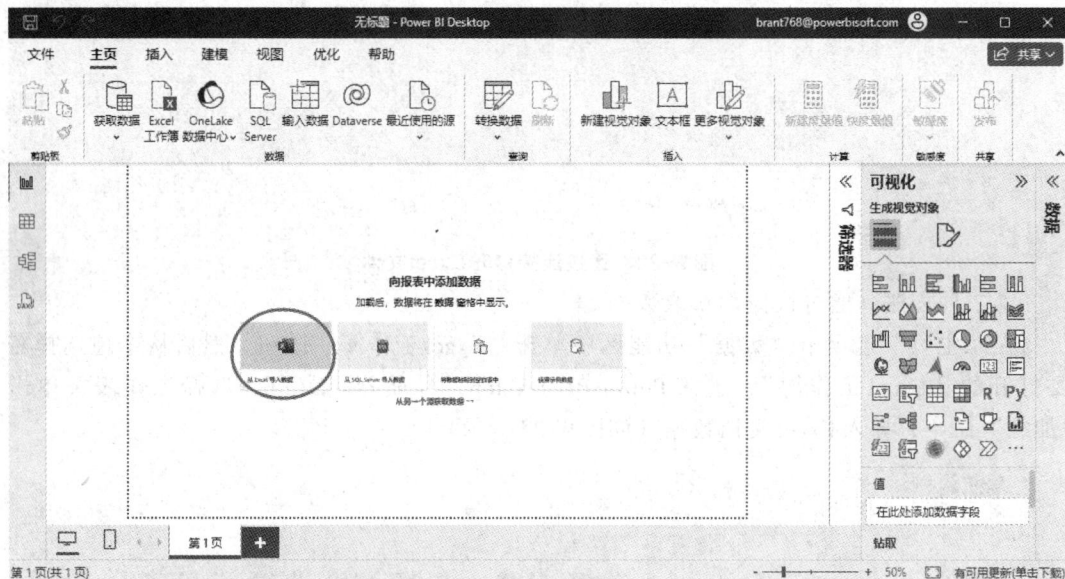

图9-24　通过对话框获取 Excel 数据

2）连接文本/CSV

　　CSV 文件是以纯文本形式存储表格数据的文件，全称为 Comma Separated Value（逗号分隔值）。一个 CSV 文件，可以包含用回车换行符分隔的若干条记录，每条记录又可以包含用逗号分隔的若干个数值，CSV 文件常用于在程序之间转移表格数据。

　　将文本/CSV 文件导入 Power BI 的方法如下：打开 Power BI Desktop 主界面功能区中的"主页"选项卡，单击"获取数据"按钮，在"常用数据源"中选择文件列表中的"文本/CSV"，选择本地 CSV 文件，单击"打开"按钮；在"文本文件 CSV.csv"对话框中设置正确的字符集，在"数据类型检测"下拉列表里选择"基于整个数据集"，单击"加载"按钮（如图9-25所示）。

　　CSV 文件导入工具可自动检测文件编码格式、分隔符和数据类型。如果导入工具未能正确选择文件编码格式，就会在导入数据中出现乱码，可在该对话框中"文件原始格式"下拉列表里更改文件编码格式；在该对话框中"分隔符"下拉列表里选择导入文件时使用的分隔符，Power BI 支持多种分隔符，包括冒号、逗号、等号、分号、空格、制表符、自定义分隔符和固定宽度等。

文本文件CSV.csv

文件原始格式	分隔符	数据类型检测
936: 简体中文(GB2312) ▾	逗号 ▾	基于前 200 行 ▾

销售员工号	销售员	物品编号	品名	月份	销售额	占全年销售额比例	提成工资
101	张凯	1011	乒乓球	一月	3308	3.42%	331
101	张凯	1021	排球	一月	4887	5.05%	733
101	张凯	1031	篮球	一月	5472	5.65%	821
102	王红	1011	乒乓球	一月	2276	2.35%	228
102	王红	1021	排球	一月	2952	3.05%	295
102	王红	1031	篮球	一月	4977	5.14%	747
103	李冰	1011	乒乓球	一月	4970	5.13%	746
103	李冰	1021	排球	一月	2850	2.94%	285
103	李冰	1031	篮球	一月	2100	2.17%	210
101	张凯	1011	乒乓球	二月	2233	2.31%	223
101	张凯	1021	排球	二月	3142	3.25%	314
101	张凯	1031	篮球	二月	4132	4.27%	620
102	王红	1011	乒乓球	二月	3000	3.10%	300
102	王红	1021	排球	二月	4000	4.13%	600
102	王红	1031	篮球	二月	5000	5.17%	750
103	李冰	1011	乒乓球	二月	2330	2.41%	233
103	李冰	1021	排球	二月	3022	3.12%	302
103	李冰	1031	篮球	二月	4545	4.70%	682
101	张凯	1011	乒乓球	三月	3101	3.20%	310
101	张凯	1021	排球	三月	4487	4.64%	673

ⓘ 由于大小限制，已截断预览中的数据。

使用示例提取表　　　　　　　　　　　　　　　　加载　转换数据　取消

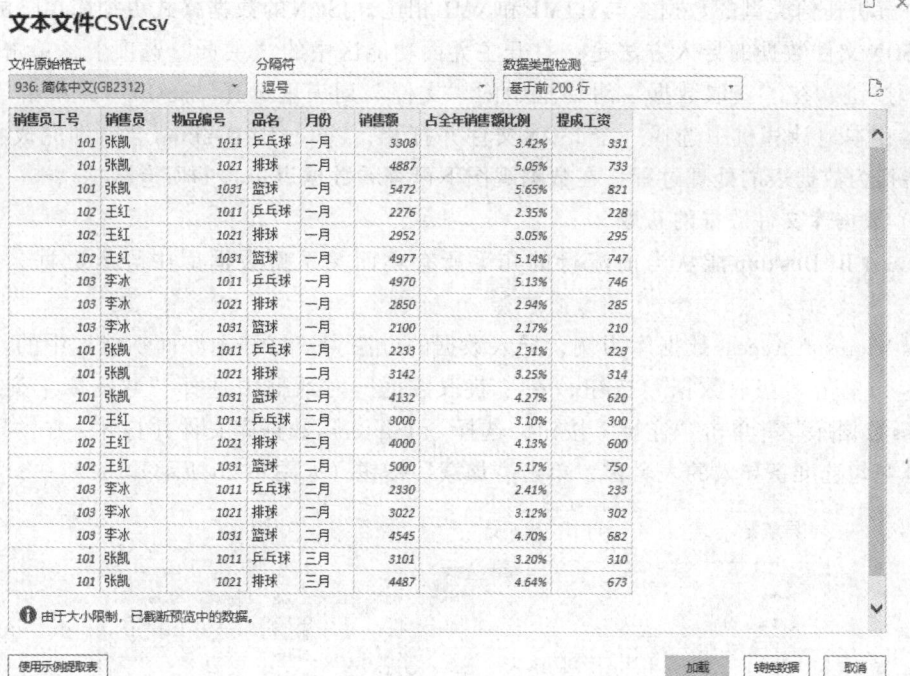

图 9-25　连接 CSV 文件

CSV 文件导入工具默认基于前 200 行数据检测字段的数据类型，可在该对话框中"数据类型检测"下拉列表里选择"基于前 200 行"或"基于整个数据"以及选项来检测数据类型，也可在数据类型检测下拉列表里选择"不检测数据类型"，此时导入工具会将所有数据项作为文本导入。

Power BI Desktop 除了可以从 CSV 文件中获取数据外，还可以从 txt 格式的文本文件中获取数据。方法类似于从 CSV 文件中获取数据。

3）连接 XML 文件

可扩展标记语言（eXtensible Markup Language，XML）是一种文本文件，采用自定义标记来组织数据。连接 XML 文件的步骤如下：

第一步，在 Power BI Desktop 的"主页"选项卡中单击"获取数据"按钮，打开"获取数据"对话框。

第二步，在"文件"类型列表中双击"XML"选项，打开"打开"对话框。

第三步，在"打开"对话框中选中 XML 文件，单击"打开"按钮，打开 XML 文件的"导航器"对话框。

第四步，"导航器"对话框的左侧列出了可从 XML 文件中导入的数据表，单击表名可在右侧预览数据。勾选表名前的复选框，单击"加载"按钮，Power BI Desktop 将执行数据导入操作。

4）JSON 文件数据的获取

JSON（JavaScript Object Notation，即 JavaScript 对象表示法）是一种纯文本数据交换格式。JSON 将 JavaScript 对象中包含的一组数据全部转换为字符串，便于在网络中传递和由程序解析任何类型的数据。与 HTML 和 XML 相比，JSON 的数据格式更加简单、灵活。

JSON 文件数据的导入方法是：打开主界面功能区中的"主页"选项卡，单击"获取数据"按钮，在"获取数据"对话框中的"文件"列表里选择"JSON"并单击"连接"按钮，在本地计算机中选择一个 JSON 文件并打开，Power BI Desktop 会自动完成将 JSON 文件转换为数据表的处理过程，在数据视图下可查看数据表包含的所有数据。

5）数据库文件数据的获取

Power BI Desktop 能从当前流行的几乎所有桌面关系型数据库中导入数据，形成数据表。

以 Microsoft Access 数据库为例，导入数据的方法为：打开主界面功能区中的"主页"选项卡，单击"获取数据"按钮，在"获取数据"对话框中选择"数据库"列表中的"Access 数据库"并单击"连接"按钮，选择一个 Access 数据库文件并打开，在"导航器"对话框中勾选准备导入的表名称，单击"加载"按钮（如图 9-26 所示）。

图 9-26　连接数据库文件

9.5.5　连接网络数据库

1）通过 Web 连接获取数据

随着数字产业化的推进，不少网站提供网页数据或网络数据库资源。为了获取这些数据并进行分析决策，Power BI Desktop 不再需要"从网页复制数据并粘贴到 Excel 文件中，再从 Excel 文件中导入 Power BI"，也不需要利用网络爬虫技术爬取网页中的数据。Power BI Desktop 可以直接连接并获取网页数据。

Power BI Desktop 获取网页数据的方法为：打开主界面功能区中的"主页"选项卡，单击"获取数据"按钮，在"获取数据"对话框中选择"列表"中的"Web"，单击"连接"按钮。在"从 Web"对话框的 URL 文本框里输入要访问的网页 URL 并单击"确定"按钮，在"导航器"对话框中勾选需要导入的表名并单击"加载"按钮。

【例 9-2】从 Web 中导入"2023 胡润中国 500 强"数据。网址为：

https：//www.hurun.net/zh-CN/Rank/HsRankDetails？pagetype=ctop500

第一步，打开主界面功能区中的"主页"选项卡，单击"获取数据"按钮，在"获取数据"对话框中选择"列表"中"其他"里的"Web"，单击"连接"按钮，如图 9-27 所示。

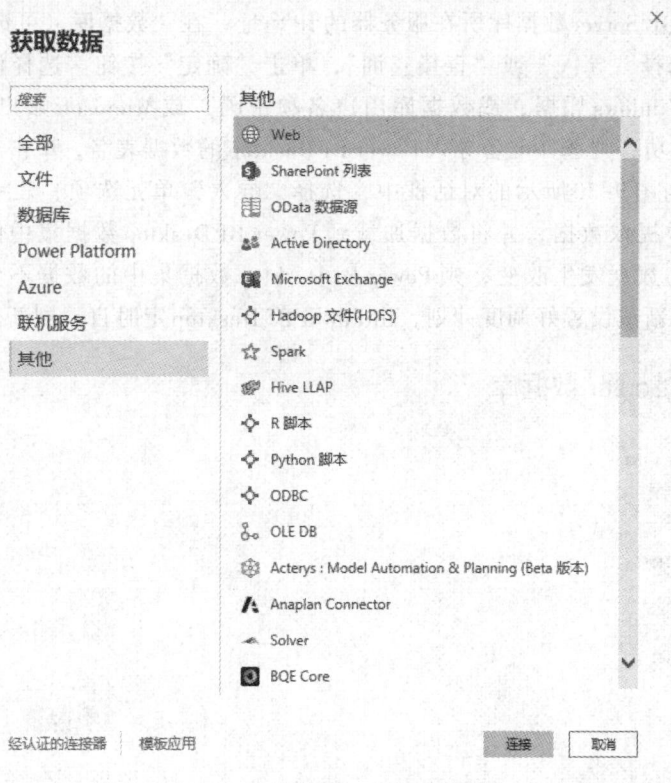

图 9-27　连接 Web 获取数据

第二步，进入"从 Web"界面，输入 URL，单击"确定"按钮。

第三步，弹出"访问 Web 内容"提示窗口，单击"连接"按钮（如图 9-28 所示）。

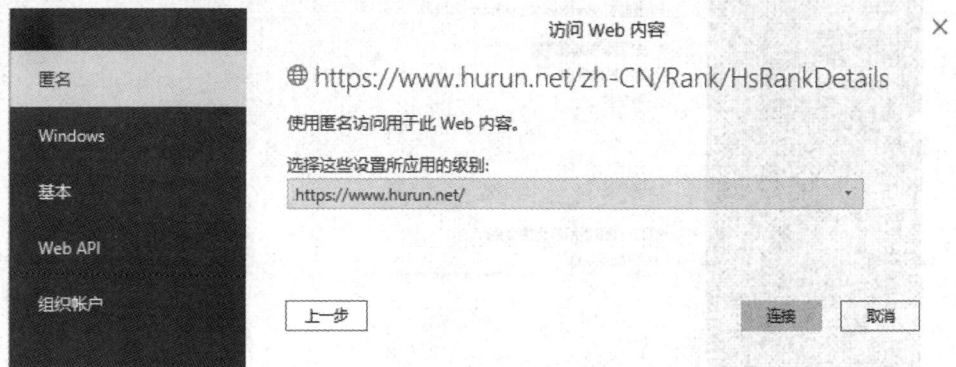

图 9-28　输入 Web 地址

第四步，在"导航器"对话框中勾选需要导入的表并单击"加载"按钮，系统会自动将网页中"2023 胡润中国 500 强"数据提取出来并作为一个数据表导入 Power BI Desktop。

2）通过网络数据库获取数据

SQL Server数据库是典型的数据库，此处以此数据库为例说明Power BI Desktop获取网络数据库的方法。

打开主界面功能区中的"主页"选项卡，单击"获取数据"按钮，在"获取数据"对话框中选择"数据库"列表中的"SQL Server数据库"，单击"连接"按钮。在"服务器"文本框中输入SQL Server数据库所在服务器的IP地址，在"数据库（可选）"文本框中输入数据库名并选择"导入"或"直接查询"，单击"确定"按钮。选择访问SQL Server数据库的方式（Windows凭据，或数据库用户名和密码，或Microsoft账户），单击"连接"按钮。若连接成功，则选择准备导入Power BI Desktop的数据表名，单击"加载"按钮。

在图9-29与图9-30所示的对话框中，选择"导入"单元选项，表示Power BI将从所选择的数据库中提取数据，并将数据加载到Power BI Desktop数据集中供用户快速访问，如果数据库中的数据发生改变，则Power BI Desktop数据集中的数据不会实时自动更新，需要用户手动刷新或设置好调度计划，由Power BI Desktop定时自动刷新。

图 9-29 连接网络数据库

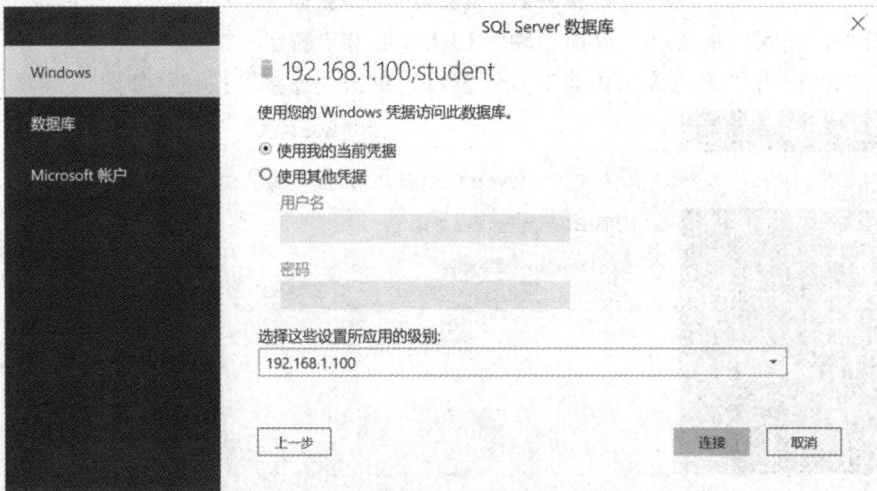

图 9-30 连接SQL数据库

9.5.6 连接文件夹

文件夹是一种特殊的数据源，Power BI Desktop可将文件夹中所有文件的文件名、创建日期、访问日期、文件内容等相关信息作为记录导入数据表。

连接文件夹的步骤如下：

（1）在 Power BI Desktop 的"主页"选项卡中单击"获取数据"按钮，打开"获取数据"对话框。

（2）在"文件"类型列表中双击"文件夹"选项，打开"文件夹"对话框（如图9-31所示）。

图9-31　连接文件夹

（3）在对话框中输入要连接的文件夹路径，或者单击"浏览"按钮，打开对话框，选择文件夹。确定要连接的文件夹后，单击"确定"按钮，打开文件夹数据预览对话框。单击文件夹数据预览对话框右下角的"组合"按钮，可在菜单中选择"合并和编辑"或"合并和加载"操作，进一步选择导入文件夹中文件内部的数据。

（4）单击"加载"按钮，导入文件相关信息（如图9-32所示），在数据视图中查看导入的文件夹数据。

C:\Users\pc\Desktop\大数据分析\大数据分析资料0702

Content	Name	Extension	Date accessed	Date modified	Date created	Attributes
Binary	(NEW)python数据分析与挖掘实战大数据技术丛书.d...	.docx	2022/10/6 20:11:50	2022/7/12 14:34:03	2022/7/12 14:34:03	Record
Binary	2.xlsx	.xlsx	2022/10/20 13:53:09	2022/6/24 21:49:47	2022/6/24 21:47:13	Record
Binary	3208729_Python数据分析与实践_sdieedu.pdf	.pdf	2022/10/3 21:19:19	2022/7/2 15:55:16	2022/7/2 15:55:16	Record
Binary	Python数据分析.pdf	.pdf	2022/8/21 14:22:12	2022/7/2 15:44:59	2022/7/2 15:45:00	Record
Binary	Python数据分析与应用.epub	.epub	2022/7/12 14:28:37	2022/7/2 15:46:27	2022/7/2 15:46:29	Record
Binary	python数据分析与挖掘实战大数据技术丛书.azw3	.azw3	2022/8/24 17:18:25	2022/7/2 15:43:15	2022/7/2 15:43:15	Record
Binary	Python数据分析（第2版）.epub	.epub	2022/7/2 15:48:11	2022/7/2 15:48:11	2022/7/2 15:48:11	Record
Binary	Python金融大数据分析.[德]伊夫·希尔皮斯科.人民邮...	.epub	2022/7/2 15:45:53	2022/7/2 15:45:53	2022/7/2 15:45:53	Record
Binary	《大数据之路：阿里巴巴大数据实践》.docx	.docx	2022/10/6 20:11:49	2022/7/23 22:46:38	2022/7/23 22:46:35	Record
Binary	《大数据之路：阿里巴巴大数据实践》.pdf	.pdf	2022/9/14 14:49:03	2022/7/2 15:40:28	2022/7/2 15:40:15	Record
Binary	《大数据之路：阿里巴巴大数据实践》大小压缩了...	.pdf	2022/9/14 17:12:19	2022/9/14 14:51:06	2022/9/14 14:51:06	Record
Binary	【小黎子数据分析】精益数据分析.pdf	.pdf	2022/9/14 17:11:29	2022/7/2 15:44:36	2022/7/2 15:44:27	Record
Binary	关于河南村镇银行事件的20个法律问题.docx	.docx	2022/7/29 9:00:21	2022/7/12 21:59:58	2022/7/12 21:59:57	Record
Binary	利用Python进行数据分析.pdf	.pdf	2022/7/29 8:40:54	2022/7/2 15:47:36	2022/7/2 15:47:37	Record
Binary	华南师大数据结构925.zip	.zip	2022/7/17 9:38:22	2022/7/2 15:57:02	2022/7/2 15:57:02	Record
Binary	年终销售数据分析看板1.xlsx	.xlsx	2022/8/24 17:18:22	2022/7/2 15:50:13	2022/7/2 15:50:13	Record
Binary	数据思维：从数据分析到商业价值.epub	.epub	2022/7/29 9:22:27	2022/7/2 15:55:52	2022/7/2 15:55:52	Record
Binary	数据思维：从数据分析到商业价值.pdf	.pdf	2022/12/31 19:46:03	2022/7/2 15:56:16	2022/7/2 15:56:16	Record
Binary	智慧交通大数据平台建设方案(283页)DOC.docx	.docx	2022/7/17 9:38:13	2022/7/2 16:01:09	2022/7/2 16:01:10	Record
Binary	智慧政务大数据解决方案.ppt	.ppt	2023/3/15 14:30:21	2022/7/2 15:48:59	2022/7/2 15:48:59	Record

ⓘ 由于大小限制，已截断预览中的数据。

组合 ▾　　加载　　转换数据　　取消

图9-32　选择组合中的"合并与编辑"

【课后思考】

1.请简要说明Power BI发展历程。

2.Power BI有哪些特点？

3.Power BI有哪些组件？各组件之间是什么关系？

4.请介绍Power BI的主要功能和用途。

5.Power BI与Excel有何不同？

6.Power BI能连接哪些类型的数据？

第10章　数据整理与清洗

【本章导学】

本章重点介绍了为 Power BI 提供规范、高质量数据的数据清洗工具 Power Query，展示了 Power Query 编辑器界面，结合实际操作讲解了数据表的编辑与整理、不规范数据的整理、行数据管理、列数据管理、行列数据分类汇总、数据合并与追加查询、一维表与二维表的转换等内容。

【素养导引】

在大数据整理与清洗的过程中，要树立去伪存真、精细管理的哲学观念，要注重培养社会责任意识，具备良好的职业操守。

10.1　Power Query 介绍

在 Power BI Desktop 中完成数据的输入或导入后，往往还要按照数据分析的需求编辑与整理这些数据。Power Query 是 Power BI 自带的用于数据查询、复制、移动、删除、插入、格式整理、数据规范等操作的编辑工具，为后续的数据建模与分析作准备，也为数据分析可视化提供基础支撑。

Power Query 的作用是完成数据连接、数据转换、数据组合与数据共享等重要操作任务。

（1）数据连接，是将不同来源、不同结构、以不同形式获取的数据按统一格式或标准进行横向合并、纵向（追加）合并和条件合并的相关操作。

（2）数据转换，是将原始数据转换为以用户期望的结构或格式体现的数据的过程，旨在更好地满足数据分析与可视化要求。

（3）数据组合，是为满足数据分析需要而进行的数据预处理，包括对数据表添加列、添加行及对某些单元格的操作。

（4）数据共享，是将数据共享到 Excel 中，或使用 Power Pivot 等 Power 系列工具进行进一步分析与运用。

10.2　Power Query 编辑器界面

打开 Power Query 编辑器的方法有两种：一是在 Power BI Desktop 的"主页"选项卡下

单击"Excel工作簿"按钮，在"打开"对话框中选择"产品统计表.xlsx"工作簿文件，然后在弹出的"导航器"对话框中勾选需要打开的工作表，单击"转换数据"按钮，即可打开Power Query编辑器；二是直接打开"产品统计表.pbix"这一Power BI工作文件（以".pbix"为扩展名），即可打开Power Query编辑器。Power Query编辑器界面如图10-1所示，界面中各部分的名称和功能见表10-1。Power Query编辑器的菜单栏由"文件""主页""转换""添加列""视图""工具""帮助"等选项卡组成，便于用户快速找到所需要的功能。

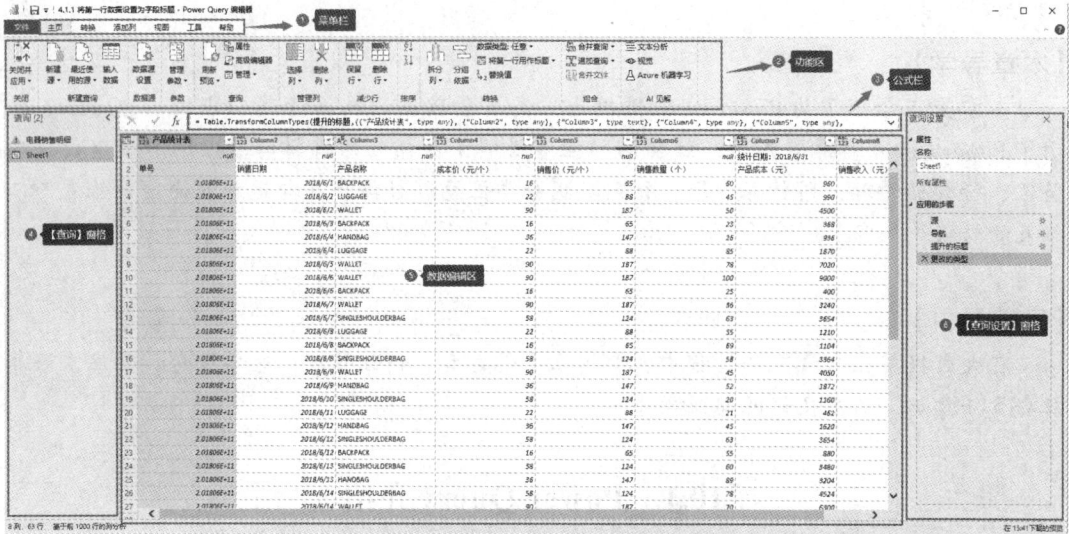

图10-1　Power Query编辑器界面

表10-1　　　　　　　　　Power Query编辑器界面中各部分的名称和功能

序号	名称	功能
①	菜单栏	是Power Query编辑器的主要功能菜单，每个菜单下有特定命令集的功能区
②	功能区	是菜单栏中每个菜单选项卡下的功能集合，以选项卡和组的形式分类呈现功能按钮，便于用户快速找到所需要的功能
③	公式栏	又称编辑栏，放置编辑器各项数据处理所设置的公式，类似于Excel的编辑栏，可以在"视图"菜单下"布局"子功能区中通过复选框的勾选或不勾选来显示或隐藏"编辑栏"
④	【查询】窗格	列出了已加载到Power BI软件的所有查询表的名称，并显示数据表的总数。单击该区域右上角的左箭头，可隐藏该窗格；再次单击该箭头，可显示该窗格
⑤	数据编辑区	显示"查询"窗格中选中的数据表数据，在该区域内可以进行编辑数据类型、替换值、添加行、添加列和拆分列等操作
⑥	【查询设置】窗格	列出了查询的属性和应用的步骤。在对窗口中的表和数据进行整理后，将出现在该窗格的"应用的步骤"列表中。在该列表中，可以撤销或查看特定的步骤。通过右键单击列表中的某个具体步骤，可以对步骤执行重命名、删除、上移、下移等各种操作。可以在"视图"菜单下"布局"子功能区中通过单击"查询设置"按钮来显示或隐藏"查询设置"窗格

10.3   编辑整理查询表

10.3.1   重命名表

为了更直观地了解查询表中的信息，用户可以更改当前查询表的名称，在 Power Query 中选中带名称的查询表后，有以下三种等效操作可以为查询表重命名。

方法一：在快捷菜单中重命名表

（1）打开 Power Query 编辑器，在左侧的"查询"窗格中右键单击要重命名的表。

（2）在弹出的快捷菜单中单击"重命名"命令。

（3）此时表名呈可编辑的状态，输入新的表名，按下"Enter"键，完成表的重命名。

方法二：双击重命名法

在"查询"窗格中双击要重命名的表，随后表名会呈可编辑的状态，输入新的表名，按下"Enter"键即可。

方法三：属性修改法

首先选中"查询"窗格中要重命名的查询表，再选择"主页"菜单栏，单击"查询"子功能区中的"属性"按钮，在弹出的"查询属性"对话框中的"名称"编辑框内输入新的查询表名称，单击"确定"按钮，完成重命名。

在完成重命名操作后，如果要将命名结果应用到 Power BI Desktop 的"字段"窗格中，还需要在 Power Query 编辑器的"主页"选项卡下的"关闭"组中单击"关闭并应用"下拉列表按钮，在展开的列表中单击"应用"选项，此时返回 Power BI 界面，即可在右侧"字段"窗格中看到重命名的效果。

10.3.2   复制表

如果要创建的表与已经加载到 Power BI Desktop 中的表在内容和格式上相差不大，就可以直接通过编辑器中的复制功能来完成新表的制作，这样既能提高工作效率，又可以避免出错。复制表有以下两种方法。

方法一：复制粘贴

在"查询"窗格中右键单击要复制的表，在弹出的快捷菜单中单击第一个"复制"命令，在"查询"窗格下的任意位置单击右键，在弹出的快捷菜单中单击"粘贴"命令，随后可在"查询"窗格中看到一个新增的与复制的表同名的表——格式为"同名（2）"的表，该表的内容和数据源表的内容相同。

方法二：复制表

右键单击要复制的表，在弹出的快捷菜单中单击第二个"复制"命令，此时"查询"窗格中将直接新增一个同名的表——格式为"复制的表同名（2）"的表。

在完成复制操作后，需要在 Power Query 编辑器的"主页"选项卡下的"关闭"组中单击"关闭并应用"下拉列表按钮，在展开的列表中单击"应用"选项，此时返回 Power BI 界面，即可在右侧"字段"窗格中看到复制表后的效果。

10.3.3 移动表

右键单击要移动的表，在弹出的快捷菜单中单击"上移"或"下移"选项命令，即可实现数据表的上移或下移。

10.3.4 插入表

插入表的方法有好几种，最常用的是通过 Power Query 编辑器中的"新建源"功能来加载。由于该方法与前面章节中介绍的数据连接方法类似，此处不再赘述，此处介绍在 Power Query 编辑器中直接创建表及删除多余的表。

在需要插入查询表的 Power Query 编辑器界面，单击"主页"下"新建查询"子功能区中的"新建源"按钮，在弹出的下拉列表中选择需要创建的数据类型选项，如"Excel 工作簿"选项，弹出打开的对话框，单击"打开"对话框中的目标文件，在弹出的"导航器"对话框中勾选需要插入的查询表名称前面的复选框，单击"确定"按钮，即可在 Power Query "查询"窗格中看到。

10.3.5 删除表

如果要删除多余的查询表，可以在"查询"窗格右键单击该查询表名称，在弹出的快捷菜单中单击"删除"选项，系统弹出"删除查询"对话框，提示用户是否确定删除该查询表，单击"删除"按钮，完成该查询表的删除，这样在"查询"窗格中就看不到已删除的数据表了。若单击"取消"按钮，则可撤销该删除操作。

10.3.6 新建、管理、删除组

Power Query 编辑器提供了分组的方法，以便对多个查询表进行分类与查询，也可以进行组的删除、折叠与展开操作。

在"查询"窗格中右键单击需要分组的查询表名称，在弹出的快捷菜单中依次单击"移至组"下的"新建组"选项，再在"新建组"对话框中输入组名称，单击"确定"按钮。该查询表即移动至新建组中，其他查询表自动移动至"其他查询"组中。

在对查询表进行分组管理中，也可以使用<Ctrl>键一次选中多个查询表，再在右键单击后弹出的快捷菜单中单击"移动组"下的目标组名选项，把多个查询表一次移动到该组中。

单击组名称左侧的"折叠"按钮，可以将该组折叠，再次单击"折叠"按钮，可以展开该组。使用<Ctrl>键选择多个组名称并单击右键，在弹出的快捷菜单中选择"全部折叠"选项，实现将选中的组同时折叠。

在组名称上单击右键，在弹出的快捷菜单中单击"删除组"选项，弹出"删除组"提示对话框，提示是否删除该组及该组中所有查询表，单击"删除"按钮，可以将它们删除。

在组名称上单击右键，在弹出的快捷菜单中单击"取消分组"选项，即可取消创建的组。

10.4　整理不规范数据

10.4.1　数据类型更改

由于数据来源不同，创建数据的用户也不同，因此 Power BI Desktop 连接的数据源往往存在数据类型不相符、数据格式不规范、含有重复项和错误值、标题位置不合适等各种情况，这些在数据分析师看来杂乱的数据就是"脏"数据。数据分析师可通过 Power Query 编辑器提供的更改数据类型、删除和替换重复项、转置行列等功能对数据进行清理操作，这种对数据进行整理的过程一般称为数据清洗。只有清洗"干净"的数据才能被用于分析数据，从而得到相对准确的分析结果。

在 Power Query 编辑器中，单击"主页"菜单选项卡下的"新建查询"子功能区域内"新建源"右侧下拉列表中的"Excel 工作簿"，选择"产品统计表"Excel 文档，单击"打开"，进入"导航器"对话框，勾选需要打开的数据表复选框，单击"确定"按钮，导入数据（如图 10-2 所示）。

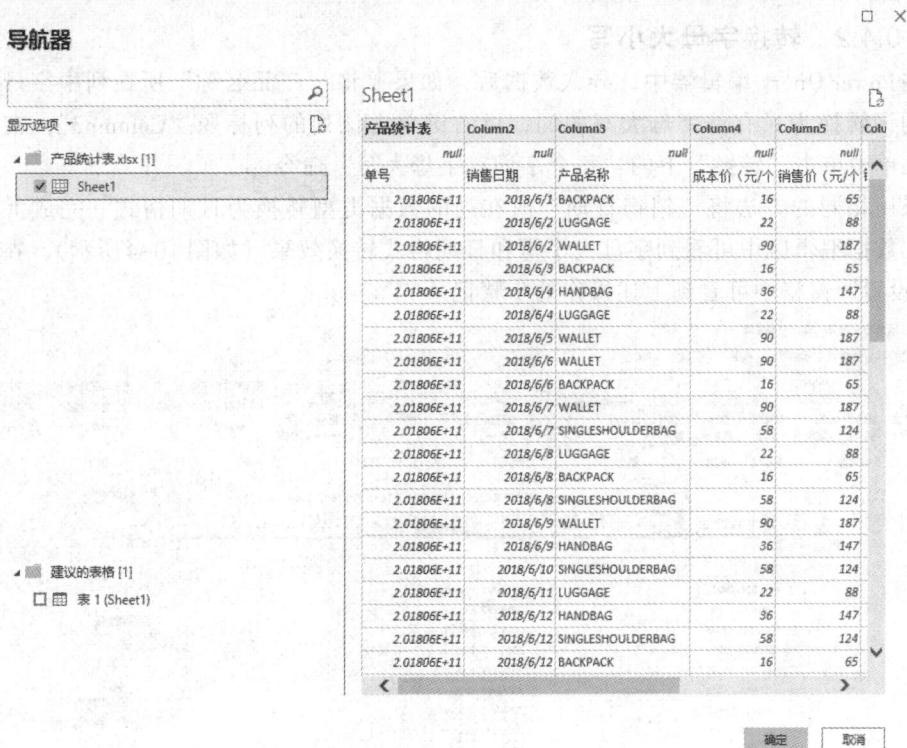

图 10-2　导入数据

从图 10-2 中可以看出，数据编辑区"单号"所在列的数据类型不正确，可以通过两种方法进行数据类型修改。

方法一：右键单击"单号"所在列的标题"产品统计表"，在弹出的快捷菜单中选择"更改类型"下的"文本"选项，"产品统计表"列数据就转换为文本型（如图 10-3 所示）。

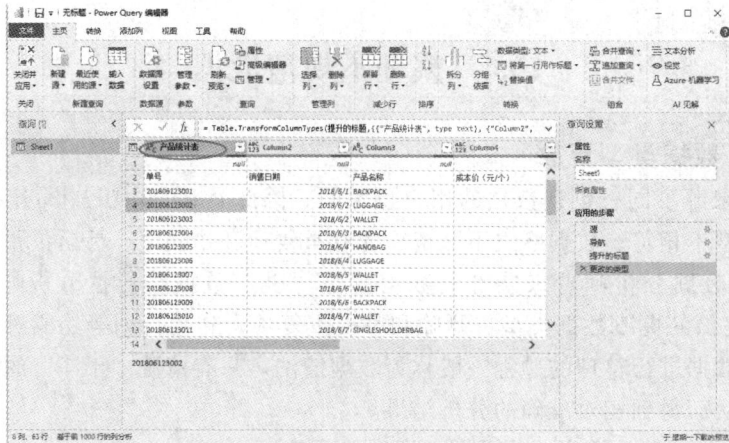

图 10-3　更改数据类型

方法二：导入数据后，单击"转换"菜单下"任意列"子功能区域中"数据类型：任意"右侧的下拉列表按钮，选择"文本"选项，即可将数据类型设置为文本型。

10.4.2　转换字母大小写

在 Power Query 编辑器中，导入数据后，如果要将"产品名称"所在列中字母全部为大写的词转换为只有首字母大写的词，可右键单击该列的列标题"Column3"，在弹出的快捷菜单中单击"转换"下的"每个字词首字母大写"命令。

采用相同的方法将"销售日期"所在列的数据类型转换为日期格式。完成上述操作后，在数据编辑区中可看到字母大小写和日期格式转换效果（如图 10-4 所示），在右侧的"查询设置"窗格中可看到上述操作的步骤记录。

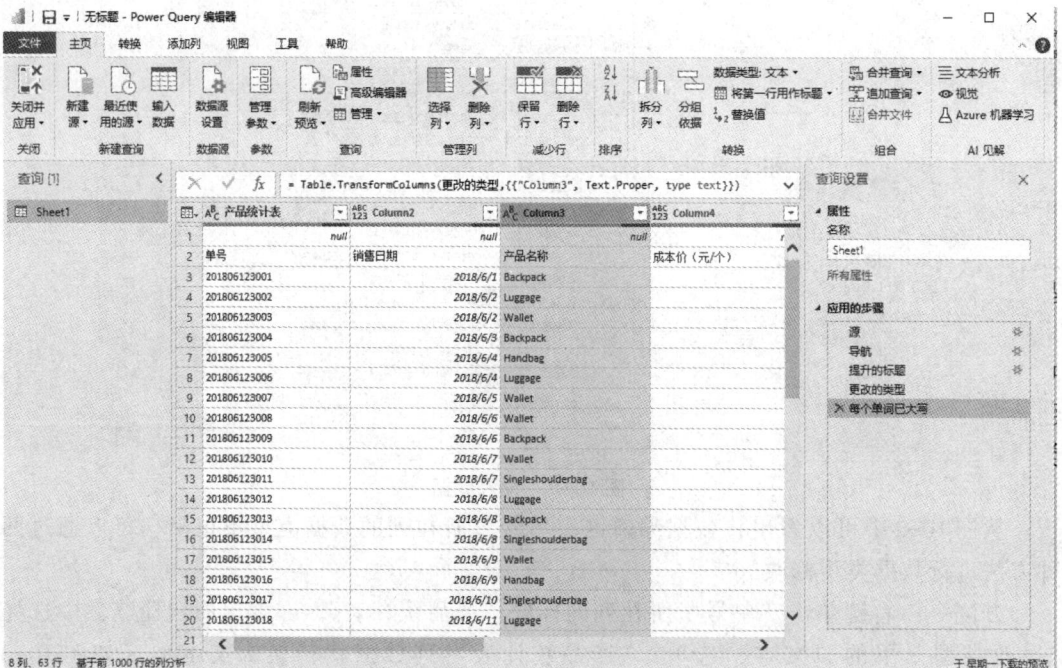

图 10-4　字母大小写和日期格式转换效果

10.4.3　删除文本中空格和不可见字符

从网页上复制粘贴来的数据或从数据库软件中导出的数据常常会夹杂着肉眼难以识别的非打印字符，这些字符称为不可见字符。

空格和不可见字符在引用、统计等数据处理过程中容易导致错误，可以使用Power Query编辑器提供的"修整"与"清除"功能消除这些不规范的数据格式。其中，"修整"功能是指删除所选列的每个单元格中的前导空格和尾随空格；"清除"功能是指清除所选列中的非打印字符。

操作方法是单击"转换"菜单下"文本列"子功能区域内的"格式"按钮，在弹出的下拉列表中选择"修整"或"清除"命令选项（如图10-5所示）。

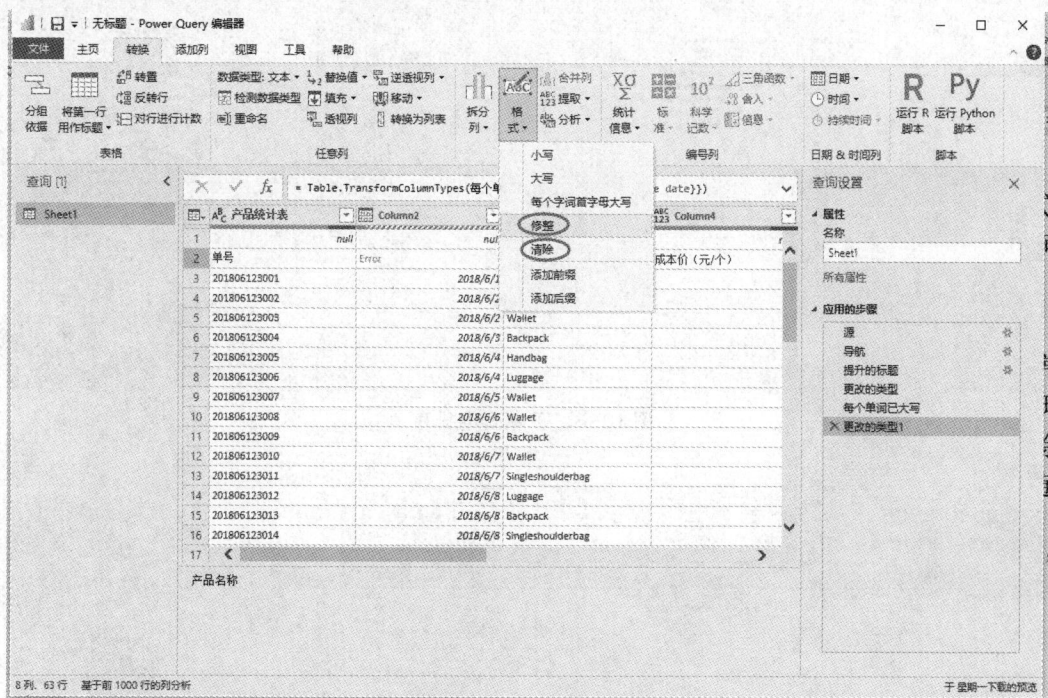

图10-5　文本修整与清除

10.4.4　删除列、删除重复项与保留重复项

重复项干扰是用户在处理数据时经常需要面对的问题。Power Query编辑器有"删除重复项"功能。在默认情况下使用"删除重复项"功能，将删除重复项中的第一个数据。若配合一些其他设置，则可以达到意想不到的效果。

1）删除列

在Power Query编辑器中，打开"删除重复项"工作簿文件，导入数据表；选中第9列，在按住Shift键的同时单击最后一列（第13列），即可选中第9列至第13列；再单击"主页"菜单下"管理列"子功能区域的"删除列"按钮，就可以删除多余的列。

2）删除重复项

先选中"下单日期"列，再单击"主页"下"排序"子功能区域内的"升序排序"

（即A到Z）按钮（如图10-6所示），接着在"客户名称"列标题上单击右键，在弹出的快捷菜单中单击"删除重复项"命令选项，经处理后的数据不包含重复项（如图10-7所示）。

利用"删除重复项"功能，可以筛选出客户最大订单信息。

具体操作如下：在图10-6①的数据表中，选中"金额"列，单击"主页"下"排序"子功能区域内的"降序排序"（即Z到A）按钮。接着选中"客户名称"列，单击"主页"下"减少行"子功能区域内的"删除行"按钮，在弹出的下拉列表中选择"删除重复值"选项，留下的就是客户最大订单信息（如图10-8所示）。

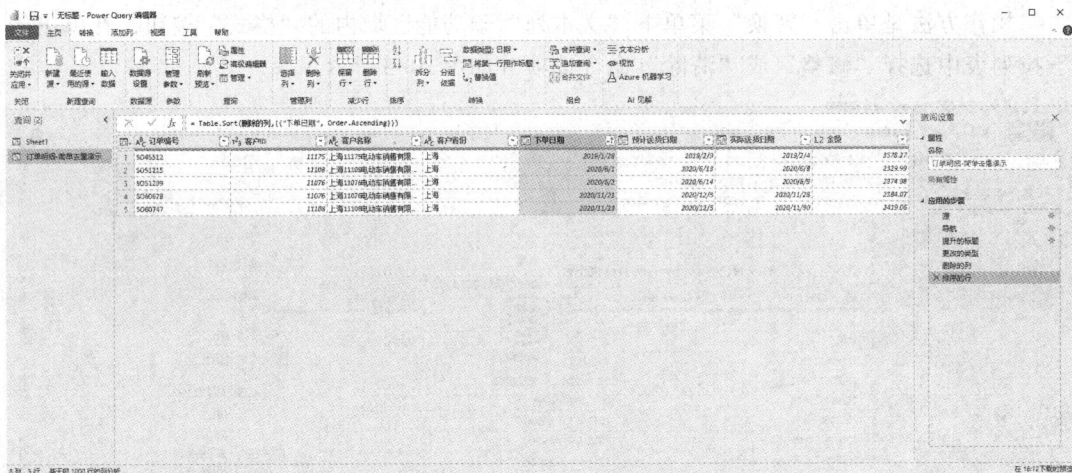

图10-6　下单日期排序

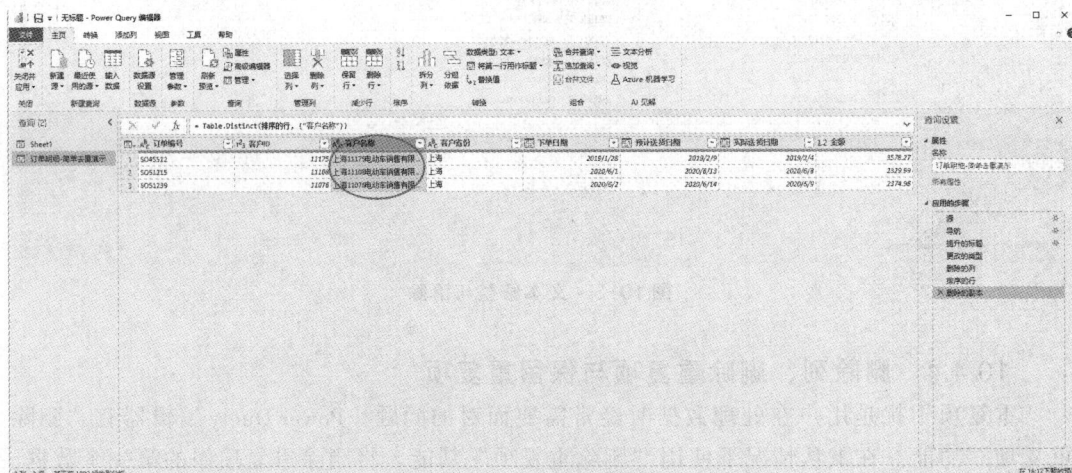

图10-7　删除重复项

3）保留重复项

利用"保留重复项"功能，可以分析多次购买的客户信息。在图10-6的数据表中，选中"客户名称"列，单击"主页"下"减少行"子功能区域内的"保留行"下拉列表中的"保留重复项"按钮，将得到所有多次购买的客户信息（如图10-9所示）。

---

① 注：为进行此处操作，可以在"查询设置"窗格中删除相关步骤，回到图10-6，下同。

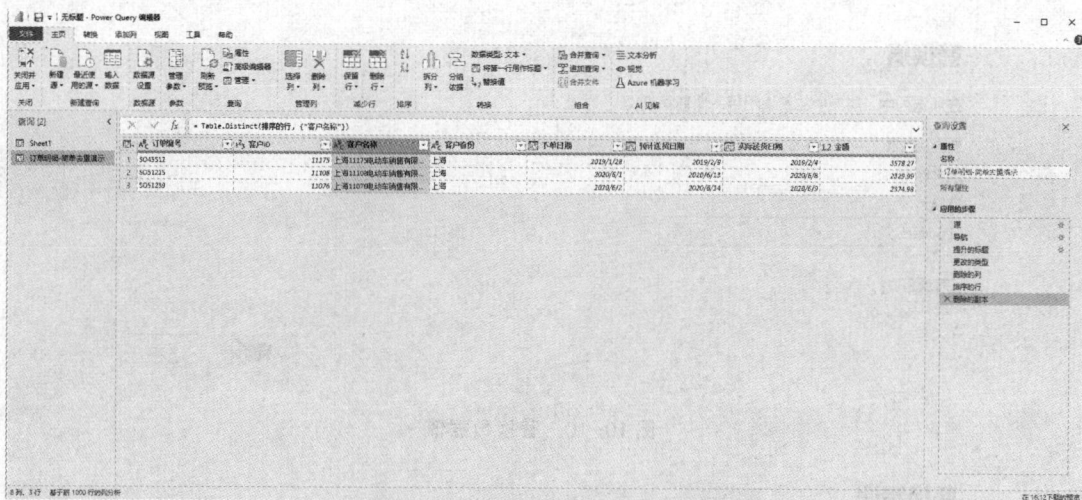

图 10-8　确定客户最大订单信息

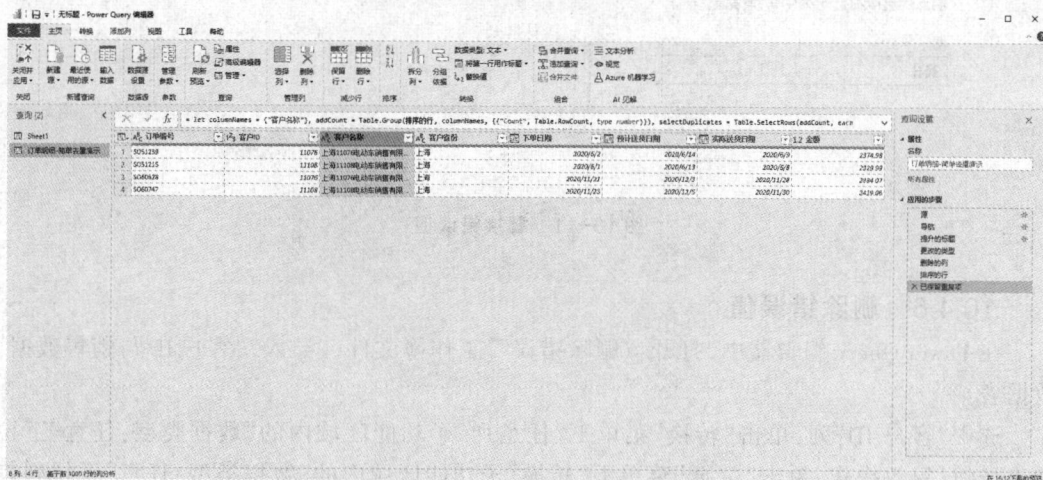

图 10-9　分析多次购买的客户信息

10.4.5　替换数据值与错误值

在 Power Query 编辑器中，打开"替换数据值和错误值"工作簿文件，导入数据表。

1）替换数据值

右键单击要替换数据所在列的列标题，在弹出的快捷菜单中单击"替换值"命令，打开"替换值"对话框，在"要查找的值"和"替换为"文本框中分别输入要查找的值和替换值，单击"确定"按钮（如图 10-10 所示）。

2）替换错误值

右键单击错误值所在列的列标题，在弹出的快捷菜单中单击"替换错误"命令，打开"替换错误"对话框，在文本框中输入用于替换错误值的数据值，单击"确定"按钮（如图 10-11 所示）。

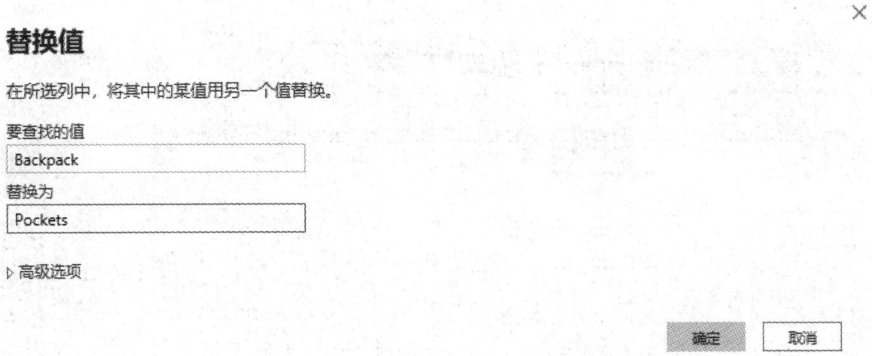

替换值

在所选列中，将其中的某值用另一个值替换。

要查找的值

| Backpack |

替换为

| Pockets |

▷ 高级选项

确定　　取消

图 10-10　替换数据值

替换错误

输入此值以在选定列中替换错误。

值

| 365 |

确定　　取消

图 10-11　替换错误值

10.4.6　删除错误值

在 Power Query 编辑器中，打开"删除错误"工作簿文件，导入"客户 ID 与销售数据"数据表。

选中"客户 ID"列，单击"转换"菜单下"任意列"子功能区域内的"数据类型：任意"下拉列表按钮（等效操作：单击"主页"菜单下"转换"子功能区域内的"数据类型：任意"下拉列表按钮），在弹出的下拉列表中选择"整数"选项（如图 10-12 所示）。

图 10-12　选择"整数"选项

　　如图 10-13 所示，"客户 ID"列出现部分值为"Error"的错误值。右键单击"客户 ID"列，在弹出的快捷菜单中选择"删除错误"选项（等效操作：单击"主页"菜单下"减少行"子功能区域内的"删除行"下拉列表中的"删除错误"选项），所有"Error"错误值所在的行都将被删除。

10.4.7　将第一行提升为标题

　　虽然几乎所有格式的数据都可以被导入 Power BI Desktop，但就该应用程序的视觉对象和建模工具来说，最适用的还是列式数据。如果数据源中的数据不是简单的列式数据，那么可以使用 Power Query 编辑器提升数据标题。

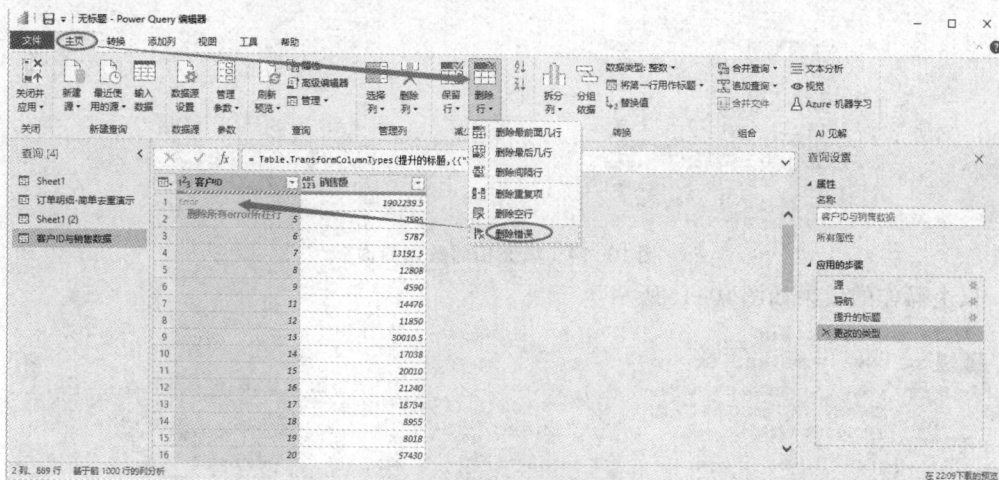

图 10-13　删除错误值

　　需要注意的是，在 Excel 中第一行为标题行，从第二行开始才是数据，但在 Power Query 中从第一行开始就是数据记录，标题在数据之上。一般情况下，Power Query 会自动完成提升数据标题这个步骤。如果 Power Query 没有自动完成这个步骤或者需要手动设置，那么单击功能栏中的"将第一行用作标题"按钮就可以了。

10.4.8　填充相邻数据

　　来自某些数据源的数据中存在合并单元格或空单元格的情况，在将这些数据导入 Power BI 后，相关单元格中将出现 null。Power Query 编辑器提供了"填充"功能，可以向上或向下将所有 null 填充为所列的相邻单元格中的数据值。

　　Power Query 编辑器有两种等效操作可以完成相邻数据填充。

　　方法一：快捷菜单方式

　　通过 Power BI 导入数据并点击"转换数据"，进入 Power Query 编辑器，打开要填充的数据表（如图 10-14 所示），右键单击需要向下填充数据的列标题，在弹出的快捷菜单中依次单击"填充""向下"的选项。

　　方法二：功能区命令方式

　　选中需要填充数据的列，依次单击"转换"菜单下"任意列"子功能区域内的"填充"下拉按钮，在弹出的下拉列表中单击"向下"选项。

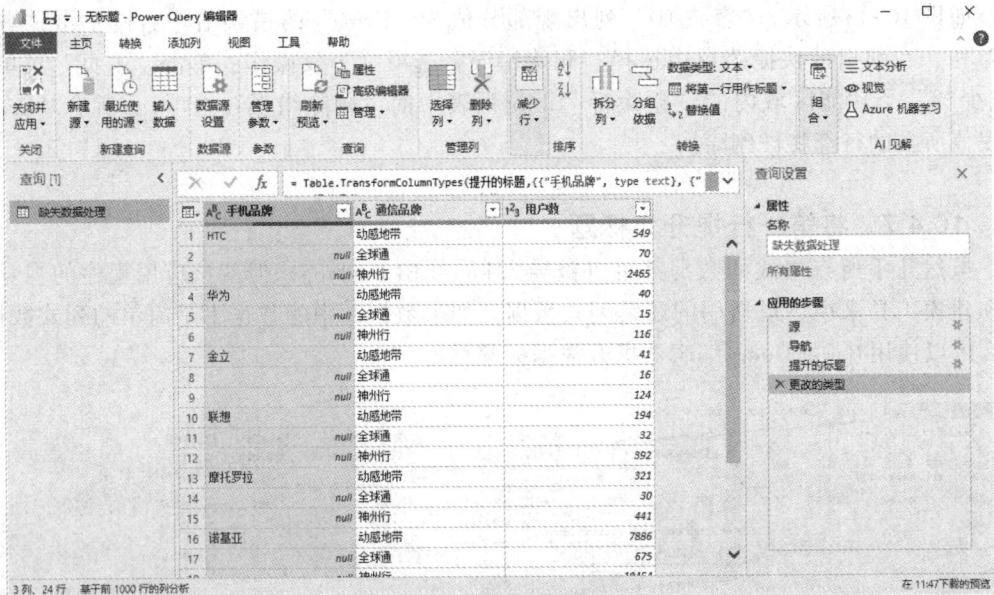

图 10-14　填充相邻数据界面

以上操作的效果如图 10-15 所示。

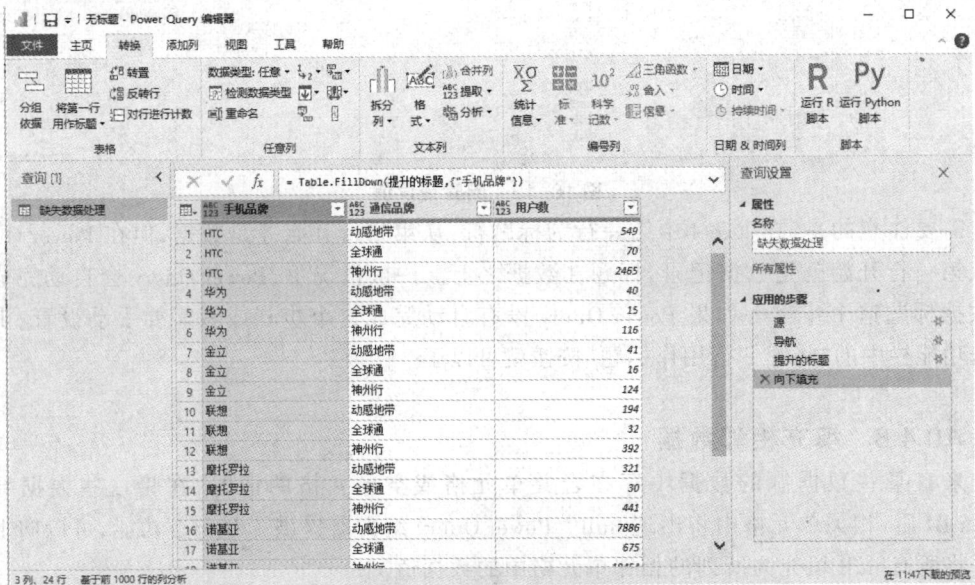

图 10-15　填充相邻数据结果

10.5　行数据管理

10.5.1　行数据信息查询

用 Power Query 编辑器打开"行数据信息查询 .pbix"文件，在"查询"窗格中选择"表1"，在数据编辑区内选中要查看行的行号，如单击行号"6"，可在数据编辑区的下方看到该行中所有单元格的详细数据（如图 10-16 所示）。

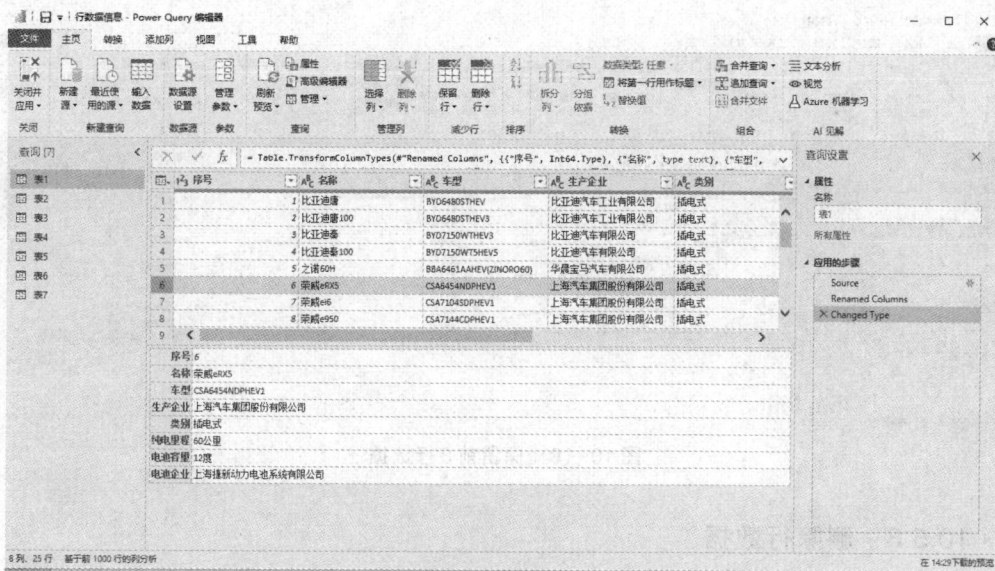

图 10-16　行数据查询

10.5.2　保留行数据

用 Power Query 编辑器打开"行数据信息查询 .pbix"文件。如果需要保留部分数据,则可通过"主页"菜单下"减少行"子功能区域内"保留行"命令按钮下拉列表中的"保留最前面几行""保留最后面几行""保留行的范围"等来保留行的数据或指定行范围的数据(如图 10-17 所示)。

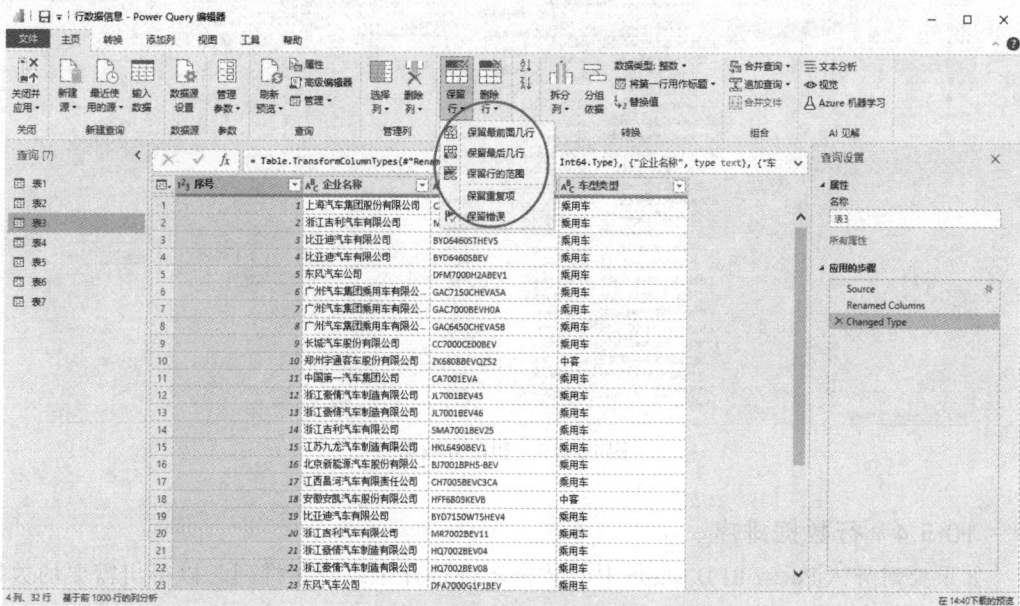

图 10-17　保留行数据

如果执行"保留最前面几行"命令后输入行数 8,那么数据编辑区就只留下前 8 行的数据,效果如图 10-18 所示。

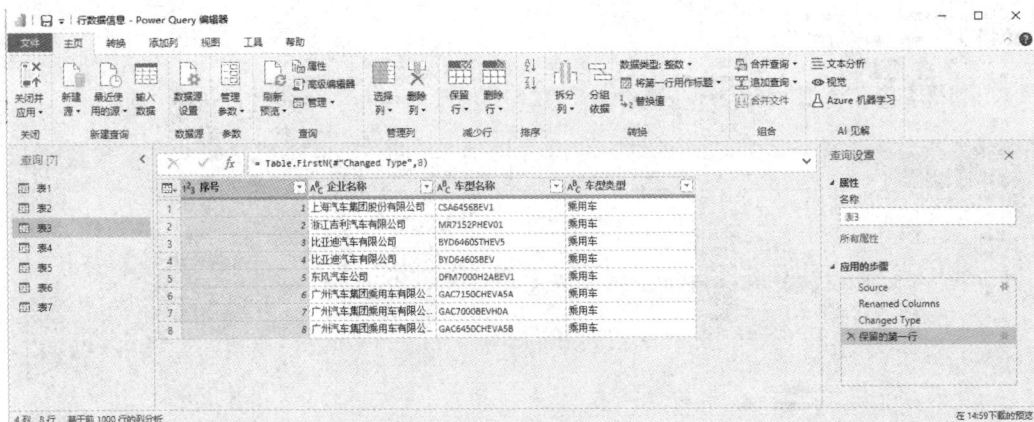

图 10-18　保留前8行数据

10.5.3　删除行数据

用 Power Query 编辑器打开数据表后可能会出现错误、空行或多余行数据,此时可以通过"主页"菜单下"减少行"子功能区域内的"删除行"命令按钮的下拉列表进行相关选项操作,这些操作包括"删除最前面几行""删除最后几行""删除间隔行""删除重复项"删除空行""删除错误"等（如图 10-19 所示）。

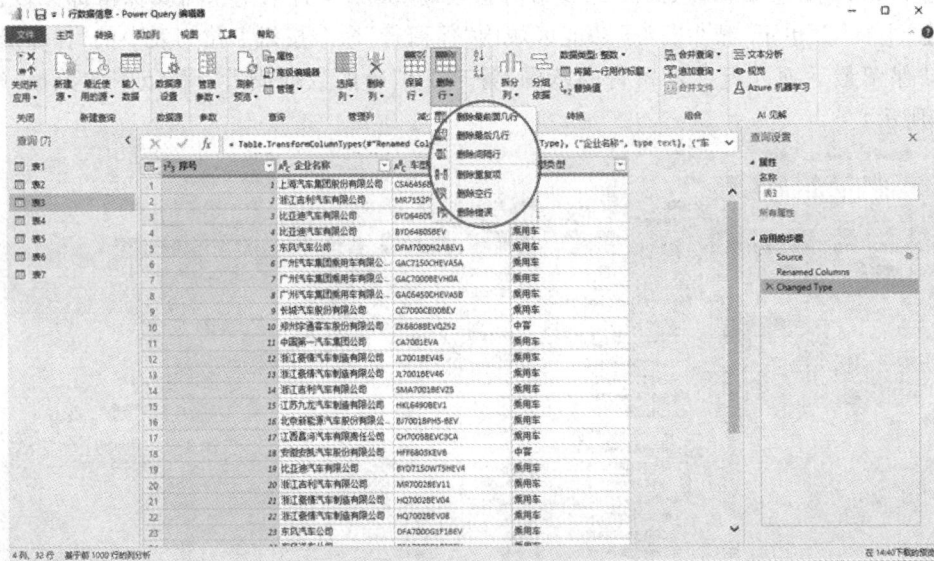

图 10-19　删除行数据

10.5.4　行数据排序

如果要对导入 Power BI Desktop 中的数据源进行升序或降序排列,以得出需要的数据信息,可在 Power Query 编辑器中进行排序操作。

Power Query 编辑器有两种等效操作可以对查询表进行排序。

方法一：右键单击快捷键排序

右键单击需要排序的列标题右侧的下拉列表按钮,在弹出的下拉列表中单击"降序排序"或"升序排序"选项。

方法二：功能区命令排序

在导入数据表后，选择需要排序的列，选择菜单"主页"下"排序"子功能区域内的升序降序排序按钮。

此处以降序排序为例，源数据如图 10-20 所示，排序命令如图 10-21 所示。行数据排序结果如图 10-22 所示。

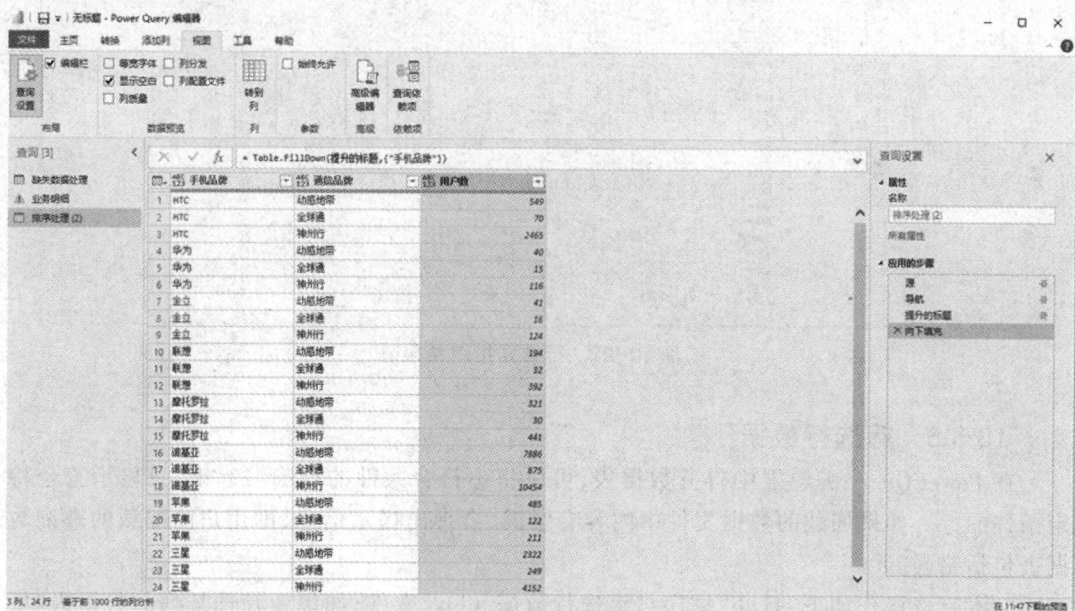

图 10-20　源数据

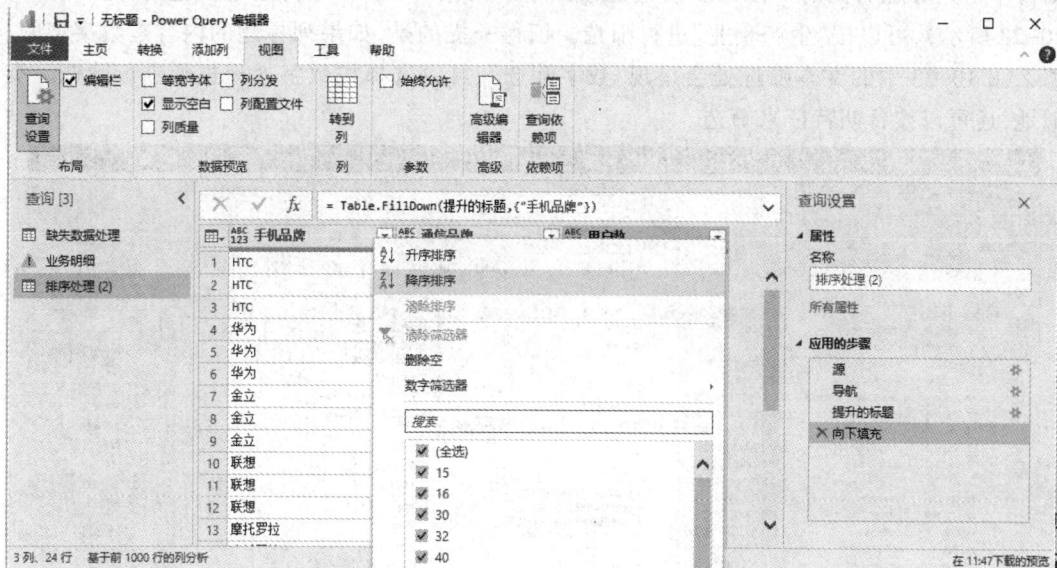

图 10-21　排序命令

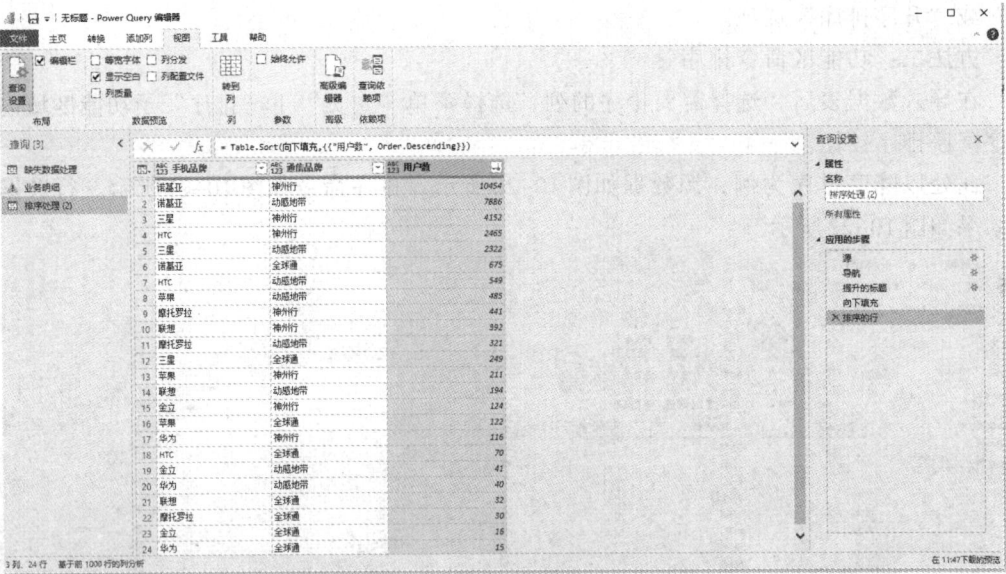

图 10-22　行数据排序结果

10.5.5　筛选行数据

在 Power Query 编辑器中打开数据表,可以将不符合条件的行隐藏起来,只显示符合特定条件的行。如果加载的数据文件中内容有错误,会弹出提示信息,即用户已加载的查询数据表包括错误。

文本筛选操作如下:打开"排序与筛选行数据.pbix"文件,如果要筛选某列的数据内容,则可单击列标题右侧的下拉列表按钮,在展开的列表中单击"文本筛选器→包含"选项(如图10-23 所示),可以按"生产企业"进行筛选。值得一提的是,如果列标题的内容是数字型的,那么图 10-23 中的文本筛选处会呈现"数字筛选",可以选择按数字处理规则进行筛选。类似地,还可以按日期特征来筛选。

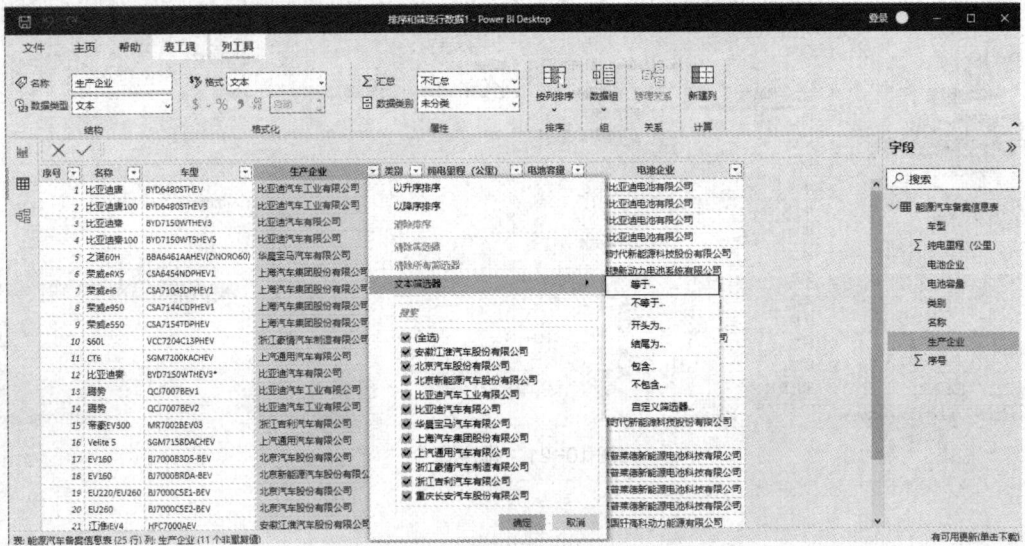

图 10-23　文本筛选

10.5.6　行列数据转置

在将数据源连接到 Power BI Desktop 后，如果数据的行列展示效果不符合阅读习惯或不易于处理，可以使用 Power Query 编辑器中的转置功能对数据进行转置，即"将列变为行，将行变为列"，从而让数据转换为 Power BI Desktop 更容易处理的格式或符合阅读习惯的行列布局。

行列数据转置的具体操作步骤如下：

第一步，用 Excel 呈现数据源数据（如图 10-24 所示）。

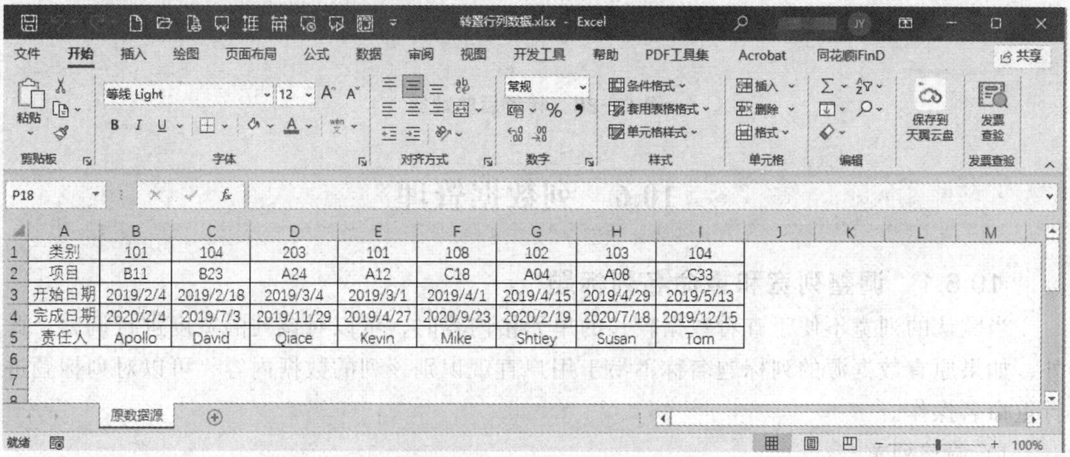

图 10-24　Excel 表数据

第二步，用 Power BI 连接上述 Excel 工作簿文件，运用"转换数据"命令进入 Power Query 编辑器并打开该数据表（如图 10-25 所示）。

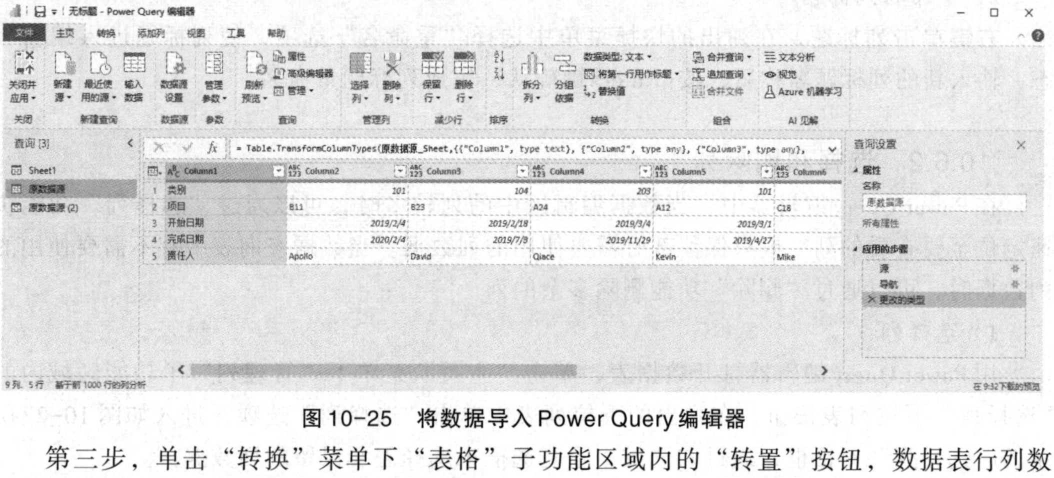

图 10-25　将数据导入 Power Query 编辑器

第三步，单击"转换"菜单下"表格"子功能区域内的"转置"按钮，数据表行列数据就完成了互换，呈现结果如图 10-26 所示。

图 10-26　转置后的数据

10.6　列数据管理

10.6.1　调整列宽和重命名列标题

当默认的列宽不便于查看数据较长的单元格内容时，可以对该列的宽度进行调整。此外，如果原有数据源的列标题名称不易于用户直观识别该列的数据内容，可以对列标题进行重命名操作。

1）调整列宽

将鼠标指针悬浮在列标题的右侧，当其变为双向箭头时，向左或者向右拖动鼠标即可调整列宽，需要注意的是当列宽为默认宽度时，在默认设置下不能减少列宽。

2）重命名列标题

右键单击列标题，在弹出的快捷菜单中选择"重命名"选项，使列标题进入编辑状态，输入新的列标题名称后，按<Enter>键确认，完成列标题重命名。

10.6.2　选择和删除列

在 Power Query 编辑器中，当数据编辑区中的列较多时，可以通过"选择列"功能快速定位至要查看的列，或只保留部分需要使用的列数据。当数据查询表中有不需要使用的列数据时，可以通过"删除"功能删除多余的列。

1）选择列

用 Power Query 编辑器打开数据表，单击"主页"菜单下"管理列"子功能区域内的"选择列"下拉列表按钮，在弹出的下拉列表中单击"选择列"选项，进入如图 10-27 所示的"选择列"对话框，通过勾选或去除复选框来选择需要保留的列数据。

2）转到列（定位到指定列）

用 Power Query 编辑器打开数据表，单击"主页"菜单下"管理列"子功能区域内的"选择列"下拉列表按钮，在弹出的下拉列表中单击"转到列"选项，进入"转到列"对话框，单击选中某个列标题，即定位到所选择的列。

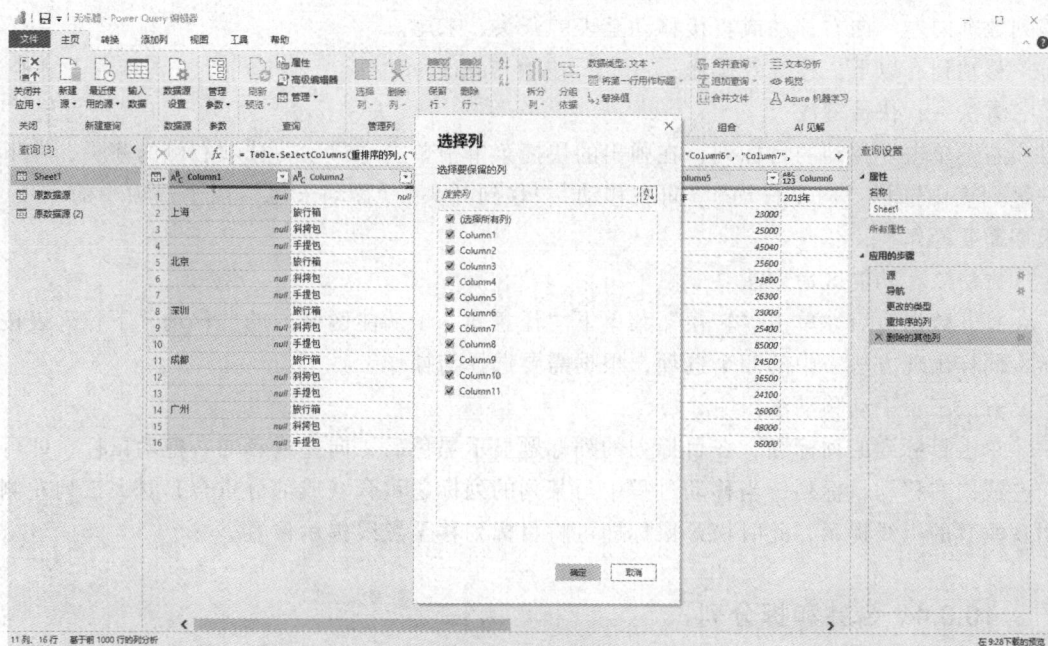

图 10-27　选择列

3）删除列

对图 10-26 所示的数据表进行操作，单击"主页"菜单下"转换"子功能区域内的"将第一行用作标题"按钮，得到如图 10-28 所示的界面。下面进行删除列的步骤说明。

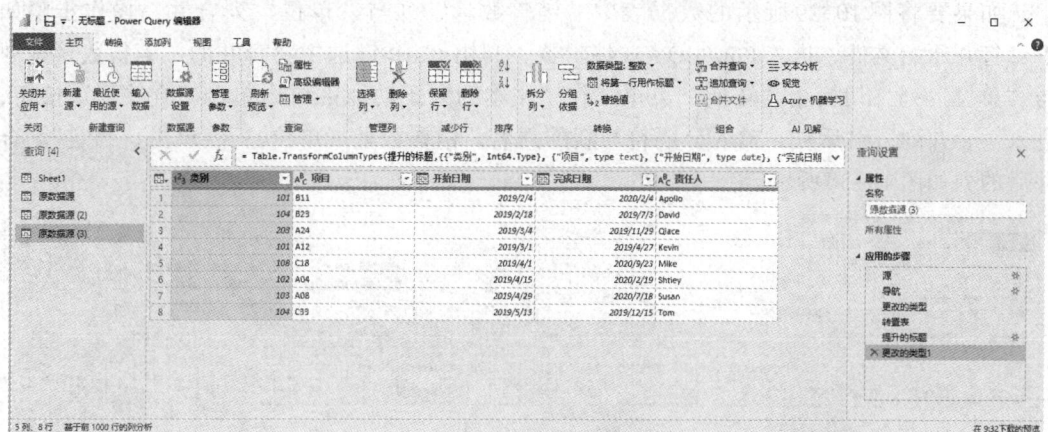

图 10-28　提升标题

用 Power Query 编辑器打开数据表，按住<Ctrl>或<Shift>键分别进行不连续列或连续列的选择，再单击"主页"菜单下"管理列"子功能区域内的"删除列"下拉列表中的"删除列"选项，就可以删除所选中的列。

如果选择"管理列"子功能区域内的"删除列"下拉列表中的"删除其他列"选项，则仅保留选中的列，删除其他列。

10.6.3　移动列

为了满足数据分析的需要或便于查看常用列的数据信息，可以通过"移动到"功能将某列数据向左、向右移动或直接移动至表的开头、末尾。

移动列有以下三种等效操作：

方法一：快捷键法

右键单击要移动的目标列，在弹出的快捷菜单中单击"移动"选项右侧的箭头，在下一级列表中选择"向左移动""向右移动""移到开头""移动末尾"四个选项中的一项，根据需要操作。

方法二：功能区命令法

打开数据表后，单击"转换"菜单下"任意列"子功能区域内的"移动"下拉列表按钮，同样出现方法一中的四个选项，根据需要选择与操作。

方法三：手动移动法

单击目标列的列标题，在目标列的列标题显示黑色后，向左或者向右拖动鼠标，即可向左或向右移动目标列，当移动过程中与某列的列标题重合（或部分重合）时，该列左侧出现垂直的黑线提示，此时松开鼠标即可将目标列移至黑线提示位置。

10.6.4　合并和拆分列

对于导入 Power BI 的数据表，在运用 Power Query 编辑器进行编辑时，有时需要把表中含有多种信息的某一列按照特定的规则分割成多列，有时需要将表中的两列数据合并在一起，组成一个新的数据列，Power Query 编辑器中的合并列和拆分列功能能够实现以上操作。

1）合并列

如果要将图 10-29 所示的数据表中"销售数量"列与"单位"列合并，操作步骤如下：打开原始文件，进入 Power Query 编辑器，利用<Ctrl>键选中要合并的"销售数量"列与"单位"列，切换至"转换"菜单，在"文本列"子功能区域内单击"合并列"按钮，进入"合并列"对话框，输入分隔符与新的列名"销售数量（单位）"，单击"确定"。合并后的列如图 10-30 所示。

图 10-29　用于合并列的数据表

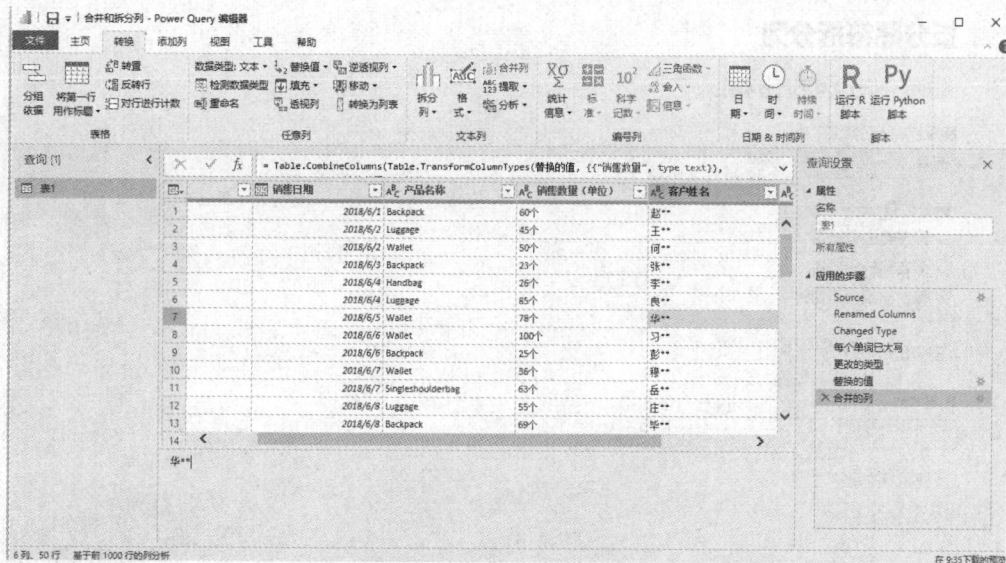

图 10-30　合并后的列

2）拆分列

如果要将图 10-31 所示的"客户地址"列按省份名与城市名拆分为两列,操作步骤如下:单击"转换"菜单,在"文本列"子功能区域内单击"拆分列",选择下拉列表中的"按分隔符",进入"按分隔符拆分列"对话框(如图 10-32 所示),在"选择或输入分隔符"处选择"逗号",再选择"每次出现分隔符时",单击"确定"按钮。

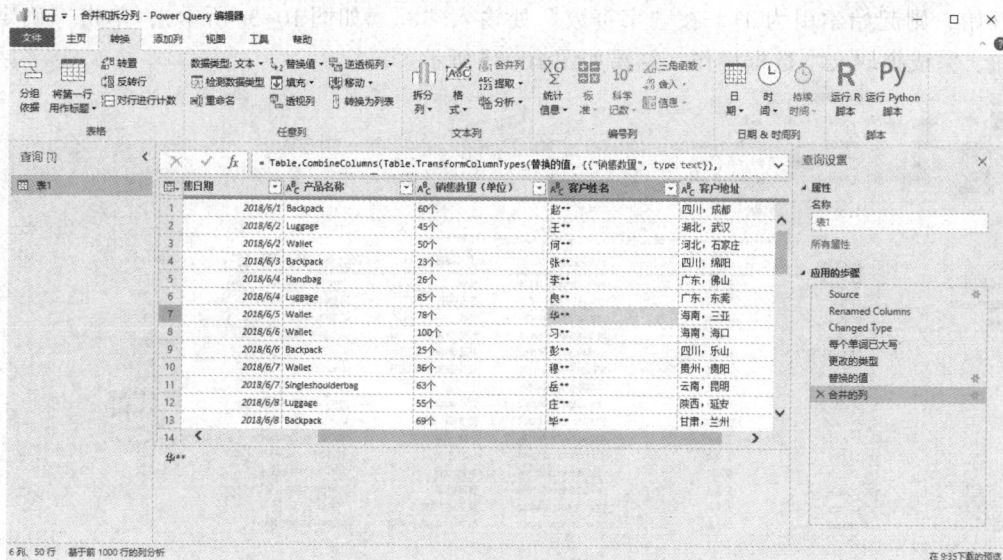

图 10-31　用于拆分列的数据表

10.6.5　从列中提取文本数据

当用户需要提取某列中的部分文本数据用作进一步处理与分析时,如果行数较多,使用 Power Query 编辑器中的提取功能就会更加灵活和方便。下面以"从身份证号中提取出生年月数据"为例进行说明。

按分隔符拆分列

指定用于拆分文本列的分隔符。

选择或输入分隔符

逗号 ▾

拆分位置

○ 最左侧的分隔符

○ 最右侧的分隔符

◉ 每次出现分隔符时

▷ 高级选项

引号字符

" ▾

☐ 使用特殊字符进行拆分

插入特殊字符 ▾

确定　　取消

图 10-32　按分隔符拆分列对话框

右键单击"身份证号"列标题，选择"重复列"选项，将"身份证号"列复制一列备用，形成新的列，即"身份证号-复制"列。选中"身份证号-复制"列标题（如图 10-33 所示），单击"转换"菜单下"文本列"子功能区域内"提取"下拉列表中的"范围"选项，出现"提取文本范围"对话框，在"起始索引"处输入"6"（注意：如果从第一个字符开始，则起始索引为 0），在"字符数"处输入"8"（如图 10-34 所示），单击"确定"按钮，完成提取文本数据操作，结果如图 10-35 所示。

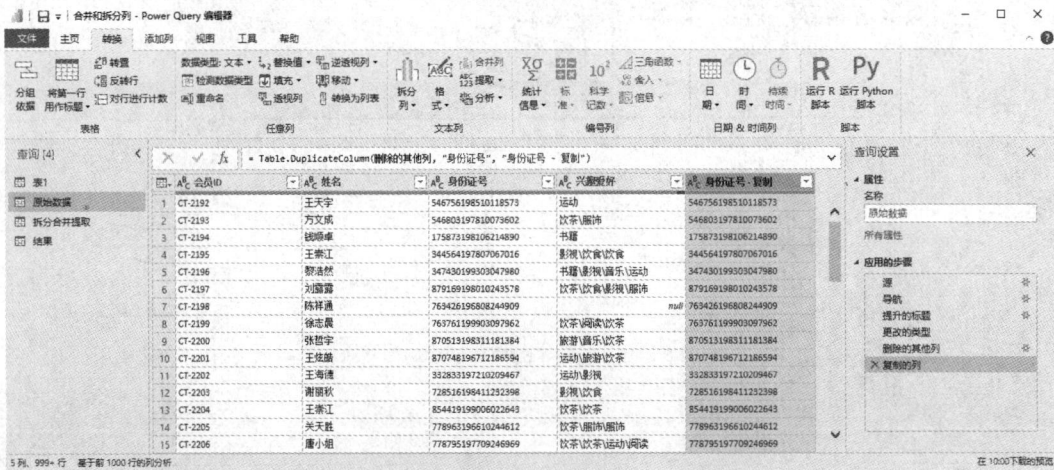

图 10-33　选中"身份证号-复制"列标题

10.6.6　从列中提取日期数据

日期与时间数据是用户在日常生活与单位管理中频繁接触的数据类型之一。Power Query 编辑器提供了日期与时间数据管理功能，为用户进行日期与时间数据管理提供了方便。

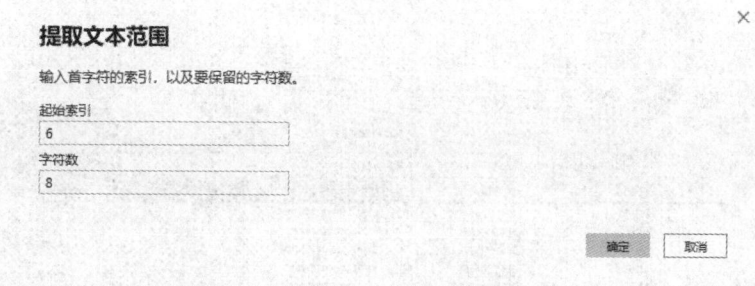

图 10-34　提取文本范围

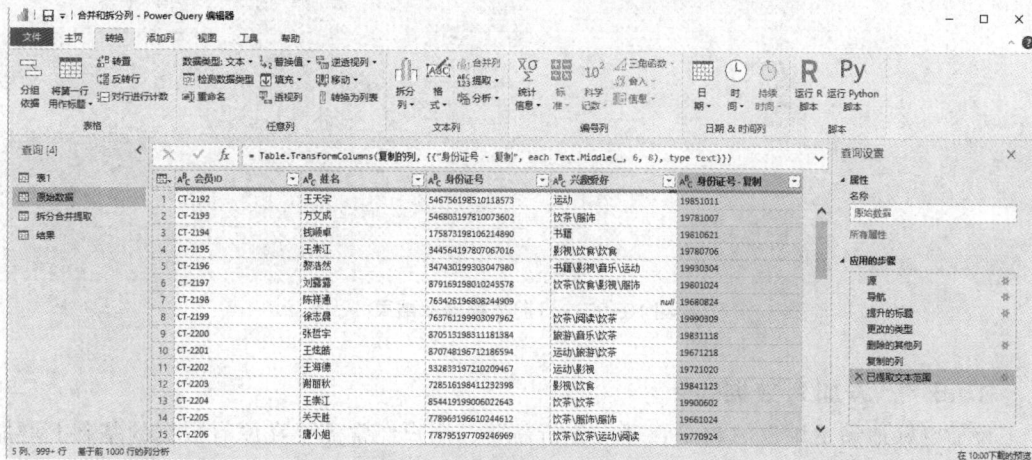

图 10-35　提取文本数据结果

下面以入职时间中入职年份的提取为例说明从列中提取年份数据的操作。用 Power Query 编辑器打开数据表(如图 10-36 所示),选中"入职时间"列,单击"添加列"菜单下"从日期和时间"子功能区域内的"日期"下拉列表中的"年",在数据表的末尾会得到一个新列,列标题为"年"。该列中的数据为从"入职时间"列中提取出的年份,将该列的标题更改为"入职年份",得到如图 10-37 所示的效果。

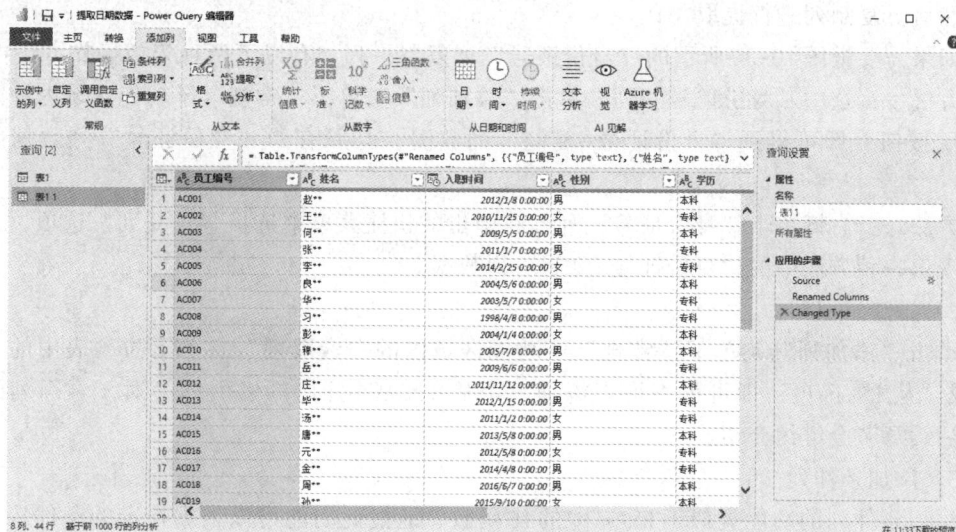

图 10-36　拟提取的日期数据

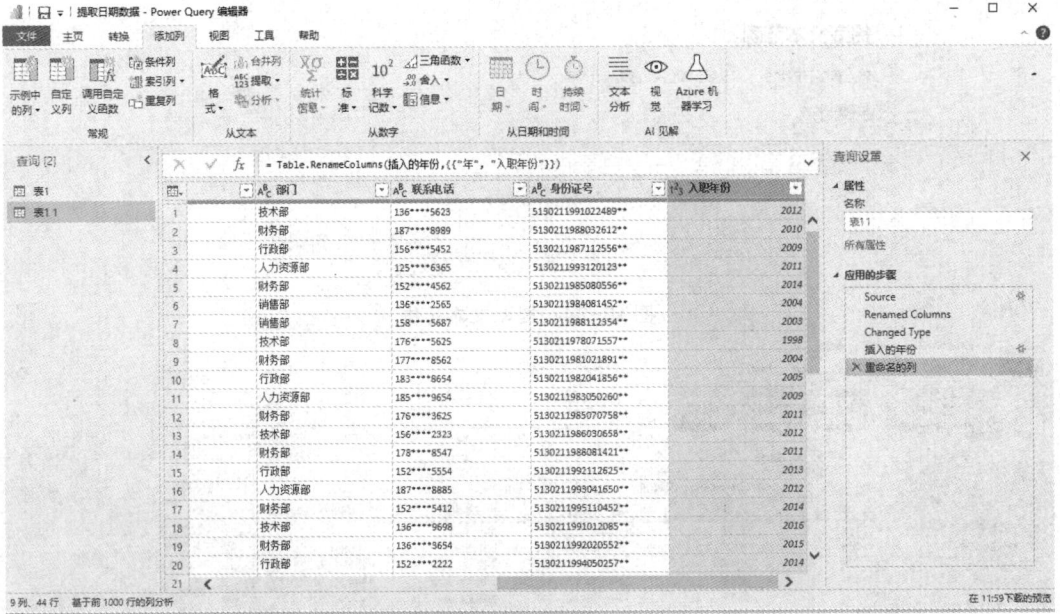

图 10-37　日期数据提取结果

10.6.7　添加列数据

为了更好地满足用户的数据管理与分析需要，用户经常需要在原有数据的基础上增加一些辅助列数据，Power Query 编辑器提供了添加重复列、索引列、条件列与自定义列功能。

1）添加重复列

重复列就是对选中的列进行复制，创建一个与原有列的数据相同的新列，以便对复制列的数据进行处理，并且不损坏原有列的数据。例如，若要对某列数据进行提取操作，但又要保持该列的原有内容不变，则可以先使用添加重复列功能复制生成相同内容的列数据，然后对复制列进行提取操作。

如果需要把图 10-37 所示的"身份证号"列复制一列，有以下两种等效操作方法：

方法一：选中"身份证号"列，单击"添加列"菜单下"常规"子功能区域内的"重复列"按钮，即可得到"身份证号-复制"列数据，与原有的"身份证号"列数据内容一致。

方法二：右键单击"身份证号"列，在弹出的快捷菜单中选择"重复列"选项，同样会出现第一种方法中的"身份证号-复制"列数据。

2）添加索引列

单击"添加列"菜单下"常规"子功能区域内的"索引列"右侧下拉列表中的"从 0"或"从 1"选项，即可为查询表添加一个从 0 或从 1 开始的索引列。对于索引列的运用，后续章节会继续介绍。

3）添加条件列

添加条件列的功能类似于 Excel 中的 IF 函数，通过此功能可以根据指定的条件从某些列中获取并计算生成新列。当需要添加复杂的嵌套条件时，使用添加条件列功能更加直观、快速且便于理解。

【例 10-1】打开"添加条件列 .pbix"数据文件，对数据表中的"销售收入（元）"进行评级。当"销售收入（元）"大于 14 000，定级为"高级"；当"销售收入（元）"大于 7 000，定级为"中级"；否则，定级为"低级"。

操作步骤如下：打开"添加条件列 .pbix"数据文件（如图 10-38 所示），进入 Power Query 编辑器。单击"添加列"菜单下"常规"子功能区域内的"条件列"按钮，打开"添加条件列"对话框（如图 10-39 所示）。在"新列名"处输入"销售等级"，在"If"行选择或输入"销售收入（元）""大于或等于""14000""高级"等内容；单击"添加子句"按钮，出现"Else If"语句行，在此行选择或输入"销售收入（元）""大于或等于""7000""中级"等内容；在"ELSE"行输入"低级"。单击"确定"按钮，完成添加条件列操作，结果如图 10-40 所示。

4）添加自定义列

如果 Power Query 编辑器内置的添加列功能不能满足用户的实际需求，则可以通过添加自定义列功能来添加列数据。

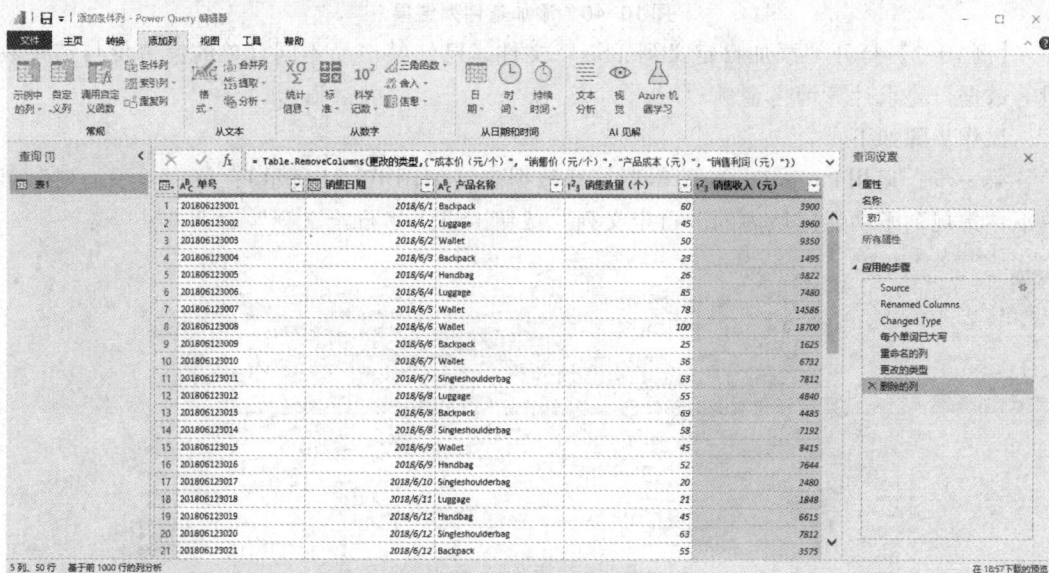

图 10-38　打开"添加条件列"文件

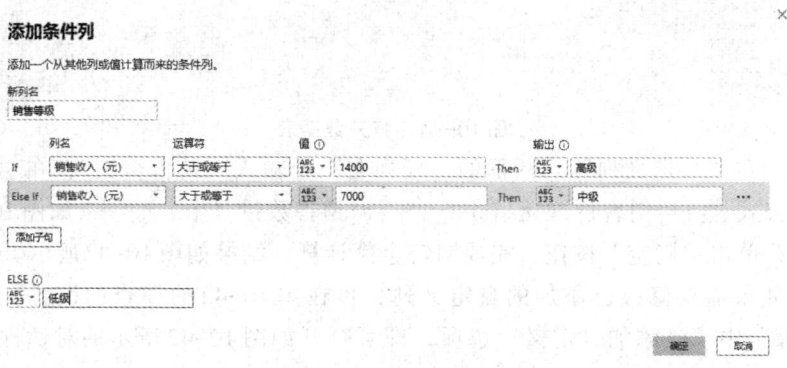

图 10-39　添加条件列对话框

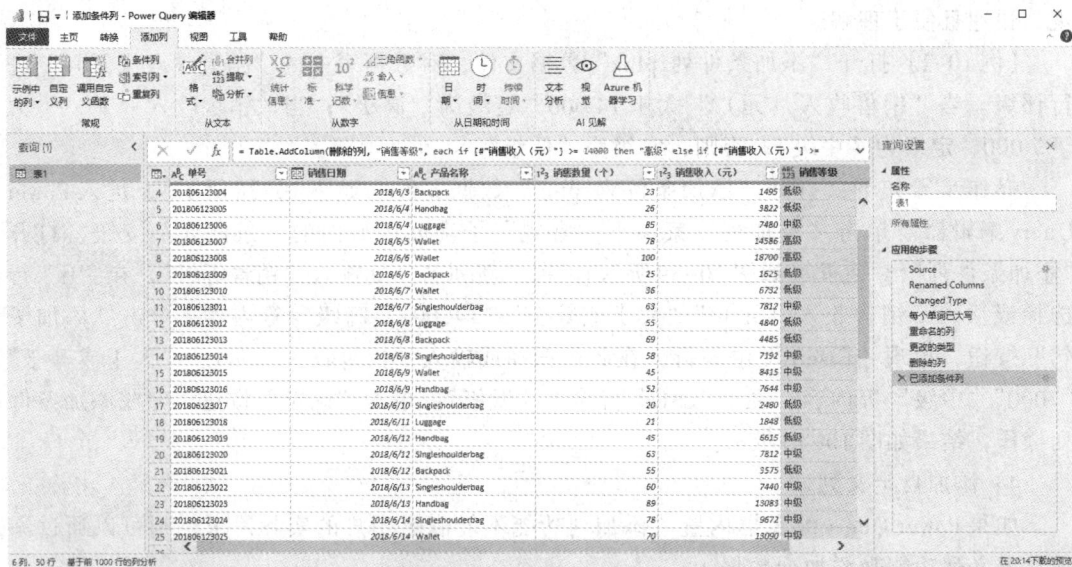

图 10-40　添加条件列结果

【例 10-2】打开"添加自定义列 .pbix"文件，已知某产品不同订单的销售价与销售数量等数据，要求计算销售金额。

操作步骤如下：

第一步，运用 Power Query 编辑器打开数据表（如图 10-41 所示），单击"添加列"菜单下"常规"子功能区域内的"自定义列"按钮，进入"自定义列"对话框。

图 10-41　打开数据表

第二步，在"自定义列"对话框的"新列名"处输入"销售金额"，在"自定义列公式"栏输入公式"［#"销售价（元/个）"］* ［#"销售数量（个）"］"（如图 10-42 所示）。

第三步，单击"确定"按钮，完成销售金额计算，结果如图 10-43 所示。

注意：如果需要修改已添加的自定义列，可在图 10-43 的"查询设置"窗格中双击"应用的步骤"中"已添加自定义"选项，即可打开如图 10-42 所示的对话框，修改自定义的列名与公式。

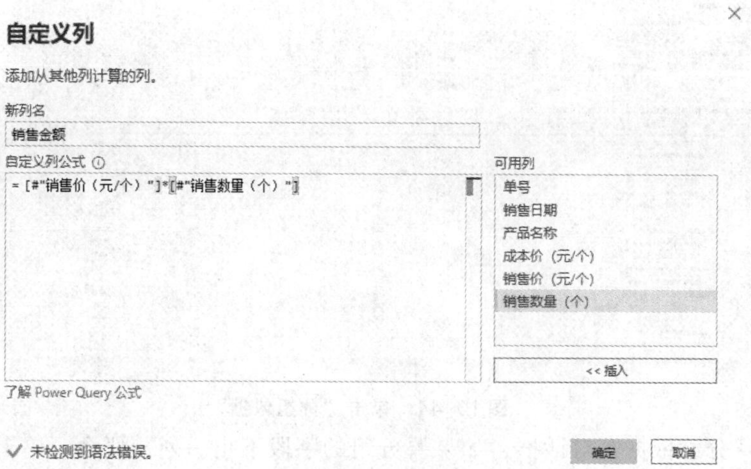

图 10-42　添加"销售金额"自定义列

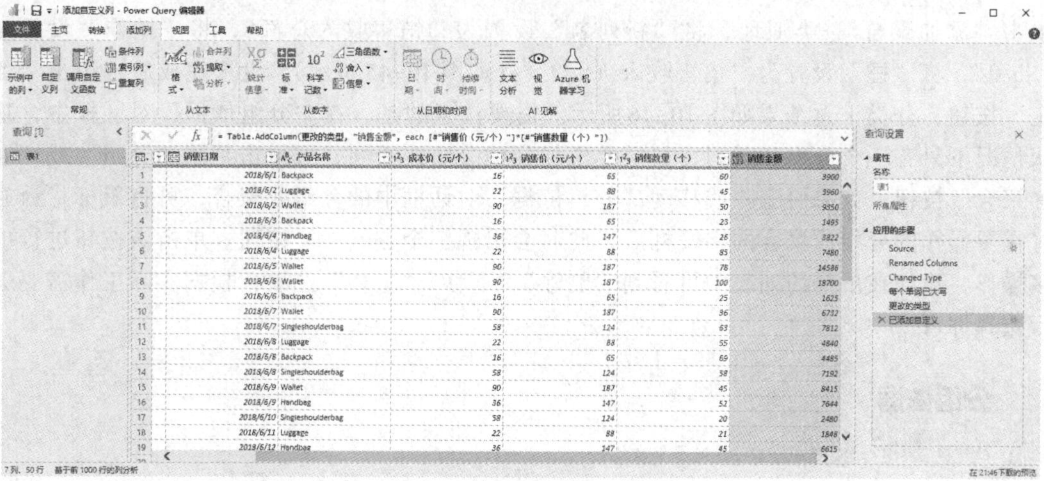

图 10-43　销售金额计算结果

10.7　行列数据操作进阶

10.7.1　行列数据分类汇总

用户在日常的数据管理中经常需要对某些字段数据进行分类汇总操作。利用 Power Query 编辑器提供的"分组"功能，可以对查询表进行分类汇总，快速地以某一个字段或某几个字段为分类项，对查询表中的数据进行各类统计运算，如计数、求和、求中值、求最大值、求平均值等。

【例 10-3】打开"分类汇总行列数据.pbix"文件，汇总计算与产品的销售收入及销售数量相关的统计值。

操作指导：

①单击"转换"菜单下"表格"子功能区域内的"分组依据"按钮（如图 10-44 所示）。

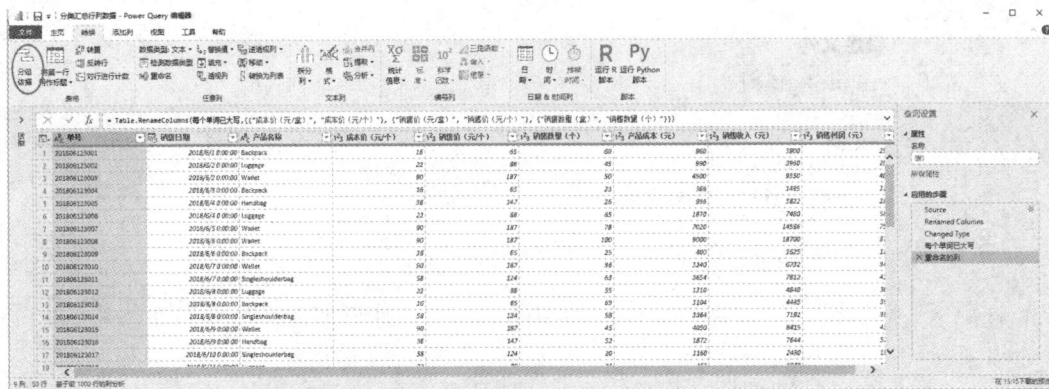

图 10-44　单击"分组依据"

②打开"分组依据"对话框，如果要分组的字段不止一列，那么，单击"高级"单选按钮，将"分组依据"设置为"产品名称"，并将"新列名"设置为"销售总量"，在"操作"的下拉列表中选择"求和"，在"柱"的下拉列表中选择"销售数量（个）"字段。单击"添加聚合"，类似地，将"新列名"设置为"销售收入总额"，将"操作"设置为"求和"，将"柱"设置为"销售收入（元）"（如图 10-45 所示）。设置完成后，单击"确定"按钮，分类汇总结果如图 10-46 所示。需要注意的是，在"分组依据"对话框中，默认情况下只有一个分组和新列，如果要添加其他分组或新列，可单击"添加分组"或"添加聚合"按钮。如果要删除或移动"分组依据"对话框中的分组或聚合，可将鼠标指针放置在要操作的分组或聚合的字段框后，此时会出现三个点（…）按钮。单击该按钮进行更多操作，比如在展开的列表中可看到"删除""下移""上移"选项，根据实际工作需要进行选择即可。

图 10-45　分组依据窗口

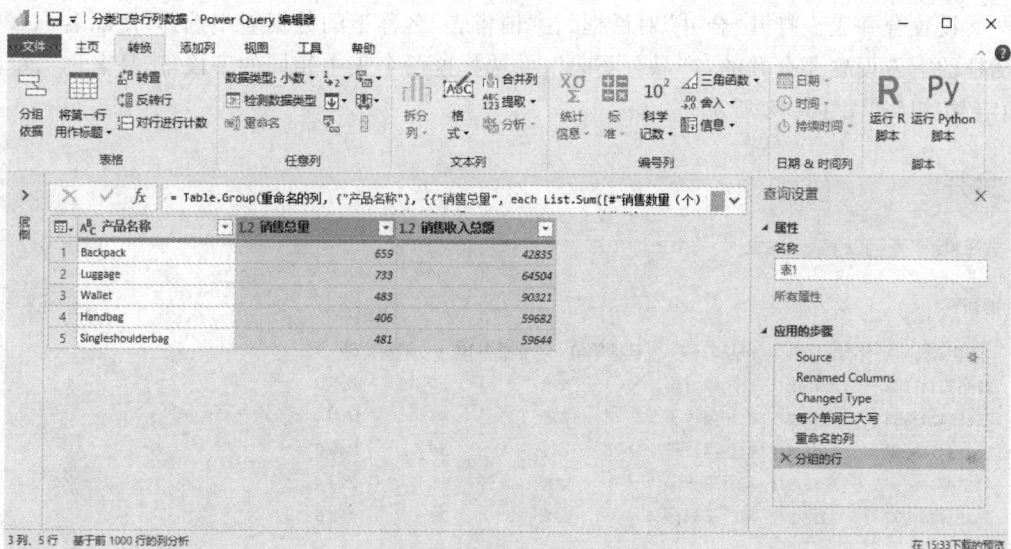

图 10-46   分类汇总结果

10.7.2   查询表数据合并

为了将两个数据表中的数据进行合并查询，在 Excel 中可以通过 Vlookup 函数来匹配其他表格中的数据。而在 Power Query 编辑器中，"合并查询"是指在已有的数据表中添加另外一个表的数据，但前提是这两个表中存在相同的字段。该功能要比 Vlookup 函数更加强大且操作简单。

【例 10-4】打开"合并查询表数据.pbix"，将产品分类表与销售表通过产品名称进行合并查询，在"销售表"中添加"产品分类"字段。

操作指导：

①启动合并查询功能。用 Power Query 编辑器打开"销售表"与"产品分类表"，在"查询"窗格中选中"销售表"后，单击"主页"菜单下"组合"子功能区域内的"合并查询"按钮（如图 10-47 所示）。

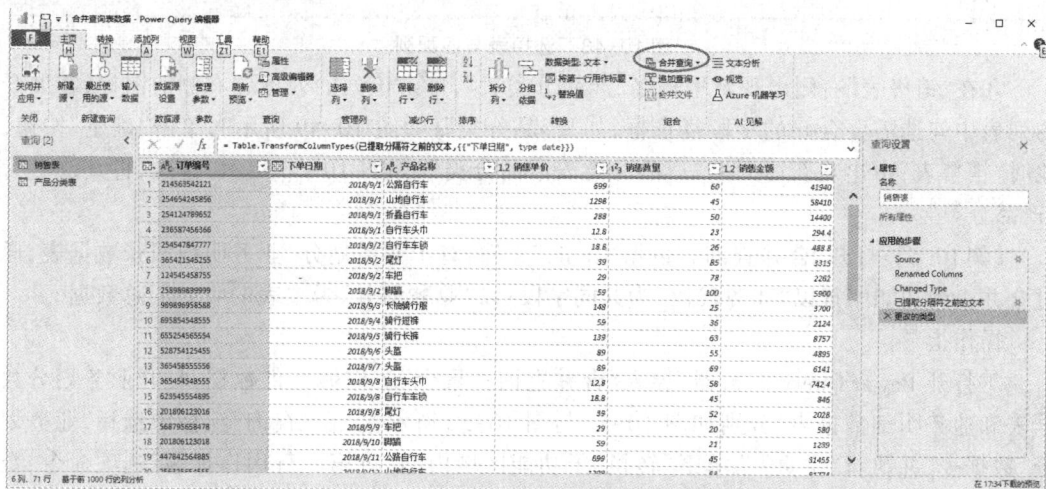

图 10-47   合并查询功能

②设置合并表。打开"合并"对话框,在"销售表"名称下的数据表中选择"产品名称",在对话框的下方设置要合并的"产品分类表",并选择这两个表中相同的字段"产品名称",单击"确定"按钮(如图 10-48 所示)。

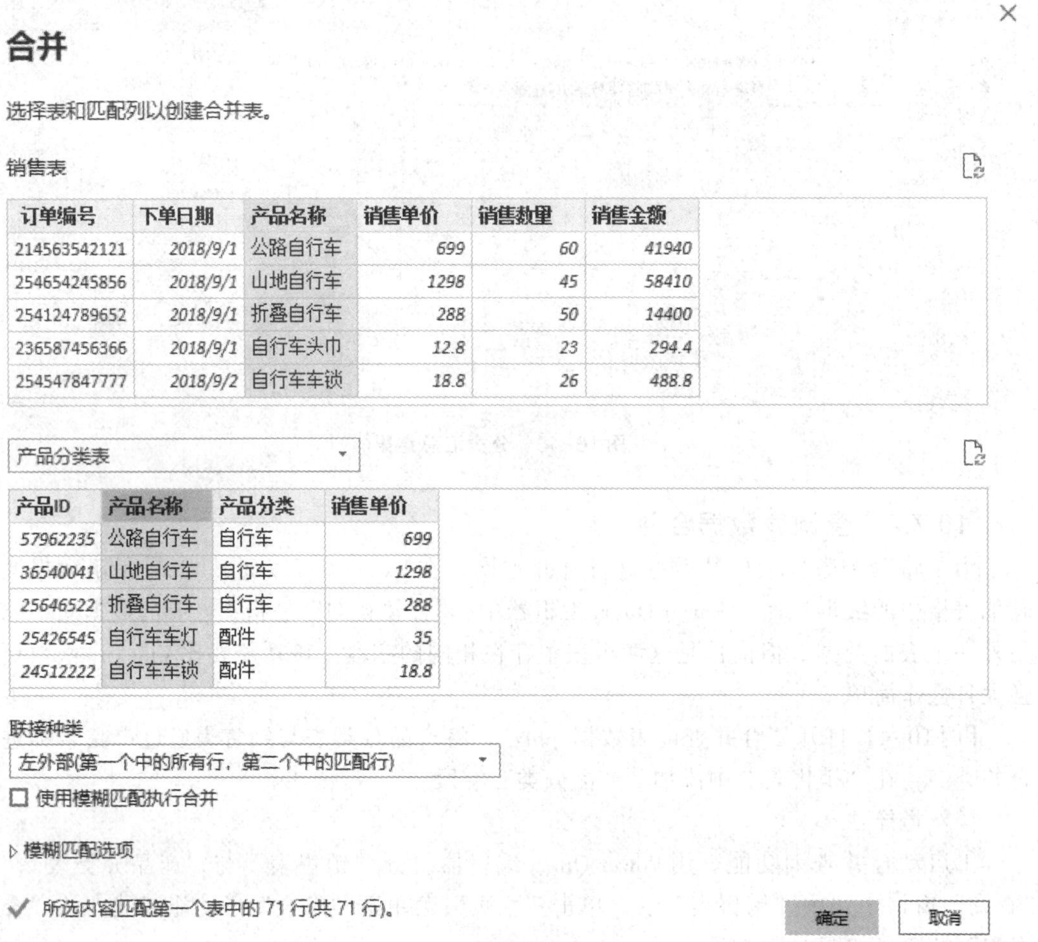

合并 ✕

选择表和匹配列以创建合并表。

销售表

订单编号	下单日期	产品名称	销售单价	销售数量	销售金额
214563542121	2018/9/1	公路自行车	699	60	41940
254654245856	2018/9/1	山地自行车	1298	45	58410
254124789652	2018/9/1	折叠自行车	288	50	14400
236587456366	2018/9/1	自行车头巾	12.8	23	294.4
254547847777	2018/9/2	自行车车锁	18.8	26	488.8

产品分类表 ▼

产品ID	产品名称	产品分类	销售单价
57962235	公路自行车	自行车	699
36540041	山地自行车	自行车	1298
25646522	折叠自行车	自行车	288
25426545	自行车车灯	配件	35
24512222	自行车车锁	配件	18.8

联接种类

左外部(第一个中的所有行,第二个中的匹配行) ▼

☐ 使用模糊匹配执行合并

▷ 模糊匹配选项

✓ 所选内容匹配第一个表中的 71 行(共 71 行)。

确定　取消

图 10-48　选择表与匹配列

③在"销售表"右侧出现新增列名"产品分类表",单击该列的列标题右侧的图标,在展开的列表中勾选需要合并的字段复选框,如"产品分类"(如图 10-49 所示),单击"确定"按钮,此时"销售表"中出现新增列名"产品分类表产品分类"(如图 10-50 所示),可以将其改名为"产品分类"。

【例 10-5】打开"合并查询表数据 1.pbix"文件,对于业务划分、业务明细两张数据表,通过合并查询功能实现以"业务代码"为共同字段、以"业务划分"为主表的收入汇总数据。

操作指导:

①打开 Power Query 编辑器,导入"合并查询—聚合"工作簿文件数据,打开业务划分数据表和业务明细数据表(分别如图 10-51 与图 10-52 所示)。在"查询"窗格中选择"业务划分"数据表,并执行"主页"菜单下"转换"子功能区域内的"将第一行用作标题"选项命令,数据内容如图 10-51 所示,"业务明细"数据表。

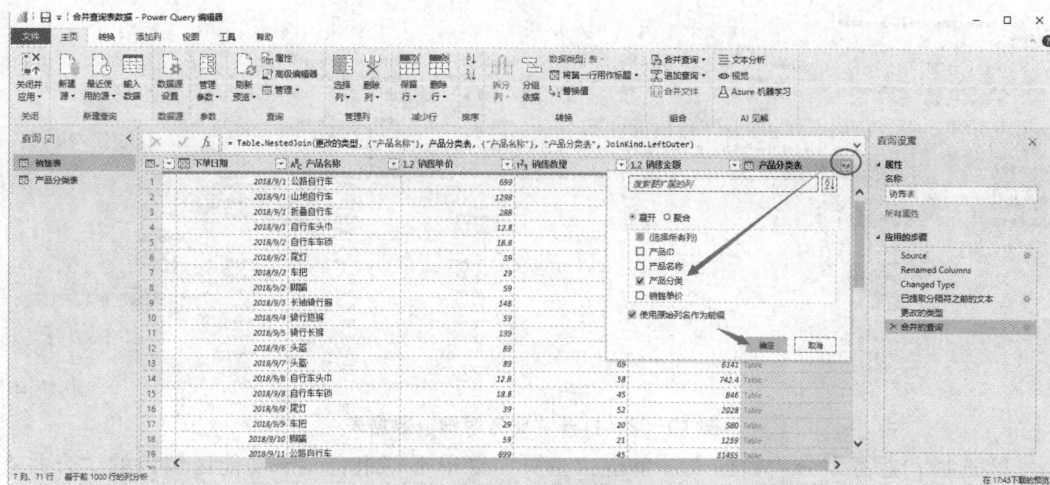

图 10-49　合并查询列

图 10-50　合并查询并命名

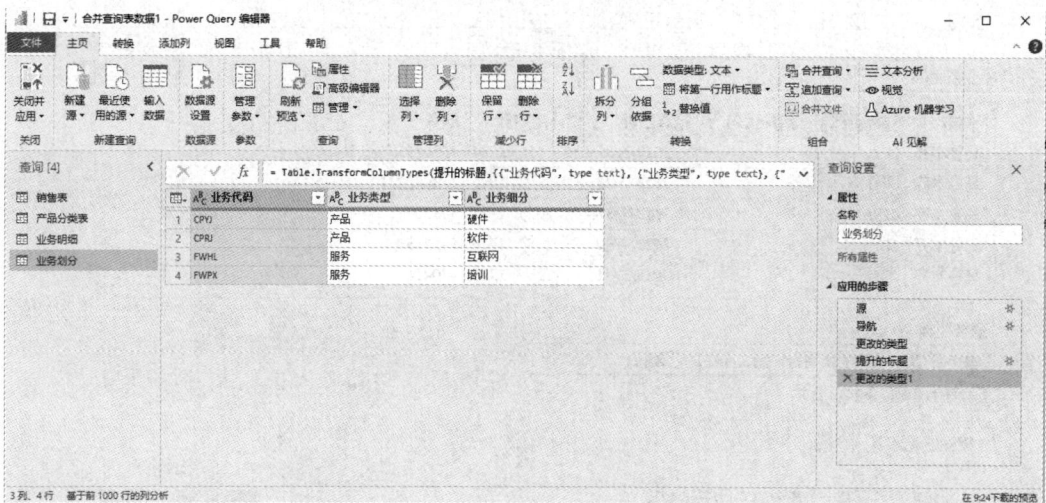

图 10-51　打开"业务划分"数据表

图 10-52 　打开 "业务明细" 数据表

②选择 "业务划分" 数据表，单击 "主页" 菜单下 "组合" 子功能区域内的 "合并查询" 右侧下拉列表中的 "将查询合并为新查询" 选项。打开 "合并" 对话框，可以看到对话框上方自动添加了主表 "业务划分"（如图 10-53 所示）。在 "合并" 对话框中部的数据表下拉列表中选择 "业务明细" 数据表，并呈现该数据表信息。依次选择 "业务划分" 主表中的 "业务代码" 列和合并表中的 "业务代码" 列，建立两个数据表的联系。其他设置保持为默认。

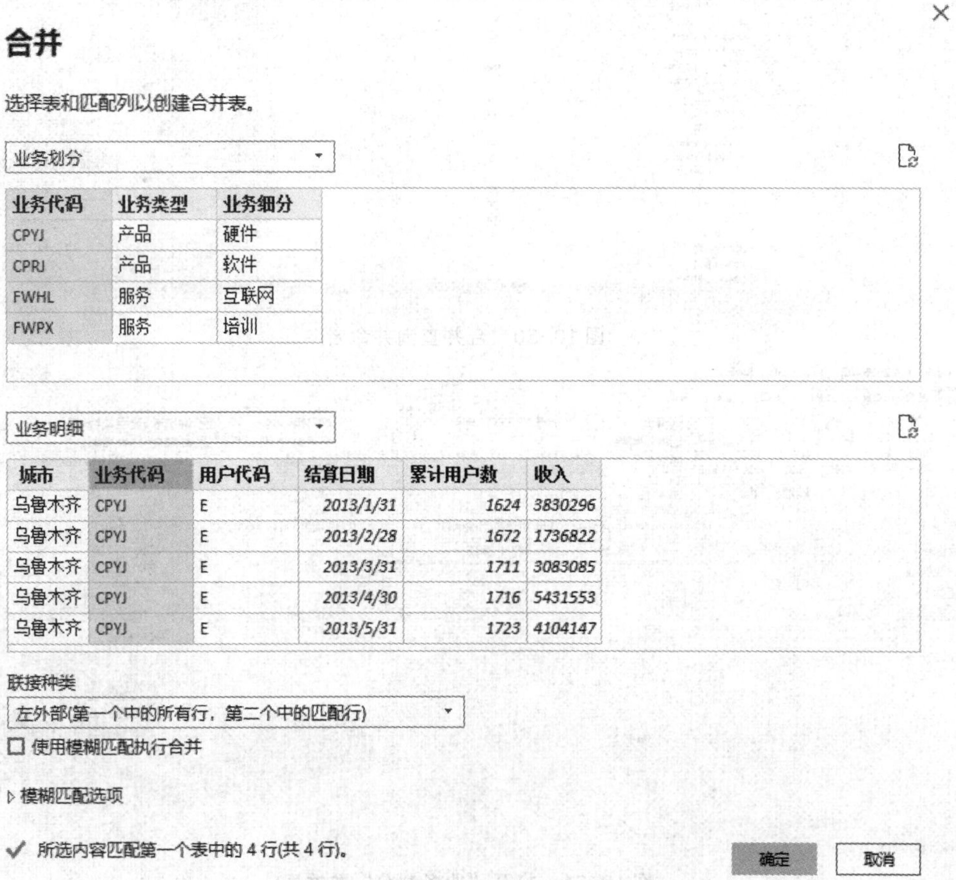

图 10-53 　 "合并" 对话框

③单击"确定"按钮，"查询"窗格中将自动添加"合并1"数据表，单击"合并1"数据表中"业务明细"列标题右侧的扩展图标，在弹出的列表中选择"聚合"单选按钮，并在窗口下方勾选"Σ收入的总和"复选框（如图10-54所示）。

④单击"确定"按钮，"合并1"数据表中"业务明细"列标题将自动改为"业务明细收入的总和"，该列数值即为各业务代码对应的收入总和（如图10-55所示）。

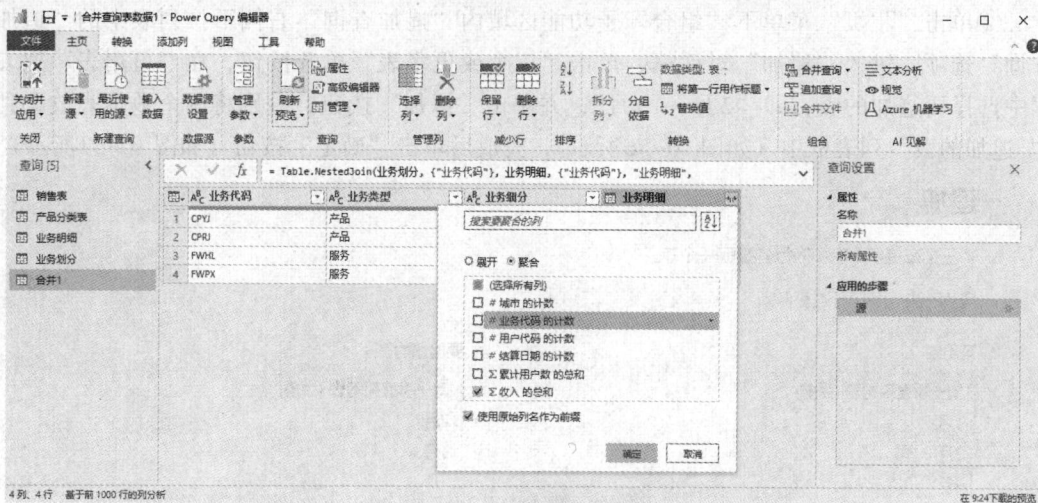

图10-54 合并查询收入总和

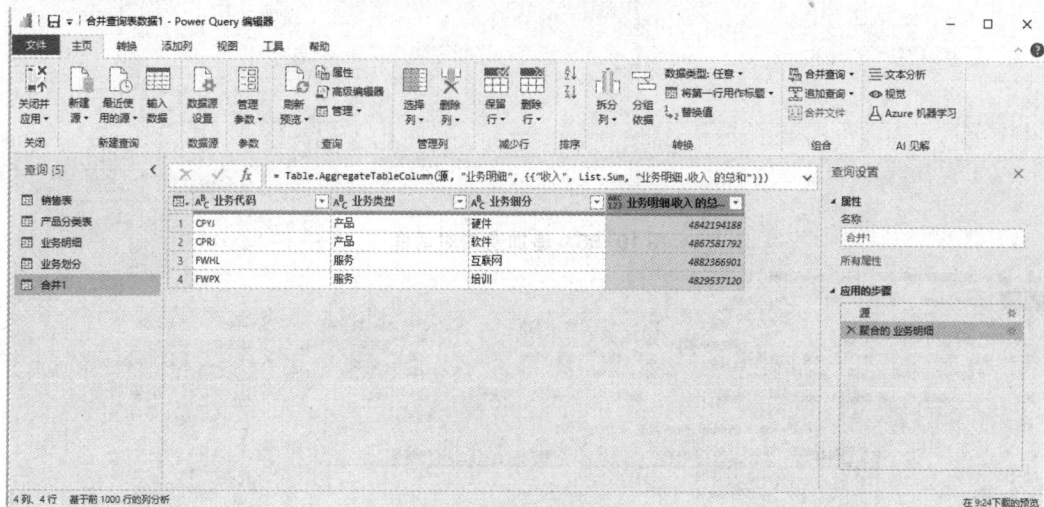

图10-55 合并查询结果

⑤双击"查询"窗格中的"合并1"，重命名为"业务代码收入总和"，保存该文件。

10.7.3 查询表数据追加

追加查询是在现有表的下方添加新的行数据。该操作可以将具有相同结构的表的内容进行纵向合并。需要注意的是，追加查询只能对结构相同、字段标题相同的表格进行合并；如果表格结构不同，在合并时可能会发生错误。

【例10-6】已知某商店1月至3月的销售数据分别存在不同的数据表中，现要求把2

月、3月的数据追加到1月的数据表中。

操作指导：

①在 Power Query 编辑器中打开数据文件，在"查询"窗格中选择数据表"1月"并单击右键，在弹出的快捷菜单中选择第二个"复制"选项，"查询"窗格中将出现"1月"的备份表，将其重命名为"第一季度采购表"。

②单击"主页"菜单下"组合"子功能区域内"追加查询"右侧下拉列表中的"追加查询"选项，进入"追加"对话框，单击"三个或更多表"单选按钮，在"可用表"列表框中选择要追加的表，即"2月""3月"，并单击"添加"按钮，分别将两个数据表放置到"要追加的表"列表框中（如图10-56所示），完成后单击"确定"按钮（如图10-57所示）。

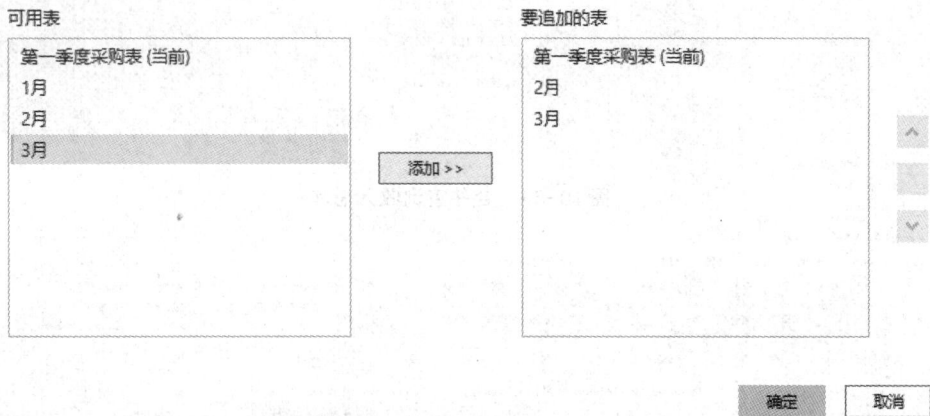

图 10-56　追加查询对话框

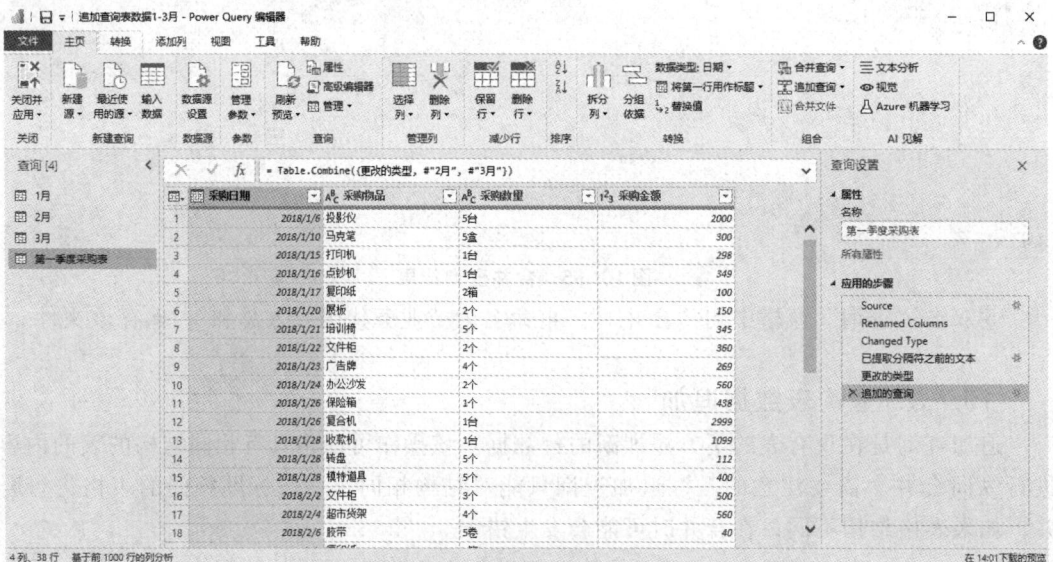

图 10-57　追加查询结果

10.7.4　同一工作簿不同工作表数据汇总

在日常数据管理中，用户经常要将不同工作表的数据汇总到同一工作表中。就这项工作而言，Power Query 编辑器提供了便捷、高效的数据汇总方法。

【例 10-7】对"各省销售记录"数据进行汇总。

操作指导：

① 启动 Power BI Desktop，单击"主页"菜单下"数据"子功能区域内的"Excel 工作簿"按钮，从"打开"对话框中选择"各省销售记录"工作簿文件，单击"打开"按钮。

② 在出现的"导航器"对话框中，右键单击"各省销售记录.xlsx"工作簿名称，在弹出的快捷菜单中选择"转换数据"选项（如图 10-58 所示）。在 Power Query 编辑器的"查询"窗格中，可以看到各省销售记录（如图 10-59 所示）。

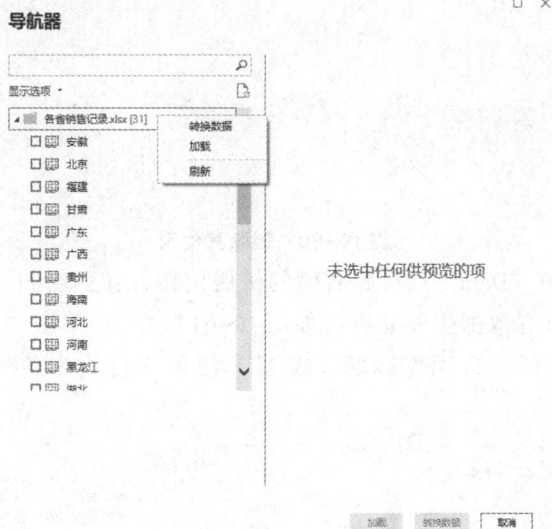

图 10-58　导入工作簿数据表

图 10-59　导入数据表结果

③数据查询区中的"Data"列是各工作表数据。包括"Name"列在内的其他各列为各工作表信息等，在汇总后的数据中不需要，可以删除。操作方法是右键单击"Data"列标题，在弹出的快捷菜单中单击"删除其他列"选项，删除不需要的列，只留下"Data"列（如图10-60所示）。

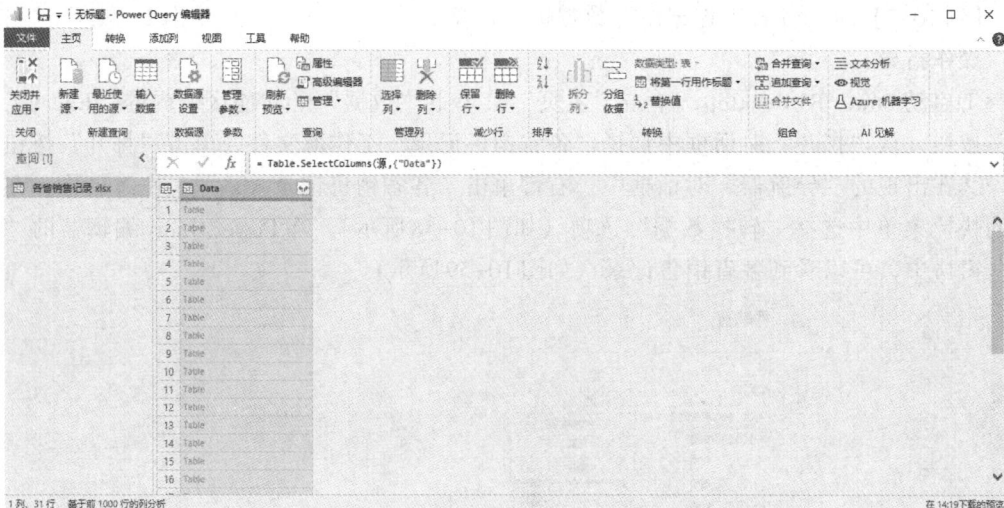

图10-60　删除其他列

④单击图10-60中"Data"列标题右侧的扩展按钮，在弹出的下拉列表中保持默认设置，单击"确定"，所有数据扩展完成（如图10-61所示）。单击"主页"菜单下"转换"子功能区域内的"将第一行用作标题"按钮，使第一行成为各列的标题（如图10-62所示）。

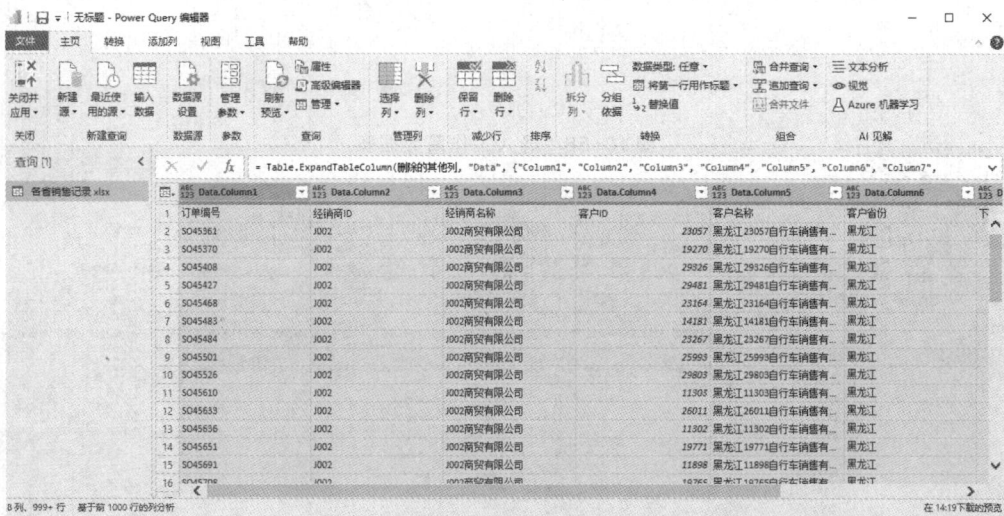

图10-61　扩展数据

⑤由于"各省销售记录.xlsx"工作簿文件中各工作表都有相同的标题字段，而这些标题字段在扩展完成后成为多余数据，需要删除，因此，选中"下单日期"列，单击"主页"菜单下"转换"子功能区域内的"数据类型：任意"右侧箭头，在弹出的下拉列表中选择"日期"选项，此时该列的非日期数据显示为错误值"Error"（如图10-63所示）。

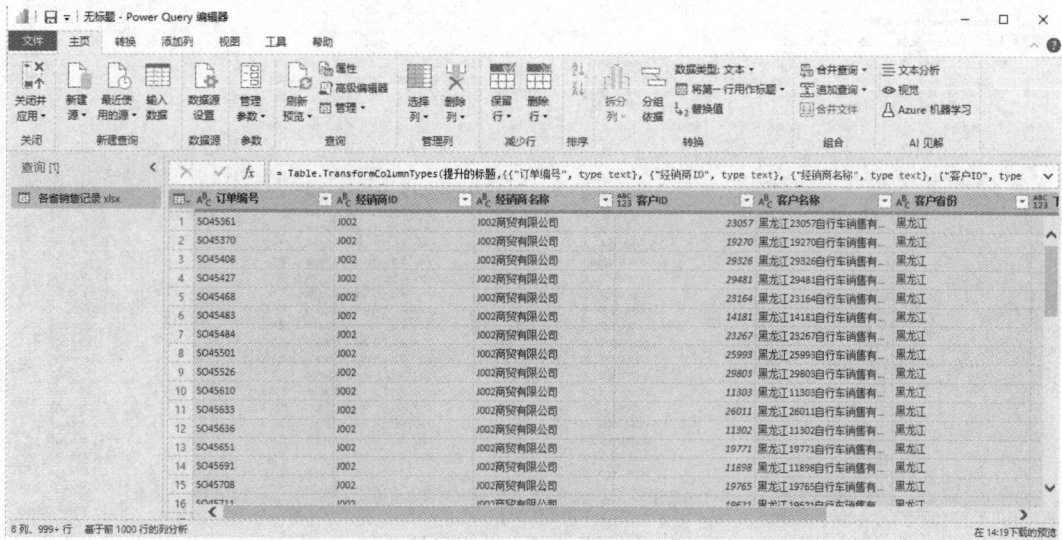

图 10-62 提升标题

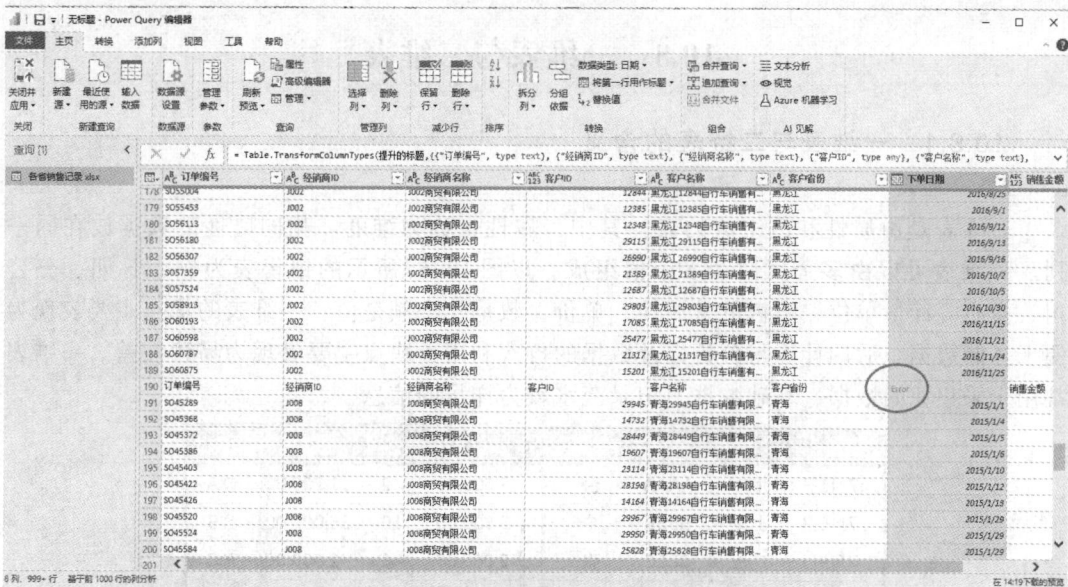

图 10-63 修改"下单日期"数据类型

⑥单击"主页"菜单下"减少行"子功能区域内的"删除行"右侧箭头，在弹出的下拉列表中选择"删除错误"选项，将多余的错误值"Error"行删除。

⑦双击"查询"窗格中"各省销售记录 .xlsx"，重命名为"各省销售记录汇总 .xlsx"，保存该文件（如图 10-64 所示）。

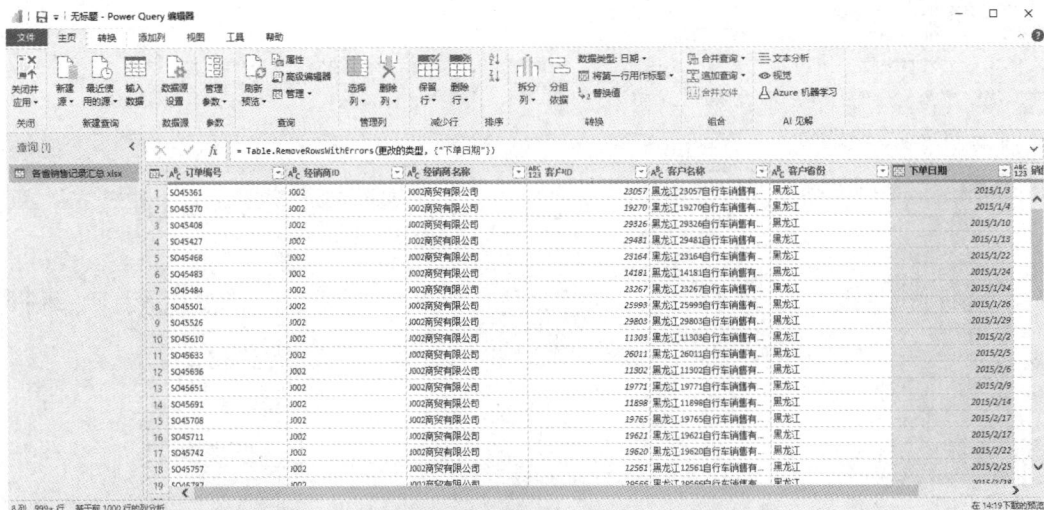

图 10-64　各省销售记录汇总

10.8　一维表与二维表

10.8.1　一维表与二维表的含义

1）一维表

一维表是由属性和值组成的表。其中，属性也称为维度。相同属性的数据放在同一列。一维表可以由多个属性和多个值组成。以图 10-65 所示的销售表为例，日期、分公司、商品、计量单位、销售员是属性，单价、数量、金额是值。一维表的优点主要表现为便于存储数据、后期计算与分析以及数据的再次利用；缺点主要表现为易读性差。一维表常用于采集原始数据、基础数据，记录流水较为详尽的信息。

日期	分公司	商品	计量单位	单价	数量	金额	销售员
7月1日	北京	AAAA	台	5,600.00	2	11,200.00	赵A
7月5日	上海	BBBB	个	3,500.00	10	35,000.00	钱B
7月9日	广州	CCCC	张	2,000.00	1	2,000.00	孙C
7月10日	南京	DDDD	套	300,005.00	3	900,015.00	李D
7月11日	杭州	EEEEE	台	1,800.00	15	27,000.00	周E
7月11日	深圳	FFFFF	个	2,600.00	10	26,000.00	吴F
7月12日	天津	GGGG	台	3,200.00	6	19,200.00	郑G

图 10-65　一维表

2）二维表

没有按属性和值设计的表就是二维表。我们常见的表大都是二维表。二维表的主要优点是易读性强；主要缺点是数据再次利用性差，后期的计算分析难度较大。二维表通常作为最终报表被提供给报表使用者，便于其快速掌握重要信息、汇总和分类信息、进行分析与决策。

一维表与二维表对比如图 10-66 所示。

二维表

产品	4月1日	4月2日	4月3日	4月4日
A	491	342	841	296
B	685	236	567	424
C	376	280	167	317
D	776	531	892	469

一维表

产品	日期	金额
A	4月1日	491
A	4月2日	342
A	4月3日	841
A	4月4日	296
B	4月1日	685
B	4月2日	236
B	4月3日	567

图10-66　一维表与二维表对比

10.8.2　将一维表转换为二维表

【例10-8】打开“一维表和二维表的相互转换.pbix”文件，运用Power Query编辑器“透视列”功能将一维表“销售统计表”转换为二维表。

操作指导：

①进入Power Query编辑器，打开“月份销售统计表”。在“查询”窗格中选择该表，选中“销售月份”列，单击“转换”菜单下“任意列”子功能区域内的“透视列”按钮，进入“透视列”对话框，在“值列”下的文本框中选择“销售金额”选项，在“高级选项”下的文本框中选择“求和”选项（如图10-67所示）。

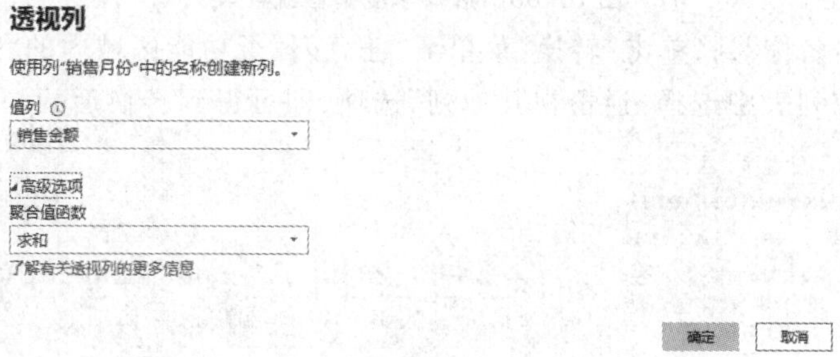

图10-67　透视列对话框

②单击图10-67中的“确定”按钮，即可得到转换后的二维表（如图10-68所示）。

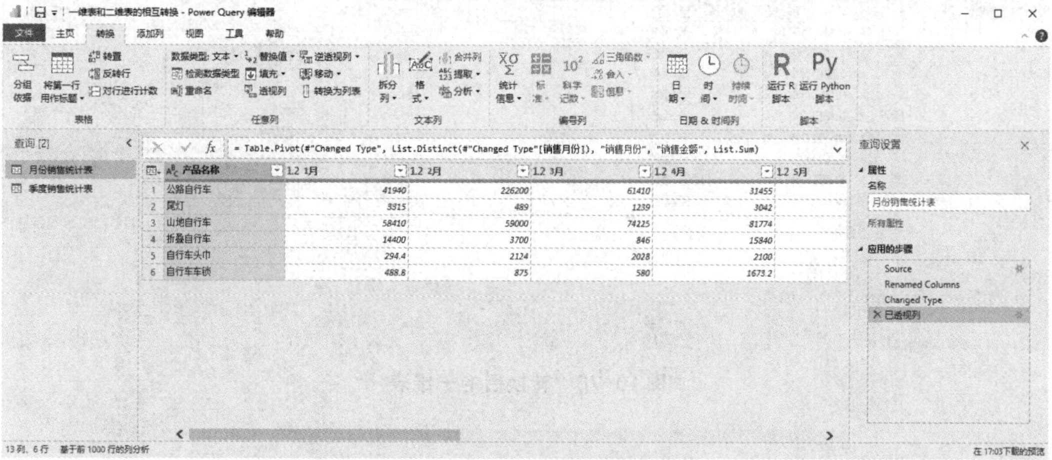

图10-68　转换后的二维表

10.8.3　将二维表转换为一维表

【例10-9】运用"逆透视列"功能将二维表转换为一维表。

操作指导：

①在图10-68所示的"查询"窗格中选择"季度销售统计表"（如图10-69所示）。

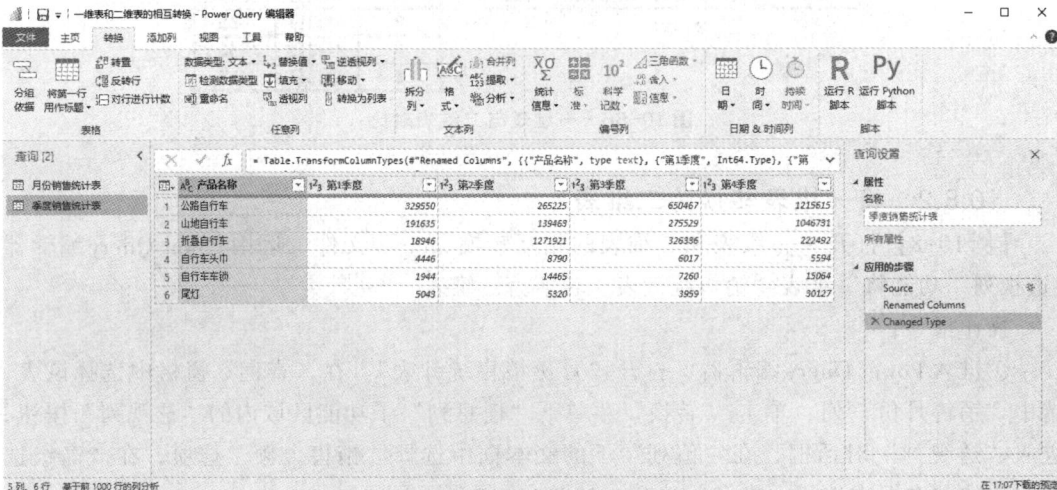

图10-69　选择季度销售统计表

②选中"产品名称"列，单击"转换"菜单下"任意列"子功能区域内的"逆透视列"右侧箭头，在弹出的下拉列表中选择"逆透视其他列"选项，即可得到转换后的一维表（如图10-70所示）。

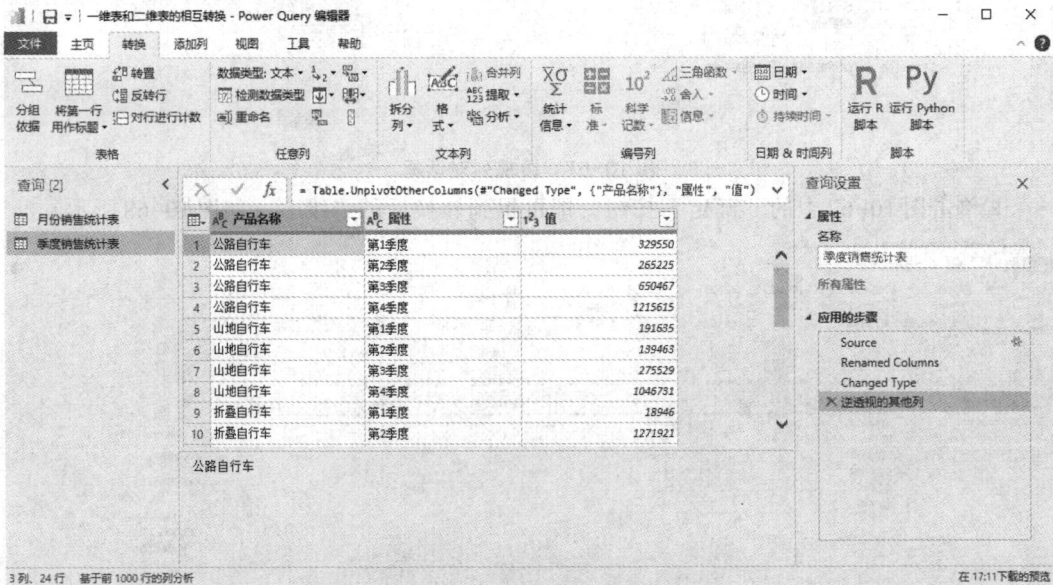

图10-70　转换后的一维表

【课后思考】

1.Power Query 可以对数据表进行哪些操作?

2.Power Query 可以对哪些不规范的数据进行整理?

3.Power Query 对行数据的操作包括哪些方面?

4.Power Query 对列数据的操作包括哪些方面?

5.简要说明 Power Query 如何从列数据中提取文本。

6.如何进行查询合并?

7.什么是一维表与二维表? Power Query 如何实现二者的转换?

第11章　数据建模与DAX工具应用

【本章导学】

本章属于大数据分析建模范畴，主要讲解了Power BI数据建模的界面与功能、数据表及关系的管理，介绍了DAX的概念、语法、运算符、新建列、新建度量值等知识，重点通过实际操作演示了DAX函数的运用。

【素养导引】

大数据分析的目的就是要讲好大数据背后的"故事"，阐发大数据规律，挖掘大数据价值。工欲善其事，必先利其器。通过数据建模，培养学生的逻辑思维、普遍联系的哲学观念。通过学习运用DAX分析工具，激发学生的数据分析效率意识，增强学生的工作责任感、创造价值的自豪感。

11.1　数据建模概述

11.1.1　Power BI模型视图界面与功能

Power BI左侧视图分为报表视图、表格视图、模型视图及DAX函数查询视图四个部分，四个部分各有功能定位又有密切联系。

报表视图提供了一个画布，可以让用户使用图表和其他视觉效果创建数据模型的视觉层。此外，还可以通过拖放报表画布上的元素并调整其大小来控制布局。

表格视图提供了查看模型中每个数据表的原始数据的功能。表格视图可以一次显示一个表的数据，可以通过从右侧面板中的表列表中单击表的名称进行控制。如对列进行排序，可以使用报表视图对列进行重命名、格式化、删除、隐藏或定义其数据类型。用户可以像看Excel表格一样，看到每一列的数据类型，可以通过点击右边各个表格，来查看不同表格内的具体内容。

模型视图又称为"关系视图"，其显示数据模型中的每个表，并允许添加、更改或删除表之间的关系。在模型视图下，可以看到所有的表格、表格里每一列的内容以及之间的关系。这些关系会影响报表视图下图表的输出。图表之间如果存在联系，它们会显示被"线"连接起来，线上的箭头和旁边的数字和"*"号则表示连接的关系：*表示"多"；1表示"一"。这样的关系即"多对一"的关系。点击这个"线"，表格上高亮的列则表示两个表格是通过这个列的参数进行连接的。

DAX函数查询视图是2023年11月版本更新后新增的视图。将数据添加到报表后，可以编写用户自己的 DAX 查询或运行预定义查询。

如图11-1所示，编号标注了模型视图界面的组成部分：①快速访问工具栏；②菜单栏；③功能区；④"模型视图"按钮；⑤数据块与关系线；⑥属性窗格；⑦数据窗格。

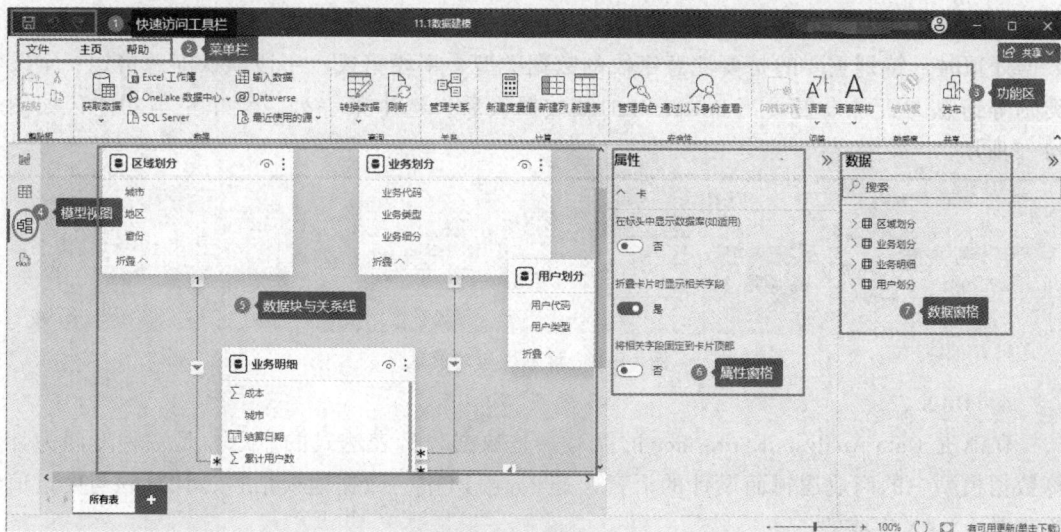

图 11-1 模型视图界面

11.1.2 数据建模的含义

在经营管理中，企业会产生不同类型的数据，这些数据往往放在不同的表里，这些表一般也有特定的作用与功能，但为了数据分析的需要，这些不同的表需要协同配合才能发挥更好的作用，就需要在这些表之间建立一定的逻辑关系，建立某种逻辑关系之后可以使得这些表像一张表一样，灵活运用于数据处理与分析。

Excel数据透视表功能一般只能从单个表中取数，其他表的数据则需要运用vlookup函数将不同数据表合并为一个表，同时 Excel 本身存在 100 万个数据行的限制。随着大数据时代的来临和数据要素作用的发挥，大数据分析日益重要，产生了不少大数据分析工具。微软为了更好地发挥Excel的作用与可持续发展，开发了Power BI软件并使其能够在不同的数据表之间建立逻辑关系。这种将不同的数据表通过建立逻辑关系，使得这些表像一张表一样被灵活处理的过程，称为数据建模。

11.1.3 Power BI数据建模的相关概念

1）事实表

事实表是数据关系结构中的中央表，包括连接事实与维度表的数字度量值与键，又称为明细表，包括描述业务相关的特定数据。一个事实表最好只包括一种业务记录，如采购表只有采购记录。

2）维度表

维度表，又称为查找表，是维度属性的集合，是分析问题的窗口，是人们分析与观察数据的特定角度。属性的集合称为一维。

3）字段

字段是数据库中重要的基本概念，一般将标记实体属性的命名单位称为字段或数据项。它是可以命名的最小信息单位，即每个字段只包含一种信息，所以又称为数据元素。字段有字段名与字段属性之分，相关知识可以进一步查看数据库书籍。在 Power BI 中进行数据处理时，特别重要的是要注意字段的数据类型、字段格式、字段默认汇总格式、字段类别等信息的正常设置。当 Power BI 加载数据表后，选中某一列，菜单栏与功能区如图 11-2 所示。

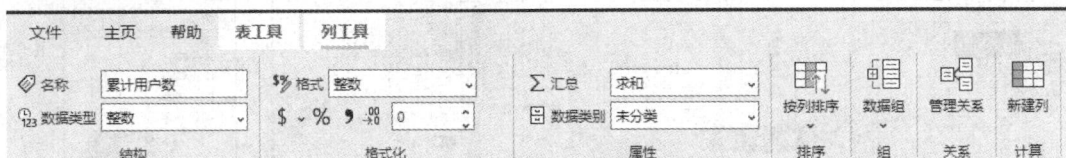

图 11-2　菜单栏与功能区

4）DAX

DAX 是 Data Analysis Expression 的缩写，是数据分析表达式的意思，是一种专门为计算数据模型中的商业逻辑而设计的语言，是 Power BI 中的数据建模语言，计算列与度量值等都是由 DAX 生成的。

5）计算列

计算列是 Power BI 中运用 DAX 生成的一个新字段，不是从原始数据加载进来的，在表格视图中选择需要新建列的数据表，单击"表工具"菜单下"计算"子功能区域中的"新建列"按钮，在公式编辑栏输入 DAX 公式即可在原来的数据表中增加一个新列，这个新建列可以同原数据的其他列一样运用。

计算列功能生成的新字段值存储在数据模型中，占用内存，如果在数据量很大的表中添加列可能会对数据模型的内存大小产生显著影响。一般非必要不建议使用计算列功能。

6）度量值

度量值与计算列一样是使用 DAX 建立的，它不属于任何数据表，新建的度量值处于休眠状态，不执行计算，直到被用于视觉对象中。

度量值计算出的结果是动态的，在不同的上下文中执行不同的计算，所以也被称为移动的公式，它可以响应用户交互，可以快速重新计算，但不将输出存储在数据模型中，对数据模型的物理大小没有影响。数据模型中计算度量的数量增加不会影响静态模型的大小，度量值的计算是数据分析的首选方式。度量值是 Power BI 数据分析的核心，后续章节会专门介绍。

单击"表格视图"下"表工具"菜单下"计算"子功能区域里的"新建度量值"按钮，在公式栏中输入度量值名，输入"="号，采用 DAX 公式建立完成的度量值会显示在"数据"窗格中的某个表中，但它与该表没有关系，当度量值比较多时，可以将度量值归集到一个专门的文件夹中。

单击某个度量值，在菜单栏会出现"度量工具"选项卡，该选项卡下的功能区可以设置度量值的显示格式等内容（如图 11-3 所示），设置方法类似字段类型的设置。

7）上下文

上下文是指在 Power BI 中，数据被呈现的环境和条件。这个环境和条件可以影响数据的呈现方式和解释。在 Power BI 中，上下文是一个非常重要的概念，它可以帮助用户更好地理解数据，并从中获取更多的信息。

上下文可以分为两种类型：行上下文和筛选上下文。

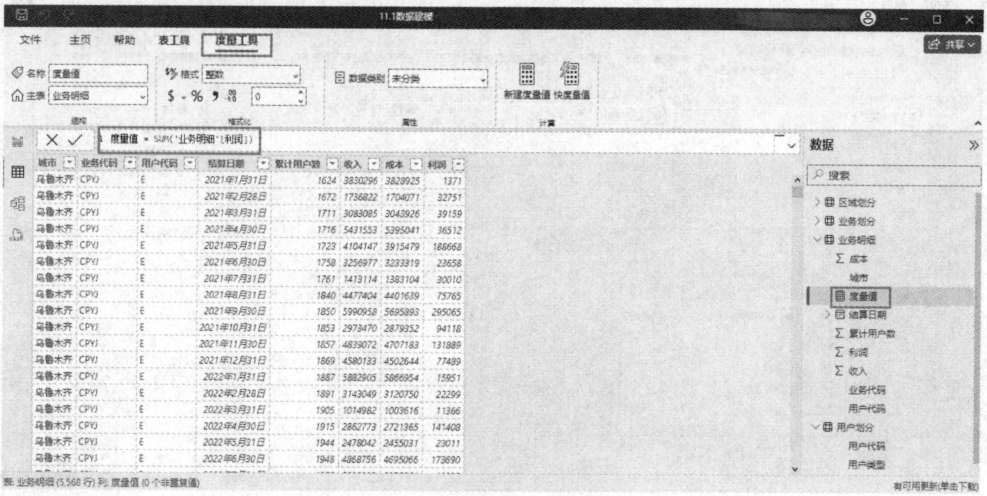

图 11-3 新建度量值

行上下文是指在 Power BI 中，数据被呈现的行的环境和条件。这个环境和条件可以影响数据的呈现方式和解释。在 Power BI 中，行上下文可以通过选择不同的行来实现。例如，如果用户选择了某个特定的行，那么在这个行上下文中，Power BI 会显示与这个行相关的数据。行上下文迭代表中的行，并计算相应的值，存在于迭代函数和计算列中，向 DAX 表达式指示使用表的哪一行。

筛选上下文是指在 Power BI 中，数据被呈现的筛选条件。这个筛选条件可以影响数据的呈现方式和解释。在 Power BI 中，筛选上下文可以通过选择不同的筛选条件来实现。例如，如果用户选择了某个特定的筛选条件，那么在这个筛选上下文中，Power BI 会显示与这个筛选条件相关的数据。筛选会改变 DAX 公式的计值环境。

11.1.4 数据表关系及其管理

1）关系的含义与属性

关系是 Power BI 数据建模中最重要也是最基础的概念，它是指两个表之间的联系。复杂的业务模型包含大量的数据，为了便于进行数据管理并减少数据冗余，一般会将数据按照不同的主题分别存储到多个表中，然后为这些表创建关系，使所有相关数据成为一个有机的整体。

从 Power BI 模型视图（如图 11-4 所示）来看，关系由数据表、端点、箭头图标等属性组成。图 11-4 中的关系结构中上面三级表为维度表，下面的明细表为事实表。两个数据表之间端点由 "1" 端与 "*" 端组成，图标 "1" 端表示该维度表中没有重复数据，"*" 端表示该事实表中有重复数据。单向箭头表示关系间数据筛选的流向。

通过实线/虚线表示物理关系（Physical Relationship），实线的两端是 1 和 * 号，表示关系的两端，这种实线表示的关系处于活跃状态，虚线是不活跃的关系。虚拟关系（Virtual Relationship）是通过 DAX 表达式（例如，通过 FILTER 函数）创建的关系，一般用在度量值中，用途是交互查询。Power BI的关系，实际上是按照特定的属性对另一端进行切片，通常是按照1端的属性，对N端进行切片和聚合分析。

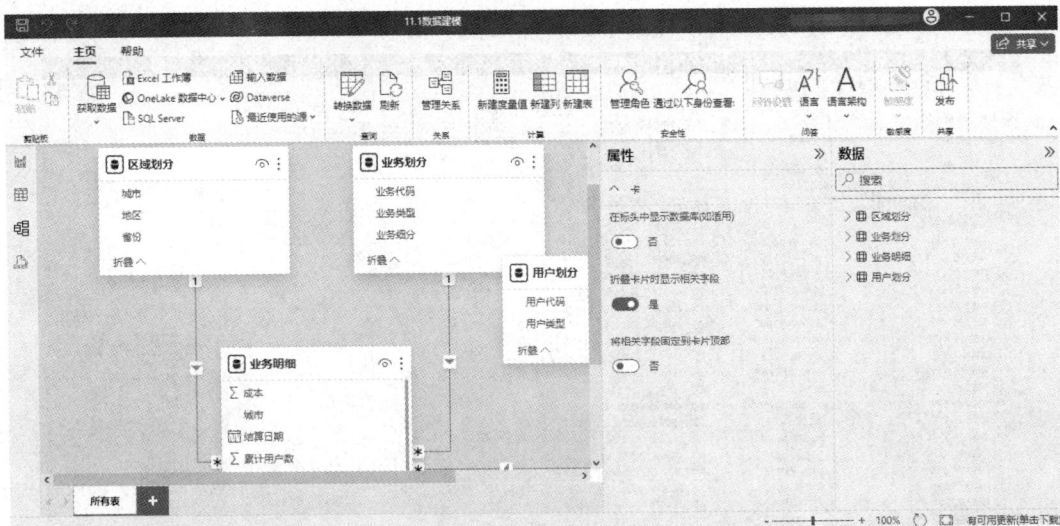

图11-4　模型视图

数据筛选流向有双向和单向两种，双向箭头表示两表之间可以相互筛选，单向表示一个表能对另一个表进行筛选，但不能反向筛选。

模型中可能有多个表，但一个关系只存在于两个表之间，前提是两个表有共同的关系列。可以单击关系线来查看建立模型的关系参数。

当鼠标指针在关系属性中两端或关系线上悬浮时，连接两个表的关系线会呈现高亮选中状态。双击可以进入编辑关系对话框。

2）基数

基数是两个表中字段连接的对应关系。关系是有次序的，两个表之间的对应关系有四种情况，即多对一、一对一、一对多、多对多四种关系。

① 多对一（*：1）。这是最常见的关系类型，代表其中一个表中关系列有重复值，而在另一个表中是单一值。

② 一对一（1：1）。两个表之间关系列中的值都是唯一的。

③ 一对多（1：*）。与多对一正好相反。

④ 多对多（*：*）。两个表中的关系列中均有重复值。这种关系应尽量避免。目前，"多对多"关系属于Power BI Desktop预览功能。

在关系的"1"端的表通常是维度表，而多端（"*"端）的表通常是事实表。图11-4中上面三个表都是维度表，下面的是事实表。

两个表之间可能会存在多个关系。对两个表执行计算时，总是按默认关系匹配两个表中的行。在编辑关系（如图11-5所示）时，选中"使此关系可用"选项，即可将关系设置为默认关系。

3）交叉筛选器方向

两个表建立关系相当于两个表先做笛卡尔积（交叉连接），然后按关联列的值匹配（筛选）两个表中的行。建立关系后，两个表可当作一个表来用。交叉筛选器方向则指在一个表中如何根据关联列查找另一个表中的匹配行。在创建关系时，交叉筛选器方向可设置为"双向"（两个）或"单向"（单个）。交叉筛选器方向设置为"双向"，意味着从关联的两个表中的任意一个表，均可根据关联列查找另一个表中的匹配行；交叉筛选器方向设置为"单向"，则意味着只能从一个表根据关联列查找另一个表中的匹配行，反之则不行。

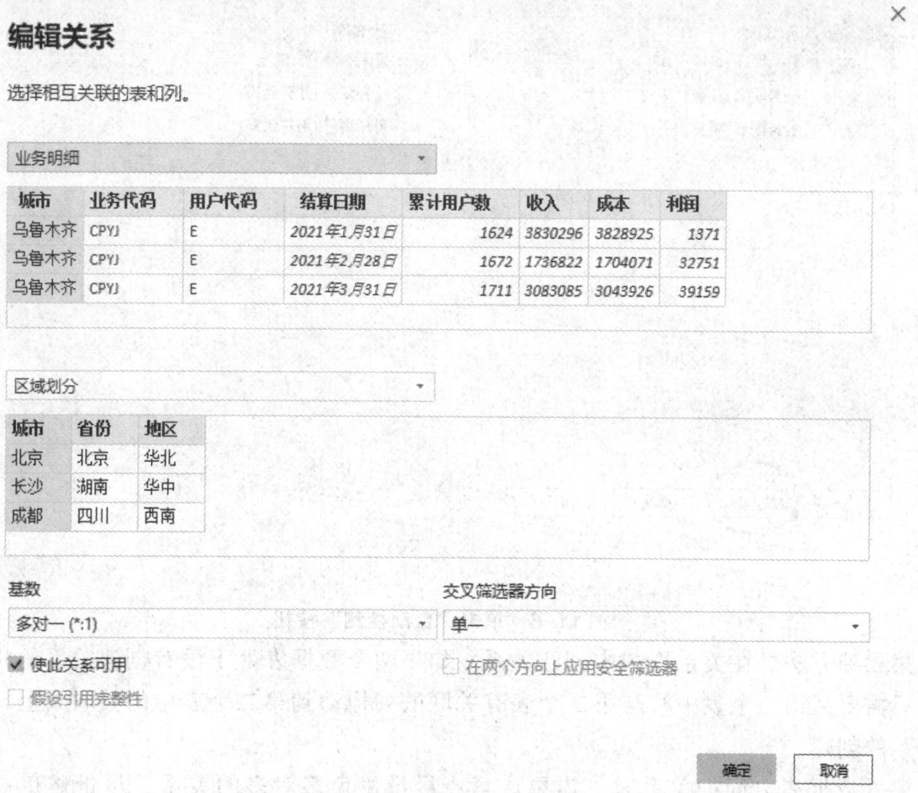

图 11-5   编辑关系对话框

4）关系的管理

两个表之间的关系可以通过在"模型视图"下，单击"主页"菜单选项卡下的"关系"子功能区域中的"管理关系"按钮进行关系管理。关系管理包括关系建立、关系修改、关系删除等方面。

（1）自动检测关系。在打开报表或刷新数据时，都会加载数据，此时会自动检测关系，并自动设置基数、交叉筛选器方向和活动属性。在"开始"选项卡中单击"管理关系"按钮，打开"管理关系"对话框。在对话框中单击"自动检测"按钮可自动检测关系（如图 11-6 所示）。

（2）创建关系。除了打开 Power BI Desktop 导入 Excel 工作簿数据表，系统自动检测并建立关系外，用户还可以通过以下两种方式建立数据表之间的关系。

第一种方法是在"管理关系"对话框中建立。在"主页"菜单选项卡"关系"子功能区域中单击"管理关系"按钮，打开"管理关系"对话框；在"管理关系"对话框中单击"新建"按钮，打开"创建关系"对话框，在第一个下拉列表中选中要建立关系的表，并单击与第二个表有共同列的列；在第二个下拉列表中选中第二个数据表，并单击与第一个数据表有关联的列；再设置基数、交叉筛选器方向、使此关系可用等相关选项。通常

Power BI Desktop会自动设置这些选项，即采用默认设置；单击"确定"按钮，完成关系的创建。

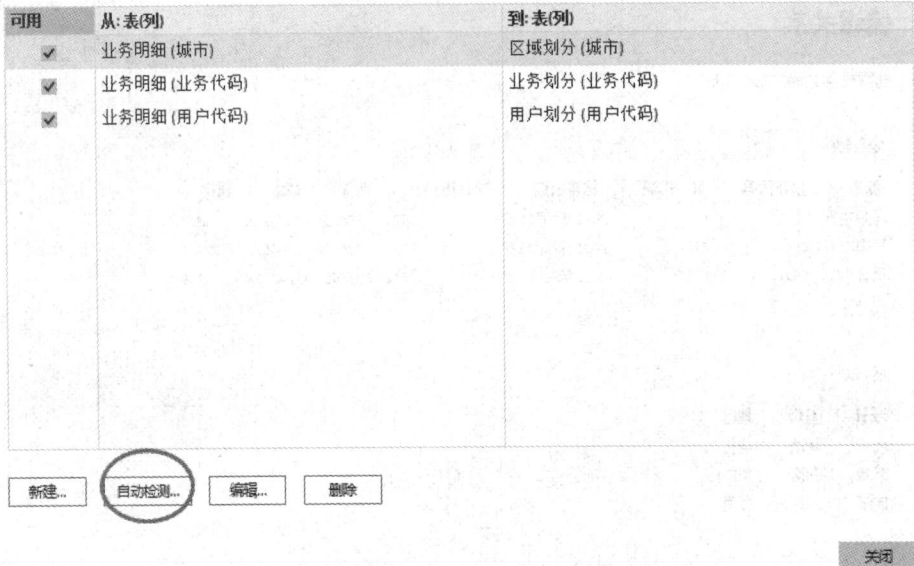

管理关系

可用	从:表(列)	到:表(列)
✓	业务明细 (城市)	区域划分 (城市)
✓	业务明细 (业务代码)	业务划分 (业务代码)
✓	业务明细 (用户代码)	用户划分 (用户代码)

新建...　　自动检测...　　编辑...　　删除

关闭

图11-6　单击"自动检测"按钮

第二种方法是在关系视图中创建关系。如果两个数据表处于没有创建关系的状态。此时，只需要从第一个表中将与第二个表有关联的列拖动到第二个表中的关联列上，即可完成关系的创建。

建立数据表之间的关系时，需要注意：尽量避免多对多的关系；尽量避免双向的关系；尽量避免在事实表之间创建关系。

（3）删除关系。要删除关系，可在"管理关系"对话框中选中关系，然后单击"删除"按钮，打开"删除关系"对话框。在关系视图中，先单击关系连线，再按"Delete"键，也可打开"删除关系"对话框。在对话框中单击"删除"按钮即可删除关系。

11.2　DAX数据分析工具应用

11.2.1　DAX概念

DAX是Data Analysis Expression的简称，中文意为数据分析表达式，不是一种编程语言，是一种简单易用的公式语言，微软于2010年随Power Pivot的第一版同步发布。

DAX是一种公式语言，它与Python、Java、C++等计算机程序设计语言不同，它通过公式来完成计算。DAX与Excel的公式非常相似，而且大部分函数都是通用的。对Excel比较熟悉的用户来说，DAX的公式更容易上手，简单易学易用。

DAX作为一种公式语言，可以帮助用户在计算列和计算字段（也称为度量值）时定义自定义计算，通过数据模型中的现有数据创建新信息，实现数据分析，并将结果用于可视化报告与决策。

11.2.2　DAX语法

1）语法规则

DAX语法规则是DAX公式的编写规则。一个DAX公式通常包含度量值、等号、函数、运算符、列引用等，下面以新建度量值和SUM函数为例说明DAX语法规则与格式规范。

图11-7所列示的公式为：度量值 = SUM（'业务明细'［利润］）。其由度量值名称（图中度量值可以重新命名）、等于号、函数名、括号、引用的表名称、引用的列名称等几部分组成。

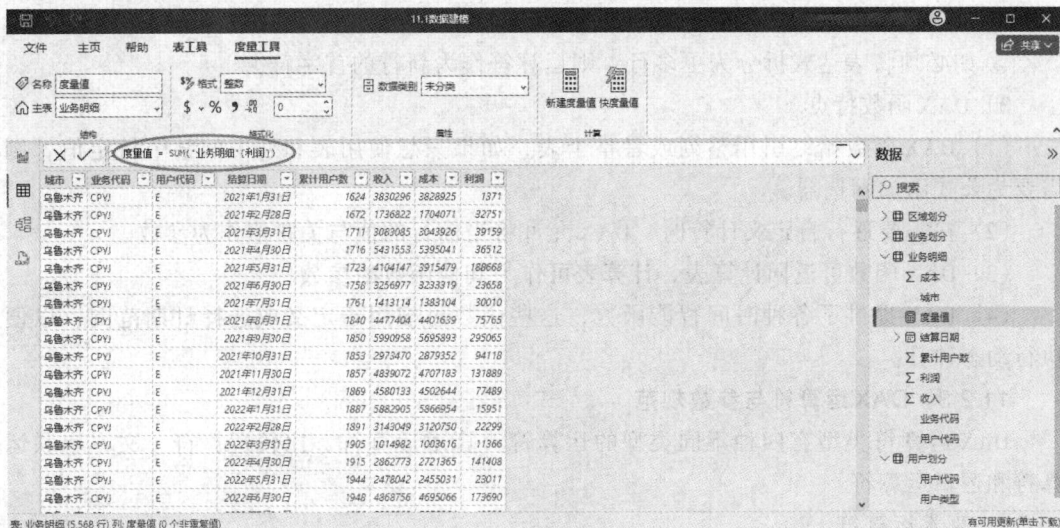

图11-7　DAX公式

DAX公式编写要注意以下几点：

（1）表达式以等号开头。

（2）等号前面是表达式名称，如果DAX建立的是度量值，它就是度量值名称，如果是新建的计算列，就是计算列名，如果是新建的一个表，则是表名。

（3）函数后面都用双括号，括号内为参数，参数之间用逗号分隔。

（4）表名用单引号括起来，如'业务明细'表。

（5）列字段用中括号括起来，并带上表名，如［利润］。

（6）公式后面参数中的度量值用中括号括起来。

第（5）点与第（6）点中列字段与度量值都是中括号括起来的，为了区分并增强DAX代码的可读性，列字段应始终跟随表名一起书写，而度量值始终不需要带上表名，因为度量值并不依赖于任何表，它是独立的存在，可以单独书写。

值得注意的是，Excel公式是对单元格操作的，而DAX是对字段操作的。DAX函数名不区分大小写，一般建议用户DAX函数用大写字母。同时，应注意DAX公式中的逗号、括号、方括号、单引号均为英文半角。换行与缩进在DAX编辑器中有相应的快捷键，以便提高输入效率。

2）DAX格式规范

DAX函数公式可长可短，有的只有一个函数，有的是多个函数的嵌套，所以用户在编写DAX公式时可以参照以下格式规范，这样可以增强DAX的可读性与可理解性。主要的格式规则如下：

（1）如果函数只有一个参数，则和函数放在同一行。

（2）如果函数有两个或多个参数，则每个参数都应另起一行。

（3）如果函数及其参数写在多行上，需要同时注意以下几个方面：

① 左括号与函数在同一行；

② 参数是新行，从该函数对齐位开始缩进4个字符；

③ 右括号与函数开关对齐；

④ 分隔两个参数的逗号位于前一个参数的同一行；

⑤ 如必须将表达式拆分为更多行，则运算符作为新行的首字符。

3）DAX函数特点

（1）DAX函数始终引用整列或者整个表，如果只想使用表和列中的某个特定值，则需要为公式添加筛选器。

（2）在需要逐行自定义计算时，DAX允许将当前行的值与关联值作为参数。

（3）DAX函数可返回计算表，计算表可作为其他函数的参数。

（4）DAX提供了各种时间智能函数，这些函数可被用于定义或选择日期范围，以便执行动态计算。

11.2.3 DAX运算符与参数规范

DAX运算符类型有四种不同类型的运算符：算术运算符、比较运算符、文本串联运算符和逻辑运算符。

1）算术运算符

若要执行基本的数学运算（例如加法、减法或乘法）、组合数字和生成数值结果，就要使用算术运算符，见表11-1。

表11-1　　　　　　　　　　　　　　　算术运算符

算术运算符	含义	示例
+（加号）	加法	3+3
-（减号）	减法或负号	3 - 1 - 1
*（星号）	乘法	3*3
/（正斜杠）	除法	3/3
^（脱字号）	求幂	16^4

2）比较运算符

可以使用表11-2所列示的运算符对两个值进行比较。使用这些运算符对两个值进行比较时，结果为逻辑值（TRUE 或 FALSE）。

表 11-2   比较运算符

比较运算符	含义	示例
=	等于	［单价］＝ 50
==	严格等于	［单价］== 50
>	大于	［单价］> 50
<	小于	［单价］< 50
>=	大于或等于	［单价］>= 50
<=	小于或等于	［单价］<= 50
<>	不等于	［单价］<>50

3）文本运算符

文本运算符使用与号（&）连接或串联两个或多个文本字符串以生成单个文本段（见表 11-3）。

表 11-3   文本运算符

文本运算符	含义	示例
&（与号）	连接或串联两个值以生成一个连续文本值	［地区］&", "& ［城市］

4）逻辑运算符

逻辑运算符使用逻辑运算符（&&）和（‖）组合表达式以生成单个结果（见表 11-4）。

表 11-4   逻辑运算符

文本运算符	含义	示例
&&（双与号）	在各有一个布尔值结果的两个表达式之间创建 AND 条件。如果两个表达式都返回 TRUE，则表达式的组合也返回 TRUE；否则，组合将返回 FALSE	（［地区］＝"东北"）&&（［购买者］＝"是"）
‖（双竖线符号）	在两个逻辑表达式之间创建 OR 条件。如果任一表达式返回 TRUE，则结果为 TRUE；仅当两个表达式都为 FALSE 时，结果才为 FALSE	（［地区］＝"东北"）‖（［购买者］＝"是"）
IN	在要与表进行比较的每一行之间创建逻辑 OR 条件。注意：表构造函数语法使用大括号	′产品′［颜色］ IN ｛"红"，"绿"，"黑"｝

5）运算符优先级

表达式按特定顺序计算运算符和值。所有表达式始终以等号（=）开头。等号指示后面的字符构成一个表达式。

等号后面是要计算的元素（操作数），它们由计算运算符隔开。表达式始终从左到右读取，但元素的分组顺序可以通过使用括号来适当控制。

如果在单个公式中组合多个运算符，则按照下表对操作进行排序。如果运算符具有相等的优先级值，则按从左至右的顺序进行排序。例如，如果表达式同时包含乘法和除法运算符，则按照它们在表达式中出现的顺序从左到右进行计算。若要改变计算顺序，应将公式中必须首先计算的部分括在括号中。运算符优先级见表11-5。

表11-5　　　　　　　　　　　　　运算符优先级

运算符	说明
^	求幂
-	负号（如 -1 中的负号）
* 和 /	乘法和除法
+ 和 -	加法和减法
&	连接两个文本字符串（串联）
=, ==, <, >, <=, >=, <>, IN	比较
NOT	NOT（一元运算符）

6）DAX内置函数参数规范

DAX标准参数名称见表11-6。用户可以对参数名称使用某些前缀。如果前缀足够清晰，可以使用前缀本身作为参数名。

表11-6　　　　　　　　　　　　　DAX 标准参数名称

参数名称	说明
expressions	任何返回单个标量值的DAX表达式，其中表达式要多次评估（对于每一行/上下文）
value	任何DAX表达式返回单个标量值，其中表达式将在所有其他操作之前精确计算一次
table	任何返回数据表的DAX表达式
tableName	使用标准DAX语法的现有表的名称。它不能是一个表达
columnName	使用标准DAX语法的现有列的名称，通常是完全限定的。它不能是一个表达
name	将用于提供新对象名称的字符string常量
order	用于确定排序顺序的枚举
ties	用于确定绑定值的处理的枚举
type	用于确定PathItem和PathItemReverse的数据类型的枚举

11.2.4　DAX 函数

1）DAX函数概述

DAX函数类似Excel函数，数量众多。微软仍在根据需要不断进行更新与增加。DAX函数主要包括聚合函数、日期和时间函数、筛选器函数、财务函数、信息函数、逻辑函数、数学和三角函数、其他函数、父函数与子函数、关系函数、统计函数、表操作函数、文本函数、时间智能函数等。熟悉Excel函数的用户学习DAX函数通常比较有优势，但同时也应明白两类函数对数据进行处理使用的是不同的理论与方法，数据计算的范围定义也不同。DAX函数具有以下两个特点：

（1）DAX函数没有单元格与行列坐标概念，以上下文关系呈现。

（2）DAX函数的计算对象是列或表单，通过前后左右行文内容来确定函数的计算范围。

2）函数及其使用说明

（1）聚合函数（见表11-7）。这些聚合函数计算由表达式定义的列或表中所有行的（标量）值，例如计数、求和、平均值、最小值或最大值。

表11-7   聚合函数表

函数	说明
APPROXIMATEDISTINCTCOUNT	在列中返回唯一值的估计计数
AVERAGE	返回列中所有数字的平均值（算术平均值）
AVERAGEA	返回列中值的平均值（算术平均值）
AVERAGEX	计算针对表进行计算的一组表达式的平均值（算术平均值）
COUNT	计算指定列中包含非空值的行数
COUNTA	计算指定列中包含非空值的行数
COUNTAX	在对表计算表达式的结果时统计非空白结果数
COUNTBLANK	对列中的空白单元格数目进行计数
COUNTROWS	统计指定表中或由表达式定义的表中的行数
COUNTX	在针对表计算表达式的结果时，对包含数字或计算结果为数字的表达式的行数目进行计数
DISTINCTCOUNT	对列中的非重复值数目进行计数
DISTINCTCOUNTNOBLANK	计算列中非空唯一值的数量
MAX	返回列中或两个标量表达式之间的最大数字值
MAXA	返回列中的最大值
MAXX	针对表的每一行计算表达式，并返回最大数字值
MIN	返回列中或两个标量表达式之间的最小数字值
MINA	返回列中的最小值，包括任何逻辑值和以文本表示的数字
MINX	返回针对表中的每一行计算表达式而得出的最小数值
PRODUCT	返回列中的数的乘积
PRODUCTX	返回为表中的每一行计算的表达式的积
SUM	对某个列中的所有数值求和
SUMX	返回为表中的每一行计算的表达式的和

（2）日期和时间函数（见表11-8）。DAX 中的这些函数类似于 Microsoft Excel 中的日期和时间函数，但 DAX 函数基于 Microsoft SQL Server 使用的是日期/时间数据类型。

表11-8   日期和时间函数

函数	说明
CALENDAR	返回一个表，其中有一个包含一组连续日期的名为 "Date" 的列
CALENDARAUTO	返回一个表，其中有一个包含一组连续日期的名为 "Date" 的列
DATE	以日期/时间格式返回指定的日期
DATEDIFF	返回两个日期之间的间隔边界的计数
DATEVALUE	将文本格式的日期转换为日期/时间格式的日期
DAY	返回一月中的日期，1 到 31 之间的数字
EDATE	返回在开始日期之前或之后指定月份数的日期
EOMONTH	以日期/时间格式返回指定月份数之前或之后的月份的最后一天的日期
HOUR	以数字形式返回小时值，0（12：00 A.M.）到 23（11：00 P.M.）之间的数字
MINUTE	给定日期和时间值，以数字形式返回分钟值，0 到 59 之间的数字
MONTH	以数字形式返回月份值，1（一月）到 12（十二月）之间的数字
NETWORKDAYS	返回两个日期之间的整个工作日数
NOW	以日期/时间格式返回当前日期和时间
QUARTER	将季度返回为从 1 到 4 的数值
SECOND	以数字形式返回时间值的秒数，0 到 59 之间的数字
TIME	将以数值形式给定的小时、分钟和秒值转换为日期/时间格式的时间
TIMEVALUE	将文本格式的时间转换为日期/时间格式的时间
TODAY	返回当前日期
UTCNOW	返回当前的 UTC 日期和时间
UTCTODAY	返回当前的 UTC 日期
WEEKDAY	返回指示日期属于星期几的数字，1 到 7 之间的数字
WEEKNUM	根据 return_type 值返回给定日期和年份的周数
YEAR	返回日期的年份，1900 到 9999 之间的四位整数
YEARFRAC	计算两个日期之间的天数（取整天数）占一年的比例

（3）筛选器函数（见表11-9）。这些函数可帮助返回特定的数据类型、在相关表中查找值，以及按相关值进行筛选。查找函数是通过使用表及其之间的关系来工作的。筛选器函数允许操作数据上下文来创建动态计算。

表 11-9　　　　　　　　　　　　　　　　　　　筛选器函数

函数	说明
ALL	返回表中的所有行或列中的所有值，同时忽略可能已应用的任何筛选器
ALLCROSSFILTERED	清除应用于表的所有筛选器
ALLEXCEPT	删除表中所有上下文筛选器，已应用于指定列的筛选器除外
ALLNOBLANKROW	从关系的父表中，返回除空白行之外的所有行或列的所有非重复值，并且忽略可能存在的所有上下文筛选器
ALLSELECTED	删除当前查询的列和行中的上下文筛选器，同时保留所有其他上下文筛选器或显式筛选器
CALCULATE	在已修改的筛选器上下文中计算表达式
CALCULATETABLE	在已修改的筛选器上下文中计算表达式
EARLIER	返回所述列的外部计算传递中指定列的当前值
EARLIEST	返回指定列的外部计算传递中指定列的当前值
FILTER	返回一个表，用于表示另一个表或表达式的子集
INDEX	在指定分区（按指定顺序排序）或指定轴上的绝对位置（由位置参数指定）处返回一行
KEEPFILTERS	计算 CALCULATE 或 CALCULATETABLE 函数时，修改应用筛选器的方式
LOOKUPVALUE	返回满足搜索条件所指定的所有条件的行的值 函数可以应用一个或多个搜索条件
MATCHBY	在窗口函数中，定义用于确定如何匹配数据和标识当前行的列
OFFSET	返回一个行，该行位于同一表中的当前行之前或之后（按给定的偏移量）
ORDERBY	定义用于确定每个 WINDOW 函数分区内排序顺序的列
PARTITIONBY	定义用于对 WINDOW 函数的 <relation> 参数进行分区的列
RANK	返回给定间隔内行的级别
REMOVEFILTERS	清除指定表或列中的筛选器
ROWNUMBER	返回给定间隔内行的唯一级别
SELECTEDVALUE	如果筛选 columnName 的上下文后仅剩下一个非重复值，则返回该值；否则，返回 alternateResult
WINDOW	返回位于给定间隔内的多个行

（4）财务函数（见表 11-10）。这些函数用于执行财务计算的公式，例如净现值和回报率。

表 11-10   财务函数

函数	描述
ACCRINT	返回支付定期利息的证券的应计利息
ACCRINTM	返回支付到期利息的证券的应计利息
AMORDEGRC	返回每个会计期间的折旧 类似于 AMORLINC，但根据资产的使用寿命应用折旧系数
AMORLINC	返回每个会计期间的折旧
COUPDAYBS	返回从息票期开始到结算日之间的天数
COUPDAYS	返回包含结算日的息票期内的天数
COUPDAYSNC	返回从结算日到下一个息票日的天数
COUPNCD	返回结算日之后的下一个息票日
COUPNUM	返回结算日和到期日之间应付的息票数，舍入到最接近的整息票数
COUPPCD	返回结算日之前的上一个息票日
CUMIPMT	返回 start_period 和 end_period 之间为贷款支付的累计利息
CUMPRINC	返回 start_period 和 end_period 之间为贷款支付的累计本金
DB	使用固定余额递减法返回指定期间资产的折旧
DDB	使用双倍余额递减法或你指定的一些其他方法返回指定期间的资产折旧
DISC	返回证券的贴现率
DOLLARDE	将以整数部分加小数部分表示的美元价格（如 1.02）转换为以小数表示的美元价格
DOLLARFR	将以整数部分加小数部分表示的美元价格（如 1.02）转换为以小数表示的美元价格
DURATION	返回假定面值为 $100 的麦考利久期
EFFECT	返回给定名义年利率和每年的复利期数下的实际年利率
FV	根据固定利率计算投资的未来价值
INTRATE	返回一次性付息的证券的利率
IPMT	返回基于定期固定付款和固定利率计算得出的给定投资周期内支付的利息
ISPMT	按照等额本金计算贷款（或投资）在指定期限内支付（或收取）的利息
MDURATION	返回修改后的证券（假定面值为 $100）麦考利久期
NOMINAL	返回在给定实际利率和每年复利期数的情况下的名义年利率
NPER	返回基于定期固定付款和固定利率计算得出的投资周期数

函数	描述
ODDFPRICE	返回每 $100 面值的首期息票日不固定（短期或长期）的证券的价格
ODDFYIELD	返回首期息票日不固定（长期或短期）的证券的收益率
ODDLPRICE	返回末期息票日不固定（长期或短期）的证券每 $100 面值的价格
ODDLYIELD	返回末期息票日不固定（长期或短期）的证券的收益率
PDURATION	返回投资达到指定值所需的期数
PMT	根据固定的付款期数和固定利率计算贷款的付款额
PPMT	返回基于定期固定付款和固定利率计算得出的给定投资周期的本金付款
PRICE	返回支付定期利息的证券的每 $100 面值的价格
PRICEDISC	返回每 $100 面值的贴现证券的价格
PRICEMAT	返回到期支付利息的每 $100 面值的证券的价格
PV	根据固定利率计算贷款或投资的现值
RATE	返回年金的每个周期的利率
RECEIVED	返回一次性付息的证券到期收回的金额
RRI	返回投资增长的等效利率
SLN	返回一段时间内资产的直线折旧
SYD	返回指定期间内资产的年限总额折旧
TBILLEQ	返回国库券的债券等值收益率
TBILLPRICE	返回每 $100 面值的国库券的价格
TBILLYIELD	返回国库券的收益率
VDB	使用双倍余额递减法或你指定的其他一些方法返回你指定的任何期间（包括部分期间）的资产折旧
XIRR	返回不一定具有周期性的现金流时间表的内部收益率
XNPV	返回不一定具有周期性的现金流时间表的现值
YIELD	返回支付定期利息的证券的收益率
YIELDDISC	返回贴现证券的年收益率
YIELDMAT	返回支付到期利息的证券的年收益率

（5）信息函数（见表 11-11）。这些函数可以用于查看作为另一个函数的参数提供的表或列，并反馈此值是否与预期类型匹配。例如，如果引用的值包含错误，则 ISERROR 函数返回 TRUE。

表 11-11 信息函数

函数	说明
COLUMNSTATISTICS	返回关于模型中每张表每一列的统计信息表
CONTAINS	如果所有引用列的值存在或包含在这些列中，则返回 true；否则，该函数返回 false
CONTAINSROW	如果表中存在或包含一行值，则返回 TRUE，否则返回 FALSE
CONTAINSSTRING	返回 TRUE 或 FALSE，指示一个字符串是否包含另一个字符串
CONTAINSSTRINGEXACT	返回 TRUE 或 FALSE，指示一个字符串是否包含另一个字符串
CUSTOMDATA	返回连接字符串中 CustomData 属性的内容
HASONEFILTER	如果 columnName 上的直接筛选值的数目为一个，则返回 TRUE；否则，返回 FALSE
HASONEVALUE	如果筛选 columnName 的上下文后仅剩下一个非重复值，则返回 TRUE。否则返回 FALSE
ISAFTER	此函数为布尔函数，它会模仿 Start At 子句的行为，并为满足所有条件参数的行返回 true
ISBLANK	检查值是否为空白，并返回 TRUE 或 FALSE
ISCROSSFILTERED	如果筛选相同或相关表中的 columnName 或其他列，则返回 TRUE
ISEMPTY	检查表是否为空
ISERROR	检查值是否错误，并返回 TRUE 或 FALSE
ISEVEN	如果 number 为偶数，则返回 TRUE；如果为奇数，则返回 FALSE
ISFILTERED	如果直接筛选 columnName，则返回 TRUE
ISINSCOPE	当指定的列在级别的层次结构内时，返回 True
ISLOGICAL	检查值是否为逻辑值（TRUE 或 FALSE），并返回 TRUE 或 FALSE
ISNONTEXT	检查值是否为非文本（空单元格为非文本），并返回 TRUE 或 FALSE
ISNUMBER	检查值是否为数值，并返回 TRUE 或 FALSE
ISODD	如果数字为奇数，则返回 TRUE；如果数字为偶数，则返回 FALSE
ISONORAFTER	此函数为布尔函数，它会模仿 Start At 子句的行为，并为满足所有条件参数的行返回 true
ISSELECTEDMEASURE	由表达式中的计算项用于确定上下文中的度量值是度量值列表中指定的度量值之一
ISSUBTOTAL	使用 SUMMARIZE 表达式另外创建一列；如果该行包含作为参数提供的列的小计值，则返回 True，否则返回 False

续表

函数	说明
ISTEXT	检查值是否为文本，并返回 TRUE 或 FALSE
NONVISUAL	将 SUMMARIZECOLUMNS 表达式中的值筛选器标记为不可见
SELECTEDMEASURE	有表达式的计算项目用于引用上下文中的度量值
SELECTEDMEASUREFORM ATSTRING	有表达式的计算项目用于检索上下文中度量值的格式字符串
SELECTEDMEASURENAME	有表达式的计算项目用于按名称确定上下文中的度量值
USERCULTURE	返回当前用户的区域设置
USERNAME	从在连接时提供给系统的凭据中返回域名和用户名
USEROBJECTID	返回当前用户的对象 ID 或 SID
USERPRINCIPALNAME	返回用户主体名称

（6）逻辑函数（见表 11-12）。这些函数返回有关表达式中的值的信息。例如，TRUE 函数可以让用户了解正在计算的表达式是否返回 TRUE 值。

表 11-12   逻辑函数

函数	说明
AND	检查两个参数是否均为 TRUE，如果两个参数都是 TRUE，则返回 TRUE
BITAND	返回两个数字的按位 "AND"
BITLSHIFT	返回一个按指定位数向左移动的数字
BITOR	返回两个数字的按位 "OR"
BITRSHIFT	返回一个按指定位数向右移动的数字
BITXOR	返回两个数字的按位 "XOR"
COALESCE	返回第一个计算结果不为 BLANK 的表达式
FALSE	返回逻辑值 FALSE
IF	检查条件，如果为 TRUE，则返回一个值，否则返回第二个值
IF.EAGER	检查条件，如果为 TRUE，则返回一个值，否则返回第二个值。使用 eager 执行计划，该计划将始终执行分支表达式，而不考虑条件表达式
IFERROR	计算表达式，如果表达式返回错误，则返回指定的值
NOT	将 FALSE 更改为 TRUE，或者将 TRUE 更改为 FALSE
或者	检查某一个参数是否为 TRUE，如果是，则返回 TRUE
SWITCH	针对值列表计算表达式，并返回多个可能的结果表达式之一
TRUE	返回逻辑值 TRUE。

（7）数学和三角函数（见表11-13）。DAX中的数学和三角函数类似于Excel中的数学和三角函数，但是，DAX函数使用的数值数据类型有所不同。

表11-13　　　　　　　　　　　　　　　　　数学和三角函数

函数	说明
ABS	返回某一数字的绝对值
ACOS	返回某一数字的反余弦值（又称逆余弦值）
ACOSH	返回某一数字的反双曲余弦值
ACOT	返回某一数字的反余切值（又称逆余切值）
ACOTH	返回某一数字的反双曲余切值
ASIN	返回某一数字的反正弦值（又称逆正弦值）
ASINH	返回某一数字的反双曲正弦值
ATAN	返回某一数字的反正切值（又称逆正切值）
ATANH	返回某一数字的反双曲正切值
CEILING	将数值向上舍入为最接近的整数或最接近的基数倍数
CONVERT	将一种数据类型的表达式转换为另一种数据类型的表达式
COS	返回给定角度的余弦值
COSH	返回某一数字的双曲余弦值
COT	返回以弧度为单位指定的角度的余切值
COTH	返回双曲角的双曲余切值
CURRENCY	计算参数并以货币数据类型的形式返回结果
DEGREES	将弧度转换成角度
DIVIDE	执行除法运算，并在被0除时返回备用结果或BLANK（）
EVEN	返回向上舍入到最接近的偶数的数字
EXP	返回e的指定次方
FACT	返回一个数字的阶乘，等于序列1*2*3*…*（以给定数字结尾）
FLOOR	向零方向将数值向下舍入为最接近的基数倍数
GCD	返回两个或多个整数的最大公约数
INT	将数值向下舍入到最接近的整数
ISO.CEILING	将数值向上舍入为最接近的整数或最接近的基数倍数

函数	说明
LCM	返回整数的最小公倍数
LN	返回某一数字的自然对数
LOG	根据指定的底数返回数字的对数
LOG10	返回某一数字以 10 为底的对数
MOD	返回一个被除数除以一个除数后所得的余数。结果的符号始终与除数的符号相同
MROUND	返回舍入到所需倍数的一个数字
ODD	返回向上舍入到最接近的奇数的数字
PI	返回 Pi 值 3.14159265358979，精确到 15 位
POWER	返回某一数字的乘幂结果
QUOTIENT	执行除法运算，并仅返回除法运算结果的整数部分
RADIANS	将度转换为弧度
RAND	返回大于或等于 0 并且小于 1 的随机数字（平均分布）
RANDBETWEEN	返回指定的两个数值之间的一个随机数
ROUND	将数值舍入到指定的位数
ROUNDDOWN	向零的方向向下舍入某一数字
ROUNDUP	按远离 0（零）的方向向上舍入某一数字
SIGN	确定列中数字、计算结果或值的符号
SIN	返回给定角度的正弦值
SINH	返回某一数字的双曲正弦值
SQRT	返回某一数字的平方根
SQRTPI	返回（数字 * pi）的平方根
TAN	返回给定角度的正切值
TANH	返回某一数字的双曲正切值
TRUNC	通过删除数字的小数或分数部分将数字截断为整数

（8）其他函数（见表 11-14）。这些函数执行无法由其他大多数函数的类别定义的唯一操作。

表 11-14　　　　　　　　　　　　　　　其他函数

函数	说明
BLANK	返回空白
ERROR	引发错误并显示错误消息
EVALUATEANDLOG	返回第一个参数的值，并将其记录在 DAX 评估日志探查器事件中
TOCSV	以 CSV 格式的字符串形式返回表
TOJSON	以 JSON 格式的字符串形式返回表

（9）父函数和子函数（见表 11-15）。这些函数帮助用户管理在其数据模型中显示为父/子层次结构的数据。

表 11-15　　　　　　　　　　　　　　　父函数和子函数

函数	说明
PATH	返回一个带分隔符的文本字符串，其中包含当前标识符的所有父项的标识符
PATHCONTAINS	如果指定的路径中存在指定的项，则返回 TRUE
PATHITEM	从 PATH 函数的计算结果得到的字符串，返回指定位置处的项
PATHITEMREVERSE	从 PATH 函数的计算结果得到的字符串，返回指定位置处的项
PATHLENGTH	返回给定 PATH 结果中指定项的父项数目，包括自身

（10）关系函数（见表 11-16）。这些函数用于管理和利用表之间的关系。例如，用户可以指定要在计算中使用的特定关系。

表 11-16　　　　　　　　　　　　　　　关系函数

函数	描述
CROSSFILTER	指定要用于计算两列之间存在的关系的交叉筛选方向
RELATED	从其他表返回相关值
RELATEDTABLE	在给定筛选器修改的上下文中计算表达式
USERELATIONSHIP	指定要在特定计算中使用的关系，如 columnName1 与 columnName2 之间存在的关系

（11）统计函数（见表 11-17）。这些函数计算与统计分布、概率相关的值，如标准偏差和排列数。

表 11-17　　　　　　　　　　　　　　　统计函数

函数	说明
BETA.DIST	返回 beta 分布
BETA.INV	返回逆 beta 累积概率密度函数（BETA.DIST）
CHISQ.DIST	返回卡方分布

续表

函数	说明
CHISQ.DIST.RT	返回卡方分布的右尾概率
CHISQ.INV	返回卡方分布的左尾逆概率
CHISQ.INV.RT	返回卡方分布的右尾逆概率
COMBIN	返回给定项数的组合数
COMBINA	返回给定项数的组合数（包含重复）
CONFIDENCE.NORM	置信区间是一个值范围
CONFIDENCE.T	使用学生的 t 分布返回总体平均值的置信区间
EXPON.DIST	返回指数分布
GEOMEAN	返回列中数字的几何平均值
GEOMEANX	返回针对表中的每一行计算的表达式的几何平均值
LINEST	使用最小二乘法计算最适合给定数据的直线
LINESTX	使用最小二乘法计算最适合给定数据的直线。针对表中每一行进行计算的表达式的数据结果
MEDIAN	返回列中数字的中值
MEDIANX	返回针对表中的每一行计算的表达式的中值
NORM.DIST	返回指定平均值和标准偏差的正态分布
NORM.INV	指定平均值和标准偏差的逆正态累积分布
NORM.S.DIST	返回标准正态分布（平均值为 0，标准偏差为 1）
NORM.S.INV	返回逆标准正态累积分布
PERCENTILE.EXC	返回范围中值的第 k 个百分点，其中 k 的范围为 0 到 1（不含 0 和 1）
PERCENTILE.INC	返回范围中值的第 k 个百分点，其中 k 的范围为 0 到 1（含 0 和 1）
PERCENTILEX.EXC	返回针对表中的每一行计算的表达式的百分位数
PERCENTILEX.INC	返回针对表中的每一行计算的表达式的百分位数
PERMUT	返回可从数字对象中选择的给定数目对象的排列数
POISSON.DIST	返回泊松分布
RANK.EQ	返回某个数字在数字列表中的排名
RANKX	针对 table 参数中每一行，返回某个数字在数字列表中的排名
SAMPLE	返回指定表中 N 行的样本
STDEV.P	返回整个总体的标准偏差

函数	说明
STDEV.S	返回样本总体的标准偏差
STDEVX.P	返回整个总体的标准偏差
STDEVX.S	返回样本总体的标准偏差
T.DIST	返回学生的左尾 t 分布
T.DIST.2T	返回学生的双尾 t 分布
T.DIST.RT	返回学生的右尾 t 分布
T.INV	返回学生的左尾逆 t 分布
T.INV.2t	返回学生的双尾逆 t 分布
VAR.P	返回整个总体的方差
VAR.S	返回样本总体的方差
VARX.P	返回整个总体的方差
VARX.S	返回样本总体的方差

（12）表操作函数（见表 11-18）。这些函数可以用于返回一个表或操作现有表。

表 11-18　　　　　　　　　　　表操作函数

函数	说明
ADDCOLUMNS	将计算列添加到给定的表或表表达式
ADDMISSINGITEMS	向表添加多个列中的项组合（如果它们不存在）
CROSSJOIN	返回一个表，其中包含参数中所有表的所有行的笛卡尔乘积
CURRENTGROUP	从 GROUPBY 表达式的 table 参数中返回一组行
DATATABLE	提供用于声明内联数据值集的机制
DETAILROWS	计算为度量值定义的详细信息行表达式并返回数据
DISTINCT 列	返回由一列组成的表，其中包含与指定列不同的值
DISTINCT 表	通过删除另一个表或表达式中的重复行返回表
EXCEPT	返回一个表的行，这些行未在另一个表中出现
FILTERS	返回由直接作为筛选器应用到 columnName 的值组成的表
GENERATE	返回一个表，其中包含 table1 中的每一行与在 table1 的当前行的上下文中计算 table2 所得表之间的笛卡尔乘积
GENERATEALL	返回一个表，其中包含 table1 中的每一行与在 table1 的当前行的上下文中计算 table2 所得表之间的笛卡尔乘积

续表

函数	说明
GENERATESERIES	返回包含算术序列值的单列表
GROUPBY	与 SUMMARIZE 函数类似，GROUPBY 不会对它添加的任何扩展列执行隐式 CALCULATE
IGNORE	通过省略 BLANK/NULL 计算中的特定表达式，修改 SUMMARIZECOLUMNS
INTERSECT	返回两个表的行交集，保留重复项
NATURALINNERJOIN	执行一个表与另一个表的内部连接
NATURALLEFTOUTERJOIN	使用 RightTable 执行与 LeftTable 的连接
ROLLUP	通过向由 groupBy_columnName 参数定义的列的结果添加汇总行，修改 SUMMARIZE 的行为
ROLLUPADDISSUBTOTAL	通过向基于 groupBy_columnName 列的结果添加汇总行/小计行，修改 SUMMARIZECOLUMNS 的行为
ROLLUPISSUBTOTAL	将汇总组与 ADDMISSINGITEMS 表达式内的 ROLLUPADDISSUBTOTAL 添加的列进行配对
ROLLUPGROUP	通过向由 groupBy_columnName 参数定义的列的结果添加汇总行，修改 SUMMARIZE 和 SUMMARIZECOLUMNS 的行为
ROW	返回一个具有单行的表，其中包含针对每一列计算表达式得出的值
SELECTCOLUMNS	将计算列添加到给定的表或表表达式
SUBSTITUTEWITHINDEX	返回表示作为参数提供的两个表的左半连接的表
SUMMARIZE	返回一个摘要表，显示对一组函数的请求总数
SUMMARIZECOLUMNS	返回一组组的摘要表
表构造函数	返回包含一列或多列的表
TOPN	返回指定表的前 N 行
TREATAS	将表表达式的结果作为筛选器应用于无关表中的列
UNION	从一对表创建联合（连接）表
VALUES	返回单列表，其中包含指定表或列中的非重复值

（13）文本函数（见表 11-19）。使用这些函数，可以返回字符串的一部分、搜索字符串中的文本或连接字符串值。

表 11-19 文本函数

函数	说明
COMBINEVALUES	将两个或更多个文本字符串连接成一个文本字符串
CONCATENATE	将两个文本字符串连接成一个文本字符串
CONCATENATEX	连接为表中的每一行计算的表达式的结果
EXACT	比较两个文本字符串，如果它们完全相同，则返回 TRUE；否则返回 FALSE
FIND	返回一个文本字符串在另一个文本字符串中的起始位置
FIXED	将数值舍入到指定的小数位数并将结果返回为文本
FORMAT	根据所指定的格式将数值转换为文本
LEFT	从文本字符串开头返回指定数量的字符
LEN	返回文本字符串中的字符数
LOWER	将文本字符串中的所有字母都转换为小写
MID	在提供开始位置和长度的情况下，从文本字符串中间返回字符串
REPLACE	REPLACE 根据指定的字符数，将部分文本字符串替换为不同的文本字符串
REPT	按给定次数重复文本
RIGHT	RIGHT 根据指定的字符数返回文本字符串中的最后一个或几个字符
SEARCH	返回按从左向右的读取顺序首次找到特定字符或文本字符串的字符编号
SUBSTITUTE	在文本字符串中将现有文本替换为新文本
TRIM	删除文本中除单词之间的单个空格外的所有空格
UNICHAR	返回由数值引用的 Unicode 字符
UNICODE	返回与文本字符串的首个字符对应的数字代码
UPPER	将文本字符串转换为全大写字母
VALUE	将表示数值的文本字符串转换为数值

（14）时间智能函数（见表 11-20）。这些函数可以帮助用户创建使用日历和日期的相关内置信息的计算。通过将时间和日期范围与聚合或计算结合使用，用户可以进行跨可比时间段为销售、库存等生成有意义的比较。

表 11-20 时间智能函数

函数	说明
CLOSINGBALANCEMONTH	计算当前上下文中该月最后一个日期的表达式
CLOSINGBALANCEQUARTER	计算当前上下文中该季度最后一个日期的表达式
CLOSINGBALANCEYEAR	计算当前上下文中该年份最后一个日期的表达式
DATEADD	返回一个表，此表包含一列日期，日期从当前上下文中的日期开始按指定的间隔数向未来推移或者向过去推移
DATESBETWEEN	返回一个包含一列日期的表，这些日期以指定开始日期，一直持续到指定的结束日期

函数	说明
DATESINPERIOD	返回一个表，此表包含一列日期，日期从指定的开始日期开始，并按照指定的日期间隔一直持续到指定的数字
DATESMTD	返回一个表，此表包含当前上下文中该月份至今的一列日期
DATESQTD	返回一个表，此表包含当前上下文中该季度至今的一列日期
DATESYTD	返回一个表，此表包含当前上下文中该年份至今的一列日期
ENDOFMONTH	返回当前上下文中指定日期列的月份的最后一个日期
ENDOFQUARTER	为指定的日期列返回当前上下文的季度最后一日
ENDOFYEAR	返回当前上下文中指定日期列的年份的最后一个日期
FIRSTDATE	返回当前上下文中指定日期列的第一个日期
FIRSTNONBLANK	返回按当前上下文筛选的 column 列中的第一个值，其中表达式不为空
LASTDATE	返回当前上下文中指定日期列的最后一个日期
LASTNONBLANK	返回按当前上下文筛选的 column 列中的最后一个值，其中表达式不为空
NEXTDAY	根据当前上下文中的 dates 列中指定的第一个日期返回一个表，此表包含从第二天开始的所有日期的列
NEXTMONTH	根据当前上下文中的 dates 列中的第一个日期返回一个表，此表包含从下个月开始的所有日期的列
NEXTQUARTER	根据当前上下文中的 dates 列中指定的第一个日期返回一个表，其中包含下季度所有日期的列
NEXTYEAR	根据 dates 列中的第一个日期，返回一个表，表中的一列包含当前上下文中明年的所有日期
OPENINGBALANCEMONTH	计算当前上下文中该月份第一个日期的表达式
OPENINGBALANCEQUARTER	计算当前上下文中该季度第一个日期的表达式
OPENINGBALANCEYEAR	计算当前上下文中该年份第一个日期的表达式
PARALLELPERIOD	返回一个表，此表包含一列日期，表示与当前上下文中指定的 dates 列中的日期平行的时间段，日期是按间隔数向未来推移或者向过去推移的
PREVIOUSDAY	返回一个表，此表包含的某一列中所有日期所表示的日期均在当前上下文的 dates 列中的第一个日期之前
PREVIOUSMONTH	根据当前上下文中的 dates 列中的第一个日期返回一个表，此表包含上一月份所有日期的列
PREVIOUSQUARTER	根据当前上下文中的 dates 列中的第一个日期返回一个表，此表包含上一季度所有日期的列
PREVIOUSYEAR	基于当前上下文中的"日期"列中的最后一个日期，返回一个表，该表包含上一年所有日期的列
SAMEPERIODLASTYEAR	返回一个表，其中包含指定 dates 列中的日期在当前上下文中前一年的日期列
STARTOFMONTH	返回当前上下文中指定日期列的月份的第一个日期

函数	说明
STARTOFQUARTER	为指定的日期列返回当前上下文中季度的第一个日期
STARTOFYEAR	返回当前上下文中指定日期列的年份的第一个日期
TOTALMTD	计算当前上下文中该月份至今的表达式的值
TOTALQTD	计算当前上下文中该季度至今的日期的表达式的值
TOTALYTD	计算当前上下文中表达式的 year-to-date 值

11.2.5　DAX 函数新建数据表元素

新建表与列的操作一般在建立数据源（如数据库、文本、Excel 等）的阶段完成，但是，在数据分析阶段也需要新建表与列的操作，这种操作是基于数据源的数据派生出的表与列，分别称为"计算表"与"计算列"。

1）新建列

在 DAX 语言中，存储数据有三个维度：表、列（计算列）和度量值。其中，表的概念与数据库的表一样，列是 Power BI 中表的纵向数据，计算列是一种特殊的列，可以是直接引用的其他列数据或其他列数据的运算结果。计算列不是通过加载数据得到的，而是通过 DAX 公式创建的。

计算列与其他的任何列一样，都可以在矩阵和其他的报表中的行、列中来使用。对于表中的其他任何列的计算都只能返回当前行对应的列的数据，无法直接使用其他行的数据。

计算列始终存在于表中，是用 DAX 公式创建的真实的物理列，计算列计算时占用的是模型的加载时间而不是查询时间。计算列始终占用非常宝贵的内存（RAM），因此我们在写 DAX 公式的时候，最优的方案是减少计算列的使用。

【例 11-1】打开"创建计算列 .pbix"文件，计算"销售记录表"（如图 11-8 所示）中的总销售金额。

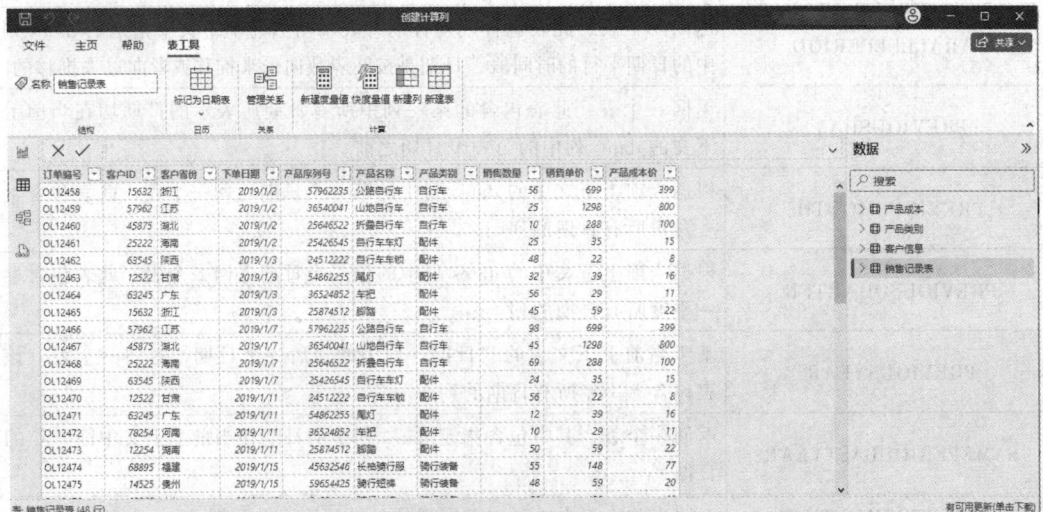

图 11-8　销售记录表

操作指导：

① 单击"表工具"菜单选项下"计算"子功能区域中的"新建列"按钮。

② 在公式栏输入：销售金额 ='销售记录表'［销售数量］*'销售记录表'［销售单价］，回车确认，数据表中就会出现新列"销售金额"。结果如图11-9所示。

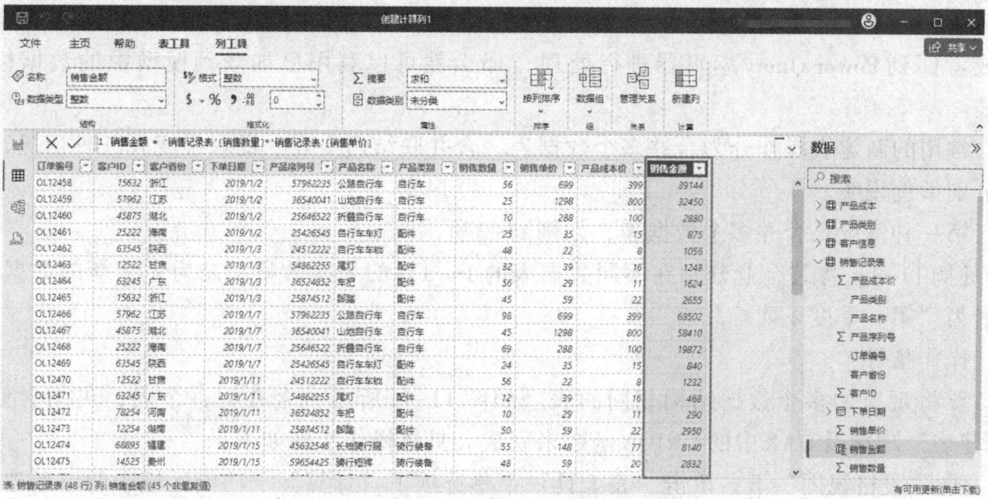

图11-9　销售金额结果

2）度量值

度量值是存放在一定的筛选条件下对数据源进行聚合运算的单个数据。度量值要定义在表中，但是度量值并不属于任何表，可以单独存在。

【例11-2】计算"销售金额"的合计数"销售总金额"。

操作指导：

①单击"表工具"菜单选项下"计算"子功能区域中的"新建度量值"按钮。

②将公式编辑栏默认"度量值"重命名为"销售总金额"，输入公式"=SUM（'销售记录表'［销售金额］）"（如图11-10所示）。进入"报表视图"，可以查询销售总金额数据。"报表视图"运用将在后续章节学习。

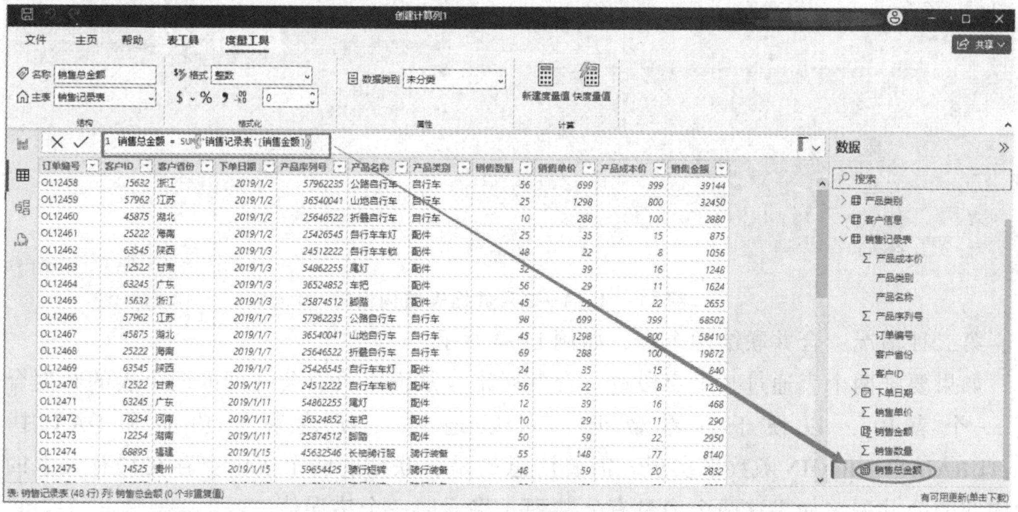

图11-10　新建度量值

3）新建表

通常情况下，在 Power BI 进行分析的各种数据表都是从外部的各种数据源导入进来的，但并不总是如此，某些情况下在 Power BI Desktop 中也可以根据需要直接建立各种表格。

在进行数据分析的过程中，需要加入新的数据表或者新的维度，如果不想再导入源数据或者回到 Power Query 编辑器进行处理，那么就可以利用已加载到模型中的数据构建新表。

常用的新建表操作分为合并多个数据表、合并联结两个表、提取维度表三种情况，下面分别举例说明。

第一种情况：合并多个数据表，如例 11-3 所示。

【例 11—3】将某企业分别在不同数据表的 1—3 月的采购数量汇总为一个新的数据表，命名为"第一季度采购汇总表"。

操作指导：

要将现有的多个数据结构相同的表（如图 11-11 所示）合并为一个表，可结合使用"新建表"功能及 DAX 中的 UNION 函数来完成。具体操作步骤如下：

① "表格视图"下，单击"表工具"菜单选项下"计算"子功能区域中的"新建表"按钮。

② 在公式编辑栏中，新建表名改为"第一季度采购汇总表"，等于号后输入"UNION（'1月'，'2月'，'3月'）"，按回车键后将出现 1—3 月采购数量汇总的效果表，在"数据"窗口可以看到新建的"第一季度采购汇总表"表及表中的标题字段（如图 11-12 所示）。

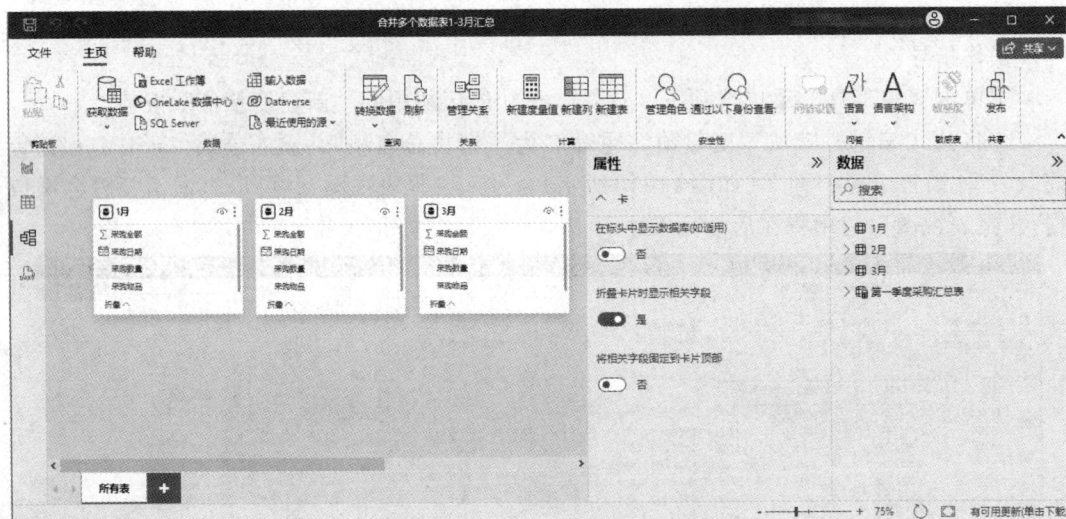

图 11-11　1—3 月数据表结构相同

第二种情况：合并联结两个表，如例 11-4 所示。

如果要把两个表通过某个字段进行合并联结，从而将具有公共列的两个表的数据合并到一个表中，以便于查看数据，可以通过"新建表"功能和 DAX 中的 NATURALINNERJOIN 函数来实现。需要注意的是，联结的两个表中要存在具有关系的相同内容的公共列，如果这两个表没有公共列，将返回一个错误值。

图11-12　新建"第一季度采购汇总表"

【例11-4】用Power BI Desktop打开"合并联结两个表.pbix"文件，将其中的"销售记录表"与"产品类别"联结，从而在"销售记录表"可以看到销售的"产品名称"与"产品类别"列数据。联结前的两个数据表的列标题如图11-13与图11-14所示。

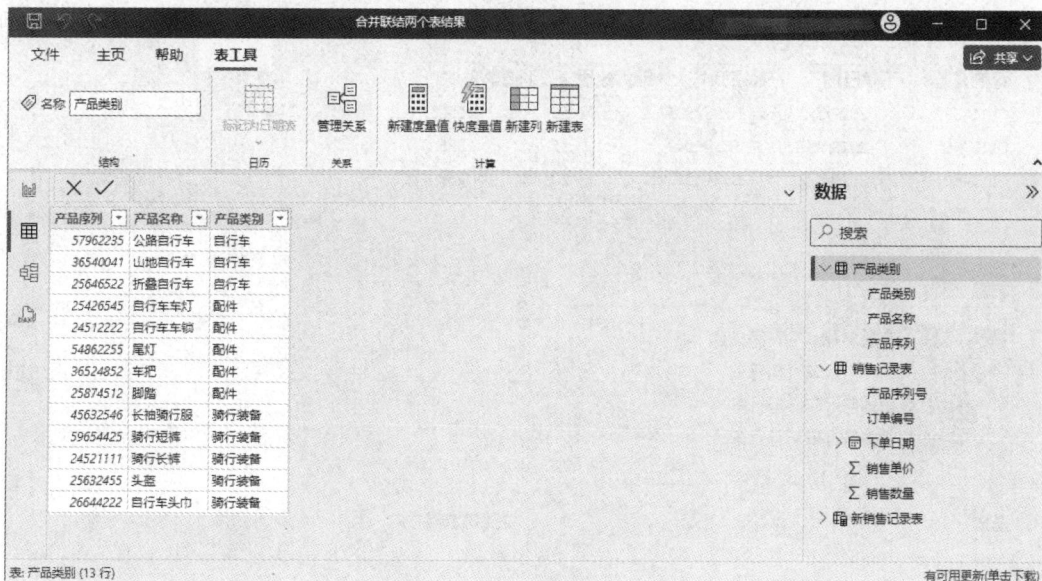

图11-13　合并联结前的两个表

操作指导：

①建立关系。建立两个数据表的关系有两种方法：

方法一：切换到"模型视图"，单击"主页"菜单选项卡下"关系"子功能区域中的"管理关系"，进入"管理关系"对话框，单击下方的"新建"按钮，进入"创建关系"，在上方列表中选择"销售记录表"，在下方列表中选择"产品类别"表，选择两个表共同的列，其余默认（如图11-15所示），单击"确定"按钮，返回"管理关系"对话框，单击"关闭"，"模型视图"中将出现如图11-16所示的结果。

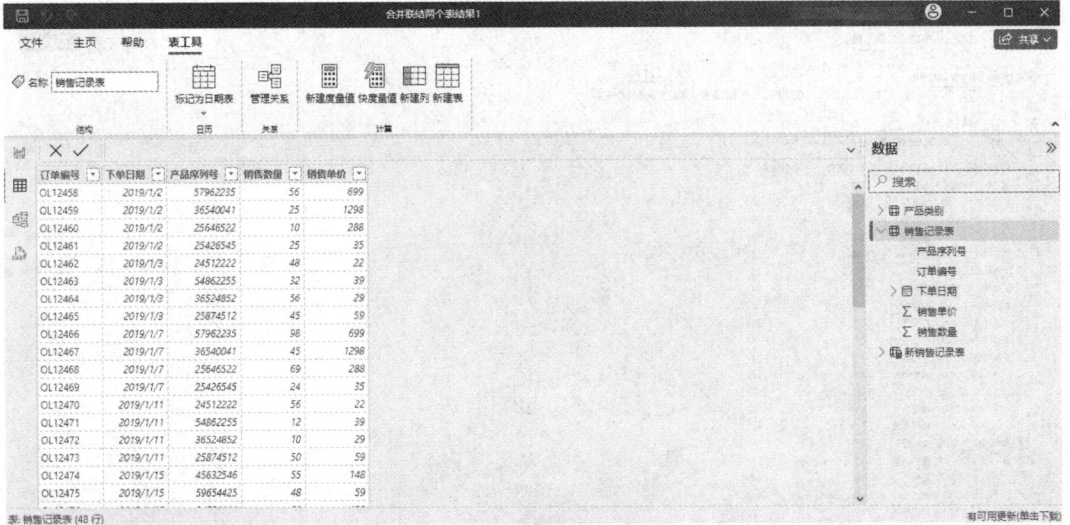

图 11-14　合并联结后的结果

创建关系

选择相互关联的表和列。

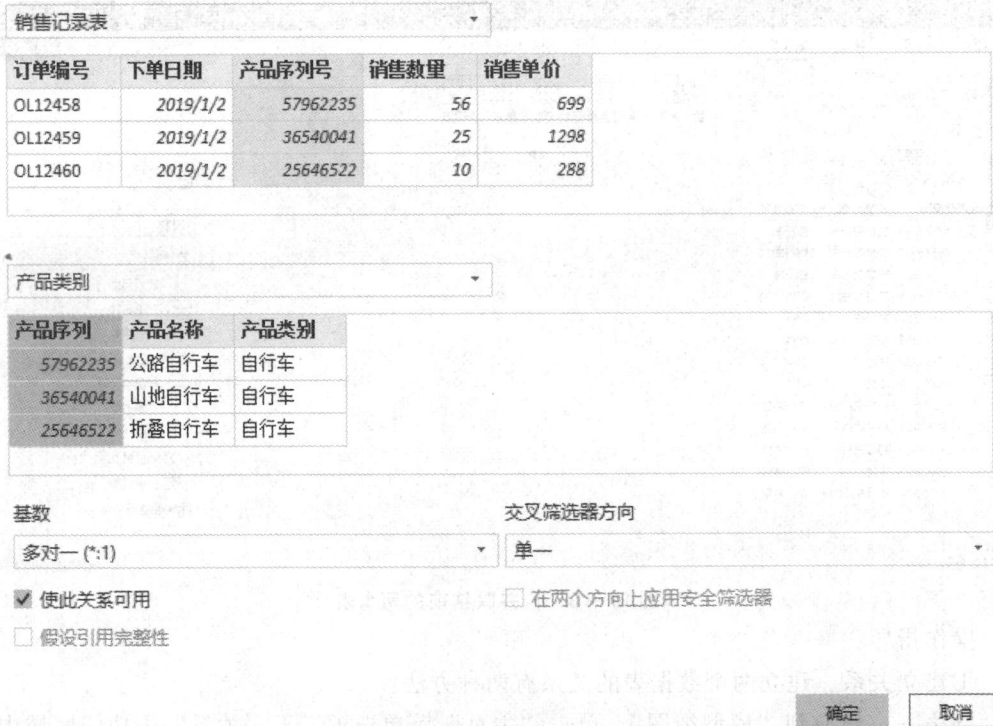

销售记录表

订单编号	下单日期	产品序列号	销售数量	销售单价
OL12458	2019/1/2	57962235	56	699
OL12459	2019/1/2	36540041	25	1298
OL12460	2019/1/2	25646522	10	288

产品类别

产品序列	产品名称	产品类别
57962235	公路自行车	自行车
36540041	山地自行车	自行车
25646522	折叠自行车	自行车

基数　　　　　　　　　　　　　　　　　交叉筛选器方向

多对一 (*:1)　　　　　　　　　　▼　　单一　　　　　　　　　　　▼

☑ 使此关系可用　　　　　　　　　　　☐ 在两个方向上应用安全筛选器

☐ 假设引用完整性

确定　　　取消

图 11-15　创建关系对话框

　　方法二：在"模型视图"界面，将"销售记录表"数据块中的"产品序列号"字段拖动到"产品类别"数据块中的"产品序列"字段上，随后可看到两个表之间建立的关系（如图 11-16 所示）。方法二相对简单一点。

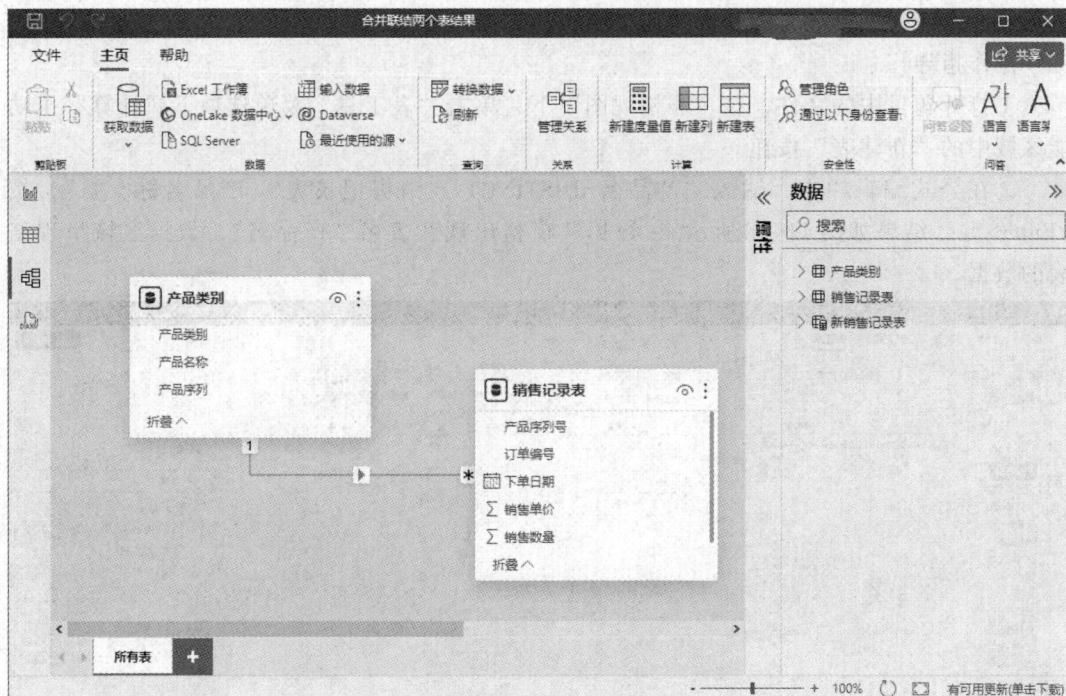

图 11-16 两表关系

②合并两个联结的表。在"表格视图"下，单击"表工具"菜单选项下"计算"子功能区域中的"新建表"按钮。

③在公式栏中输入"新销售记录表=NATURALINNERJOIN（'销售记录表'，'产品类别'）"，按下<Enter>键，即可看到新建的表中自动把"产品类别"中每种产品的"产品名称"和"产品类别"数据匹配进"销售记录表"的每条记录中（如图11-17所示）。

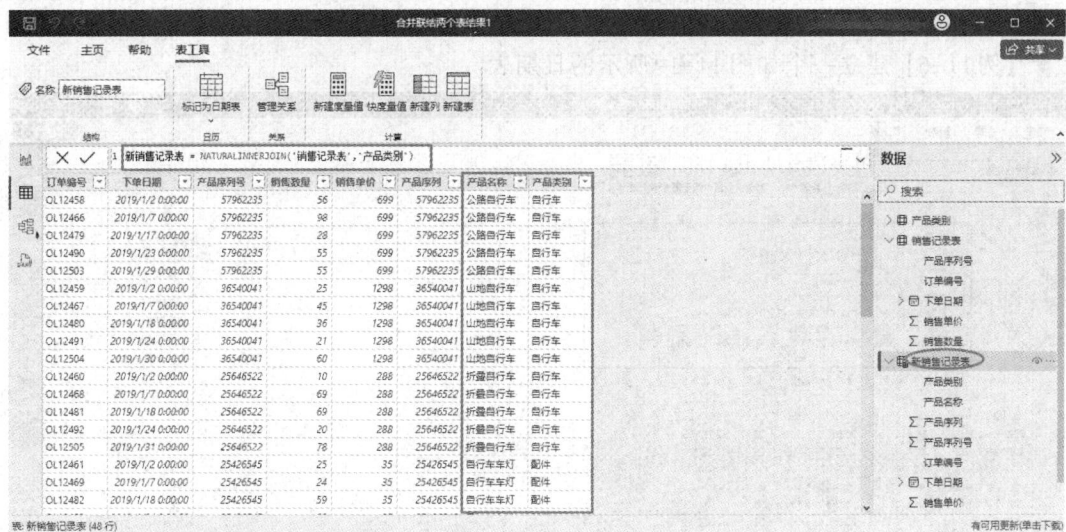

图 11-17 数据自动匹配

第三种情况：提取维度表。

【例11-5】打开"提取维度表.pbix"文件，从销售记录表中提取不同产品名的产品名称形成一个新的维度表，命名为"产品名"。

操作指导：

①打开题目中的文件，在"表格视图"下，单击"表工具"菜单选项下"计算"子功能区域中的"新建表"按钮。

②在公式编辑栏中，输入"产品名=DISTINCT（'销售记录表'［产品名称］）"，按 \<Enter\>键，结果如图 11-18 所示。"数据"窗格出现新表名"产品名"，数据区域呈现新表的数据。

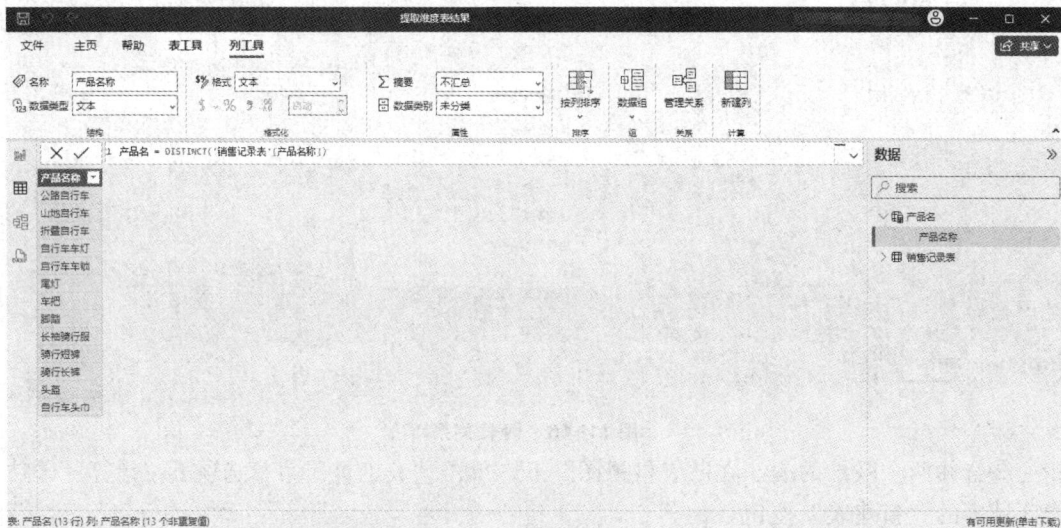

图 11-18　新建维度表

第四种情况：生成日期表。

如果数据模型中没有日期表，那么没有必要再去找一个日期表导入进来，可以直接在 Power BI Desktop 中新建表，在公式栏输入【例 11-6】中的代码即可。

【例 11-6】建立一个如图 11-19 所示的日期表。

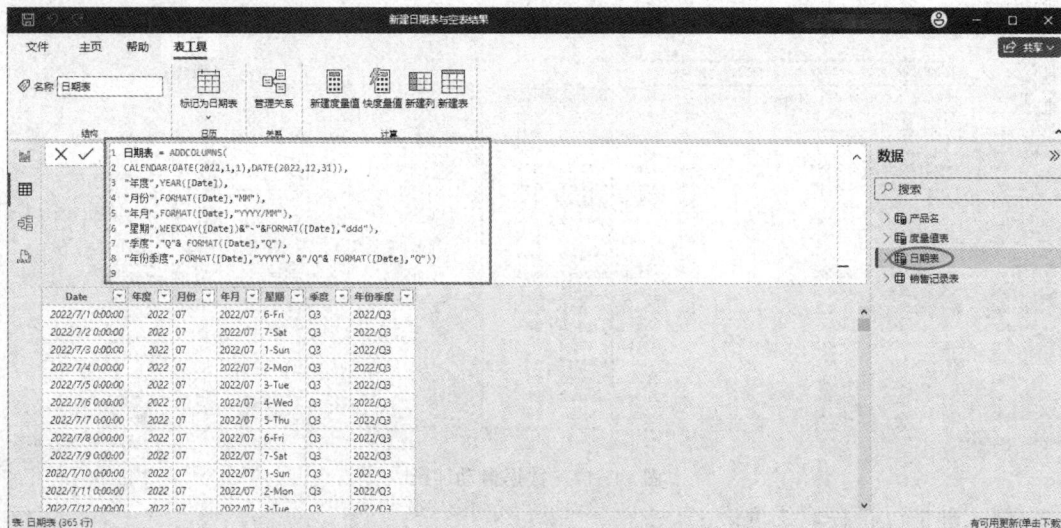

图 11-19　新建日期表

操作指导：

① 在"表格视图"下，单击"表工具"菜单选项下"计算"子功能区域中的"新建表"按钮。

② 在公式栏输入如下代码，按<Enter>键，将生成一个如图11-19所示的日期表。

日期表=ADDCOLUMNS

CALENDAR（DATE2022，1，1，DATE2022，12，31）

"年度"，YEAR（［Date］），

"月份"，FORMAT（［Date］，"MM"），

"年月"，FORMAT（［Date］，"YYYY/MM"），

"星期"，WEEKDAY（［Date］）&&FORMAT（［Date］，"ddd"）

"季度"，"Q"& FORMAT（［Date］，"Q"），

"年份季度"，FORMAT（［Date］，"YYYY"）&"/Q"& FORMAT（［Date］，"Q"）

第五种情况：新建一个空表。

【例11-7】新增一个空表，命名为"度量值表"，可以用于放度量值。

操作指导：

①在"表格视图"下，单击"表工具"菜单选项下"计算"子功能区域中的"新建表"按钮。

②在公式栏输入"度量值表 = ROW（"度量值"，BLANK（））"，按<Enter>键，将生成一个如图11-20所示的空表。

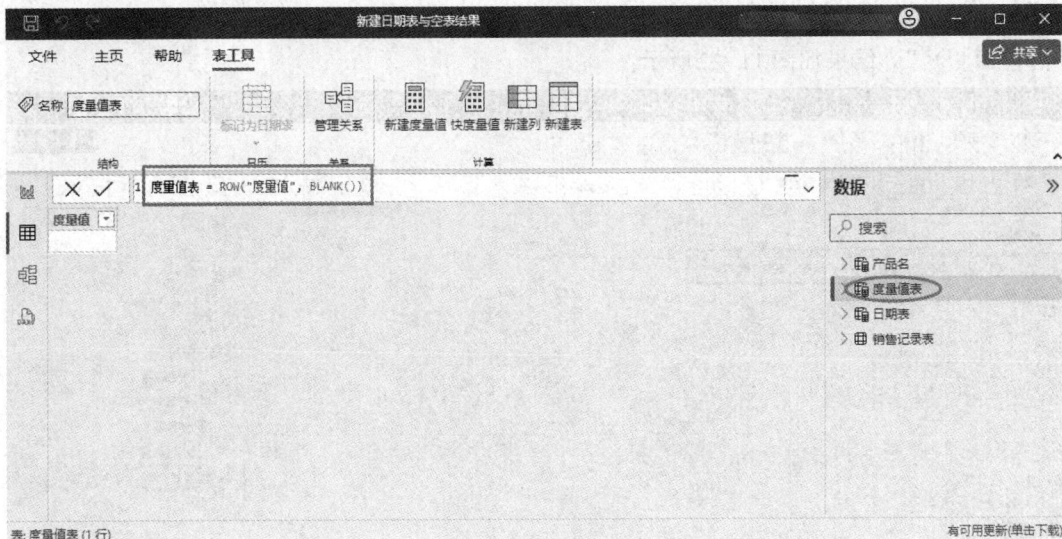

图11-20　新建空表

11.2.6　DAX常用函数运用

1）SUM函数

SUM函数解释：

功能：对某个列中的所有数值求和。SUM是一个常用的标准的聚合函数。可以使用SUM对某列进行汇总求和，这里的某列通常是指可计算的度量值列。SUM不对String类型

进行转换汇总。

SUM 语法：SUM（<column>）。

参数说明：column，要求和的数值列。

【例 11-8】对销售明细表中的销售额字段求和。

操作指导：

①将数据源导入到 Power BI Desktop，单击"主页"菜单选项卡下"Excel 工作簿"按钮，导入加载数据，如图 11-21 所示。

	A	B	C	D
1	订单id	产品名称	销售数量	销售额
2	1	A123	22	2500
3	2	B456	15	3000
4	3	C789	82	2100
5	4	D123	63	950
6	5	E456	41	4000

订单id	产品名称	销售数量	销售额
1	A123	22	2500
2	B456	15	3000
3	C789	82	2100
4	D123	63	950
5	E456	41	4000

图 11-21　导入数据

②新建一个度量值，命名为"总销售额"，然后输入"总销售额=SUM（'销售明细表'［销售额］）"，结果如图 11-22 所示。

图 11-22　新建"总销售额"度量值

③切换到"报表视图"，插入卡片图，将"总销售额"字段拖动到卡片图中，就可以看到总销售额（如图 11-23 所示）。

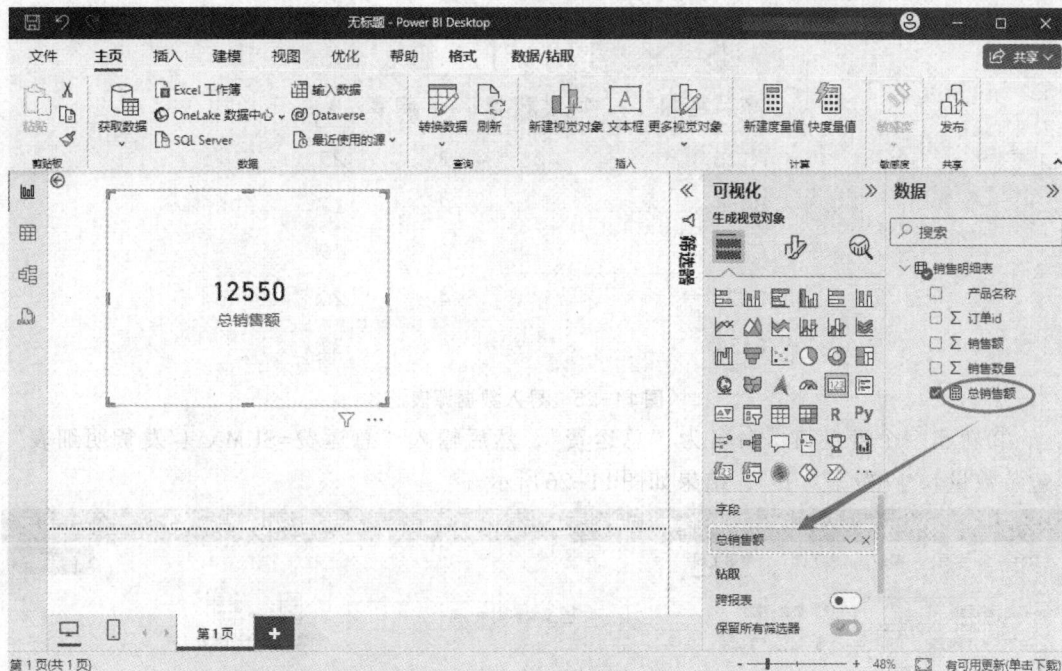

图11-23 查看度量值

2）SUMX函数

功能：返回为表中的每一行计算的表达式的和。例如，已知销售数量和销售单价这两列，需要求销售总额，数据含多个维度并且日期粒度到天，就不能直接采用"销售总额=SUM（销售数量）*SUM（销售单价）"。当遇到这种情况时，就可以使用SUMX。SUMX（销售表，销售数量*销售单价）。

语法：SUMX（<table>，<expression>）。

参数说明：table，要进行运算的表；expression，公式表达式，对表中每一行进行运算的表达式。

备注：SUMX函数只会计算列中的数字，其他诸如空白、文本、逻辑值将会被忽略不计；SUM是列级别聚合函数（不逐行计算），SUMX是行级别聚合函数（逐行计算）。

【例11-9】数据源如图11-24所示，要求计算总运费。

	A	B	C
1	产品名称	包装数量	费率
2	A123	2	25
3	B456	2	17
4	C789	2	19
5	D123	4	20
6	E456	6	31

图11-24 数据源表

操作指导：

①将数据源导入到Power BI Desktop，单击"主页"菜单选项卡下"Excel工作簿"按钮，导入加载数据，如图11-25所示。

图11-25　导入数据源表

②新建一个度量值，命名为"总运费"，然后输入"总运费=SUMX（'发货明细表'，［包装数量］*［费率］）"，结果如图11-26所示。

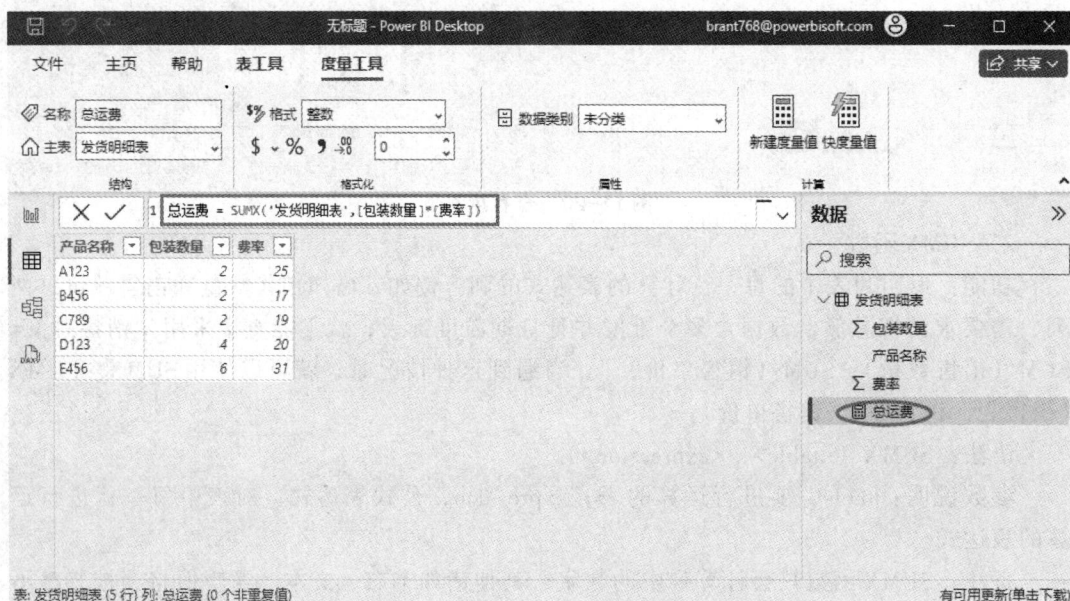

图11-26　新建"总运费"度量值

③切换到报表视图，插入卡片图，将总运费字段拖动到卡片图中，就可以看到总运费金额（如图11-27所示）。

3）AVERAGE函数

功能：返回一组数值的平均值。

语法：AVERAGE（<列名>）。

参数说明："<列名>"为要计算平均值的列。

备注：如果列中包含文本，则不会执行任何聚合操作，AVERAGE将返回空白；如果列中包含逻辑值或空值，AVERAGE会忽略这些值；零值（0）会参与计算。

区分空值和0值之间的差异很重要。如果某一单元格包含0，则AVERAGE将其添加到数字的总和，并将该行计入分母的行数。但是，当某一单元格包含空白时，则不对该行进行计数。

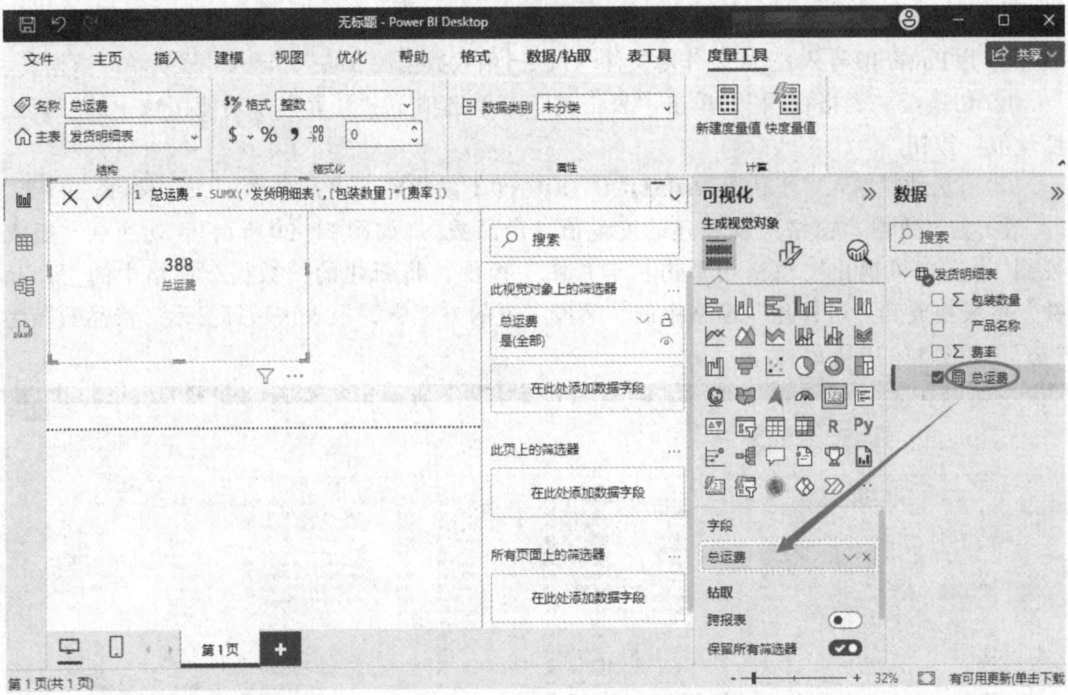

图11-27 新建"总运费"度量值可视化

其他聚合函数 AVERAGE、COUNT、MIN、MAX等DAX函数的运用与SUM函数运用类似，AVERAGEX、COUNTX、MINX、MAXX等X结尾的函数，用法和SUMX是一样的。可以先对表格进行筛选，然后对筛选后的数据进行计算。相关函数的运用请参看SUM函数。

4）DISTINCTCOUNT函数

功能：对列中的非重复值数目进行计数。

语法：DISTINCTCOUNT（<column>）。

参数说明：column是包含要计数的值的列。

【例11-10】根据数据源（11.2.5函数数据源.xlsx，如图11-28所示）计算发货单中"产品名称"列的产品数。

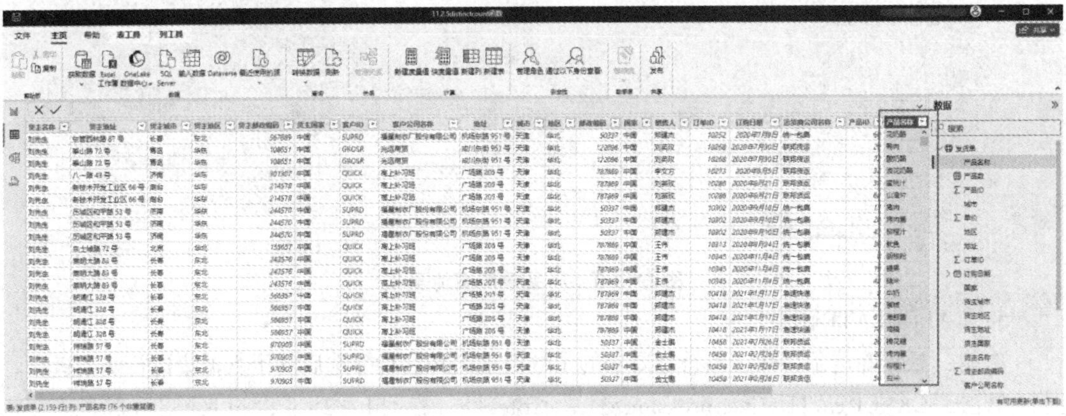

图11-28 导入数据源

操作指导：

① 用 Power BI 导入 Excel 工作簿文件"11.2.5 函数数据源.xlsx"，导入"发货单"数据表。

② 切换至"表格视图"，单击"表工具"菜单选项下"计算"子功能区域中的"新建度量值"按钮。

③ 在公式栏输入"产品数 = DISTINCTCOUNT（'发货单'［产品名称］）"，按<Enter>键。

④ 在"数据"窗格出现新建的度量值"产品数"（如图 11-29 所示），切换到"报表视图"，在"可视化"窗格中单击"卡片图"控件，将新建的"数据"窗格中的"产品数"字段拖放到"可视化"窗格中的"字段"下的方框中，报表区域即显示"产品数"为"76"（如图 11-30 所示）。

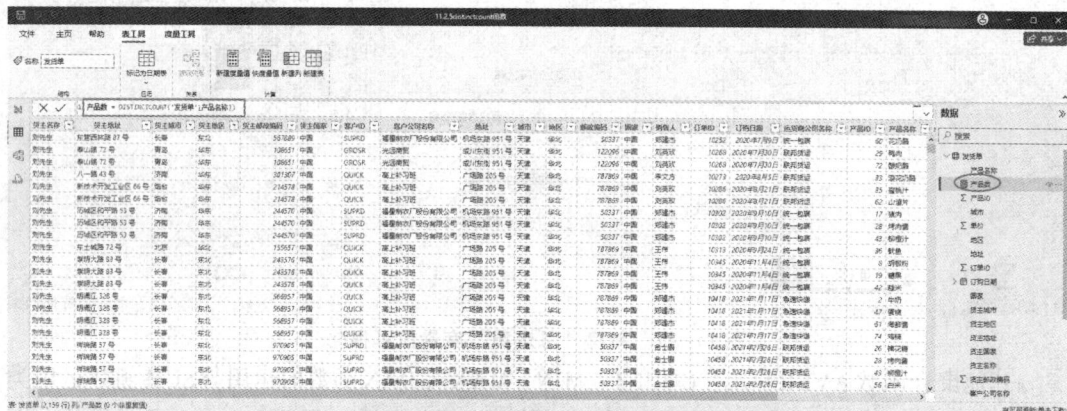

图 11-29　新建"产品数"度量值

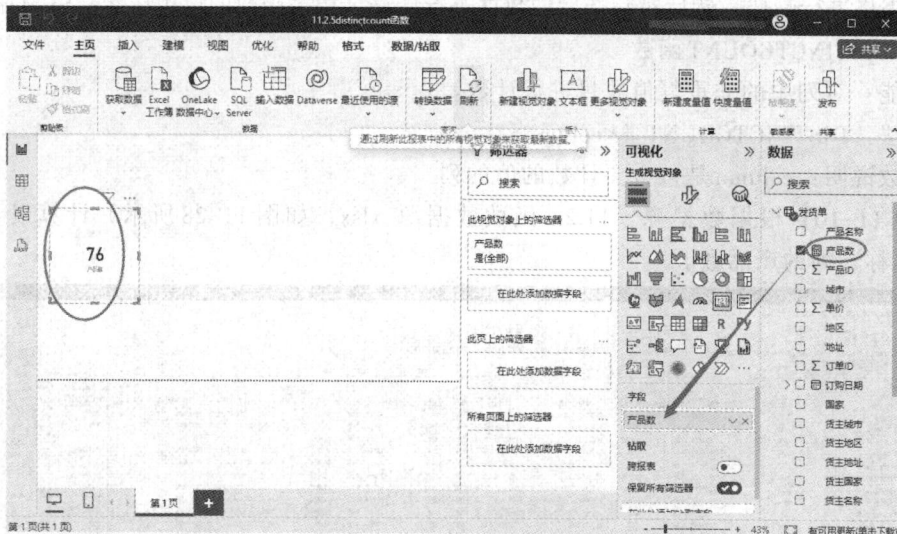

图 11-30　产品数度量值呈现

5）CALCULATE 函数

功能：根据筛选条件筛选出符合要求的子数据集，并且对筛选后的子数据集进行函数运算。

语法：CALCULATE（<expression>［，<filter1>［，<filter2>［，…］］］）。

参数说明：expression 是计算表达式，可以执行各种聚合运算；第二个参数 filter 开始，是一系列筛选条件，可以为空，如果有多个筛选条件，可用逗号分隔。如果有多个筛选

器，可以使用 AND（&&）逻辑运算符来计算这些筛选器，或使用 OR（||）逻辑运算符来计算。CALCULATE 函数运算后会根据筛选出的数据集合执行第一个参数的聚合运算并返回运算结果。如果只填第一个参数，就不作任何筛选，只是返回实际整体的度量值结果。

【例 11-11】打开"销售数据表 calculate.pbix"文件，数据源如图 11-31 所示，分别计算订单总数与江苏订单数。

图 11-31　销售数据表

操作指导：

①切换到"表格视图"，单击"表工具"菜单选项卡"计算"子功能区域中的"新建度量值"按钮。

②在公式栏将度量值重命名为"订单总数"，输入公式"=CALCULATE（COUNT（'销售记录表'［订单编号］））"，按回车键后，在"数据"窗格下"销售记录表"数据表字段列表中将会出现新建度量值"订单总数"（如图 11-32 所示）。

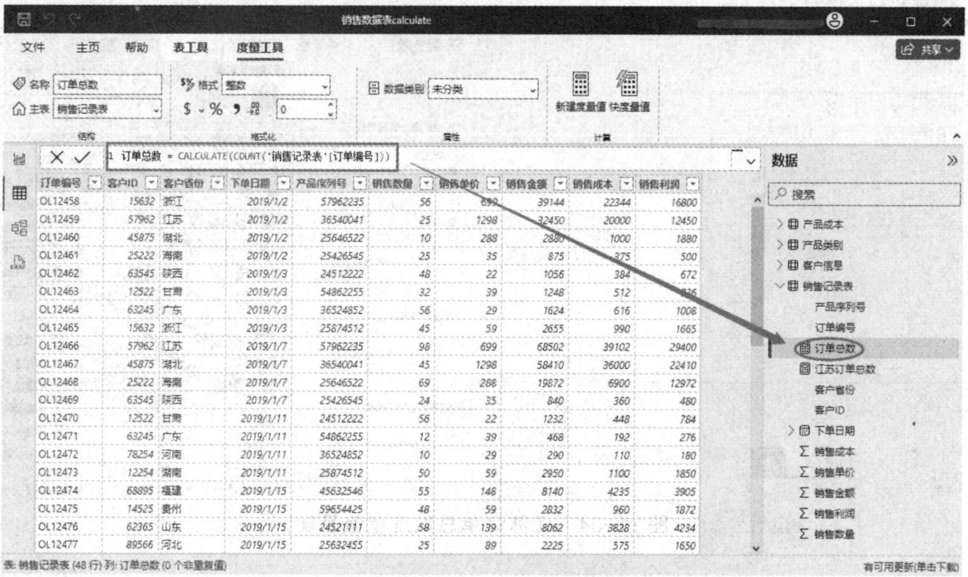

图 11-32　新建"订单总数"度量值

③再次执行第一步，将第二步中的度量值重命名为"江苏订单总数"，输入公式"=CALCULATE（COUNT（'销售记录表'［订单编号］），'客户信息'［客户省份］="江苏"）"，按回车键后，在"数据"窗格下"销售记录表"数据表字段列表中将会出现新建度量值"江苏订单总数"（如图11-33所示）。

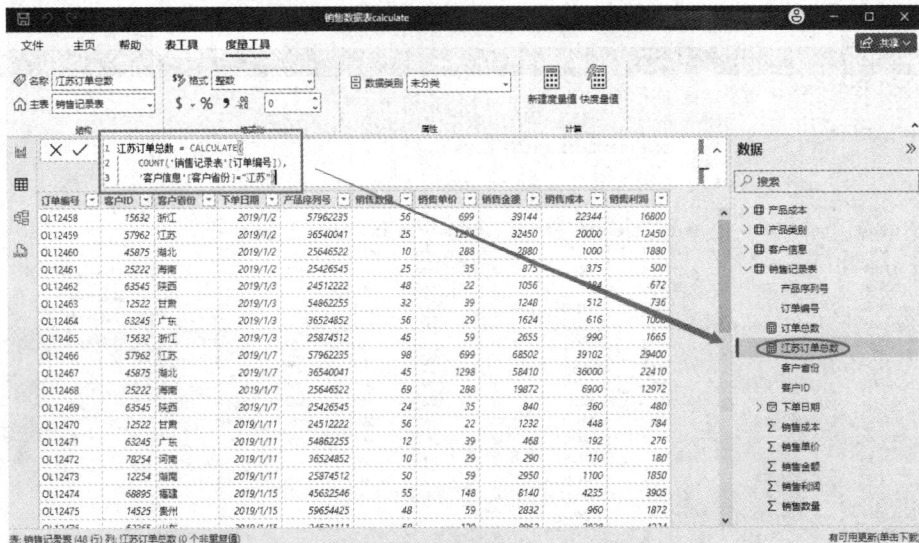

图11-33   新建"江苏订单总数"度量值

④切换至"报表视图"，单击"可视化"窗格中的"卡片图"控件，并把"数据"窗格中"销售记录表"下的字段"订单总数"与"江苏订单总数"拖放到报表区或拖放到"可视化"窗格中"字段"框中，将可以看到相关数据（如图11-34所示）。

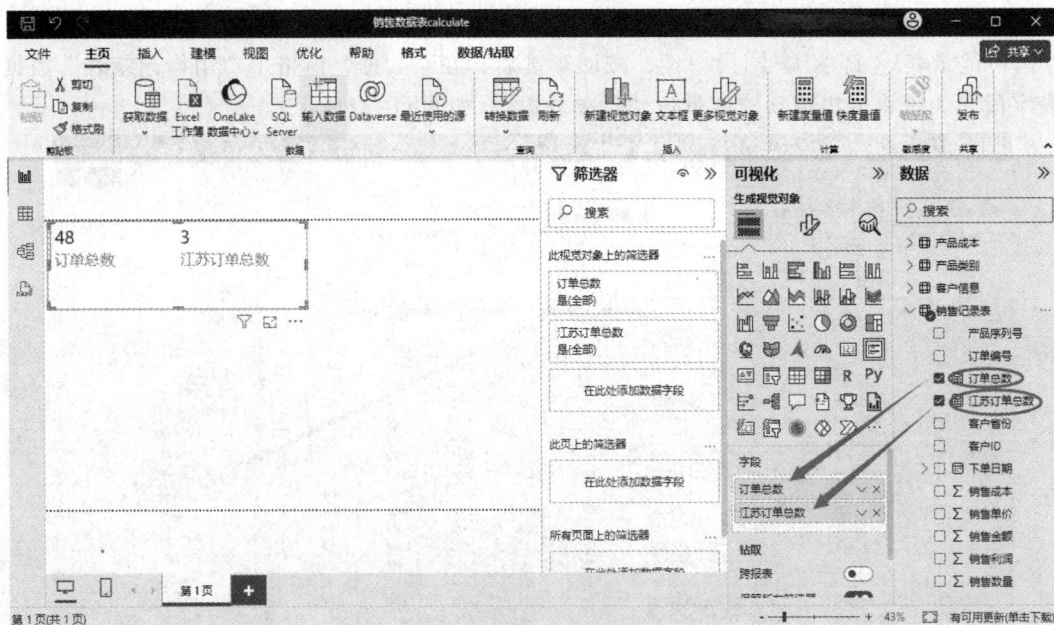

图11-34   江苏订单总数度量值呈现

6）SUMMARIZE 函数

功能：根据一列或多列对数据进行分组，并且可以使用指定的表达式为汇总后的表添加新列，形成一张新表。

语法：SUMMARIZE（表，分组列 1［，分组列 2］…［，名称，表达式］…）

SUMMARIZE（<table>，<groupBy_columnName>［，<groupBy_columnName>］…［，<name>，<expression>］…）。

参数说明：表<table>，是任何返回数据表的 DAX 表达式。

分组列<groupBy_columnName>，是一个或多个用于创建分组的列的名称，这些列必须在表或与表相关联的表中存在。这个参数不能是一个表达式。

名称<name>，是给汇总列或新建列的名称，需要用双引号括起来。

表达式<expression>，是任何返回单个标量值的 DAX 表达式，这个表达式会在每一行/上下文中多次求值。

【例 11-12】仍以【例 11-11】数据源为例（如图 11-31 所示），生成客户省份数据表。

操作指导：

①打开"销售数据表 .pbix"文件，切换到"表格视图"，单击"表工具"菜单选项卡"计算"子功能区域中的"新建表"按钮。

②公式栏新建表名为"客户省份表"，输入公式"= SUMMARIZE（'销售记录表'，'客户信息'［客户省份］）"，按回车键后，得到新表（如图 11-35 所示）。表格视图中数据区将显示客户省份信息，"数据"窗格下"销售记录表"中不同的省份数据被提取。

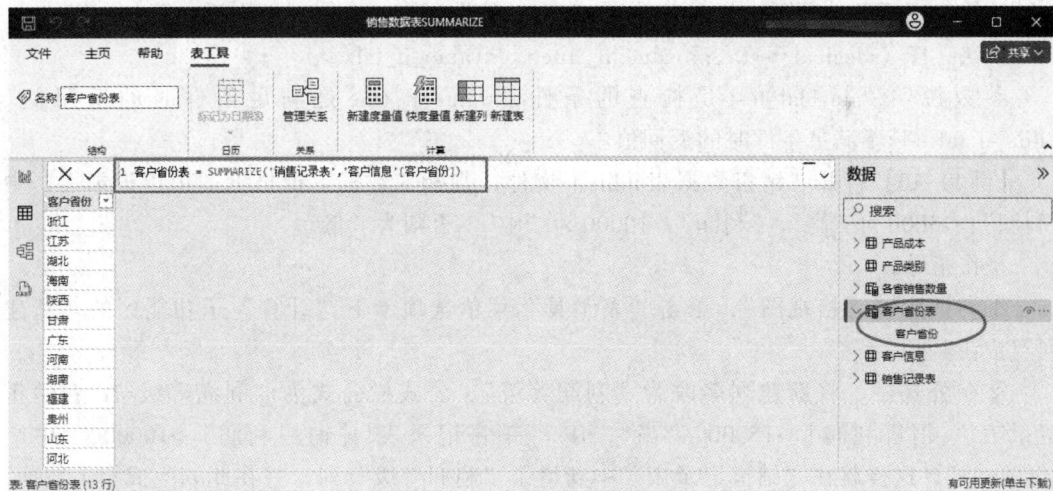

图 11-35　客户省份数据表

③切换到"表格视图"，单击"表工具"菜单选项卡"计算"子功能区域中的"新建表"按钮。

④公式栏新建表名为"各省销售数量"，输入公式"= SUMMARIZE（'销售记录表'，'客户信息'［客户省份］，"各省销售量"，SUM（'销售记录表'［销售数量］）)"，按回车键后，得到新表（如图 11-36 所示）。

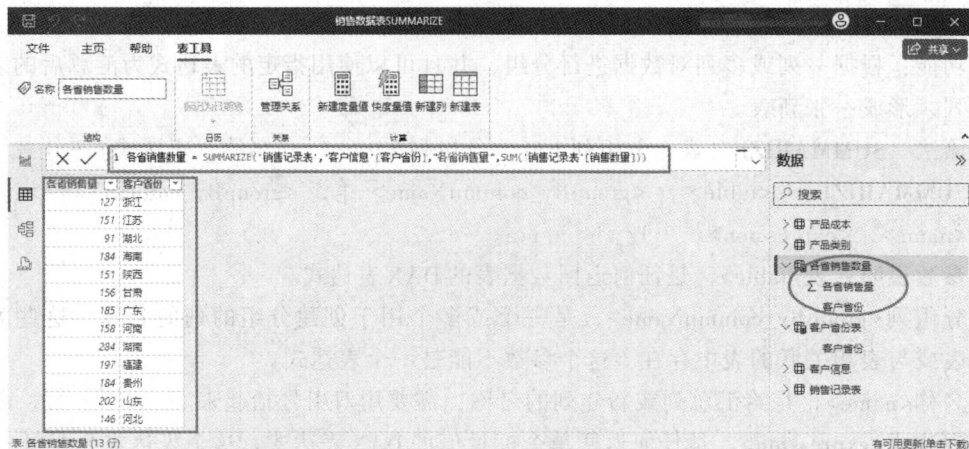

图11-36　新建"客户省份数据表"

SUMMARIZE函数的运用需要注意：

① 为其定义名称的每一列必须有一个对应的表达式，否则将出现返回错误。第一个参数name定义了结果中此列的名称，第2个参数expression定义了所执行的用来获取该列中每行的值的计算。

② groupBy_columnName必须在table或table的相关表中。

③ 每个名称都必须用双引号引起来。

7）IF函数

功能：用于条件判断，如果条件为TRUE，就返回第一个值，否则返回第二个值。

语法：IF（<logical_test>，<value_if_true>，<value_if_false>）。

参数说明：logical_test是检查的条件，value_if_true是满足条件时的返回值，value_if_false是不满足条件时的返回值。

【例11-13】打开"销售数据表.pbix"文件，判断"数据"窗格下"销售记录表"中"利润" >15000为"高"，"利润" >10000为"中"，否则为"低"。

操作指导；

①切换到"表格视图"，单击"表工具"菜单选项卡下"计算"子功能区的"新建列"按钮。

②在公式栏，将新建列名改为"利润等级"，公式栏公式为"利润等级=IF（'销售记录表'［销售利润］>15000，"高"，IF（'销售记录表'［销售利润］>10000，"中"，"低"））"，这样就在"销售记录表"中新增了"利润等级"列，并在此列生成相关数据，结果如图11-37所示。将结果另存为"销售数据表-if.pbix"文件。

8）FILTER函数

功能：返回一个表，不能直接用于建立一个度量值，可以新建表。

语法：FILTER（表，筛选条件）。

参数说明：第一个参数是表，是不能放入列或值的，第二个参数是筛选条件，如果是多条件筛选，可以用&&符号或‖符号连接起来。

【例11-14】以【例11-13】"数据"窗格下的"销售记录表"为例，计算江苏地区的销售额。

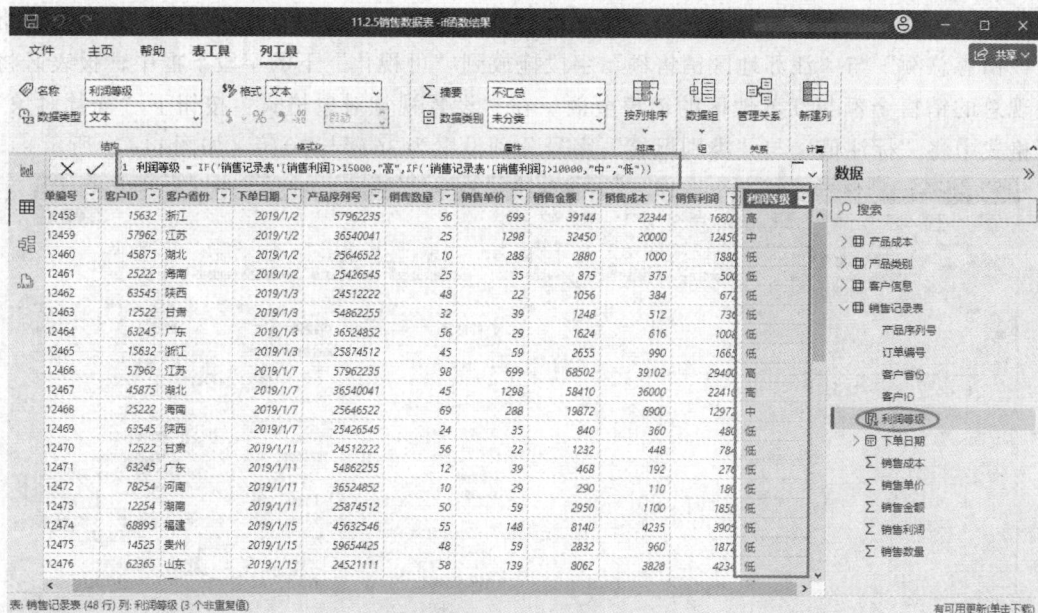

图 11-37　IF 函数运用

操作指导：

①新建一个度量值，用于计算销售总金额。切换到"表格视图"，单击"表工具"菜单选项卡下"计算"子功能区的"新建度量值"按钮。

②将公式栏度量值命名为"销售总额"，输入公式"=SUM（'销售记录表' ［销售金额］）"。

③再次新建度量值，命名为"江苏地区销售额"，输入"CALCULATE（［销售总额］，FILTER（'销售记录表'，'销售记录表' ［客户省份］="江苏"））"，按回车键确认（如图 11-38 所示）。

图 11-38　创建"江苏地区销售额"度量值

④切换到"报表视图"下，在"可视化"窗格选择"卡片图"控件，将"数据"窗格中"销售总额"与"江苏地区销售额"字段拖放到"可视化"下的字段下框中，报表区将呈现总的销售金额与江苏地区的销售金额。在"设置视觉对象格式"按钮下"视觉对象"子格式中将"标注值"与"类别标签"字号分别设置为36磅与30磅（如图11-39所示）。

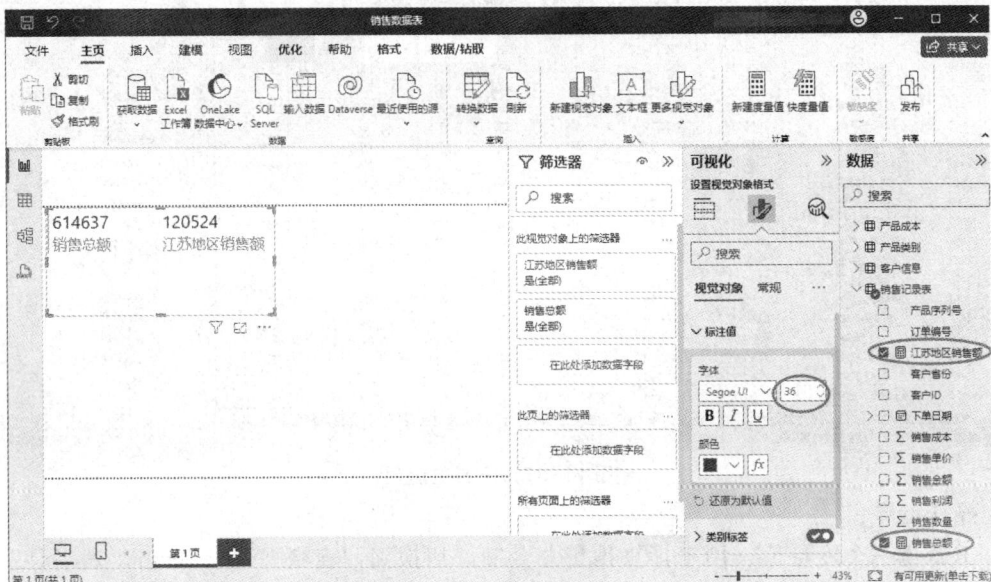

图11-39　Filter函数运用

9）ALL函数

功能：返回表中的所有行或列中所有值。

语法：ALL（[表名]）或者ALL（[列名1]，[列名2]，…）。

参数说明：[表名]是数据表的名称；[列名1]、[列名2]是数据表中的字段列名。

【例11-15】以【例11-13】"数据"窗格下的"销售记录表"为例，练习ALL函数的用法。

操作指导：

第一种情况，复制表。

①新建表。切换到"表格视图"，单击"表工具"菜单选项卡下"计算"子功能区的"新建表"按钮。

②在公式栏输入公式"= ALL（'销售记录表'）"，按回车键后，将新建一个表，这一公式相当于复制了一个"销售记录表"。

第二种情况，创建新表，参数为一列并返回不重复值列表。

①新建表。切换到"表格视图"，单击"表工具"菜单选项卡下"计算"子功能区的"新建表"按钮。

②公式栏输入公式"表2 = ALL（'销售记录表'[客户ID]，'销售记录表'[客户省份]）"，按回车键后，将返回"销售记录表"中"客户ID""客户省份"两列数据，且为不重复列表。

ALL函数新建表并不常用，比较常用的功能是第三种情况。

第三种情况，作为度量值参数，清除外部上下文。以计算山地自行车的销售额为例。

①根据【例11-4】的操作方法建立"销售记录表"与"产品类别"表之间的关系。

②合并两个联结的表。在"表格视图"下，单击"表工具"菜单选项下"计算"子功能区域中的"新建表"按钮。

③在公式栏中输入"新销售记录表＝NATURALINNERJOIN（'销售记录表'，'产品类别'）"，按下<Enter>键，即可看到新建的表中自动把"产品类别"中每种产品的"产品名称"和"产品类别"数据匹配进"销售记录表"的每条记录中（如图11-40所示）。

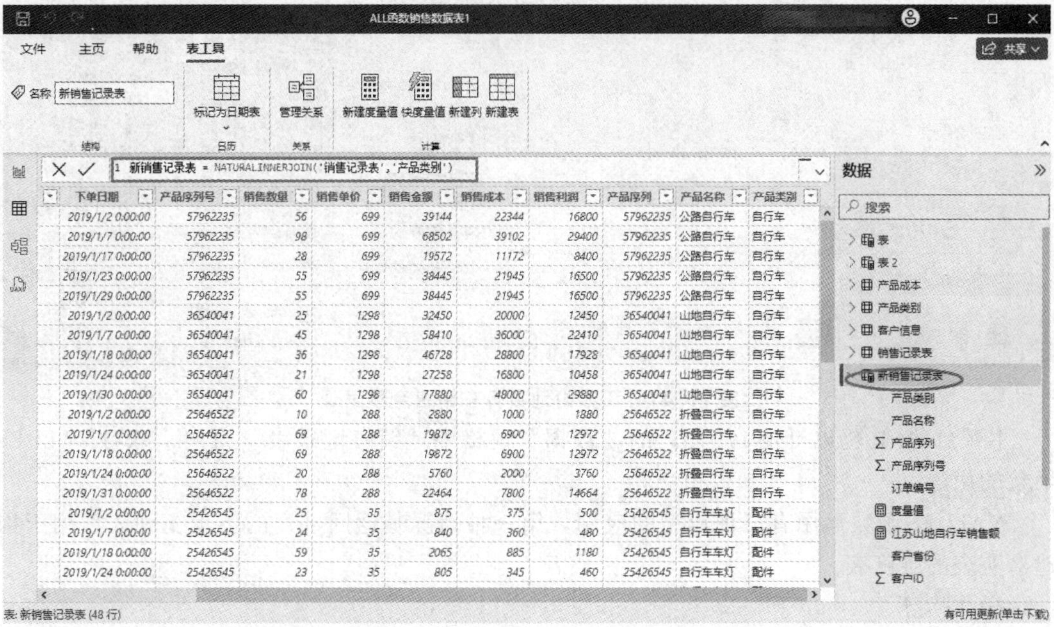

图11-40 All函数运用

④选中"新销售记录表"，单击"表工具"菜单选项卡下"计算"子功能区中的"新建度量值"按钮，在公式栏输入"销售总金额＝SUM（'新销售记录表'［销售金额］）"，将得到所有产品的销售金额，并可以通过报表视图查看。

⑤再次新建度量值，在公式栏，将度量值命名为"江苏山地自行车销售额"，输入公式"＝CALCULATE（［销售总金额］，FILTER（ALL（'新销售记录表'），'新销售记录表'［产品名称］="山地自行车"&&'新销售记录表'［客户省份］="江苏"））"，按回车键后，得到新度量值。

⑥切换至报表视图，单击"可视化"窗格中的"卡片图"控件，并把"数据"窗格中的"江苏山地自行车销售金额"字段拖放到报表区"卡片图"框内，就可以看到金额。结果如图11-41所示。

10）VALUES函数

功能：输入参数为列名时，返回包含指定列中非重复值的单列表。重复值被删除，仅返回唯一值。可添加BLANK值。当输入参数是表名时，返回指定表中的行。保留重复的行。可添加BLANK行。

语法：VALUES（<TableNameOrColumnName>）。

参数说明：TableName或ColumnName要从中返回唯一值的列，或要从中返回行的表。

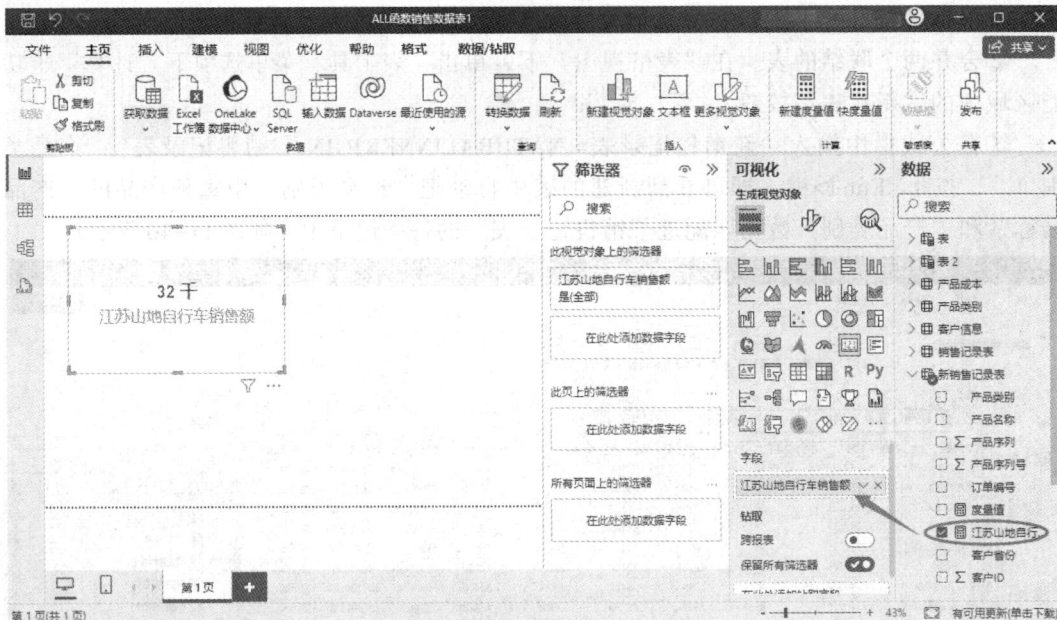

图 11-41　江苏山地自行车销售金额呈现

【例 11-16】仍以【例 11-13】的"数据"窗格中"销售记录表"为例,练习 VALUES 函数的用法。

VALUES 函数运用有三种典型的应用。第一种情况是返回某列的不重复列表,用于构建事实表的维度表。

操作指导:

①切换到表格视图,在"数据"窗格选中"新销售记录表",单击"表工具"菜单选项卡"计算"子功能区中的"新建表"按钮。

②公式栏将新建表命名为"客户省份表",输入公式"= VALUES（'新销售记录表'［客户省份］）",按回车键后,将在"数据"窗格生成新表"客户省份表",以及"新销售记录表"中"客户省份"字段列中省份数据的不重复值（如图 11-42 所示）。此功能与 ALL 函数的参数为一列时功能相同。

第二种情况,保持外部上下文筛选。此功能与 ALL 函数的功能相反,ALL 函数忽略外部上下文的筛选。仍以"新销售记录表"为例,计算山地自行车销售数量。

操作指导:

① 新建度量值,计算总的销售量。单击"表工具"菜单栏下"计算"子功能区中的"新建度量值"按钮。

② 在公式栏新建度量值,命名其为"销售总量",输入公式"=SUM（'新销售记录表'［销售数量］）",结果数据可以通过"报表视图"下"可视化"窗格的"卡片图"控件查看。

③ 利用 ALL 函数来查找山地自行车的销售数量。新建度量值"山地自行车销售量 1",输入公式"= CALCULATE（［销售总量］,ALL（'新销售记录表'）,'新销售记录表'［产品名称］="山地自行车"）",按回车键后将在"数据"窗格出现新度量值"山地自行车销售量 1"。所有行返回了山地自行车的数量。

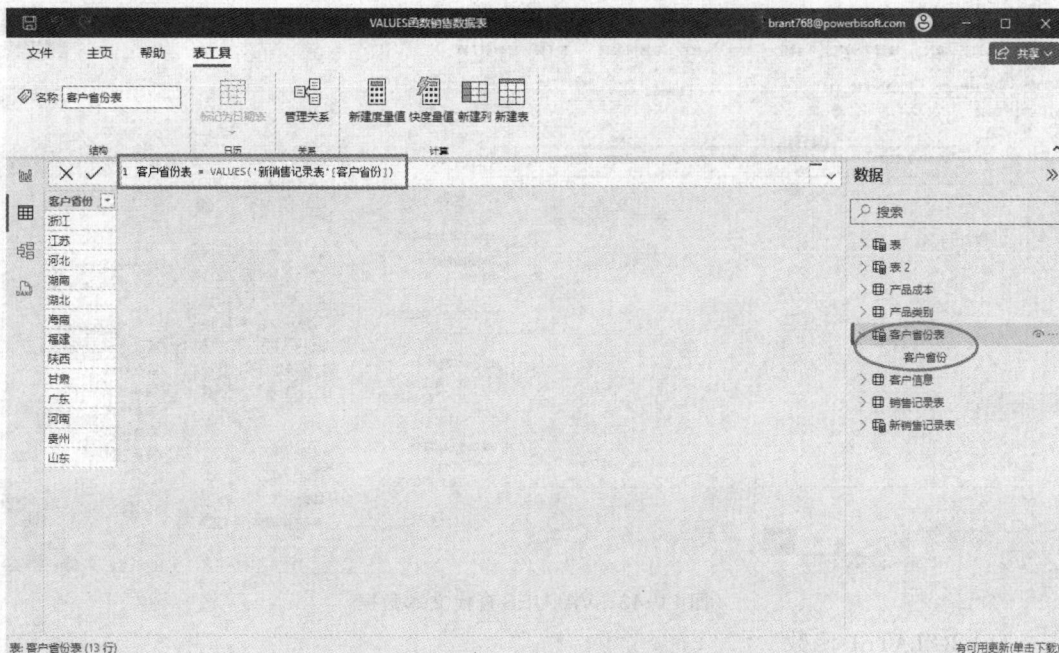

图11-42　VALUES函数"新建表"运用

④ 如果想保持上下文，除了 ALL 函数外，可加个 VALUES 函数。具体操作为：再次新建度量值，命名为"山地自行车销售量2"，输入公式"=CALCULATE（［销售总量］，ALL（'新销售记录表'，'新销售记录表'［产品名称］="山地自行车"，VALUES（'新销售记录表'［产品名称］））"，按回车键后，将在"数据"窗格出现新度量值"山地自行车销售量2"。

⑤ 切换到"报表视图"，单击"可视化"窗格的"多行卡"控件，将"数据"窗格中的新度量值"山地自行车销售量1""山地自行车销售量2"拖放到报表区的"多行卡"（或拖放到"可视化"窗格下的"字段"框）中，就可以看到相关数据。

值得注意的是，利用 ALL 函数与 VALUES 函数可以灵活地操纵上下文，并在度量值内确定是否需要筛选。

VALUES 运用的第三种情况是查找文本型数据。

① 选择"产品成本"表，单击"表工具"菜单下"计算"子功能区中的"新建度量值"按钮。

② 在公式栏将度量值命名为"VALUES 查找文本"，输入公式"=CALCULATE（VALUES（'产品成本'［产品名称］），'产品成本'［产品成本价格］=800）"，按回车键后，"数据"窗格将出现度量值"VALUES 查找文本"。

③ 切换到"报表视图"，单击"可视化"窗格的"卡片图"控件，将"VALUES 查找文本"度量值拖放到报表区"卡片图"框内。文本将显示为"山地自行车"（如图11-43所示）。

注意：DAX 中一个表只有一行一列，可以作为值使用。VALUES 函数返回的是只有一列的表，如被上下文筛选为只有一行，就可以显示为一个值。但如果没有被筛选为一行，上述写法将出错。

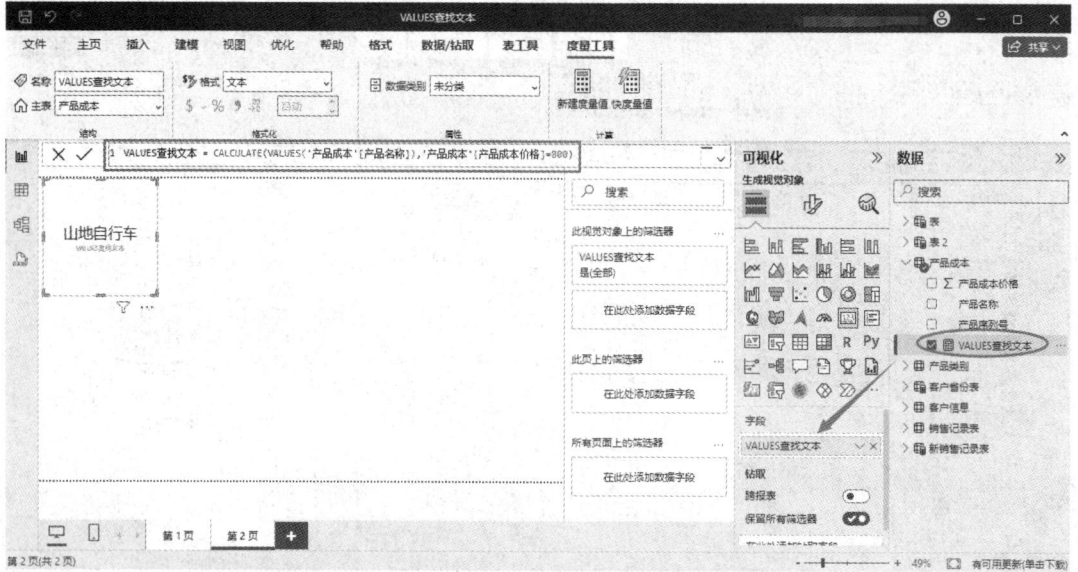

图 11-43　VALUES查找文本数据

11）RELATED函数

功能：与当前行相关的单个值。

语法：RELATED（<column>）。

参数说明：<column>为包含要检索的值的列。

备注：RELATED 函数要求当前表和具有相关信息的表之间存在关系。用户需指定包含所需数据的列，而该函数将遵循现有的多对一关系，从相关表的指定列中提取值。如果不存在关系，则必须创建关系。RELATED 函数执行查找时，将检查指定表中的所有值，而不考虑可能已应用的任何筛选器。RELATED 函数需要行上下文，因此该函数只能在当前行上下文明确的计算列表达式中使用，或者在使用表扫描函数的表达式中用作嵌套函数。RELATED 函数不能用于跨有限关系提取列。

【例 11-17】打开"RELATED函数.pbix"文件，选中"销售记录表"，将"产品成本"表的"产品成本价格"数据添加到"销售记录表"。

操作指导：

①选中"销售记录表"数据表，单击"表工具"菜单选项卡下"计算"子功能区中的"新建列"按钮。

②在公式栏将列名命名为"产品成本价格"，输入公式" = RELATED（'产品成本'［产品成本价格］）"，按回车键后，就可以在"销售记录表"看到"产品成本价格"数据（如图 11-44 所示）。

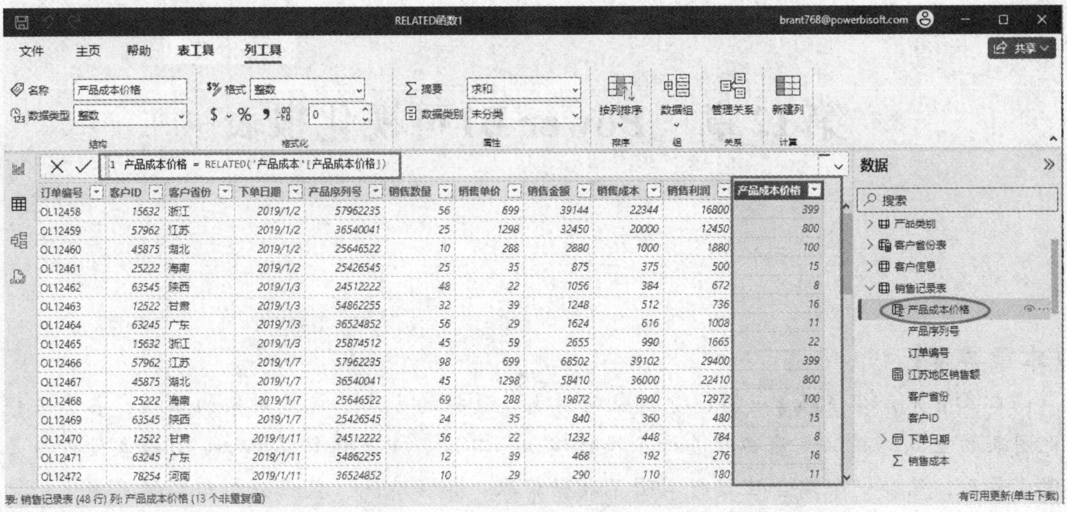

图 11-44　RELATED 函数运用

【课后思考】

1.Power BI 数据建模的含义是什么？

2.Power BI 数据建模的目的是什么？

3.如何理解 DAX 工具中的度量值？

4.DAX 公式编写有哪些需要注意的方面？

5.DAX 如何新建表？

第12章 Power BI 可视化报表

【本章导学】

本章首先介绍了 Power BI 视觉对象的种类、选择的方法、视觉对象的属性、各类可视化图表的生成，并以大量实例进行了操作演示；其次，重点讲解了 Power BI 报表设计与管理；最后，结合一个综合性案例阐明了数据获取、数据清洗、数据分析与数据可视化。

【素养导引】

大数据分析是数字经济时代实现数据驱动战略的重要引擎之一，与人工智能、云计算、物联网等新兴技术具有密切的联系。从事大数据分析工作需要具有创新精神，需要充分运用数据可视化技术以呈现数据之美，从而为决策服务，不断创造价值。

12.1 Power BI 可视化报表概述

12.1.1 Power BI 报表可视化的含义

当前，基于数据的决策越来越成为企业的制胜法宝，传统的 Excel 难以有效处理大量的数据，此外低代码的现实需求日益要求数据处理智能化、网络化，Power BI Desktop 正是对这些需求的响应。

Power BI Desktop 作为一个数据分析与数据可视化的软件，启动后有报表视图、表格视图、模型视图和 DAX（Data Analysis Expressions）查询视图（注：不同版本稍有差异，新版 Power BI Desktop 新增了 DAX 查询视图，但只是名称有所不同，不影响使用）四个视图。报表视图提供了大量的视觉对象，实现了数据可视化呈现，以帮助用户直观、高效地阅读数据与利用数据，为企业决策提供支持；表格视图与模型视图重在数据的收集、清洗、整理及数据的建模与运算；DAX 查询视图，实现了在语义模型中查看和使用 DAX 查询。本章将重点介绍报表视图。

Power BI Desktop 报表视图通过为用户提供各种视觉对象，一方面更好地呈现数据建模与计算结果，同时为进一步分析数据与萃取数据提供可能，从而挖掘出数据背后隐藏的信息、事实与规律。

Power BI 报表可视化就是通过视觉对象的制作，使用图表、图形、地图和其他可视化工具来表示信息和数据。这些可视化结果能够让用户轻松理解数据集中的任何模式、趋势或异常值。

12.1.2　视觉对象的含义

视觉对象是Power BI数据的可视化展现形式，并且是所有Power BI报表中最重要的部分，其负责使数据栩栩如生地展现出来。视觉对象可以帮助用户轻松地识别和理解数据中的模式。

12.1.3　视觉对象的种类

视觉对象从来源区分，可分为预安装的视觉对象、从应用商店导入的视觉对象、从文件导入的视觉对象三类。

预安装的视觉对象有堆积条形图、簇状条形图、百分比堆积条形图、堆积柱形图、簇状柱形图、百分比堆积柱形图、拆线图、分区图、拆线和堆积柱形图、拆线和簇状柱形图、漏斗图、散点图、饼图、环形图、瀑布图、树状图、地图、着色地图、仪表、卡片图、多行卡、KPI、切片器、表、矩阵、R脚本Visual、Python视觉对象。

从应用商店导入的视觉对象是指由微软和微软合作伙伴创建的由AppSource验证团队测试与验证的公开发布到应用商店的视觉对象。用户可以从应用商店将其下载到Power BI Desktop，用于制作报表。比如下载聚类图、社交网络图、雷达图、子弹图等自定义视觉对象。

从文件导入的视觉对象是指从扩展名为pbiviz的文件导入的自定义的视觉对象，任何人都可以创建自定义视觉对象并将其代码打包存入扩展名为pbiviz的文件中。

12.1.4　视觉对象的选择

通过数据获取、数据清洗和数据转换，可以使普通数据变成好的数据源，便于分析。用户选择什么样的视觉对象取决于要呈现的数据的模式、特点及数据之间的关系。不同的视觉对象具有不同的特征与视觉效果。选择视觉对象要考虑以下几个方面：

（1）同一类别数据随时间变化的趋势；

（2）不同类别的数据之间的差异性；

（3）不同类别数据与整体数据之间的关系；

（4）相互关联的两类数据的分布与聚合情况。

12.1.5　视觉对象的属性

Power BI Desktop中的每个视觉对象都有各自的属性，下面以堆积柱形图为例介绍部分属性。打开第11章"VALUES函数销售表"，切换到"报表视图"，单击"可视化"窗格中的"堆积柱形图"，将"数据"窗格中"新销售记录表"数据表中的"产品名称"字段拖放到"可视化"窗格下"生成视觉对象"按钮中的"X轴"文本框中，将"销售数量"字段拖放到"可视化"窗格"生成视觉对象"按钮中的"Y轴"文本框中。此时报表区就呈现了不同产品销售数量的堆积柱形图（如图12-1所示）。

如图12-1所示，"可视化"窗格下编序号的分别为①"生成视觉对象"按钮、②"设置视觉对象格式"按钮、③"向视觉对象添加进一步分析"按钮。分别单击这三个图标可以设置相关属性。如"生成视觉对象"按钮下可以对"X轴""Y轴""图例"等属性进行设置，即可以将"数据"窗格中数据表的相关字段拖放到相关属性框。在"设置视觉对象格式"图标按钮下又分为"视觉对象"格式按钮与"常规"格式按钮，分别可以进行"X轴""Y轴""缩放滑块""图例""数据标签""绘图区""网络线"等属性的设置；在"常规"按钮格式设置中的"属性"下拉列表中可以进行"大小""位置""填充"等的设置，在"常规"下"标题"可设置标题文本及字体、字号、文本颜色、对齐方式等，在"常规"下"效果"属性可设置"边框"等。在"向视觉对象添加进一步分析"图标下可以对"恒定线""误差线"等分析属性设置。

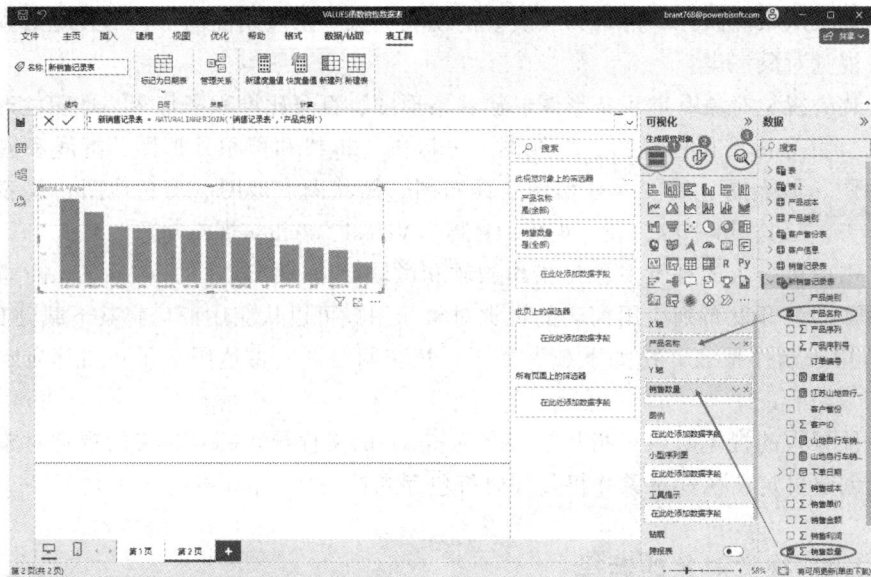

图 12-1　视觉对象属性

12.1.6　Power BI 报表文件类型

Power BI 报表可用于对数据集进行多角度审视，视觉对象可用于表示数据集的各种结果和见解。

在 Power BI 中，用来存储并处理数据集的文件叫报表，每一个报表可以拥有多个报表页。Power BI 文件的类型有 PBIX、PBIT、PBIP、PBIDS 四种。PBIX 文件保存了完整的 Power BI 报表内容；PBIT 文件不包含数据本身，其他方面都有包含；PBIP 文件的保存类型为项目文件；PBIDS 文件则仅保留数据源的连接凭据。PBIX、PBIT、PBIDS 三种文件类型具体包含的项目见表 12-1。

保存一个新的报表时，可以在【另存为】对话框的【保存类型】下拉列表中选择所需要的报表文件格式，如图 12-1 所示。"*.pbix"为普通报表文件；"*.pbit"为模板文件。

PBIT 文件为 Power BI 临时文件，保留了 Power BI 前后端完整的设置，但不包含数据本身。任何 PBIX 报表都可以另存为 PBIT 文件，其特点是几乎不占用磁盘空间，所以在团队协作、版本迭代等工作中，不仅能提高协作效率，还有利于进行报表的版本管理。

PBIDS 文件则简陋了许多，仅包含数据源的连接凭据。任何 PBIX 文件都可以另存为 PBIDS 文件供后续使用，但在【另存为】对话框中是看不到相关选项的，需要在数据源设置里操作。

表 12-1　　　　　　　　　　　　三种文件类型包含的项目

文件包含的项目	PBIX 文件	PBIT 文件	PBIDS 文件
数据源	√	√	√
PQ 层	√	√	×
数据集（Import）	√	×	×
模型定义（Import）	√	√	×
模型关系（Import）	√	√	×
可视化组件	√	√	×
页面及报表布局	√	√	×
DirectQuery	√	√	√
Power BI	√	√	√
Power BI（RS）	√	√	√

　　在需要另存为 PBIDS 文件的文件界面依次单击【文件】→【选项和设置】→【数据源设置】选项，在弹出的【数据源设置】对话框中保持默认设置，单击【导出 PBIDS】按钮，在弹出的【另存为】对话框中设置保存的路径和文件名，单击【保存】按钮即可。

　　在 Power BI Service 及 PBIDS 中还存在一个 RDL 文件，该文件属于分页报表文件。

12.1.7　Power BI 报表文件

1）创建报表

　　使用系统"文件"菜单或桌面快捷方式启动 Power BI Desktop，在工作窗口中会自动创建名为"无标题"的空白报表页面（如图 12-2 所示）。在用户进行保存操作之前，这个报表只存在于内存中，没有实体文件。

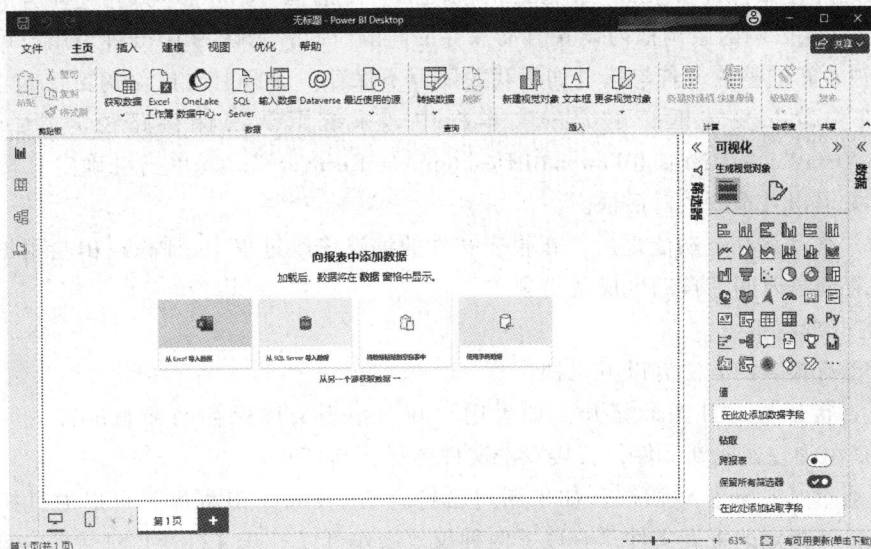

图 12-2　空白报表页面

　　在如图 12-2 所示的工作窗口中，还有以下两种等效操作可用以创建新的报表。第一种操作是在功能区上依次单击【文件】→【新建】选项。第二种操作是在键盘上按<Ctrl+N>组合键。创建的报表在进行保存操作前同样只存在于内存中。

　　2）保存和关闭报表

　　经过保存，报表才能成为磁盘空间中的实体文件，用于读取和编辑。养成良好的保存文件的习惯，对于需要长时间进行报表操作的用户而言具有特别重要的意义。经常性保存，可以避免很多由于系统崩溃、停电故障等原因造成的损失。

　　保存报表有以下三种等效操作方法：①在功能区中依次单击【文件】→【保存】（或【另存为】）选项。②单击【快速启动工具栏】中的【保存】按钮。在键盘上按<Ctrl+S>组合键。③在键盘上按<F12>功能键（在笔记本电脑上按<Fn+F12>组合键）。

　　关闭经过编辑修改却未保存的报表时会弹出警告信息，询问用户是否要保存更改，单击【保存】按钮，即可保存此报表。

　　使用【另存为】对话框进行保存的具体操作。对新建的报表进行第一次保存操作时，会弹出【另存为】对话框。

　　用户可以在【另存为】对话框左侧列表框中选择具体的文件存放路径。如果需要新建一个文件夹，可以单击右键后在选项中单击【新建】→【文件夹】选项，在当前路径中创建一个新的文件夹。

　　用户需要在【文件名】文本框中为报表命名，因为默认是无标题的。文件保存类型一般默认为"Power BI 文件"，即以"*.pbix"为扩展名的文件。单击【保存】按钮，关闭【另存为】对话框，即可完成保存操作。

　　自动保存功能。由于断电、系统不稳定、用户误操作等原因，Power BI 程序可能会在用户保存文件之前意外关闭。使用"自动保存"功能，可以减少这些意外情况造成的损失。

　　自动保存功能的设置步骤如下：①依次单击【文件】→【选项和设置】→【选项】按钮。②勾选【存储"自动恢复"信息的时间间隔】复选框（默认被勾选），即所谓的"自动保存"，并在右侧的微调框内设置自动保存的间隔时间，默认为 10 分钟，用户可以设置 1~120 分钟之间的整数。若勾选【如果我关闭但不保存，保留上次自动恢复版本"自动恢复"文件位置】复选框，下方的文本框中，系统默认的保存路径为"C：\Users\86156\AppData\Local\Microsoft\Power BI Desktop\AutoRecovery"。③单击【确定】按钮，保存设置，并退出【选项】对话框。

　　开启"自动保存"功能之后，在报表文件的编辑修改过程中，Power BI 会根据所设置的自动保存间隔时间，自动生成备份副本。

　　3）打开现有报表

　　打开已有报表的方法有以下三种：

　　（1）直接通过文件图标打开。如果用户知道报表文件保存的准确位置，可以使用 Windows 资源管理器找到文件，直接双击文件图标将其打开。

　　（2）通过【打开】对话框。如果用户已经启动了 Power BI 程序，可以通过执行"打开"命令打开指定的报表文件。有以下两种等效操作可以打开【打开】对话框。第一，在功能区依次单击【文件】→【打开报表】→【浏览报表】按钮。第二，在键盘上按<Ctrl+

O>组合键，启动Power BI时单击启动界面中的【打开其他报表】按钮。完成操作后，将弹出【打开】对话框。在【打开】对话框中，用户可以在左侧的列表中选择报表文件的存放路径。在目标路径下选中具体文件后，双击文件图标，或者单击【打开】按钮，都可以打开文件。

（3）通过历史记录。用户近期打开过的报表文件，通常情况下都会在Power BI程序中留有历史记录。如果要打开最近操作过的报表文件，可以通过历史记录快速打开。单击需要打开的报表文件的文件名，即可打开相应的报表文件。

12.1.8 Power BI可视化窗格的构成

启动Power BI Desktop，切换到报表视图，报表视图下操作界面如图12-3所示。图12-3中①至⑨分别为：①"报表视图"按钮；②"筛选器"窗格；③报表画布；④报表页签；⑤"新增报表页"按钮；⑥"可视化"窗格；⑦"生成视觉对象"按钮；⑧"设置视觉对象格式"按钮；⑨"数据"窗格。

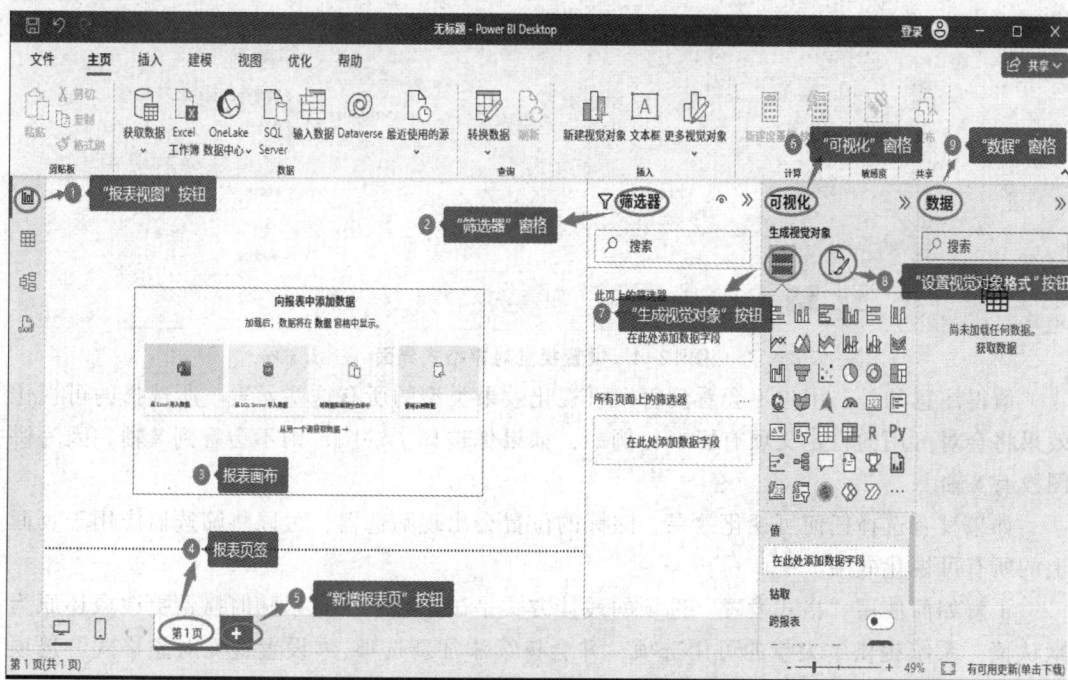

图12-3 报表视图操作界面

1）"视觉对象"格式设置

如果对报表具有编辑权限，则可以拥有许多可用的格式设置选项。在Power BI报表中，可以更改数据系列、数据点的颜色，可以更改可视化效果的背景，可以更改x轴和y轴的显示方式，可以对可视化效果、形状和标题的字体属性进行格式设置。使用Power BI，可以全面控制报表的显示方式。

在编辑报表时，选中"可视化"窗格后，可使用此窗格更改可视化效果。"可视化"窗格的正下方有三个图标："生成视觉对象"图标（叠放的条形）、"设置视觉对象格式"图标（画笔）和"分析"图标（放大镜，图12-3中暂无此图标，待在报表画布中选中视觉对象时出现该图标，可在图12-1中看到）。

　　当点击图12-4中"设置视觉对象格式"按钮时，图标下方的区域将显示适用于当前所选可视化效果的自定义选项，可以自定义每个可视化效果的多个元素，可用选项取决于所选视觉对象。

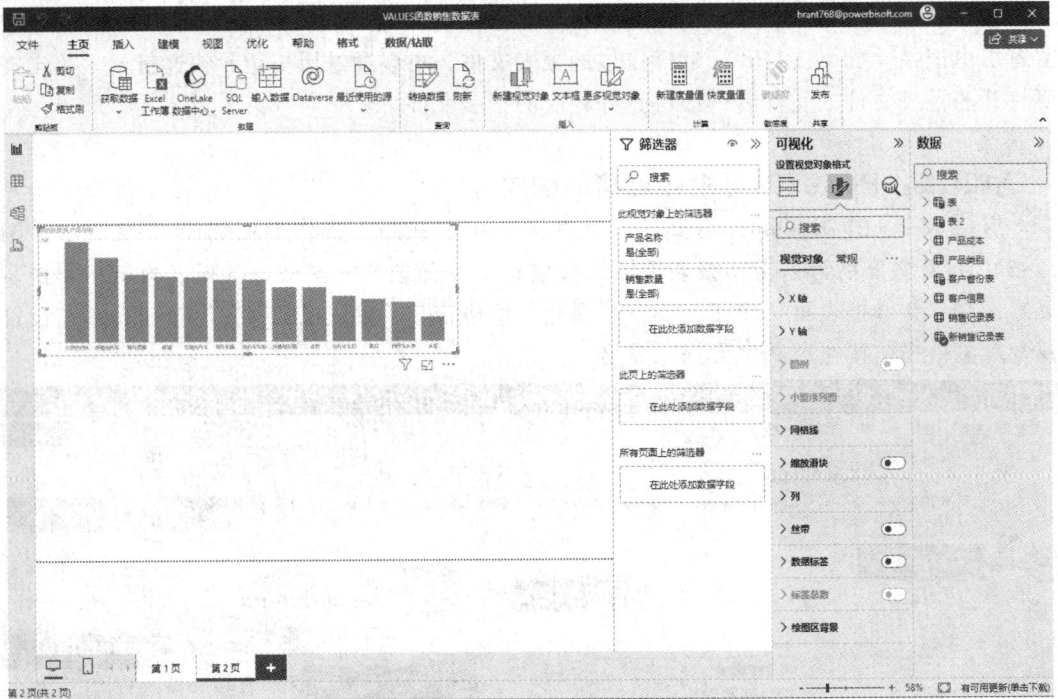

图12-4　设置视觉对象格式界面

　　值得注意的是，用户不会看到每个可视化效果类型的所有这些元素。所选择的可视化效果将会对可用的自定义项有影响；例如，如果你选择了饼图，则不会看到X轴，因为饼图没有X轴。

　　如果没有选择任何可视化效果，图标的位置会出现筛选器，可以将筛选器应用于页面上的所有可视化效果。

　　了解如何使用"格式设置"选项的最佳方式是试用它们。可以随时撤销更改或还原为默认值。系统提供了大量的可用选项，并会持续添加新选项。"设置视觉对象格式"选项卡下方有"视觉对象"与"常规"两个格式属性设置的选项按钮，其中"视觉对象"一般是对报表画布的某个选中可视化对象进行格式设置；"常规"格式设置是作为适用所有视觉对象的通用格式设置。本节无法介绍所有格式设置选项。但作为入门指引，下面对设置"视觉对象"格式与设置"常规"格式作简单说明。详细格式设置需要结合实际案例。

　　（1）"设置视觉对象格式"X轴属性。第一步，选择可视化组件并将其激活；第二步，选择画笔图标，打开"设置视觉对象格式"选项卡。图12-4显示了对所选视觉对象可用的所有格式设置元素。

　　第三步，选择"视觉对象"子选项，展开"X轴"（如图12-5所示），在此可以对X轴的字体颜色、字号等进行设置，对"标题"打开或关闭。

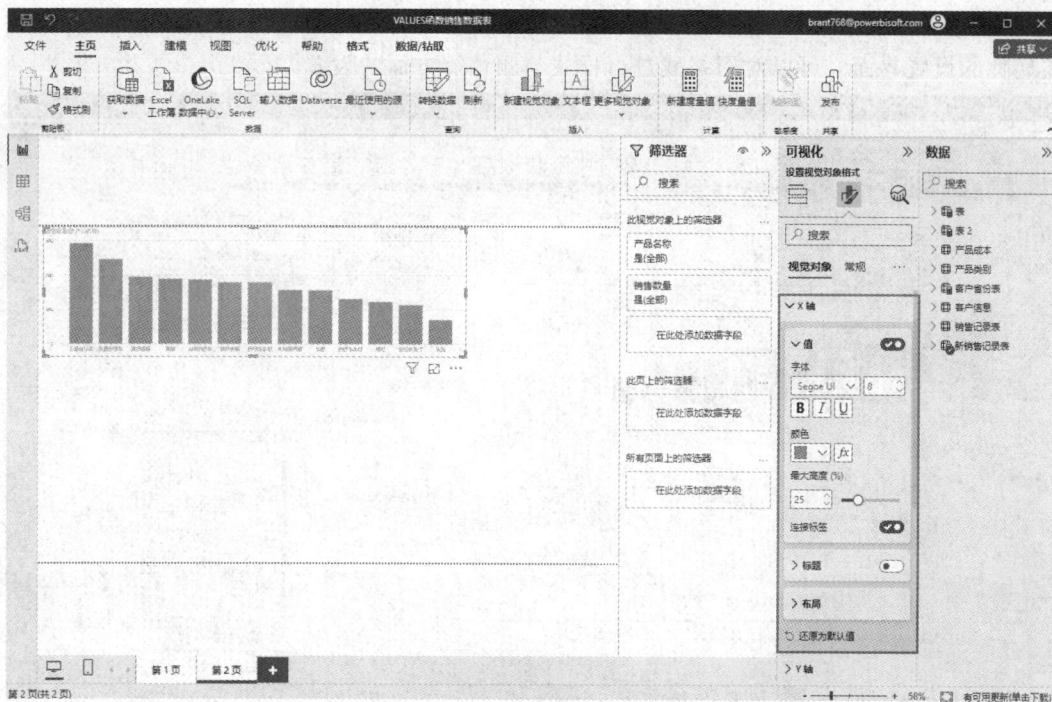

图 12-5　"设置视觉对象格式"中的 X 轴属性

（2）"设置视觉对象格式"中的 Y 轴属性。展开"可视化"窗格中"设置视觉对象格式"—"视觉对象"下的 Y 轴，可以对 Y 轴的最大值、最小值、字体与字号、颜色、值的单位与小数位数、标题等进行设置（如图 12-6 所示）。

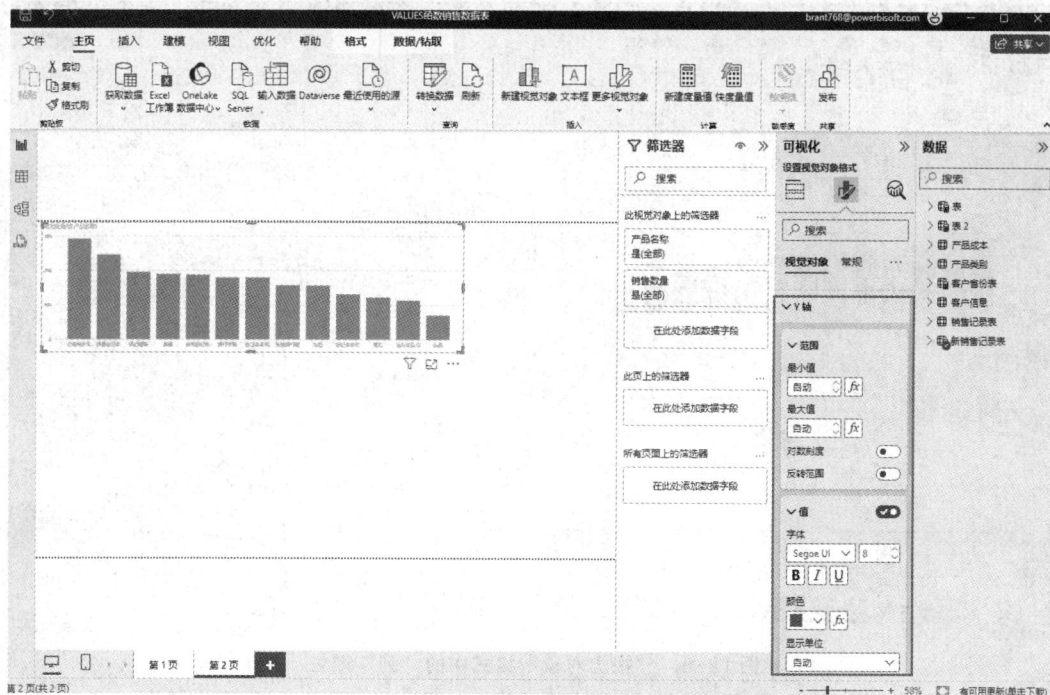

图 12-6　"设置视觉对象格式"中的 Y 轴属性

（3）"视觉对象"格式中的网络线属性。图12-7所列示的是"视觉对象"格式中网络线属性的设置界面，可以对网络线进行样式与颜色等方面的设置。

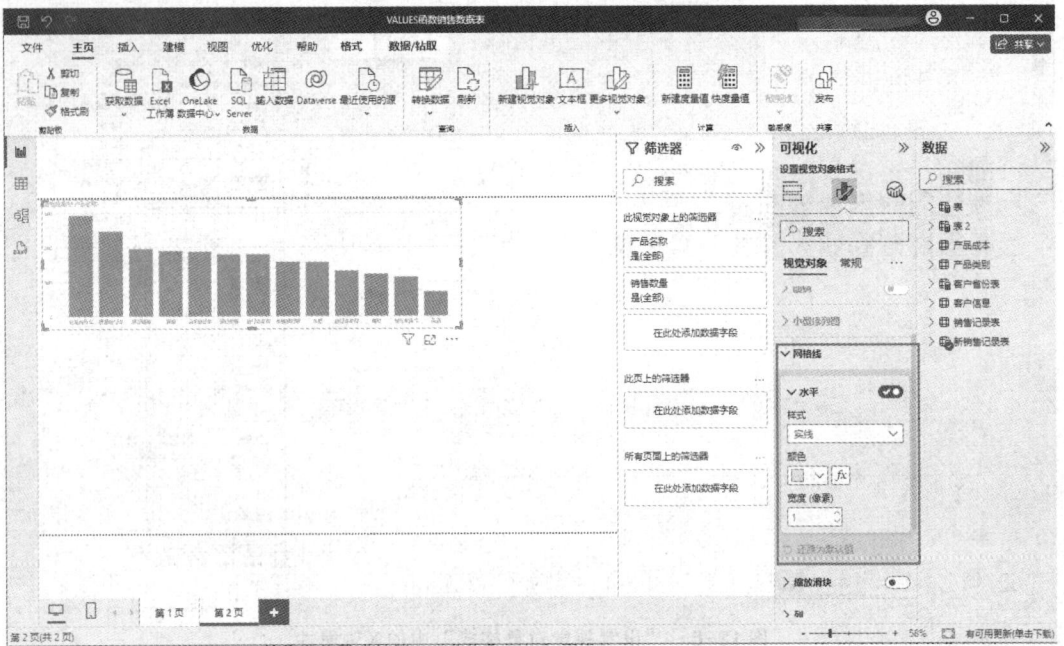

图12-7　"视觉对象"格式中的网络线属性

（4）"视觉对象"格式中的"列"属性。如图12-8所示，通过对"视觉对象"格式中的"列"属性可以进行列的类别、颜色、透明度、边框等设置。

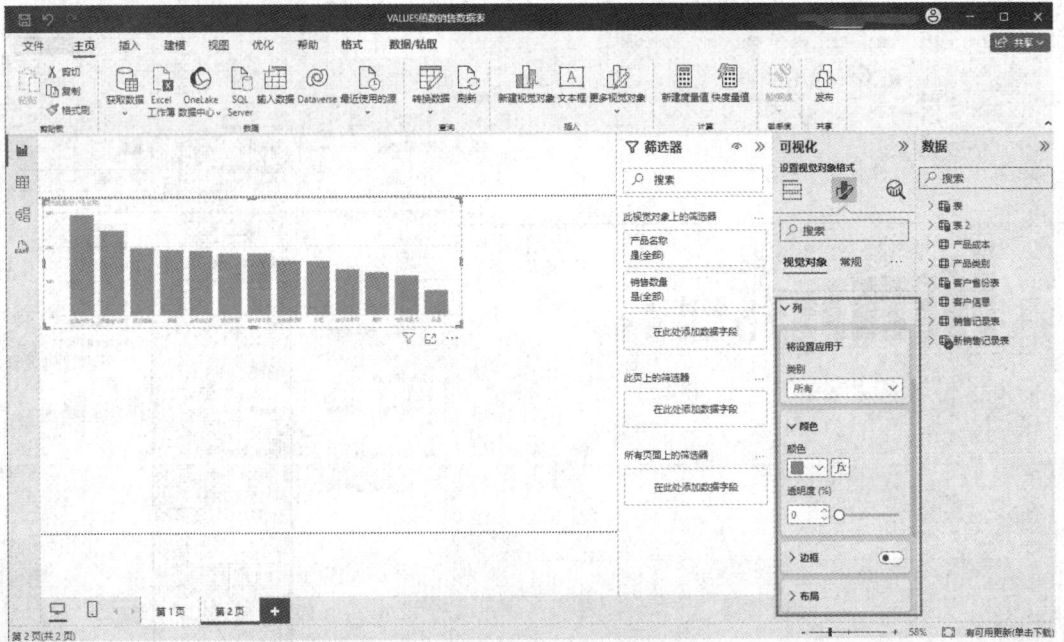

图12-8　"视觉对象"格式中的"列"属性

（5）"视觉对象"格式中的"数据标签"属性。图12-9所列示的是"视觉对象"格式中的"数据标签"属性，通过其可以对数据系列等进行设置。

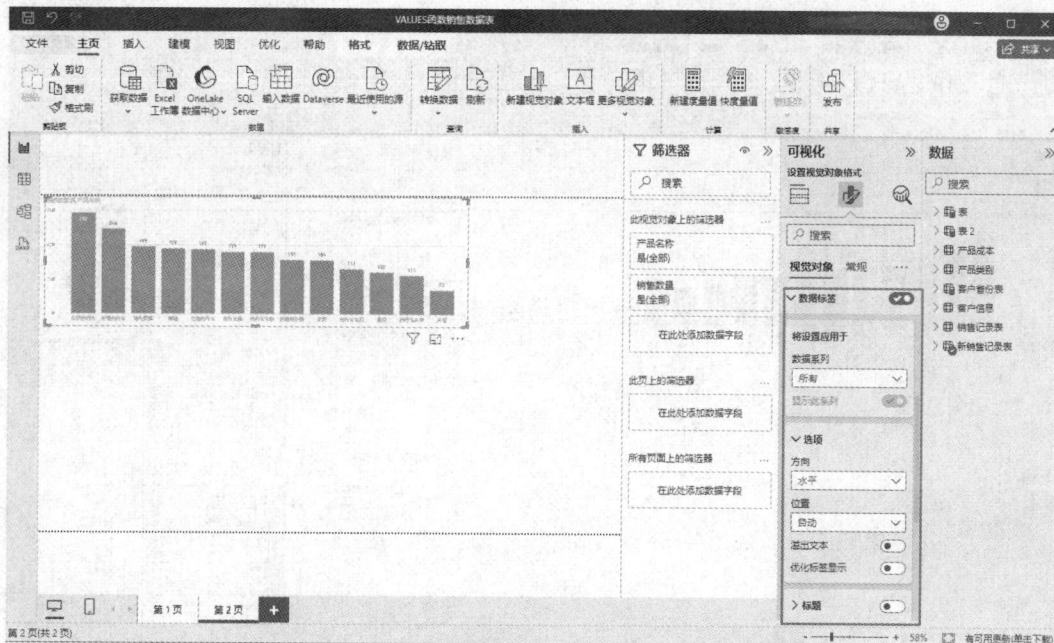

图12-9   "视觉对象"格式中的"数据标签"属性

2）"设置视觉对象格式"下的"常规"选项属性

（1）如图12-10所示，通过"常规"选项下的"属性"界面，可以对视觉对象中的高度、宽度、位置等进行设置。

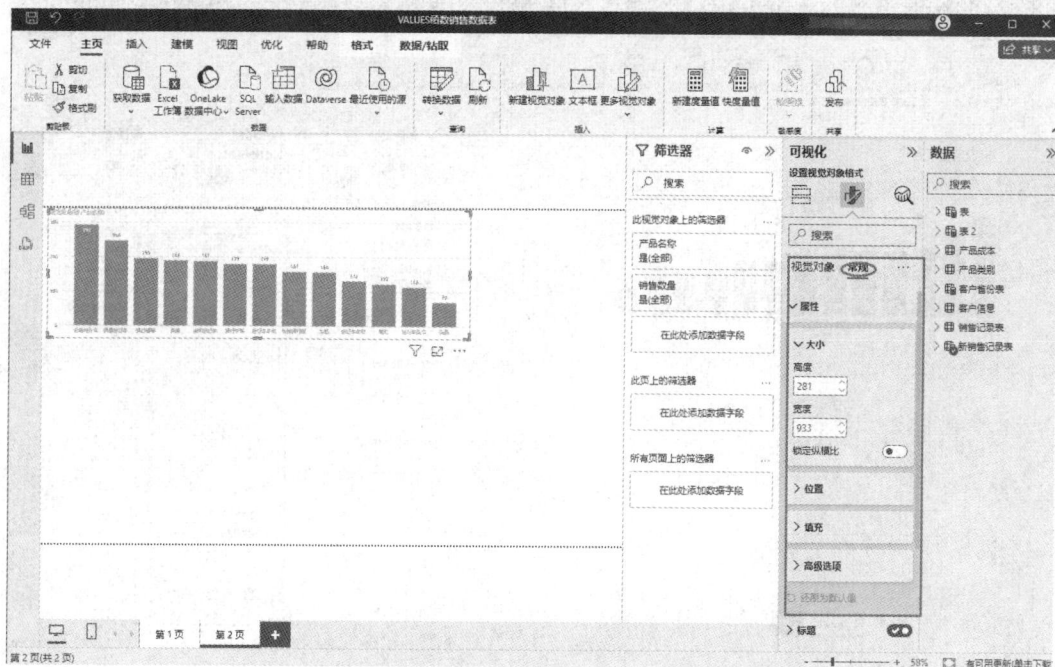

图12-10   "常规"选项下的"属性"界面

（2）展开如图12-11所示的"常规"选项下的"标题"属性，可以对视觉对象的标题、字体、字号、文本颜色、背景色、对齐方式等进行设置。

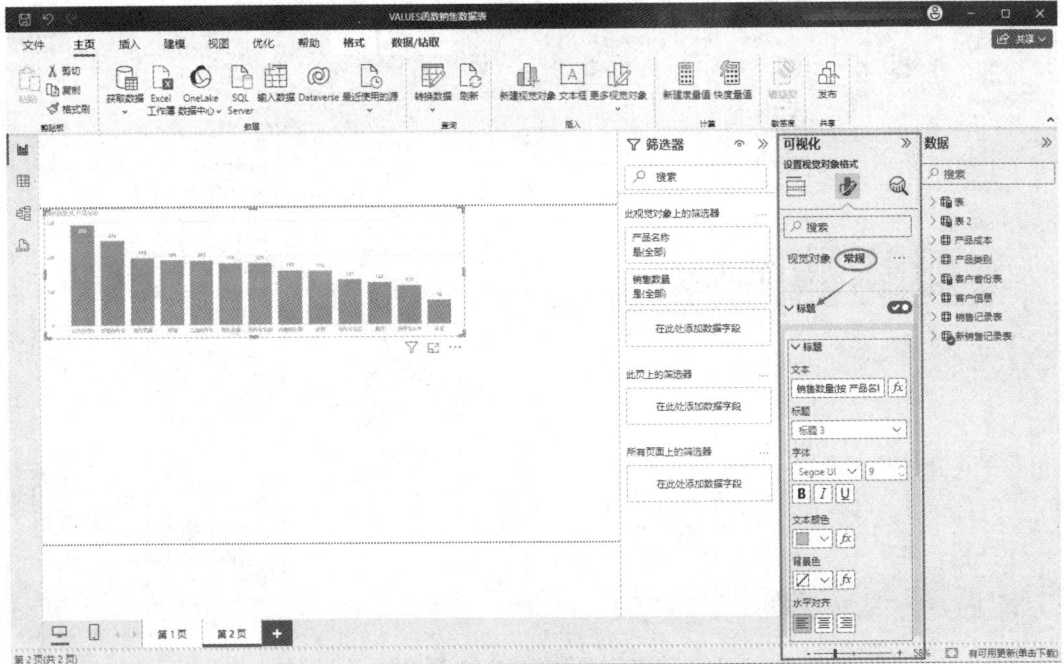

图 12-11　"常规"选项下的"标题"属性界面

（3）通过如图 12-12 所示的"常规"选项下的"效果"属性，可以进行视觉对象边框、阴影等方面的操作。

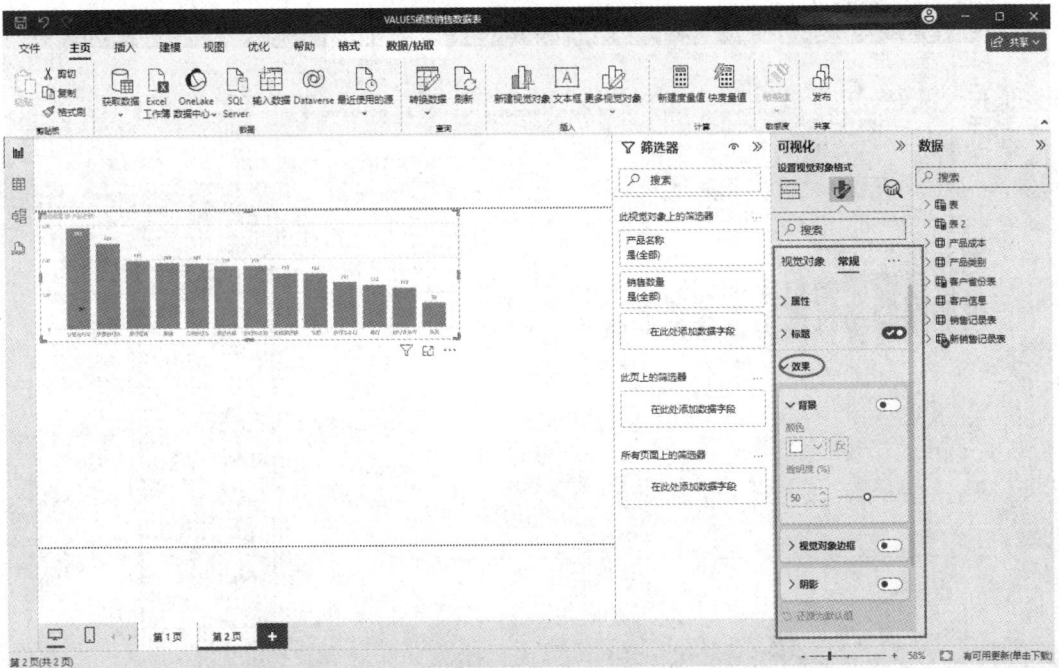

图 12-12　"常规"选项下的"效果"属性界面

3）"可视化"窗格下的"分析"功能介绍

图 12-13 所列示的是"可视化"窗格下"对视觉对象进一步分析"按钮，其功能是可以设置恒定线与误差线，以进一步对相关数据进行分析。

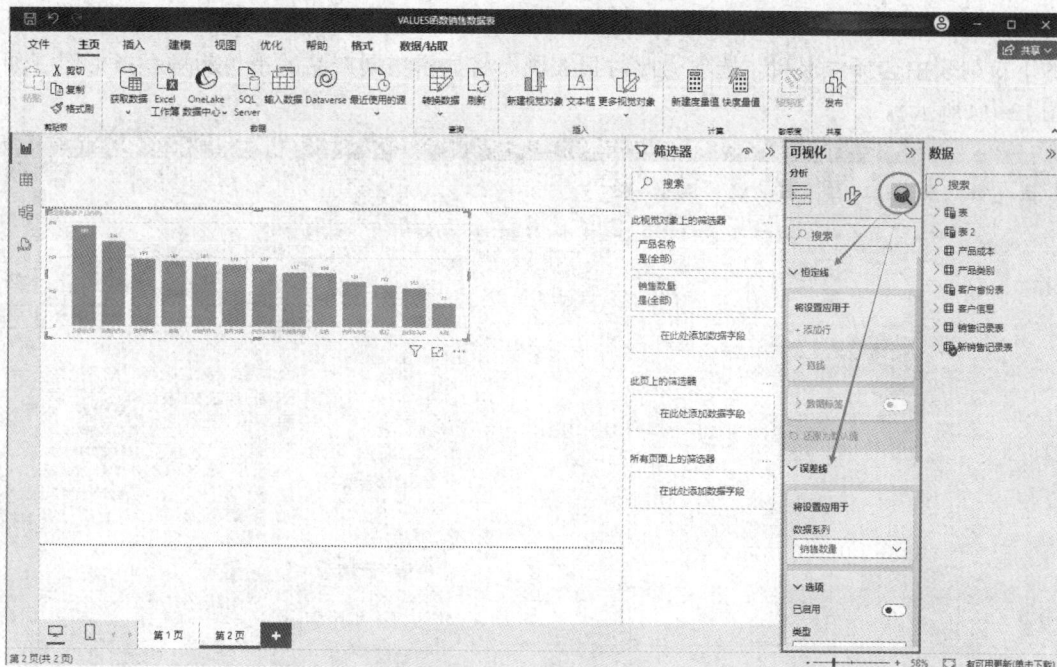

图 12-13　"可视化"窗格下的"对视觉对象进一步分析"属性界面

12.2　创建 Power BI 基础可视化图表

12.2.1　条形图

1）条形图的含义

条形图是用宽度相同的条形的高度或长短来表示数据多少的图形。条形图通常用不同横条的长度和颜色，表现同一类别或不同类别数据之间的差异，适用于需要比较一个维度数据的二维数据表。在条形图中，Y 轴用于对数据进行分类，X 轴用于表示数据值的大小。

2）条形图的分类与适用范围

Power BI Desktop 预安装的条形图有三类，即堆积条形图、簇状条形图、百分比堆积条形图。

堆积条形图适用于表现单个类别的数据与整体数据之间的关系；簇状条形图适用于比较各个类别数据值的差异；百分比堆积条形图适用于比较各类别的每个数值占总数值的百分比。

【例 12-1】制作条形图。

操作指导：

①打开"可视化报表销售数据表 1.pbix"，切换到"报表视图"。

②单击"可视化"窗格中的"堆积条形图"控件，就会在报表画布中出现堆积条形图模板，"可视化"窗格"生成视觉对象"按钮下方会出现"X 轴""Y 轴""图例"等属性框，将"数据"窗格中"新销售记录表"中"产品名称"字段拖放到"Y 轴"属性框中，

将"销售金额"拖放到"X轴"属性框中，单击"销售金额"值右侧的下拉按钮，在弹出的下拉列表中选择"求和"选项，此时报表画布将显示不同产品的销售额堆积条形图（如图12-14所示）。

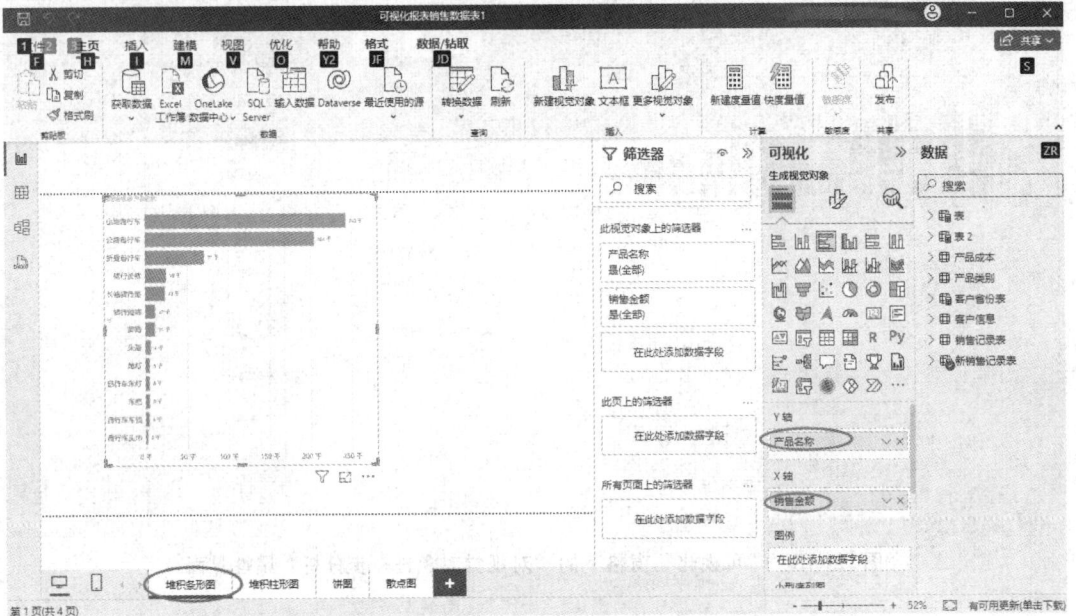

图12-14　条形图制作

③单击"可视化"窗格下"设置视觉对象格式"图标，在下面"视觉对象"子格式中分别单击"Y轴""X轴"的下拉列表，设置"文本大小"为"12"磅。

结果如图12-14所示。

12.2.2　柱形图

1）柱形图的含义

柱形图用不同柱形的高度和颜色反映同一类别或不同类别数据之间的差异，或反映一段时间内一组数据的变化情况，或反映几组不同类型数据之间的差异和变化情况。柱形图与条形图有很多相似的特点。在柱形图中，X轴用于对数据进行分类，Y轴用于表示数据值的大小。

2）柱形图的分类与特点

Power BI Desktop柱形图主要包括堆积柱形图、簇状柱形图和百分比堆积柱形图。与条形图一样，柱形图被安排在"可视化"窗格中的第一排，说明条形图与柱形图在日常管理中比较常用。

堆积柱形图的特点：不同的序列在一根柱子上显示；可以直接比较总量大小；分类序列的数值比较功能弱化。

簇状柱形图的特点：不同序列使用不同的柱子；可以比较各序列数值的大小；总量比较功能弱化。

百分比堆积柱形图的特点：不同序列在一根柱子上显示；显示各序列的相对大小，Y轴标签变为百分比；无法比较总量，每根柱子都一样高。

【例12-2】制作堆积柱形图。

①打开"可视化报表销售数据表 1.pbix",切换到"报表视图",新增一报表页,命名为"堆积柱形图"。

②单击"可视化"窗格中的"堆积柱形图"控件,就会在报表画布中出现堆积柱形图模板,"可视化"窗格"生成视觉对象"按钮下方会出现"X轴""图例""Y轴"等属性框,将"数据"窗格中"新销售记录表"中"产品名称"字段拖放到"X轴"属性框中,将"销售数量"拖放到"Y轴"属性框中,单击"销售数量"值右侧的下拉按钮,在弹出的下拉列表中选择"求和"选项,此时报表画布将显示不同产品的销售数量堆积柱形图。

③单击"可视化"窗格"设置视觉对象格式"图标,在下面"视觉对象"子格式图标中,分别单击"Y轴""X轴"的下拉列表设置"文本大小"为"12"磅。

结果如图 12-15 所示。

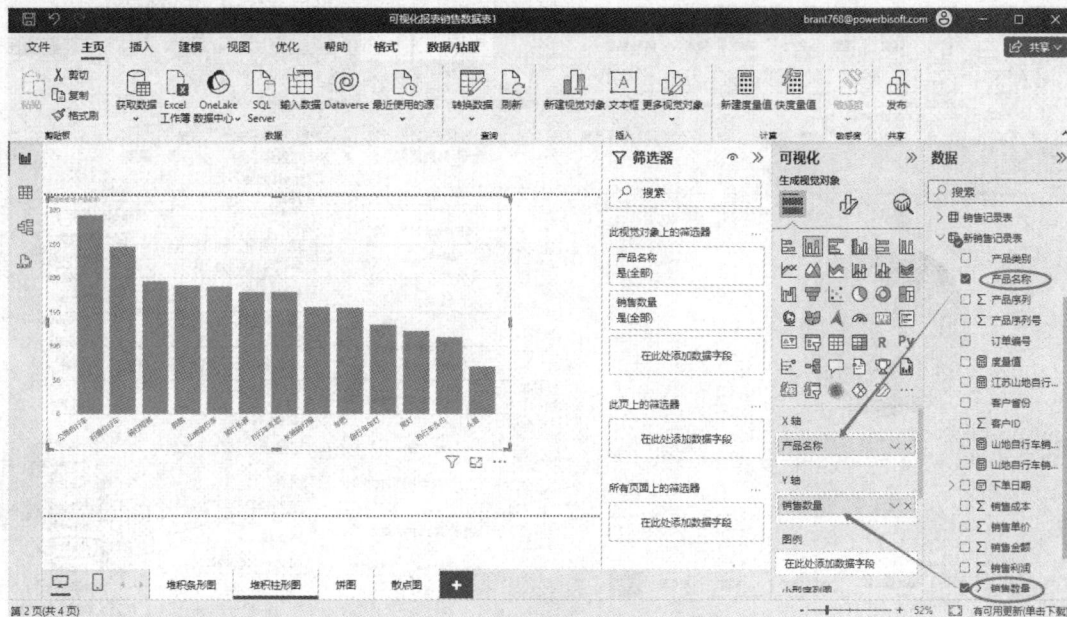

图 12-15　制作堆积柱形图

12.2.3　饼图

1)饼图的含义

饼图是由组成一个圆的具有一组不同角度的多个扇面来表现部分数据与整体数据的比例关系。仅排列在工作表的一列或一行中的数据可以绘制到饼图中。饼图可以显示一个数据系列中各项的大小与各项总和的比例。饼图中的数据点显示为整个饼图的百分比。

饼图适于列表(包含两个字段,一个分类数据字段、另一个是连续数据字段),其中分类数据字段映射到扇形的颜色,连续数据字段映射到扇形的面积。适合的数据条数:不超过9条数据。

2)饼图的分类

饼图包括二维饼图、三维饼图和圆环图。

饼图的可视化可简单从改变饼图的颜色、突出某部分大小、改变某个比例的形状等方面进行简单优化。

【例12-3】创建饼图。

操作指导：

①打开"可视化报表销售数据表1.pbix"，切换到"报表视图"，新增报表页，命名为"饼图"。

②单击"可视化"窗格中的"饼图"控件，就会在报表画布中出现图模板，"可视化"窗格"生成视觉对象"按钮下方会出现"图例""值"等属性框，将"数据"窗格下"新销售记录表"中的"产品类别"字段拖放到"图例"属性框中，将"销售金额"拖放到"值"属性框中，单击"销售金额"值右侧的下拉按钮，在弹出的下拉列表中"将值显示为"选择"占总计的百分比"选项，此时报表画布将显示不同产品类别的销售金额饼图（如图12-16所示）。

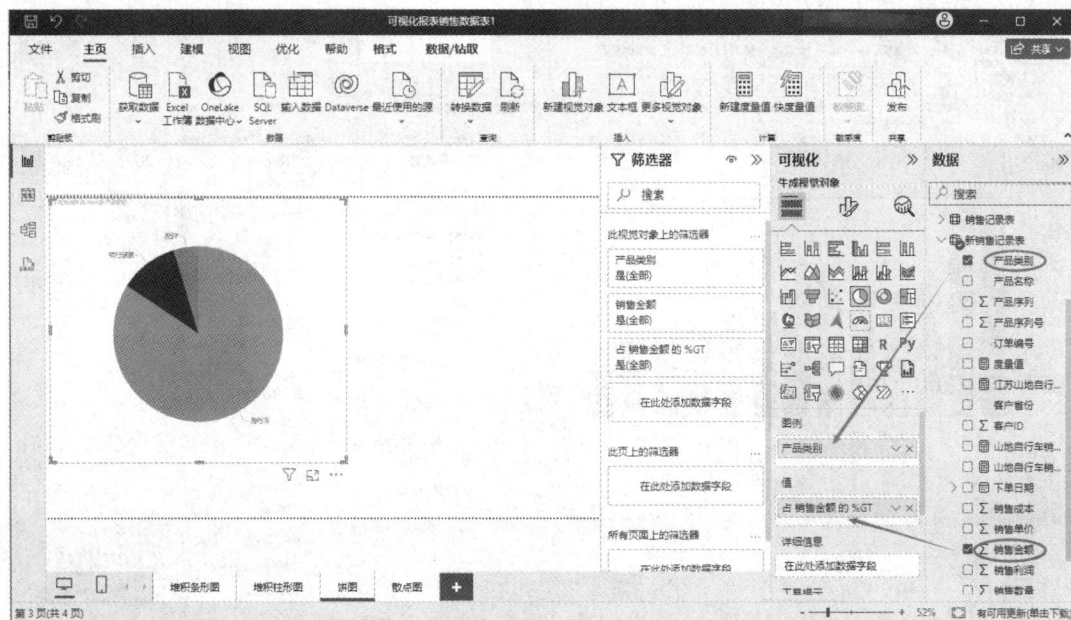

图12-16　制作饼图

③单击"可视化"窗格下"设置视觉对象格式"图标，进行格式设计。

12.2.4　散点图

1）散点图的含义

在直角坐标系中，用两组数据构成多个坐标点，这些点的分布图就是散点图，根据点的分布及大致趋势，可以判断两个变量之间是否存在某种关系。

散点图可以让一大堆令人困惑的散乱数据变得通俗易懂，并能让用户从这些庞杂数据中发现一些表面上看不到的关系，数据量越大，从散点图的分布中越能看出一些规律。

2）散点图创建

在编制散点图时，至少要有两组数据，分别放在X轴和Y轴上，下面利用身高和体重的数据来说明Power BI中散点图的生成。

【例12-4】打开"散点图.pbix"文件，创建散点图，并绘制趋势线。

操作指导：

①打开"散点图.pbix"，切换到"报表视图"，将报表页签改为"散点图"。

②单击"可视化"窗格中的"散点图"控件，就会在报表画布中出现图模板，"可视化"窗格"生成视觉对象"按钮下方会出现"值""X轴""Y轴""图例"等属性框，将"数据"窗格下"散点图"表中"体重"字段拖放到"X轴"属性框中，将"身高"拖放到"Y轴"属性框中，结果如图 12-17 所示。

会发现只出来了一个点，因为这个时候，Power BI 默认把这两个字段的数据进行聚合运算了，所以需要另外一个不含重复值的字段放到"详细信息"中，告诉 Power BI 每个数据记录均显示为一个点，不要进行聚合。这个字段可以简单使用行号或索引，如果原始数据没有这个字段，可以回到查询编辑器中添加"索引列"并将新增的字段"索引"拖放到"值"属性文本框。

③这个散点图只有身高和体重两个变量，根据这些点的分布，明显可以看到二者之间存在正相关的关系，身高越高，体重越大，符合我们的日常认知。继续添加趋势线。

④在这个散点图中，可以增加一个变量，比如把性别考虑进去。把字段"性别"放到"图例"属性框中。

⑤在【合并系列】中选择"关"，就出现了分类数据的走向线，在这个散点图中，对于女性和男性身高体重的变化关系分别画出了走向线（如图 12-17 所示）。

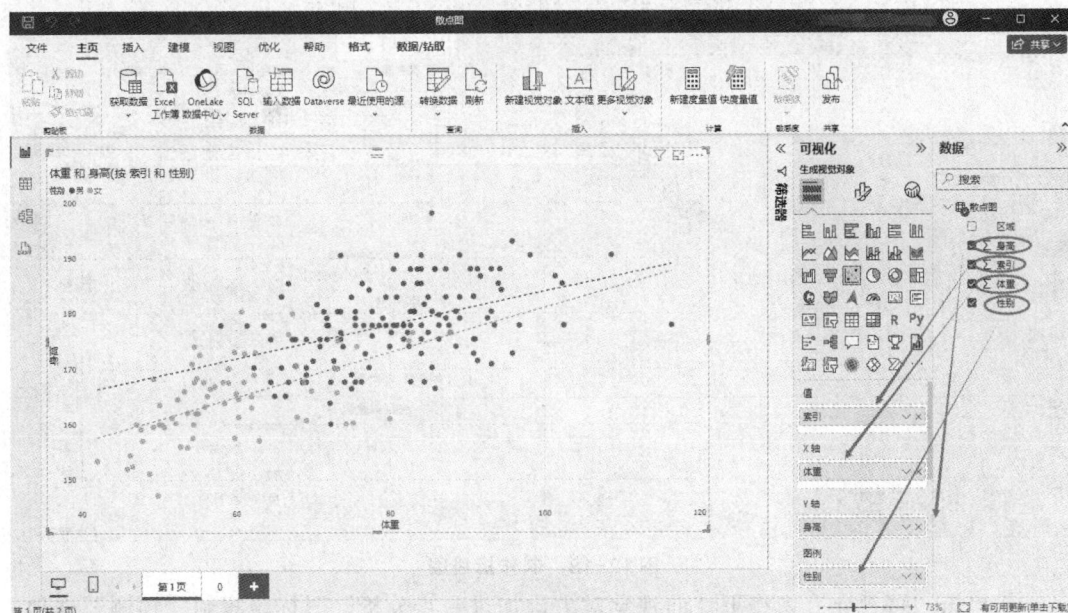

图 12-17 制作散点图

从这两条走向线还可以发现一个很有意思的规律，女性斜率高于男性，同样的体重差，女性的身高增加得更多，表示女性身高对体重更为敏感，也就是说，女性更注重身材，不同的体重就是对应不同的身高。

值得注意的是，利用散点图可以发现两组数据存在一定的相关关系，但不要因此就认为二者有因果关系，后者更难以证实。

12.2.5　折线图

1）折线图的含义

折线图是在散点图的基础上将所有的相邻点连接起来得到的图形。折线图的 X 轴通常是具有相等时间间隔的时间序列。

2）折线图的适用范围

折线图适合表现一组数据以相等的时间间隔随时间变化的趋势，如一个上市公司在一段时间的股价走势，还可以体现多组数据以相等的时间间隔随时间变化的趋势，如多个上市公司一段时间的股价走势。

【例 12-5】创建折线图并进行预测。

①用 Power BI Desktop 加载"折线图数据 .xlsx"，切换到"报表视图"。

②单击"可视化"窗格中的"折线图"控件，就会在报表画布中出现图模板，"可视化"窗格"生成视觉对象"下会出现"X轴""Y轴"等属性框，将"数据"窗格下数据表中"年度"字段拖放到"X轴"属性框中，将"交易额（亿元）"拖放到"Y轴"属性框中（如图 12-18 所示）。

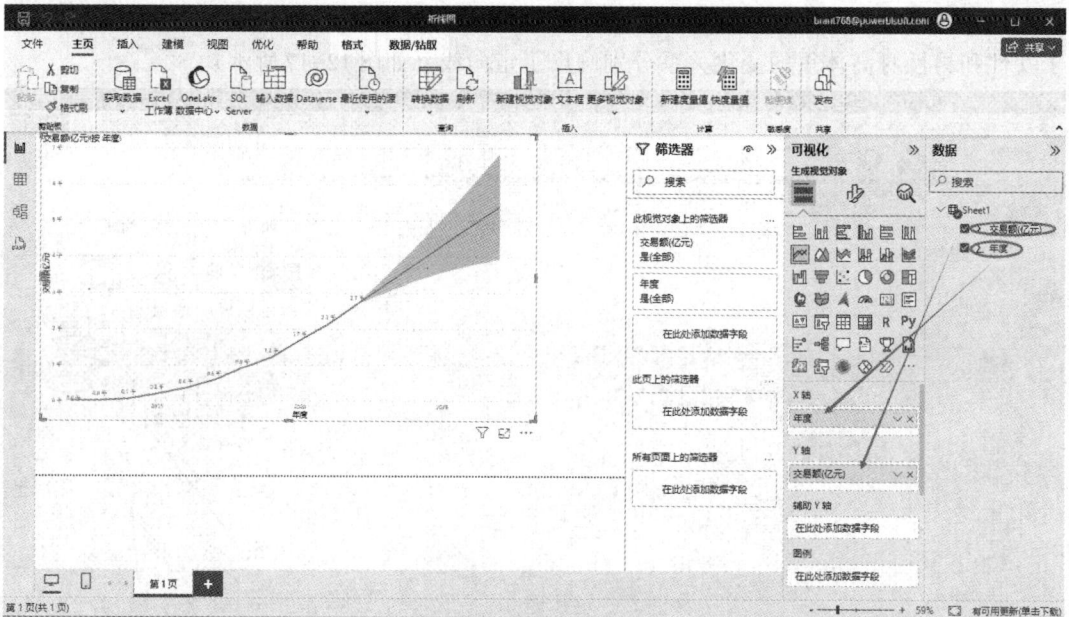

图 12-18　制作折线图

③单击"可视化"窗格下"向视觉对象添加进一步分析"图标，找到"预测"选项，单击"添加"，设置相应参数，预测长度改为"5"，相当于预测 5 年，其余默认，单击"应用"（如图 12-19 所示）。鼠标指向到折线的特定位置，如 2027，可以显示 2027 年的预测值。

④单击"可视化"窗格下"设置视觉对象格式"按钮，进行格式设计。

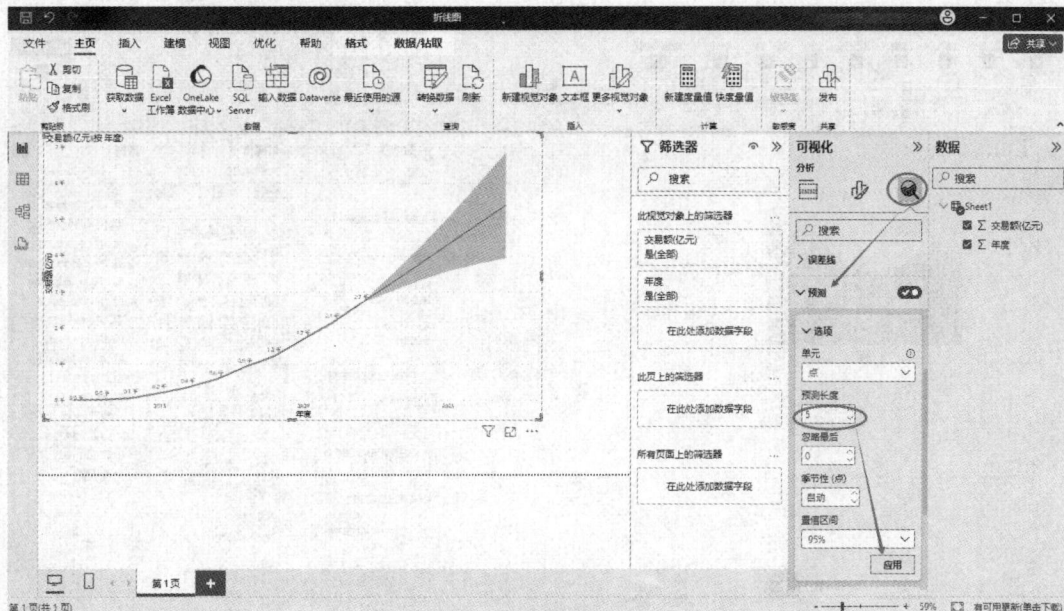

图 12-19 添加预测

12.2.6 面积图

1）面积图的含义与适用范围

面积图是在折线图的基础上在折线下方填充不同的颜色形成的图形。

面积图适用于用来反映不同类别数据变化的趋势及其占总数据值的比例，还能反映数据总值的变化趋势，适合表现部分数据与整体数据的关系。

2）面积图的分类

面积图包括分区图与堆积面积图。

【例 12-6】制作分区图与堆积面积图。

操作指导：

①用 Power BI Desktop 加载"产品销售表 .xlsx"，切换到"报表视图"。

②单击"可视化"窗格中的"分区图"控件，就会在报表画布中出现图模板，"可视化"窗格下"生成视觉对象"下会出现"X轴""Y轴""图例"等属性框，将"数据"窗格下"销售表"表中"月份"字段拖放到"X轴"属性框中，并在右侧的下拉列表去除"年""季度""日"；将"品名"拖放到"图例"；将"销售额"拖放到"Y轴"属性框中（如图 12-20 所示）。

③单击"可视化"窗格下"设置视觉对象格式"按钮，进行格式设计。

④类似地，单击"可视化"窗格中的"堆积面积图"控件，就会在报表画布中出现图模板，"可视化"窗格下"生成视觉对象"下会出现"X轴""Y轴""图例"等属性框，将"数据"窗格"销售表"表中"月份"字段拖放到"X轴"属性框中，并在右侧的下拉列表去除"年""季度""日"；将"品名"拖放到"图例"；将"销售额"拖放到"Y轴"属性框中（如图 12-21 所示）。

图 12-20 制作分区图

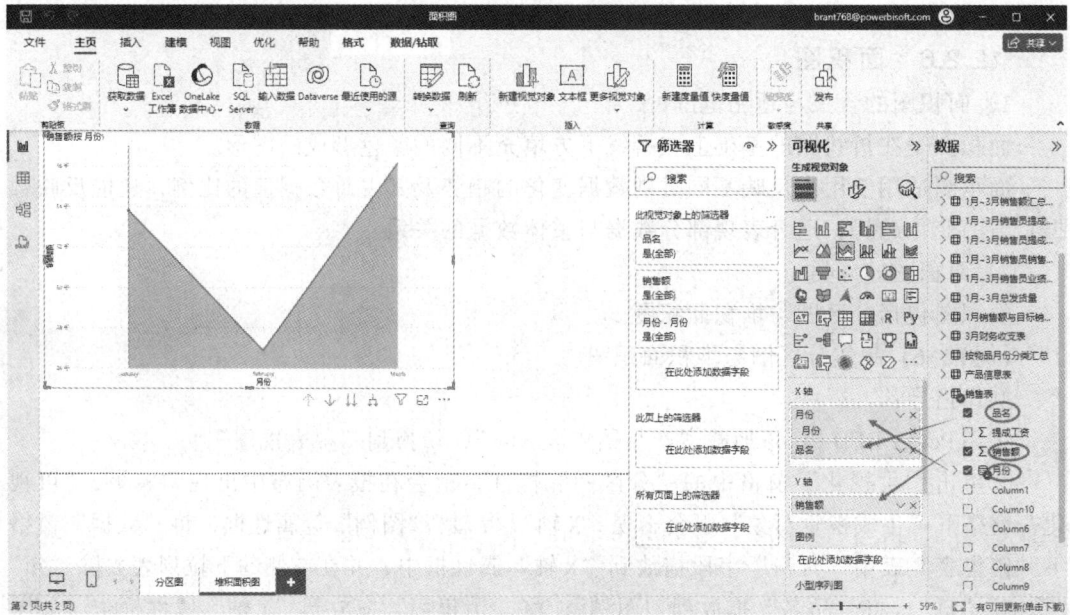

图 12-21 制作堆积面积图

12.2.7 瀑布图

1）瀑布图的含义与适用范围

瀑布图又称为阶梯图，是麦肯锡公司所创，具有自上而下的流畅效果，因似瀑布而得名。瀑布图是依据数据的正负值来表示增加或减少的，并以此来调整柱子的上升或下降，进而表达最终数据的生成过程。瀑布图在本质上类似柱形图，但是可以避免传统柱形图的审美疲劳，在表现数据变化因素或过程上有着得天独厚的优势。瀑布图经常用于经营分析与财务分析中，用以表示企业成本的构成、变化等情况。

瀑布图适用于：①表达各数据项与数据项总和的比例，一般按照所占比例降序排列。②用于显示各数据之间的比较，一般按照降序排列。

2）瀑布图的分类

瀑布图根据数据类型与应用场景不同，一般可以分为组成瀑布图、变化瀑布图。组成瀑布图用来表达构成整体的各个组成部分的比例关系。变化瀑布图可以清晰地反映某项数据经过一系列增减变化后，最终成为另一项数据的过程。例如，从营业额扣除各种费用、成本、税费等变成纯利润的过程，又如某个项目经费扣减各方面支出得出余额的过程。使用瀑布图可以直观呈现数据变化的细节。

【例12-7】根据企业的产品销售额制作组成瀑布图。

操作指导：

①点击Power BI Desktop"主页"菜单"数据"子功能区"Excel工作簿"按钮，加载"瀑布图.xlsx"文档或直接打开"瀑布图.pbix"文档。

②切换到"报表视图"，单击"可视化"窗格下"瀑布图"按钮，报表画布将出现图模板，将"数据"窗格中数据表下"产品"拖放到"可视化"窗格下"生成视觉对象"子窗格中的"类别"属性框，将"销售额"拖放到"Y轴"属性框，这样就在画布上出现了组成瀑布图。

③点击"可视化"窗格下"设置视觉对象格式"按钮，进行格式设置。比如，关闭"图例"，或者在"X轴"与"Y轴"下设置文本大小为"12"磅等操作（如图12-22所示）。

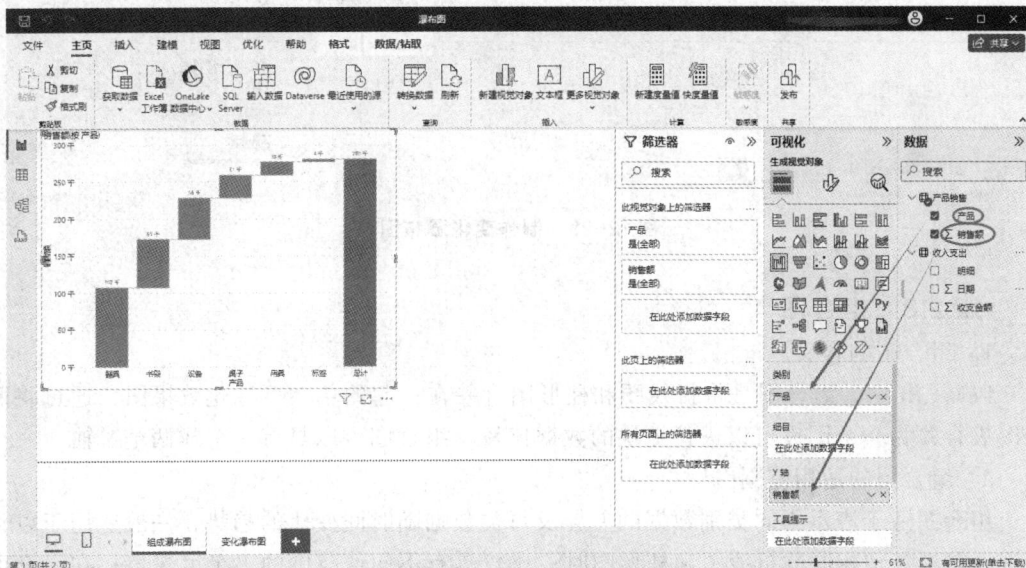

图12-22 制作组成瀑布图

图12-22所示的瀑布图只有一个上升方向，销售合计的高度正好等于各产品的柱子高度之和，表现出总分结构关系，因此其被称为组成瀑布图。它可以根据图中柱子的高低来判断比例大小，即各产品销售额的大小。

【例12-8】根据收入支出情况表制作变化瀑布图。

操作指导：

①点击 Power BI Desktop "主页" 菜单 "数据" 子功能区 "Excel工作簿" 按钮，加载 "变化瀑布图.xlsx" 文档或直接打开 "瀑布图.pbix" 文档。

②切换到 "报表视图"，单击 "可视化" 窗格下 "瀑布图" 按钮，报表画布将出现图模板，将 "数据" 窗格下 "收入支出" 数据表中的 "明细" 拖放到 "可视化" 窗格下 "生成视觉对象" 中的 "类别" 属性框，将 "收支金额" 拖放到 "Y轴" 属性框，这样就在画布上就会出现变化瀑布图。

③点击 "可视化" 窗格下 "设置视觉对象格式" 按钮，进行格式设置。比如，在 "X轴" 与 "Y轴" 下设置文本大小为 "12" 磅等操作（如图12-23所示）。变化瀑布图中绿色和红色分别表示数值的增加和减少。

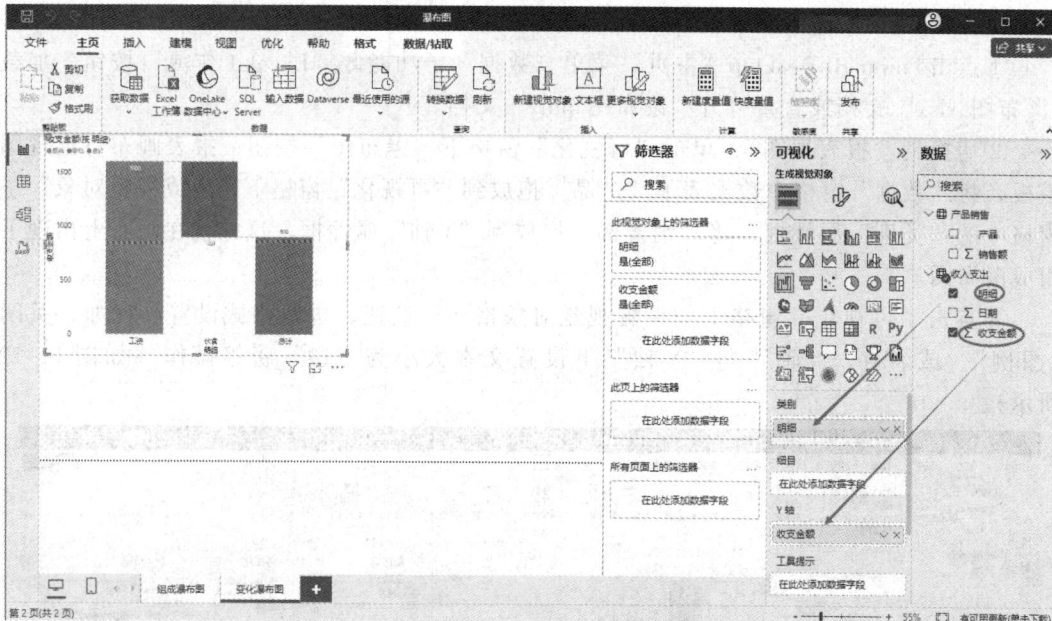

图 12-23　制作变化瀑布图

12.2.8　组合图

1）组合图的含义

Power BI 中，组合图是将折线图和柱形图合并在一起的单个可视化效果图，通过将两个图表合并为一个图表可以进行更快的数据比较。组合图可以具有一个或两个Y轴。

2）组合图的适用范围

组合图适于表示不同类别数据的差异及每类数据随时间变化的趋势，一般适用于以下情况：具有X轴相同的折线图和柱形图时；比较具有不同值范围的多个度量值；在一个可视化效果中说明两个度量值之间的关联；检查一个度量值是否达到另一个度量值定义的目标；节省画布空间。

3）组合图的分类

组合图包括折线与堆积柱形图组合图、折线和簇状柱形图组合图。

【例12-9】用 "折线和簇状柱形图组合图.xlsx" 数据制作组合图。

①点击 Power BI Desktop "主页" 菜单 "数据" 子功能区 "Excel 工作簿" 按钮，加载 "折线和簇状柱形图组合图 .xlsx" 文档或直接打开 "组合图 .pbix" 文档。

②切换到 "报表视图"，单击 "可视化" 窗格下 "折线和簇状柱形图" 按钮，报表画布将出现图模板，将 "数据" 窗格下数据表中的 "城市" 拖放到 "可视化" 窗格下 "生成视觉对象" 下 "X 轴" 属性框，将 "项目额度" 拖放到 "可视化" 窗格下 "生成视觉对象" 中的 "列 Y 轴" 属性框，"增长率" 拖放到 "行 Y 轴" 属性框，这样在画布上就会出现折线和簇状柱形图组合图。

③点击 "可视化" 窗格下 "设置视觉对象格式" 按钮，进行格式设置。比如，在 "X 轴" 与 "Y 轴" 下设置文本大小为 "12" 磅等操作（如图 12-24 所示）。

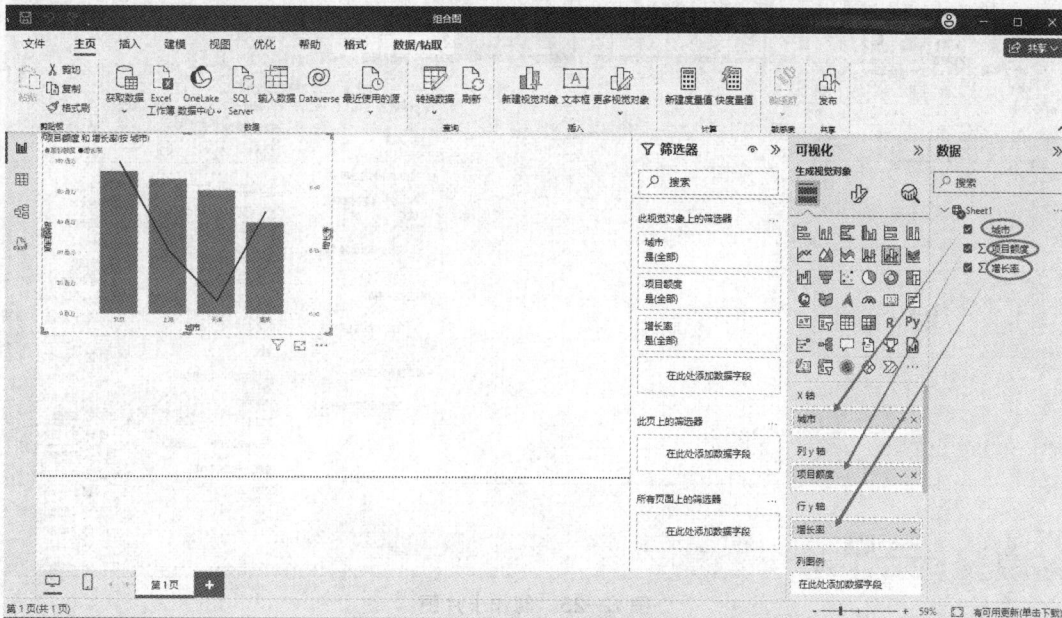

图 12-24   制作组合图

12.3   创建 Power BI 高阶可视化图表

12.3.1   卡片图

1）卡片图的含义

卡片图也称为大数字磁贴，严格来说不能算是一种图表，只是仪表板的一个组件，在仪表板或报表中需要跟踪和展示的最重要信息有时只是一个数字，这时就可使用卡片图。

卡片图就是用大号数字显示重要的指标数据，把卡片图置于报表画布中可以突出显示其中的重要数据，更具视觉冲击力。

2）卡片图的分类

卡片图可以分为标准卡片图与多行卡片图。多行卡片图可以同时展示多个指标的数据。它用于测试度量值的结果。

【例 12-10】打开 "卡片图销售数据 .pbix" 数据（该文件相关操作请参考上一章节相

关内容）制作卡片图。

操作指导：

①双击提供的操作素材文件夹中的"卡片图销售数据.pbix"数据文件，或在启动 Power BI Desktop后，执行"文件"菜单下"打开报表"命令。

②切换到"报表视图"，单击"可视化"窗格下"卡片图"按钮，在报表画布上会出现图表视觉对象，将"数据"窗格下"新销售记录表"中的"江苏山地自行车销售额"字段拖放到报表视觉对象区或拖放到"可视化"窗格下"生成视觉对象"中的"字段"属性框，即可看到"江苏山地自行车销售额"数据（如图12-25所示）。

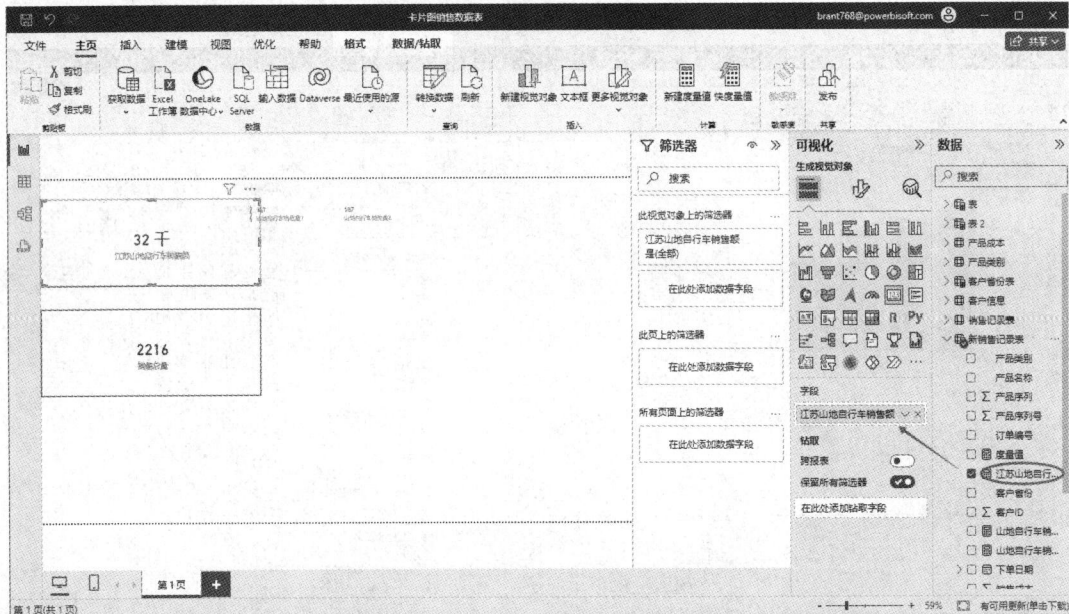

图12-25　制作卡片图

③参照步骤②，单击"可视化"窗格下"多行卡"按钮，在报表画布上会出现图表视觉对象，将"数据"窗格下"新销售记录表"中的"销售总量"和"销售总金额"字段分别拖放到报表视觉对象区，或分别拖放到"可视化"窗格中的"生成视觉对象"下方"字段"属性框，即可看到相关数据（如图12-26所示）。

④点击"可视化"窗格下"设置视觉对象格式"按钮，进行格式设置。比如，在"标注值"下设置文本大小为"32"磅。

12.3.2　树状图

1）树状图的含义

树状图是用同处一个大矩形中从上到下、从左至右按面积降序排列的很多个小矩形的大小、位置和颜色表示不同数据之间的权重关系，以及单个数据占总体数据的比例。可以将其整体上想象为一棵树，每个数据就像一个枝叶。

2）树状图的分类

根据表示的是单层数据关系还是多层数据关系，树状图可分为单层树状图与多层树状图。

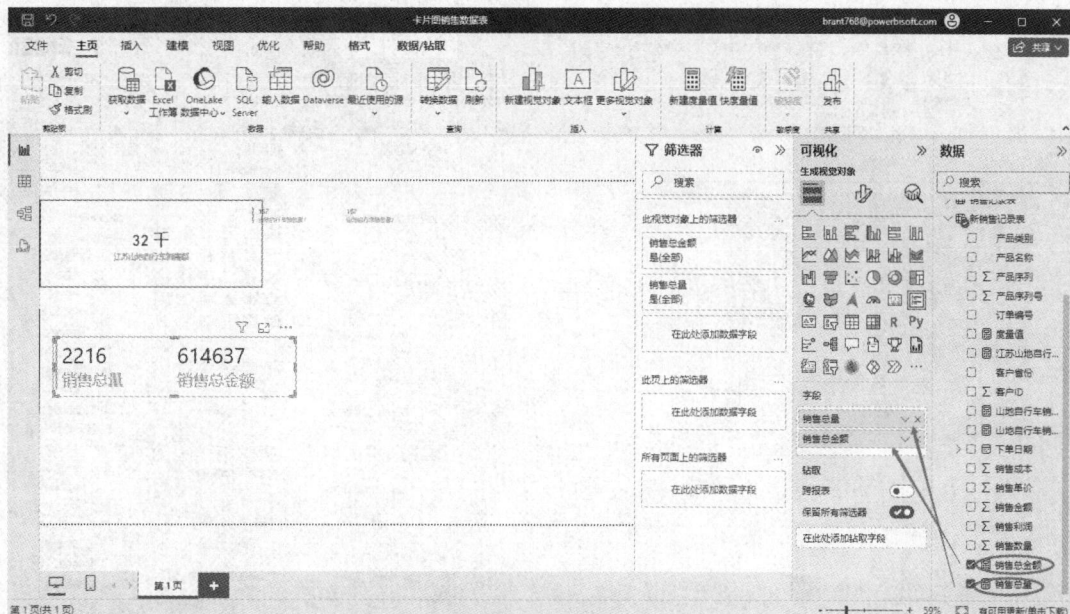

图 12-26　制作多行卡

【例 12-11】仍参照上例中的数据表为数据源制作树状图。

操作指导：

①双击提供的操作素材文件夹中的"树状图销售数据 .pbix"数据文件，或在启动 Power BI Desktop 后，执行"文件"菜单下"打开报表"命令。

②切换到"报表视图"，单击"可视化"窗格下"树状图"按钮，在报表画布上会出现图表视觉对象，将"数据"窗格下"新销售记录表"中的"客户省份"字段拖放到报表视觉对象区或拖放到"可视化"窗格下"生成视觉对象"中的"类别"属性框，将"销售金额"字段拖放到"值"属性框。

③点击"可视化"窗格下"设置视觉对象格式"按钮，进行格式设置。在"视觉对象"子格式下打开"数据标签"按钮，设置文本大小为"12"磅，就可以看到各省的销售额数据。这比 Excel 下分类汇总要直观、方便得多（如图 12-27 所示）。

④参照第②步，切换到"报表视图"，单击"可视化"窗格下"树状图"按钮，在报表画布上会出现图表视觉对象，将"数据"窗格下"新销售记录表"中的"产品类别"字段拖放到报表视觉对象区或拖放到"可视化"窗格下"生成视觉对象"中的"类别"属性框，将"销售金额"字段拖放到"值"属性框，将"产品名称"拖放到"详细信息"属性框。

⑤点击"可视化"窗格下"设置视觉对象格式"按钮，进行格式设置。打开"数据标签"按钮，设置文本大小为"12"磅，就可以看到各个类别下不同产品的销售金额数据（如图 12-28 所示）。

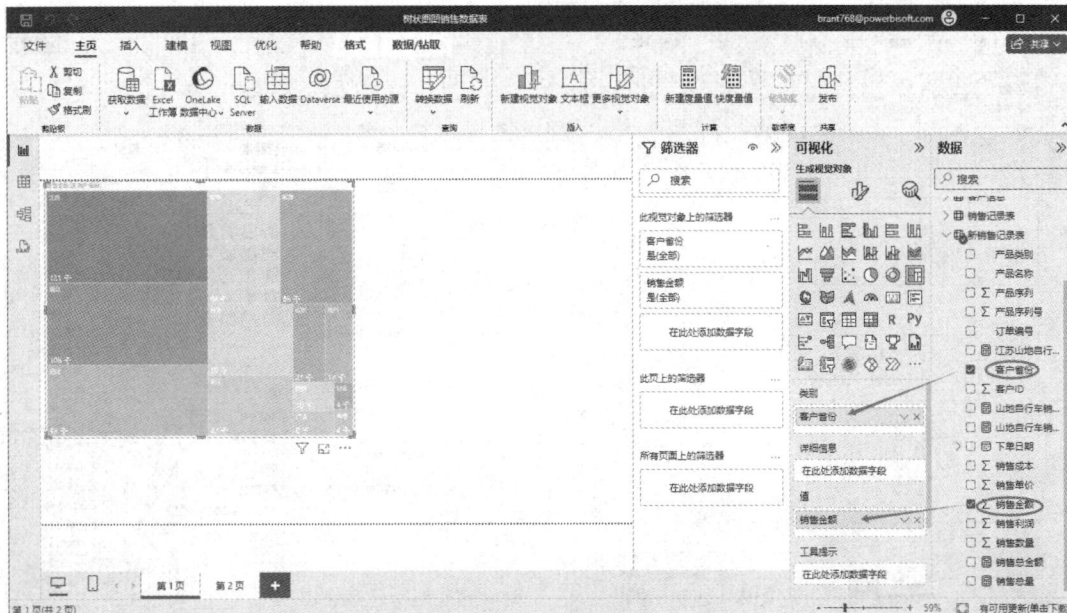

图12-27　制作树状图一

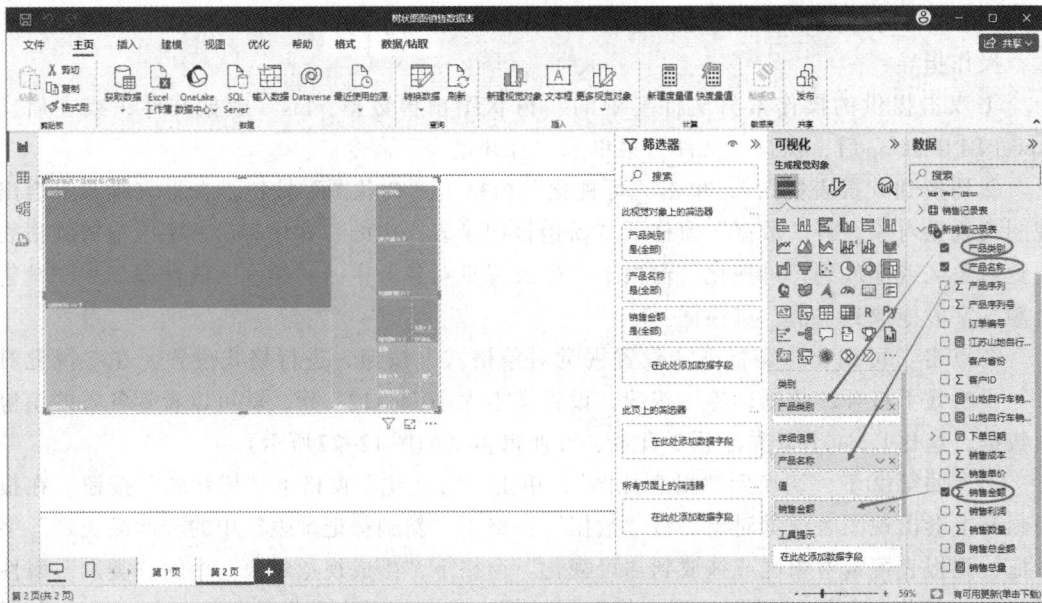

图12-28　制作树状图二

12.3.3　KPI图

1）KPI图的含义

关键绩效指标（Key Performance Indicator，KPI）是一种目标式量化管理指标。Power BI中的KPI可视化对象基于特定的指标值，旨在针对既定目标，评估指标的当前值和状态。

2）KPI 图的适用范围

绩效分析是数据可视化的一个经常性的使用方向。KPI 图可以用于考核企业与员工绩效目标达成情况。

【例 12-12】已知某企业某年度 1—12 月销售的目标与实际完成情况数据，要求制作 KPI 图。

操作指导：

①双击提供的操作素材文件夹中的"KPI 图 .pbix"数据文件，或在启动 Power BI Desktop 后，执行"文件"菜单下"打开报表"命令。

②切换到"报表视图"，单击"可视化"窗格下"KPI"控件，在报表画布上会出现图表视觉对象，将"数据"窗格下数据表中的"实际销售额"字段拖放到"可视化"窗格下"生成视觉对象"中的"值"属性框，将"销售月份"字段拖放到"走向轴"属性框，将"目标销售额"字段拖放到"目标"属性框。这样就可以在 KPI 图中看到某月的实际销售额，下方小字显示的是目标销售额及完成百分比。在"设置视觉对象格式"下，将"视觉对象"子格式中的"标注值"字号设置为 45 磅，"目标标签"设置字号为 12 磅（如图 12-29 所示）。

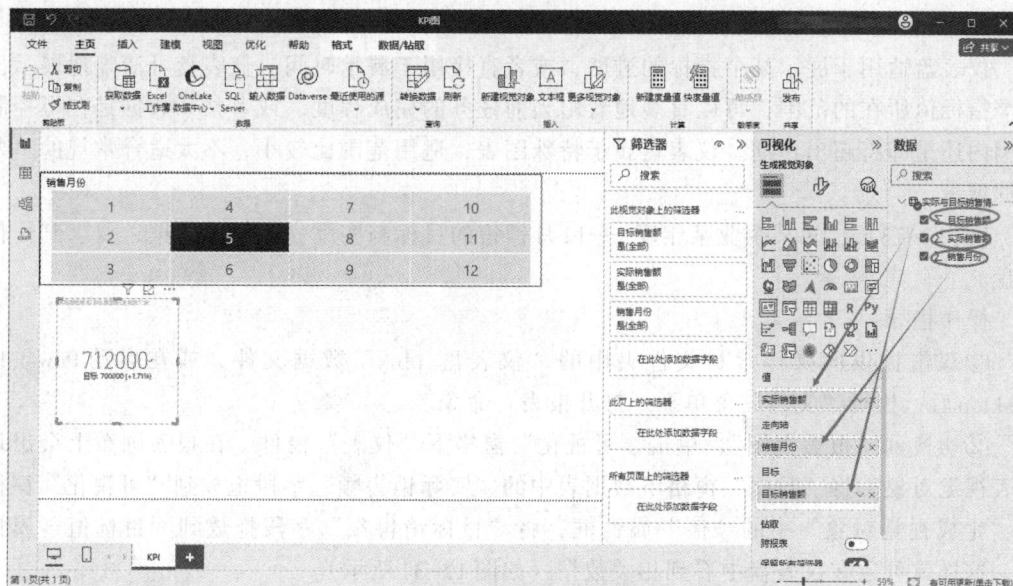

图 12-29　制作 KPI 图

③可以在画布加上切片器。单击"可视化"窗格下"切片器"控件，将"销售月份"拖放到"可视化"窗格下"字段"属性框（如图 12-30 所示）。

④在"可视化"窗格下，对"设置视觉对象格式"中的"视觉对象"子格式进行格式设置。比如，在"切片器"的"样式"中选择"磁贴"，在"切片器标头"选项中设置标题文本的字体、字号等。

12.3.4　仪表盘

1）仪表盘的含义

仪表盘，是仪表盘图表的简称，其就像是汽车的速度表一样，有一个圆形的表盘及相应的刻度，有一个指针指向当前数值，是一种拟物化的图表。

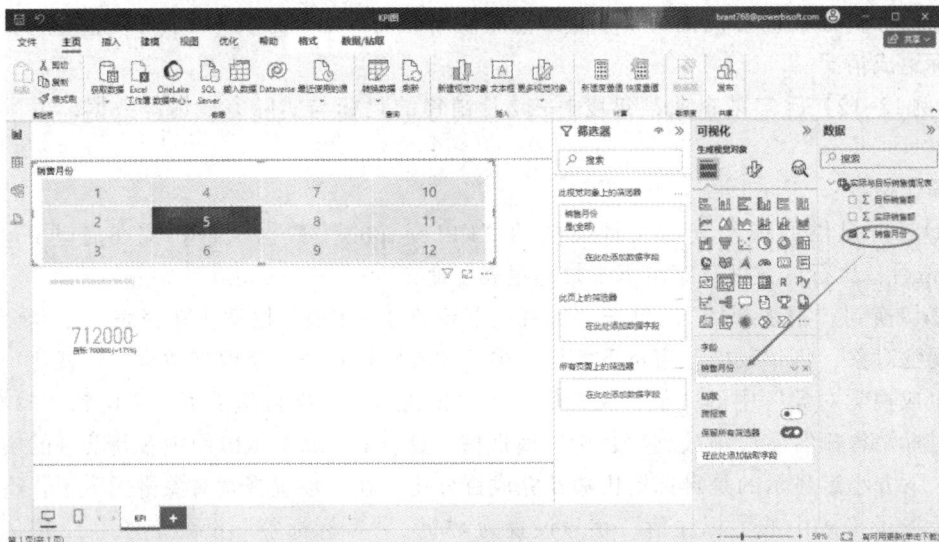

图 12-30　制作切片器与 KPI 图联动

2）仪表盘的适用范围

仪表盘适用于展示某个指标的进度，或者直接用于展示时间。仪表盘可清晰地展示出某个指标值所在的范围，可以直观地看出当前任务的完成程度，或者某个数据是在可控制范围内还是即将超出预期。仪表盘属于特殊图表，适用范围比较小，不太适合常规的一些数据展示。

【例 12-13】已知某企业某年度 1—12 月销售的目标与实际完成情况数据，要求制作仪表盘。

操作指导：

①双击提供的操作素材文件夹中的"仪表盘 .pbix"数据文件，或在启动 Power BI Desktop 后，执行"文件"菜单下"打开报表"命令。

②切换到"报表视图"，单击"可视化"窗格下"仪表"控件，在报表画布上会出现图表视觉对象，将"数据"窗格下数据表中的"实际销售额"字段拖放到"可视化"窗格下"生成视觉对象"中的"值"属性框，将"目标销售额"字段拖放到"目标值"属性框，这样就可以在仪表盘中看到相关数据（如图 12-31 所示）。

③在"可视化"窗格下，对"设置视觉对象格式"中的"视觉对象"子格式进行格式设置，包括仪表盘边框、字体字号等，请学生自行完成。

12.3.5　表

1）表的含义

Power BI 中的表是以逻辑序列的行和列表示的包含相关数据的网格，以二维表格的形式显示原始数据并对数值型字段自动求和。表还可以包含标头和总计行。Power BI 可帮助在报表中创建表，并将表中的元素与同一报表页上的其他视觉对象一起交叉突出显示，可以选择行、列，甚至各个单元格，然后交叉突出显示值；还可以将选择的单个单元格和多个单元格复制并粘贴到其他应用程序。

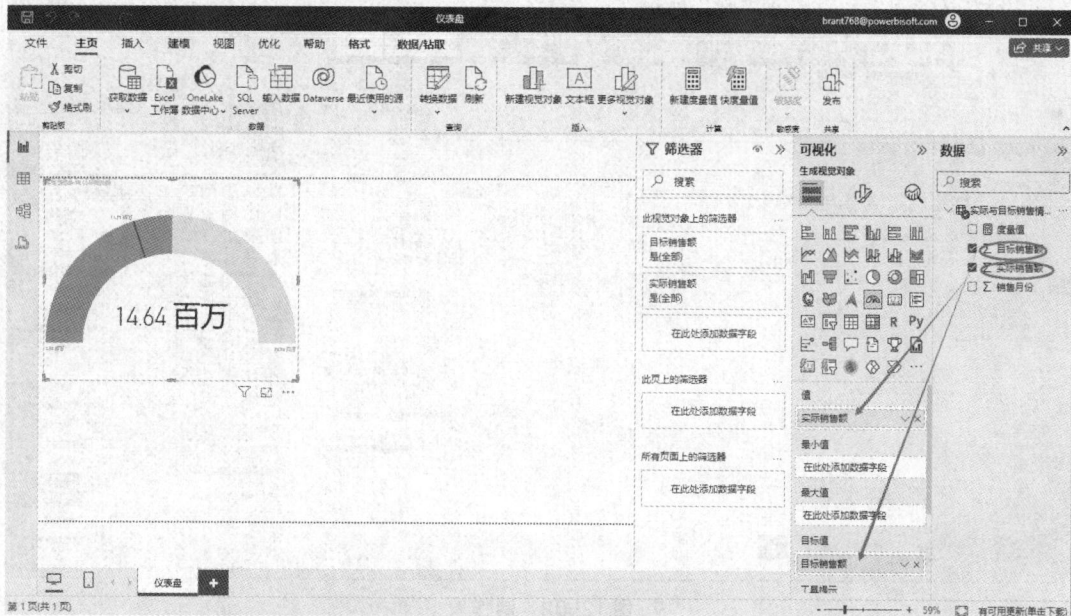

图 12-31   制作仪表盘

2）表的适用范围

表非常适合定量比较，即比较一个类别的多个值。表适用于多种方案：使用多个度量值按类别表示数值数据；将数据显示为矩阵或带有行和列的表格格式；查看和比较详细数据和确切值，而不是视觉表示形式。例如，某销售记录表可以显示类别项的不同度量值，包括平均价格、同比销售额和销售目标。

【例 12-14】运用 Power BI "表" 功能计算各产品销售额及其销售合计。

操作指导：

①双击提供的操作素材文件夹中的 "表 .pbix" 数据文件，或在启动 Power BI Desktop 后，执行 "文件" 菜单下 "打开报表" 命令。

②切换到 "报表视图"，单击 "可视化" 窗格下 "表" 控件，在报表画布上会出现图表视觉对象，将 "数据" 窗格下 "新销售记录表" 中的 "产品名称" "销售金额" 两字段拖放到 "可视化" 窗格下 "生成视觉对象" 中的 "列" 属性框，这样就可以在 "表" 中看到相关数据（如图 12-32 所示）。

12.3.6   矩阵

1）矩阵的含义

矩阵可以显示按行和列进行分组的聚合数据汇总，类似于数据透视表或交叉表。组的行数和列数由每个行组和列组中的唯一值的个数确定。

2）矩阵与表的区别

"表" 表示的数据是二维平面结构的，未聚合重复值；矩阵可以跨多个维度显示数据，自动聚合数据并可启用向下钻取功能。

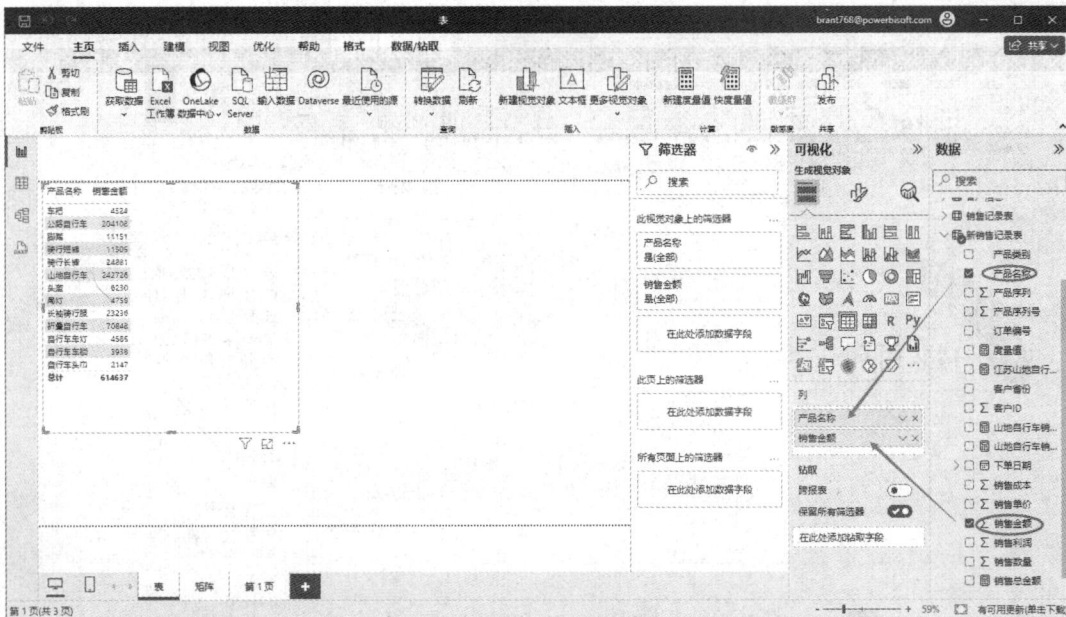

图 12-32　制作表

【例 12-15】运用 Power BI "矩阵" 功能计算各产品销售额及其销售合计。

操作指导：

①双击提供的操作素材文件夹中的 "表 .PBIX" 数据文件，或在启动 Power BI Desktop 后，执行 "文件" 菜单下 "打开报表" 命令。

②切换到 "报表视图"，单击 "可视化" 窗格下 "矩阵" 控件，在报表画布上会出现图表视觉对象，将 "数据" 窗格下 "新销售记录表" 中的 "产品名称" 字段拖放到 "可视化" 窗格下 "生成视觉对象" 的 "行" 属性框，将 "产品类别" 字段拖放 "列" 属性框，将 "销售金额" 字段拖放到 "值" 属性框，这样就可以在 "矩阵" 中看到相关数据（如图 12-33 所示）。

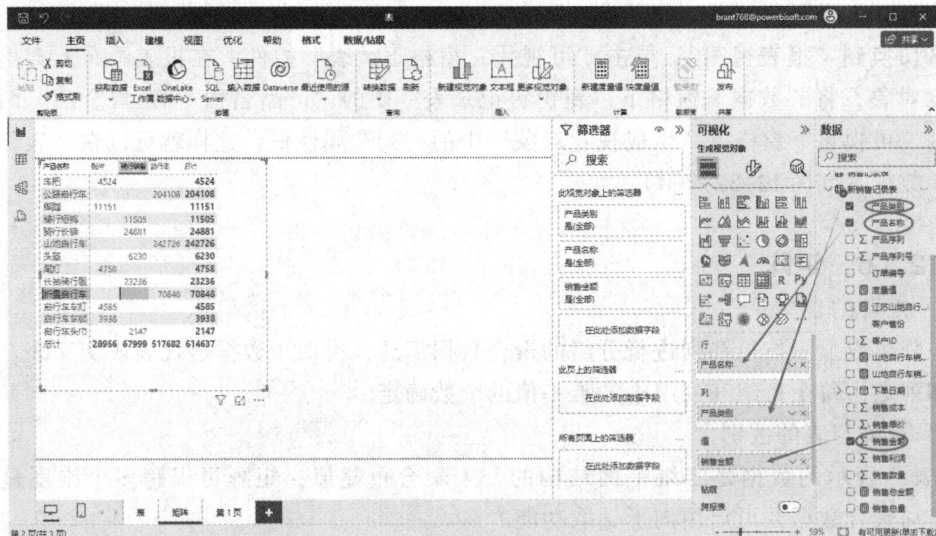

图 12-33　制作矩阵图

③切换到"可视化"窗格下，在"设置视觉对象格式"下对"视觉对象"子格式进行设置，将"行标题"文本字号设置为 16 磅，"列标题"文本字号高设置为 12 磅，"值"字号设置为 16 磅。其他元素按需进行格式设置。

12.4　自定义视觉对象

Power BI 除了默认的常用图表外，还提供了丰富的自定义视觉对象。

12.4.1　自定义视觉对象的来源

1）从文件导入

Power BI 为用户提供了 500 多个各类图表视觉对象，并随着应用与推广不断增加，这些自定义视觉对象可以从微软的官网下载，然后导入到 Power BI 中。网址为：https：// appsource.microsoft.com/zh-cn/marketplace/apps？page=1&product=power-bi-visuals。

在下载界面中选择需要的图表，单击"立即获取"进入界面以后，再单击 "Download for Power BI"下载源文件。界面中还有一个"Try a sample"选项，这个是该图表对象的示例文件，可以一并下载下来以学习借鉴其用法。

视觉对象文件下载完成后，启动 Power BI Desktop，在"插入"菜单中单击"更多视觉对象"，选择"从我的文件"，选中先前下载的视觉对象文件即可。

2）从 AppSource 导入

微软除了为用户提供预安装的普遍使用的视觉对象外，还提供 AppSource 下载视觉对象服务，在 AppSource 中可以找到更多 Power BI 视觉对象。它可以为 Microsoft 365、Azure、Dynamics 365、Cortana 和 Power BI 等产品的数百万用户提供解决方案。

Microsoft 和社区成员出于公共权益开发了许多 Power BI 视觉对象，然后将其公布到 AppSource。这些 Power BI 视觉对象均经过测试并通过 Microsoft 的功能和质量审核。可以下载这些视觉对象，然后将其添加到 Power BI 报表。

虽然从 AppSource 下载视觉对象是免费的，但每个发布者都可以为自己的视觉对象定义个人业务和许可模型。付款和许可计划有三种基本类型：

（1）可供下载和使用的免费视觉对象，无须额外付费。这些视觉对象被标记为"免费"。

（2）经过许可的视觉对象由 Microsoft 365 管理中心管理。这些视觉对象免费提供有限容量，用户可以购买更多功能。

（3）可以免费下载具有基本功能的视觉对象，但也提供其他需要付费的功能。这些视觉对象具有"可能需要另外购买"标签。在支付费用之前，通常可以获得一个免费试用期，来测试视觉对象的完整功能。这些视觉对象的可效用性和许可证管理都发生在 Microsoft 平台外部。

12.4.2　常用的自定义图表

1）词云图

词云图（Word Cloud）是一种以直观有趣的方式展现文本内容的图形，用户可以快速获取高频的关键词汇。词云这个概念首先是由美国西北大学新闻学副教授、新媒体专业主任里奇·戈登提出的，通常用于描述网站上的关键字元数据（标签），或可视化自由格式文本。"词云"就是通过形成"关键词云层"或"关键词渲染"，对网络文本中出现频率较高的"关键词"给以视觉上的突出，关键词的重要性以字体大小或颜色突出显示。

词云图是由词标签和词大小构成的，每个词标签由数据的维度决定，每个词大小由数据的度量决定。词云图适用于一些制作用户画像、用户的标签或者近期热点等场景。

优点：词云图可以很直观地显示词频，词云可用于对比大量文本，或者用文字做边界限制，描绘出各种形成。

缺点：词云图不适用于数据区分度不大的场景，当数据的区分度不大时使用词云图起不到突出的效果，同时数据如果太少的话，也不适合用词云图表示，数据量较少的话更适合用柱状图表示。

【例12-16】制作词云图的素材如图12-34所示。图12-35为其中一段英文的文本词云图。

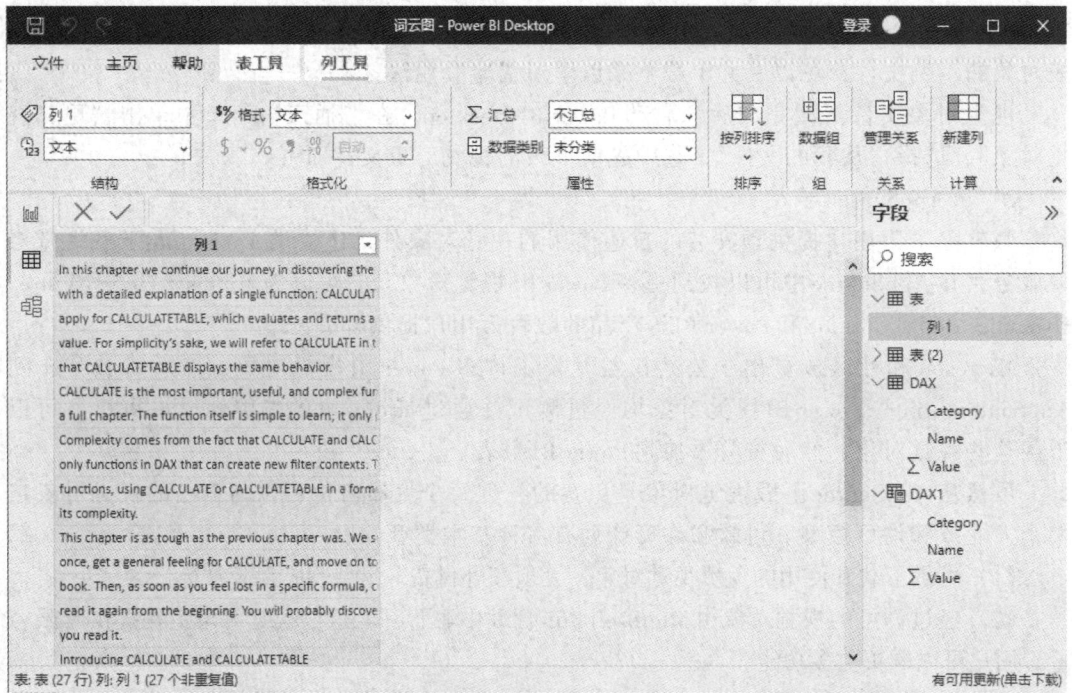

图12-34　制作词云图的素材

2）雷达图

雷达图（Radar Chart）又被称为蜘蛛网图、极坐标图、网络图、星图、不规则多边形图、Kiviat图，雷达图是以从同一点开始的轴上表示的三个或更多个定量变量的二维图表的形式显示多变量数据的图形。它相当于平行坐标图，轴径向排列。

优点：雷达图可以直观地展现多维数据集，查看哪些变量具有相似的值、变量之间是否有异常值，适用于查看哪些变量在数据集内得分较高或较低，可以很好地展示性能和优势，特别适合展现某个数据集的多个关键特征，或者展现某个数据集的多个关键特征和标准值的比对，一般适用于比较多条数据在多个维度上的取值。

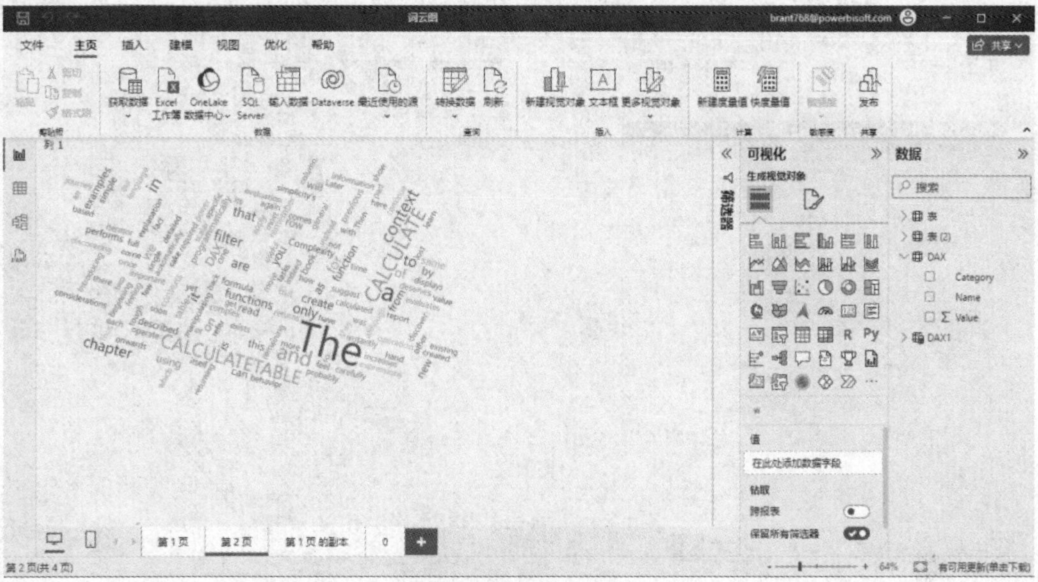

图 12-35　制作词云图

缺点：雷达图不适合种类太多的数据，否则会造成变形过多，使整体图形过于混乱。特别是有颜色填充的多边形的情况，上层会遮挡覆盖下层多边形。如果变量过多，也会造成可读性下降。

【例 12-17】根据某公司的分公司实际利润与预算利润制作雷达图。

操作指导：

①启动 Power BI Desktop，打开"雷达图.pbix"文件，切换到报表视图。

②单击"可视化"窗格中导入的"雷达图"组件按钮，将"数据"窗格下"业绩"数据表中的"公司"字段拖放到"可视化"窗格下"生成视觉对象"中的"类别"属性框，将"业绩"数据表中的"实际利润""预算利润"两字段都拖放到"Y 轴"属性框。

③单击"可视化"窗格下"设置视觉对象格式"按钮，选择"视觉对象"与"常规"子格式项，分别进行格式设计。结果如图 12-36 所示。

3）甘特图

甘特图（Gantt Chart），又称为条状图、横道图，以图示通过活动列表和时间刻度表示出特定项目的顺序与持续时间，通过条状图来显示项目进度。

优点：甘特图能直观表明计划何时进行，进展与要求的对比，便于管理者弄清项目的剩余任务，评估工作进度，而且图形较为简单直观，易于普通用户理解，一般适用于不超过 30 项活动的中小型项目，且无须担心复杂计算和分析。

缺点：甘特图是比较特殊的图表，事实上仅部分地反映了项目管理的时间、成本和范围这三重约束，不太适合一般的数据展示。

【例 12-18】某项目部要进行项目开发，项目目的是进行数据分析，数据表如图 12-37 所示。

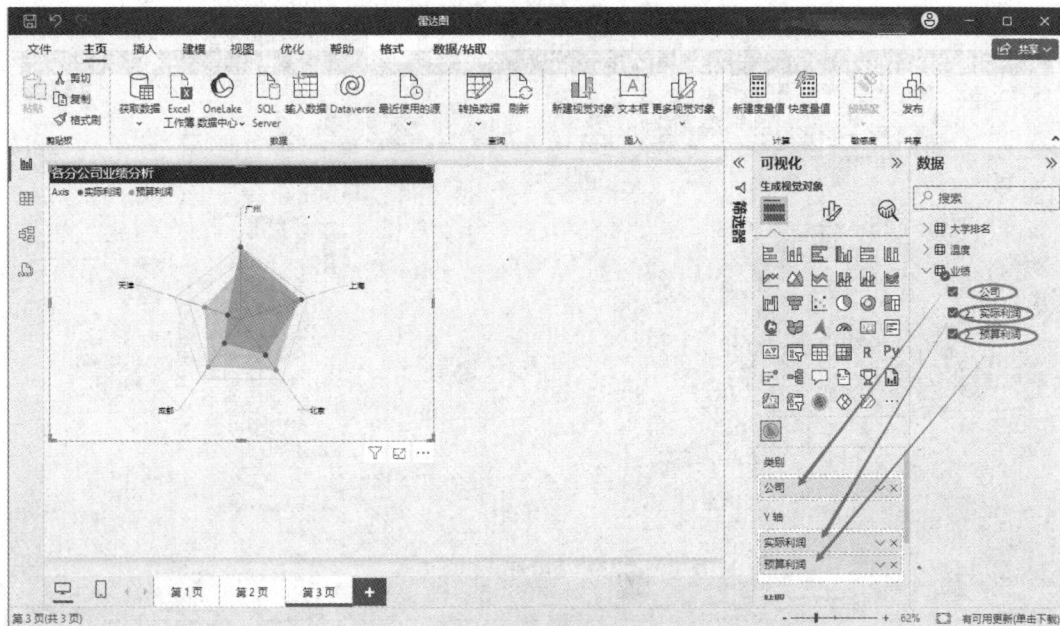

图 12-36　制作雷达图

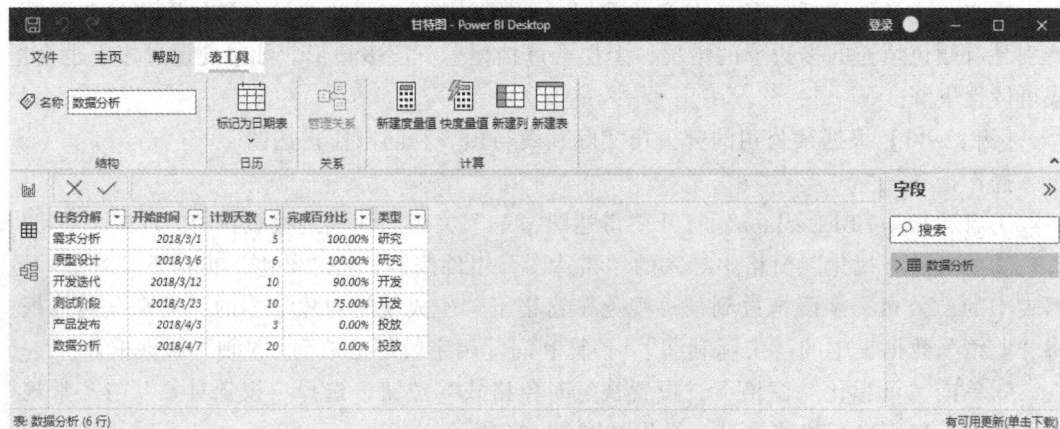

图 12-37　项目开发数据表

制作甘特图操作指导：

①启动 Power BI Desktop，打开"甘特图.pbix"文件，切换到报表视图。

②单击"可视化"窗格中导入的"甘特图"组件按钮，将"数据"窗格下"数据分析"数据表中的"任务分解"字段拖放到"可视化"窗格下"生成视觉对象"中的"任务"属性框，将"开始时间"字段拖放到"开始日期"属性框，将"计划天数"字段拖放到"持续时间"属性框，将"完成百分比"字段拖放到"完成百分比"属性框。

③单击"可视化"窗格下"设置视觉对象格式"图标，进行格式设计。结果如图 12-38 所示。

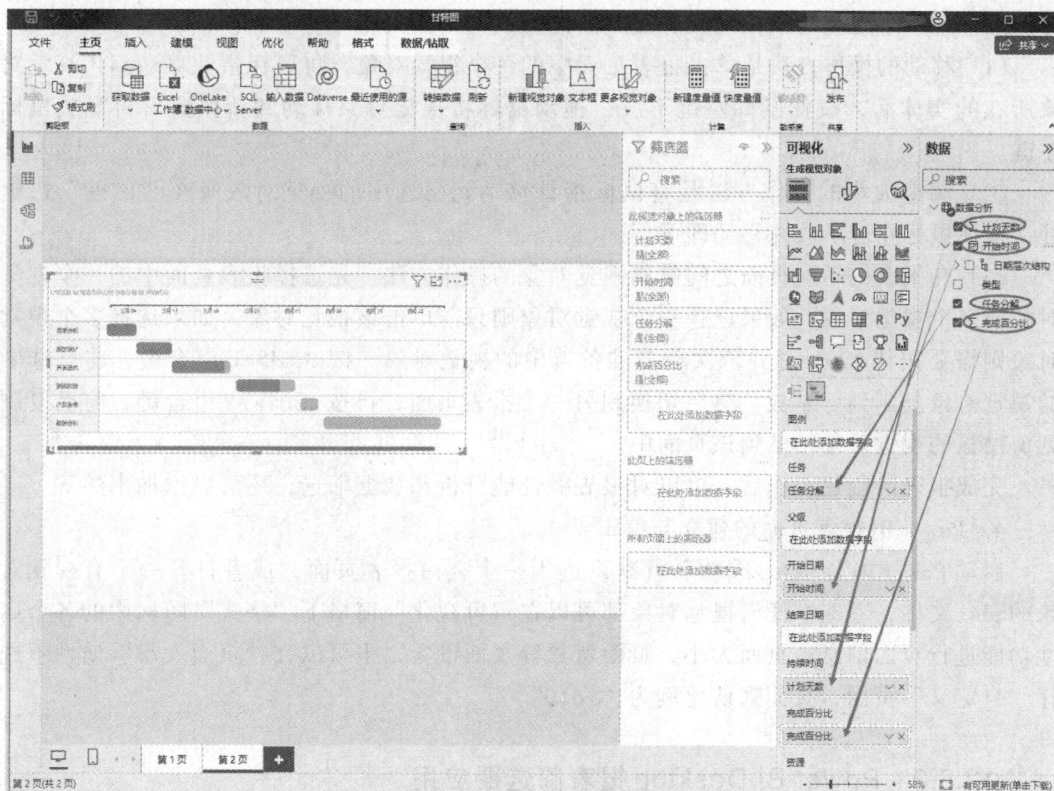

图 12-38　制作甘特图

12.5　Power BI报表及其管理

12.5.1　Power BI报表概述

1）Power BI 报表的作用

报表的作用是用可视化形式的视觉对象，多角度、多维度地表示数据之间的关系，传达数据隐含的信息，为数据创建动态透视表，并提供见解，使用户能更容易地理解数据和分析数据。

2）Power BI 报表服务

报表设计人员可以在 Power BI Desktop 中创建包含任意数量页面的报表，在每个报表页面中可以添加多个不同类型的视觉对象。设计人员还可以将报表发布到 Power BI Service，供其他用户用浏览器在线查看或用 Power BI App 在手机上查看。

3）Power BI Desktop 报表视觉对象基本操作

Power BI desktop 和 Power BI Service 两种服务下均可对报表中的视觉对象进行编辑，如移动视觉对象的位置、改变视觉对象的大小、在报表的不同页面之间复制并粘贴视觉对象等。

在创建报表的过程中，每当在报表画布上添加了一个新的视觉对象和单击一个已有的视觉对象后，该视觉对象的外围会出现一个矩形框，该矩形框被称为"磁贴"。设计人员可随意移动一个视觉对象在报表页面中的位置或调整其大小。

（1）移动的操作方法是单击报表页面中的一个视觉对象，将鼠标指针移动到该视觉对象所在的实体后，按住鼠标左键不放，拖动鼠标将视觉对象移动到新位置后再释放鼠标左键。

（2）调整大小的操作方法是将鼠标指针移动到已选中的视觉对象所在"磁贴"边框处，按住鼠标左键不放并移动即可。

（3）在报表的不同页面之间复制视觉对象的操作方法。先选择报表页面中的一个视觉对象或多个视觉对象，如果选择一个视觉对象则只需单击该视觉对象，如果选择多个视觉对象则需要按住<Ctrl>键并依次单击准备选中的视觉对象。按<Ctrl>+C组合键，将已选中的视觉对象复制到剪贴板，然后切换到另一个报表页面，再按<Ctrl>+V组合键，将已复制到剪贴板的视觉对象粘贴到该页面中。

完成报表的创建工作后，可以对报表做性能分析和数据筛选，还可以添加书签等。

4）Power BI报表页面的建立与编辑

启动Power BI Desktop成功后就默认进入一个空白报表页面，或者打开一个有视觉对象的pbix文件，不选中任何视觉对象都可以在"可视化"窗格下"格式"图标中的各个属性功能进行页面信息、页面大小、页面背景等页面设置，也可以在"页面大小"属性下选择"自定义"页面，页面默认比例为"16:9"。

12.5.2　Power BI Desktop报表筛选器应用

在Power BI Desktop报表视图界面提供了筛选器窗格，筛选器可保留用户最关注的数据，而将其他所有数据删除。使用筛选器可在数据中发现新的见解。"筛选器"窗格都会显示在报表画布的右侧。如果未看到"筛选器"窗格，请选择右上角的"＞"图标将其展开。

按照筛选器所作用的范围，可以将筛选器分为视觉级筛选器、页面级筛选器与报告级筛选器。

1）视觉级筛选器

若要更仔细地查看影响特定视觉对象的筛选器，可将鼠标悬停在该视觉对象上，以显示筛选器图标。选择该筛选器图标将显示一个弹出窗口，其中包含影响该视觉对象的所有筛选器和切片器。弹出窗口中的筛选器与"筛选器"窗格中显示的筛选器相同，也与影响所选视觉对象的任何其他筛选器相同。

打开"筛选器销售数据表.pbix"，单击"可视化"窗格下"堆积柱形图"控件，将"数据"窗格下"新销售记录表"中的"客户省份"字段拖放到"可视化"窗格下的"轴"属性框，将"销售金额"字段拖放到"值"属性框，得到如图12-39所示的视觉对象图。

选中图12-39中的视觉对象，"筛选器"窗格上部"视觉级筛选器"中会显示生成该视觉对象的字段"客户省份"与"销售金额"。将鼠标移动到"客户省份"字段旁，可以看到图12-39中画圈的三个图标按钮，分别为"展开或折叠筛选器卡""锁定筛选器""隐藏筛选器"。当设置了筛选条件后，"隐藏筛选器"左侧将出现"清除筛选器"按钮图标。

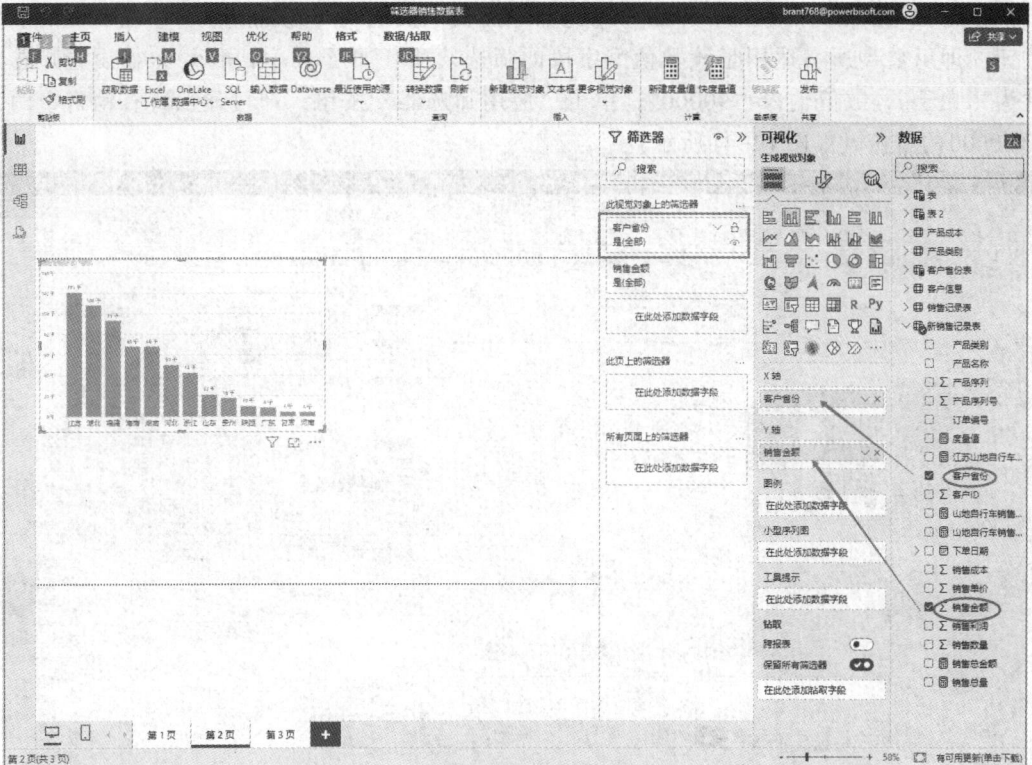

图 12-39　筛选器窗格

单击文本型字段（本例为"客户省份"字段）右侧的下拉按钮"展开或折叠筛选器卡"，可以看到适用于文本型字段的各种选项，"筛选类型"设置为"基本筛选"，然后在省份列表中勾选"江苏"前面的复选框，可以把"江苏"省的视觉对象显示出来（如图 12-40 所示）。

图 12-40　文本筛选

　　在图12-39视觉对象上，单击"筛选器"窗格下数值型"销售金额"字段右侧的下拉按钮，即可看到所有适用于该数值型字段的筛选选项（如图12-41所示），如设置筛选条件为"大于"，数值输入"90000"，单击"应用筛选器"按钮，即可显示所有销售金额大于90000的省份（如图12-41所示）。

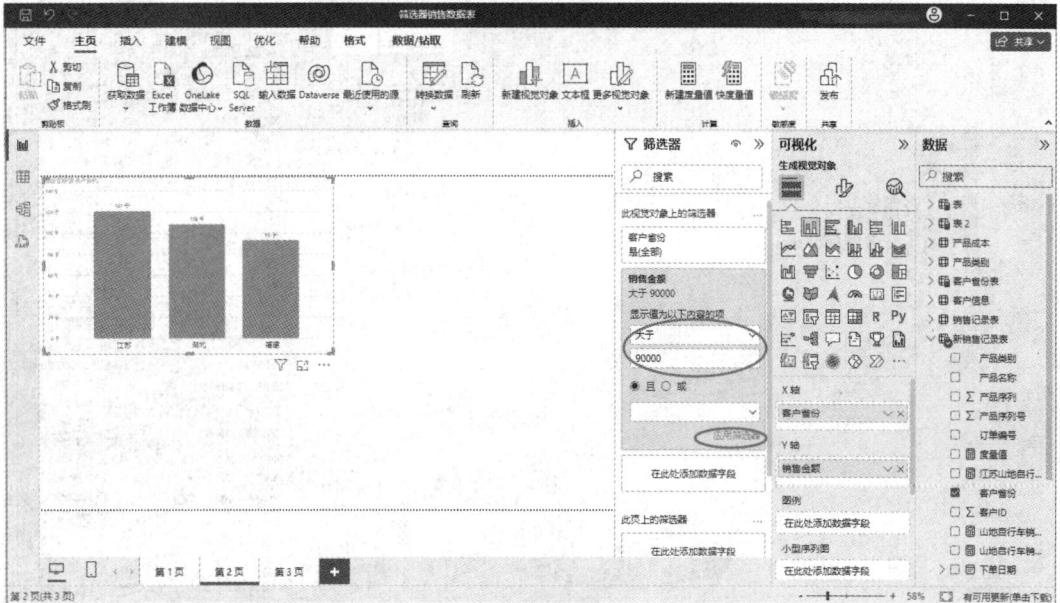

图12-41　数值筛选

　　单击文本型字段（本例为"客户省份"字段）右侧的下拉按钮"展开或折叠筛选器卡"，会出现"筛选类型"对话框，单击"筛选类型"下方的筛选类型列表，有"高级筛选""基本筛选"和"前N个"三种不同的筛选类型，默认筛选类型为"基本筛选"（如图12-42所示）。

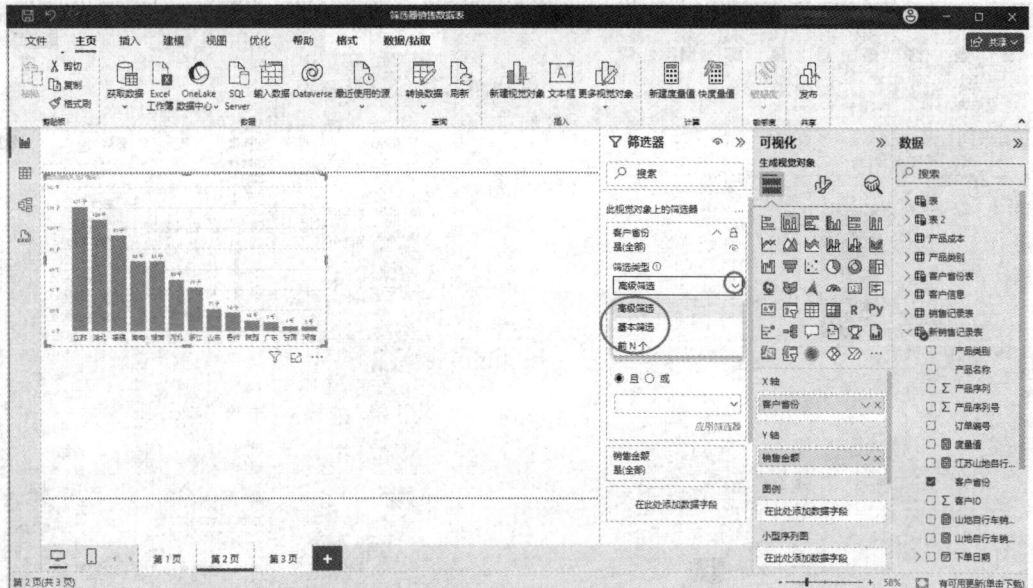

图12-42　筛选类型

当筛选类型为"高级筛选"时，单击"显示值为以下内容的项"下拉按钮，可以看到各种筛选选项（如图 12-43 所示）。

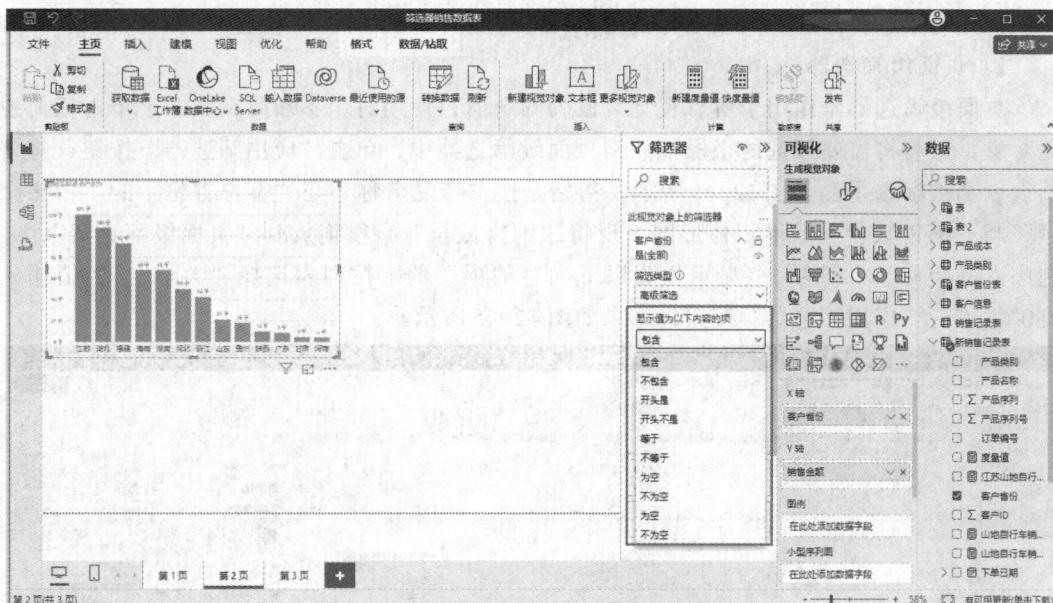

图 12-43   多种选择的高级筛选

如图 12-43 中，切换到报表视图报表第 4 页，选择"开头是"选项，输入"自行车"，并单击"应用筛选器"按钮，报表画布的视觉对象将显示开头是自行车的产品的销售金额（如图 12-44 所示）。

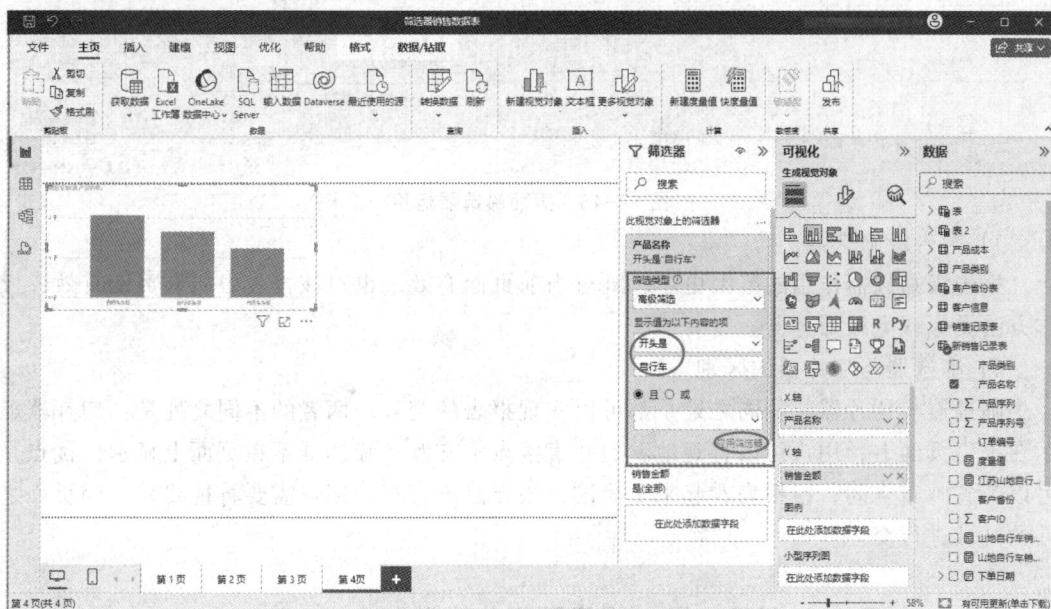

图 12-44   对开头是"自行车"的筛选

对于不同类型的字段，筛选器的筛选策略有所不同，除数值型字段、文本型字段外，还有日期型字段。日期型字段的筛选选项更加丰富，大致类似于 Power Query 编辑器中各数据的筛选选项，此处不再赘述。

当筛选类型为"前 N 个"时，用户可以很容易查看最大的或最小的 N 个数据。

在视觉级筛选器中除了该视觉对象字段外，还可以添加新的字段，即可使用其他字段对该视觉对象进行筛选，其效果与使用该视觉对象外部的切片器对其进行筛选类似。

2）页面级筛选器

页面级筛选器是作用于所有视觉对象的筛选器，使用时，不需要在画布上单击任何视觉对象，只需将需要筛选的字段拖放到页面级筛选器中，单击"应用筛选器"按钮，每个图表就都被筛选了。如图 12-45 所示，初始是按"产品名称"与"客户省份"的"销售金额"与"销售数量"的堆积柱形图。现将"销售数量"字段拖放到"页面级筛选器"，并选中"高级筛选"选项，"显示值为以下内容的项"的下拉列表选择"大于"，数值输入"50"，单击"应用筛选器"按钮，结果如图 12-45 所示。

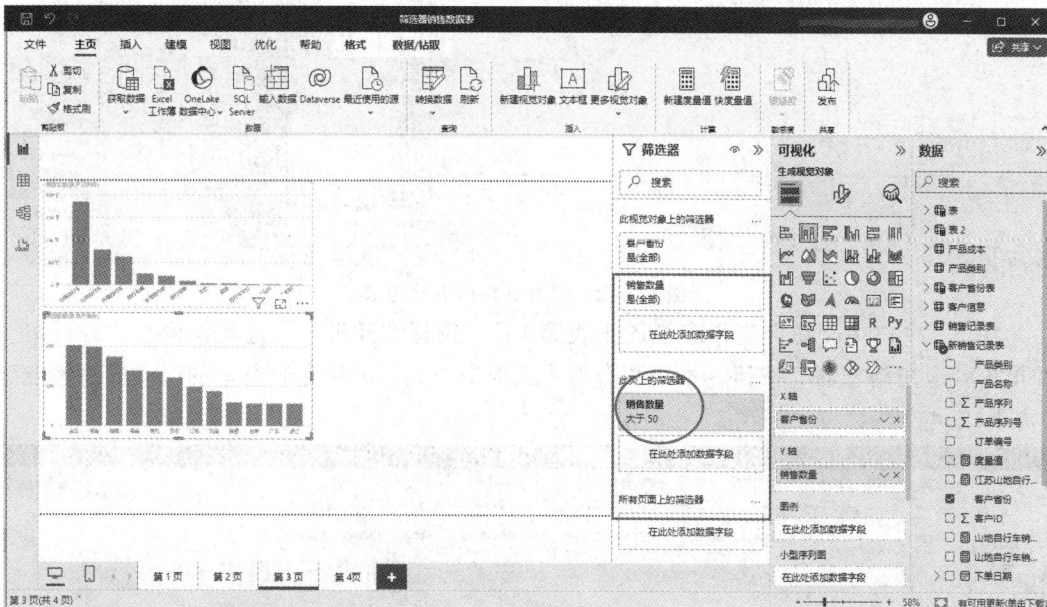

图 12-45   页面筛选器运用

3）报告级筛选器

报告级筛选器作用的范围更广，既对当前页面有效，也对该报表中所有页面有效，操作方法类似视觉级筛选器。

4）筛选器与切片器的区别

筛选器与切片器的相同之处是都可以实现报表的交互。两者的不同之处是：切片器显示在报表页面上，用户可以直观地看到并直接点击交互；筛选器不在页面上显示，优点是可以节省画布空间，使报表看起来更简洁，缺点是不直观，用户需要将视线移动到页面之外的区域进行交互。

12.5.3   Power BI Desktop 报表可视化进阶

1）添加文本框

在 Power BI Desktop 报表中添加文本框可以增加报表的可读性。

【例 12-19】打开"插入文本框 .pbix"文件，新建一个页面，制作散点图并添加文本框。

操作指导：

①启动 Power BI Desktop，打开"插入文本框.pbix"文件，切换到报表视图，在报表标签处单击"+"按钮，新增一个页面。

②单击"可视化"窗格中"散点图"控件，在报表画布区会出现图表模板，将"地区"拖放到"可视化"窗格下"生成视觉对象"中的"值"属性框，将"会员流失率"拖放到"X轴"属性框，将"新增会员率"拖放到"Y轴"属性框。

③单击"可视化"窗格下"设置视觉对象格式"图标，将"X轴"下"最小值"属性框设置为"0"，在"最大值"属性框输入"0.08"，将"文本大小"设置为"12"磅，将"标题文本大小"设置为"10"磅，类似地，在"Y轴"下设置相同的数值。"标记"下"形状"类型设置选择"▲"（如图12-46所示）。

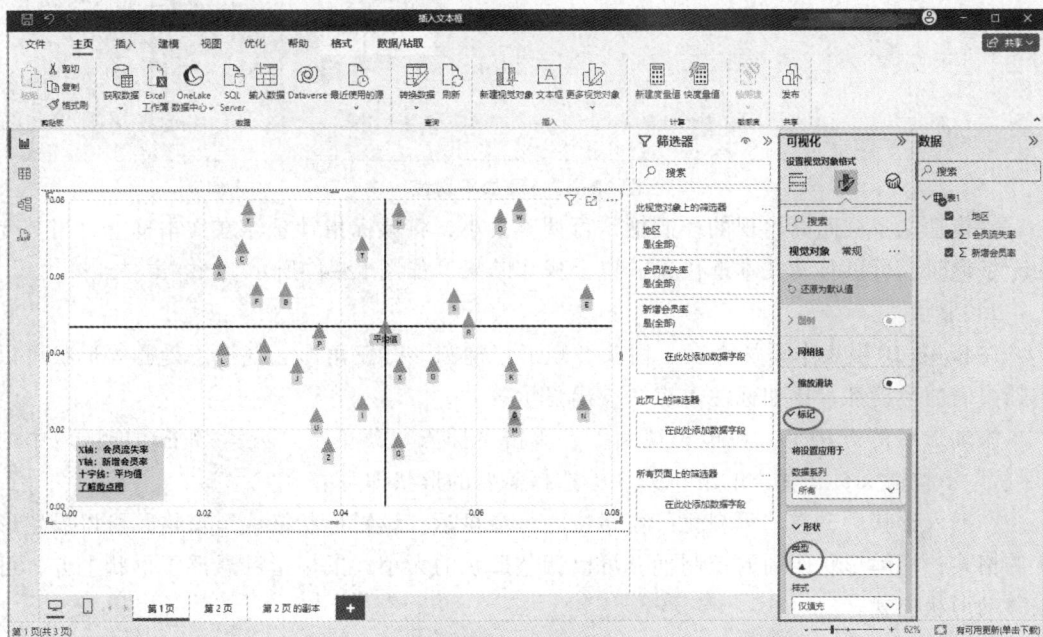

图12-46　设置标注形状

④单击"可视化"窗格下"向视觉对象添加进一步分析"图标，在"平均值线"单击"添加"按钮，添加"平均值线1"，变量值选择"会员流失率"，添加"平均值线2"，变量值选择"新增会员率"，并分别设置两条平均值线的颜色。结果如图12-47所示。

⑤在报表视图下单击"主页"菜单下"插入"子功能区域中的"文本框"按钮，或在报表视图下单击"插入"菜单下"元素"子功能区域中的"文本框"按钮，即在画布中插入了空白文本框，并弹出"设置文本框格式"窗格（"可视化"窗格位置），在文本框内输入如图12-47所示的文字内容，并在"设置文本框格式"窗格进行格式设置。在画面文本框"工具栏"进行字体字号设置，对输入的文本"了解散点图"插入链接，选中"了解散点图"文字，单击工具栏中"插入链接"，在链接对话框中输入网址 https://learn.microsoft.com/zh-cn/power-bi/visuals/power-bi-visualization-scatter? tabs=powerbi-desktop（此网址为微软官网关于散点图的介绍）。

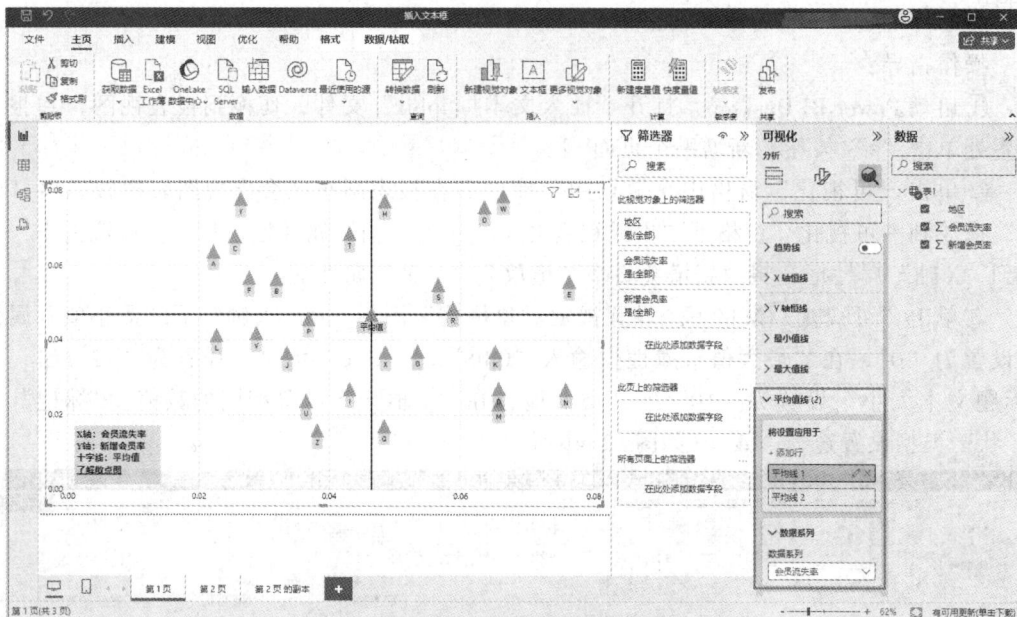

图12-47　添加平均线

⑥拖动文本框四周出现的控制柄，可调整大小，将鼠标指针悬浮在文本框上，当其变为十字形时，可以移动文本框位置。以上操作结果，如图12-47所示。

2）形状

在Power BI报表中添加直线、箭头、矩形、椭圆形、三角形、气泡、爱心等形状可以增强报表的可读性，比如标注重点、突出显示等。

添加形状的方法是，在报表视图下，单击"插入"菜单下"元素"子功能区域中的"形状"下拉箭头，在弹出的下拉列表中选择需要的形状即可。

在插入形状后，在"可视化"窗格位置将会显示"设置形状格式"窗格，可以设置形状的格式；拖动形状四周的控制柄，可以调整形状的大小；鼠标指针悬浮于形状上方，可以移动形状位置。

3）见解

Power BI中的见解是指通过Power BI自动分析数据集，发现其中的模式、趋势和离群值等功能。

【例12-20】打开"见解.pbix"文件练习"见解"功能的运用。

操作指导：

①切换到报表视图，单击"可视化"窗格"折线图"控件，建立如图12-48所示的股价折线图。

②右键单击图12-48中的"折线"，出现如图12-49所示的菜单列表，选择"向视觉对象添加进一步分析"下的"解释此下降"，系统弹出如图12-50所示的解释内容。

Power BI Desktop除了解释原因外，还可以为报表中某个视觉对象表现的不同类别数据找出其分布情况。

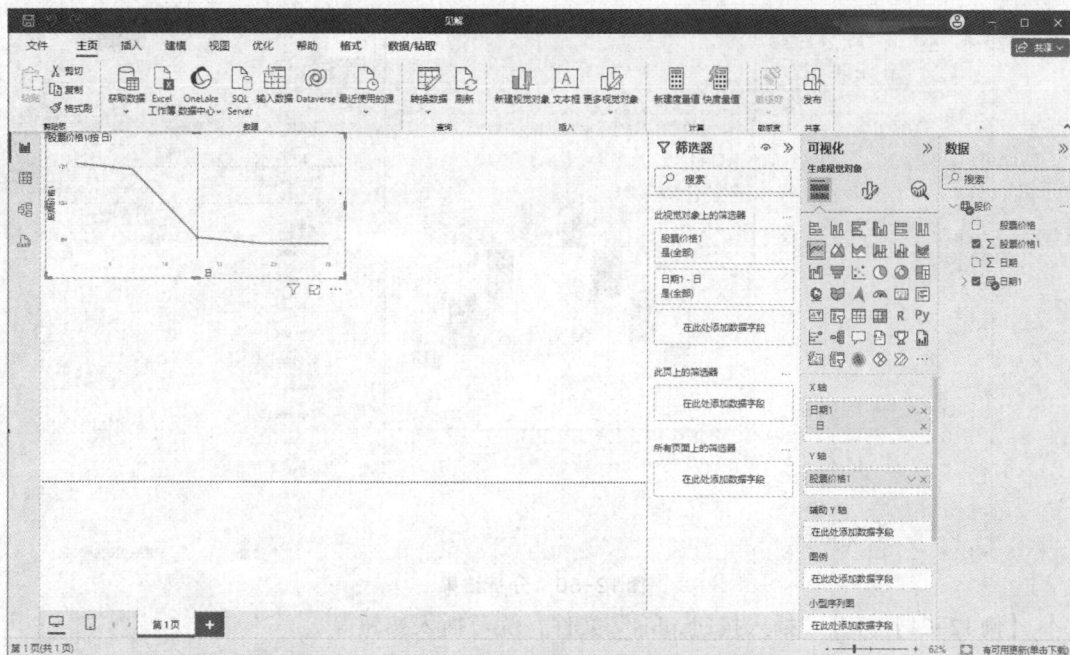

图 12-48   设置见解

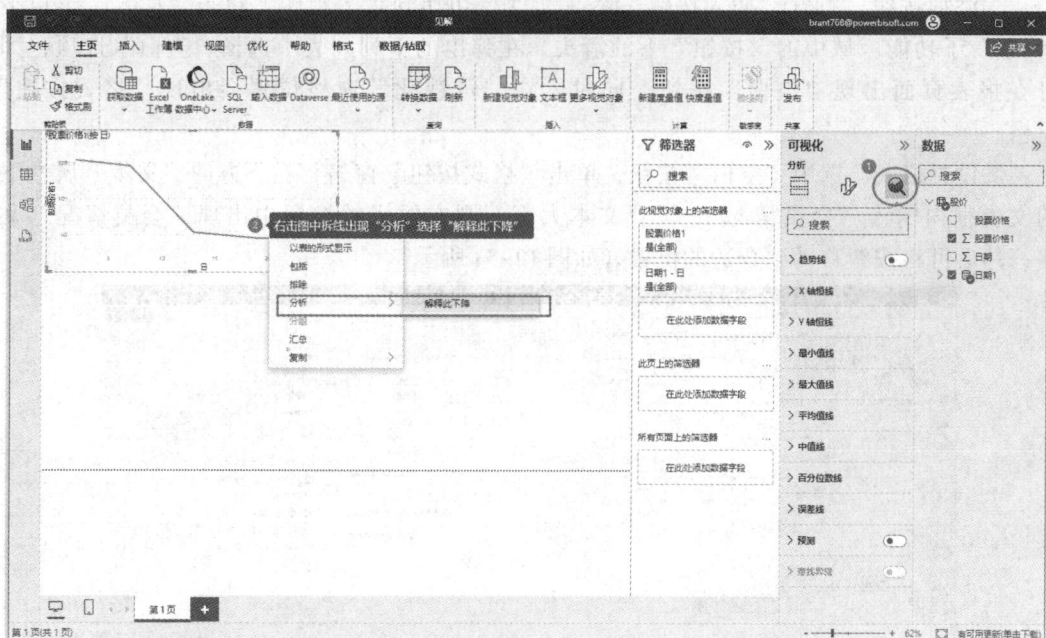

图 12-49   进行"分析"设置

4）添加按钮

报表创建者可在报表上添加按钮，帮助导航和浏览。常见的一些按钮类型有后退、书签、箭头、问答、帮助和空白等。

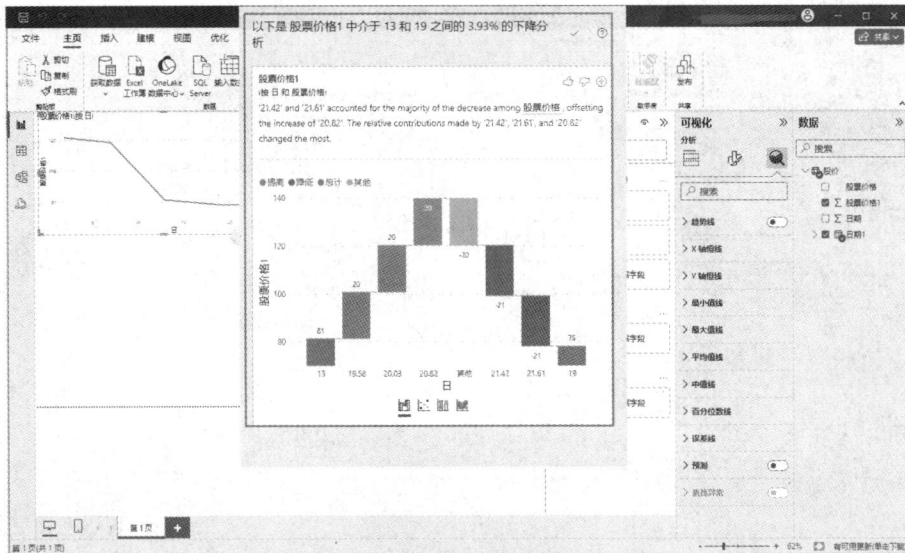

图 12-50　分析结果

【例 12-21】打开"插入按钮 .pbix"文件，练习插入按钮。

操作指导：

①添加按钮。打开"插入按钮 .pbix"文件，切换到报表视图，单击"插入"菜单下"元素"子功能区域中的"按钮"下的箭头，在弹出的下列列表中选择"空白"选项，即可在报表页面出现"空白"按钮，同时，在"可视化"窗格位置会出现"格式按钮"窗格。

②设置格式。选中"空白"按钮，单击"格式按钮"窗格，在下方的"文本"属性下的文本框内输入"会员情况"，设置文本大小，则在插入的按钮中出现"会员情况"文字，然后可将按钮移动到合适的位置（如图 12-51 所示）。

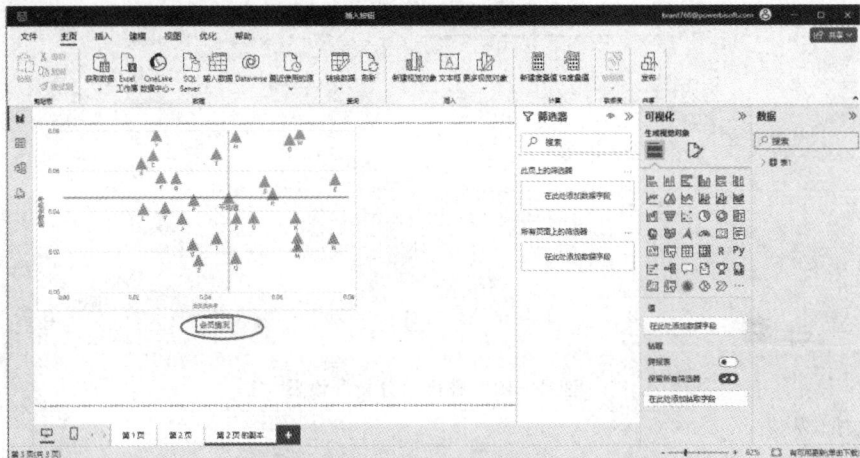

图 12-51　插入按钮

5）钻取

钻取功能是 Power BI 提供给报表用户的一种交互模式，如果用户对报表中的某个视觉对象做某种钻取操作，则报表中会显示该视觉对象没有显示出来的更详细的数据。

　　在Power BI服务中使用钻取模式，可以对视觉对象使用向下钻取、向上钻取和展开功能来深入详细地探索数据。

　　若要使用钻取模式，Power BI视觉对象必须具有层次结构。层次结构是指由具有层次关系的两个或多个数据列组成的列组。

　　报表设计器通常会向视觉对象添加日期层次结构。常见的日期层次结构包括年份、季度、月份和日期的字段。

　　可以通过将鼠标悬停在视觉对象上方来判断它是否具有层次结构。如果钻取控件选项显示在操作栏中，则视觉对象具有层次结构。

　　对于有"层次结构"的数据的视觉对象可以做向下钻取或向上钻取。向下钻取显示该视觉对象当前没有显示的更详细的数据。向上钻取显示聚合后的数据。

　　【例12-22】打开"钻取销售数据表.phix"文件，练习钻取功能。

　　操作指导：

　　①给报表页面标签下的"堆积条形图"建立一个副本，将"数据"窗格下"新销售记录表"中的"客户省份"字段拖放到"可视化"窗格下"钻取"功能中的"在此处添加钻取字段"处，出现如图12-52所示的界面。

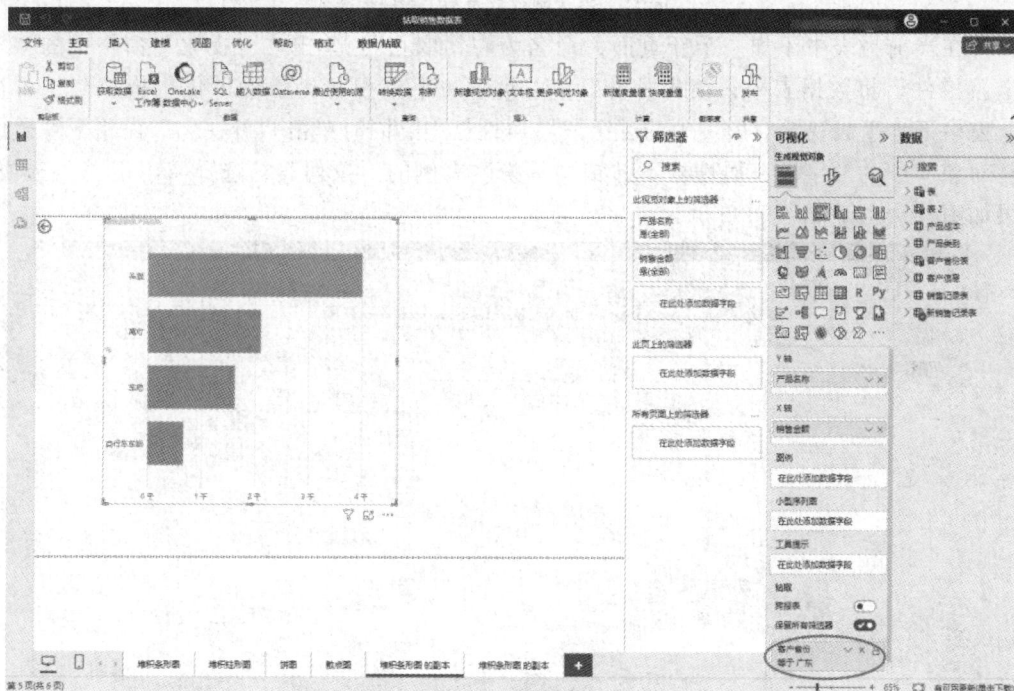

图12-52　当页钻取

　　②勾选"广东"，则在报表画布界面由显示全部短消息销售金额钻取出的广东的产品销售金额。

　　除了可以对包含层次结构的数据进行钻取外，还可以进行跨报表页面钻取。

　　【例12-23】打开"跨报表页面钻取.pbix"文件，练习跨报表页面钻取功能。

　　操作指导：

　　①用打开的文件，制作一个仪表盘。将数据表中"实际销售额"拖放到"可视化"窗

格下"生成视觉对象"中的"值"属性框，将"目标销售额"拖放到"目标值"属性框（如图12-53所示）。

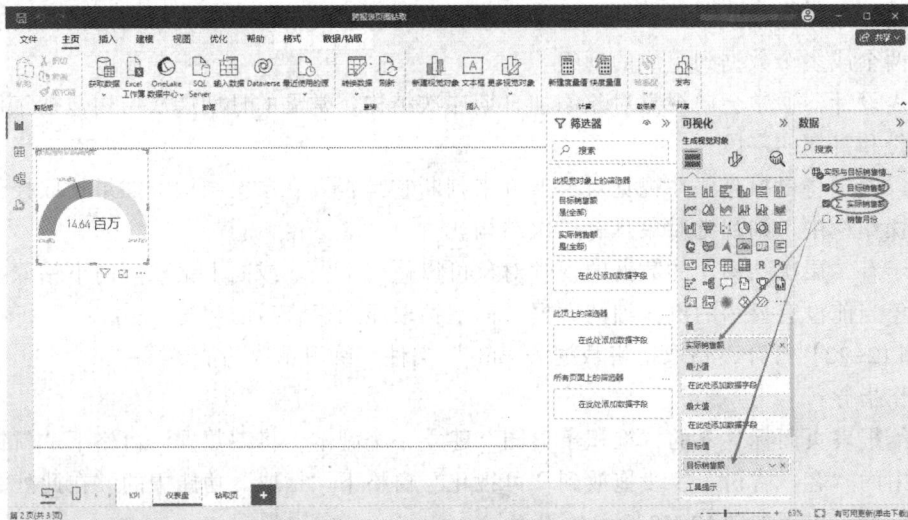

图12-53 制作销售额仪表盘

②在当前报表中添加一个新页面，命名为"钻取页"。单击"可视化"窗格中的"多行卡"控件，将数据表中"销售月份""实际销售额""目标销售额"依次拖放到"可视化"窗格下"生成视觉对象"中的"字段"属性框中。同时单击"可视化"窗格下"生成视觉对象"中的"字段"属性框下"销售月份"右侧的下拉列表，选择"不汇总"选项。结果如图12-54所示。

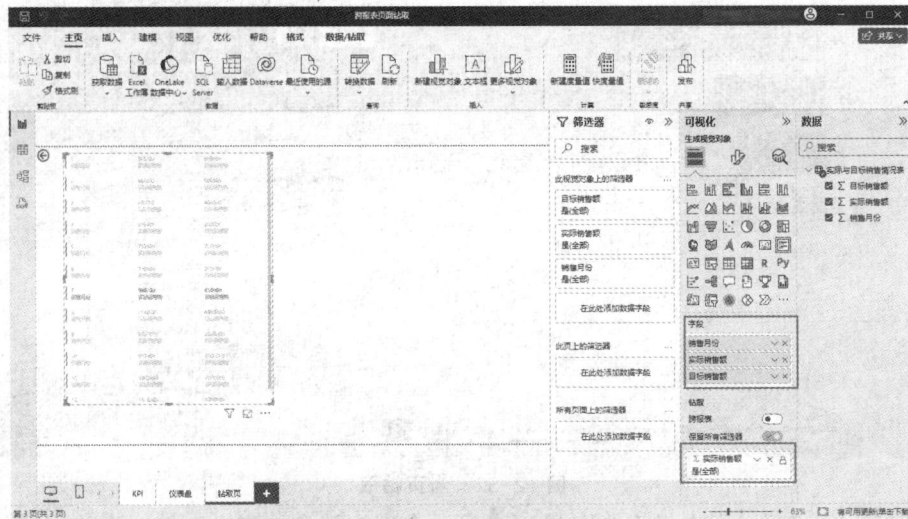

图12-54 制作多行卡

③再将"字段"窗格数据表中"实际销售额"字段，拖放到"可视化"窗格下方"钻取"功能下"在此处添加钻取字段"处，这时报表画布左上角出现了一个带有箭头图案的"返回"箭头按钮。该按钮的作用是当在其他报表页中做钻取操作到达此页后，按住<Ctrl>键单击此按钮可返回上一页（如图12-55所示）。

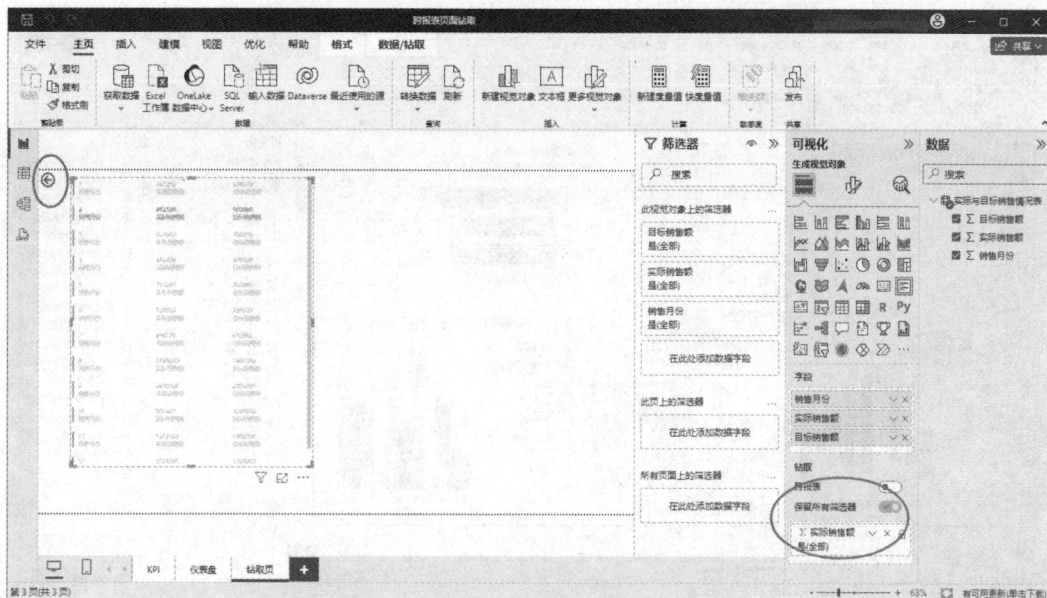

图 12-55   设置钻取

④在包含仪表盘的报表页面中用鼠标右键单击仪表盘，在弹出的菜单中选择"钻取"下的"钻取页"选项，即跳转到包含卡片图的钻取页（如图 12-56 所示），若按住<Ctrl>键，单击钻取页中的"返回"箭头按钮，则返回仪表盘所在的报表页面。

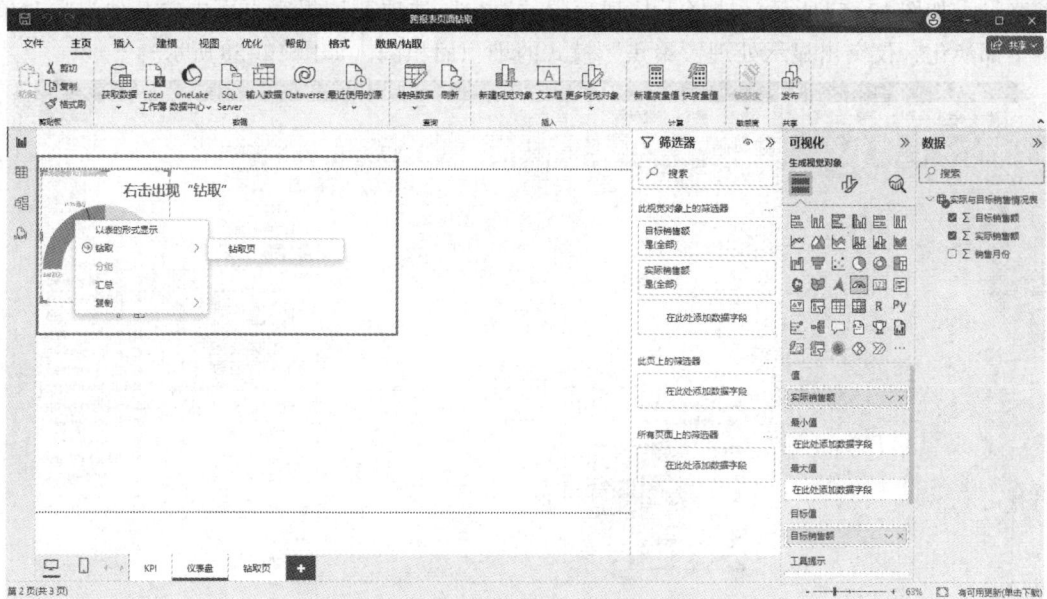

图 12-56   钻取与返回按钮联动

6）聚焦

Power BI Desktop 的报表页面可以同时呈现多个视觉对象，当需要突出显示当前报表页面中某个特定的视觉对象时，就可以使用"聚焦"功能。

【例 12-24】如图 12-57 所示，报表画布有 5 个视觉对象，练习对堆积面积图的聚焦。

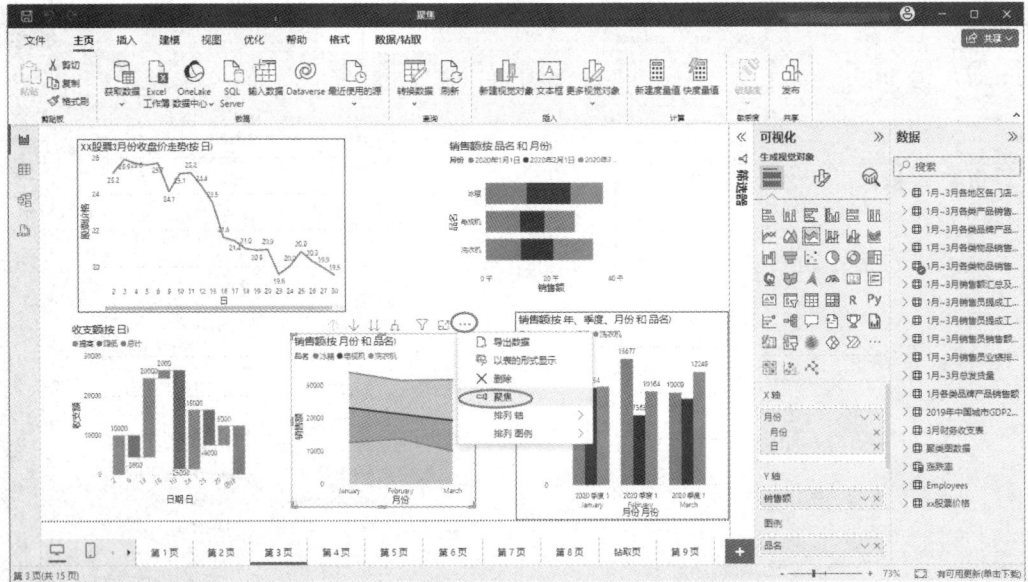

图 12-57　"聚焦"功能

操作指导：

①打开"聚焦.pbix"文件，第3页报表页面已呈现5个视觉对象。

②单击需要聚焦的视觉对象"销售额按月份与品名"主题的"堆积面积图"右上角的省略号，如图12-57所示。选择下拉列表中"聚焦"选项，该报表页面中的其他视觉对象将全部淡化，仅突出显示处理"聚焦"模式的堆积面积图（如图12-58所示）。

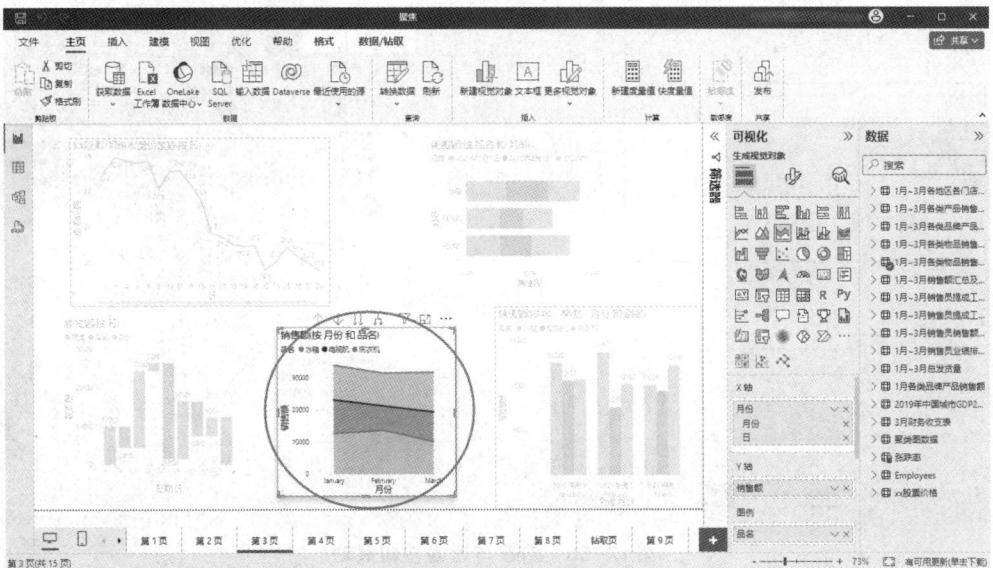

图 12-58　"聚焦"后结果

7）报表主题

报表主题是Power BI Desktop中根据报表的背景颜色及视觉对象所使用的颜色和格式。当某个报表主题被应用于报表后，该报表中的所有视觉对象均会用选定主题中的颜色与格式作为默认的颜色与格式。设计人员可以从Power BI Desktop内置的报表主题或自定义报表主题中选择一种主题应用于整个报表。

具体操作为：在"视图"菜单选项卡下"主题"子功能区域中选择某个合适的"主题"并单击此"主题"按钮，整个报表的视觉对象将按照此"主题"进行颜色与格式的调整。

8）分组和装箱

Power BI Desktop 中的分组是指将视觉对象中某个数值型字段或时间型字段的值域（从最小值到最大值的范围）拆分为大小相同的若干组，每组称为一箱。

装箱是指将数值型字段的每个数据点归入不同的组后并在视觉对象中显示出来。

12.5.4　Power BI 报表页面的交互

1）工具提示

Power BI 工具提示功能是允许用户将可视化作品放置到工具提示中，通过鼠标悬停的方式来展示这些视觉对象。

工具提示实际上是先制作一个单独的可视化页面，通过相应的设置使其展示在提示中。可以根据需要创建任意数量的工具提示页。每个工具提示页都可与报表中的一个或多个字段关联，以便在将鼠标悬停在包含所选字段的视觉对象上时，可以显示在工具提示页上创建的工具提示。在将鼠标悬停在该视觉对象上时，将根据鼠标悬停在其上的数据点进行筛选。

可以为报表中的每个图表都设置工具提示功能，也可以制作多个工具提示页，每个图表显示不同的工具提示内容。

工具提示的好处有以下三个方面：第一，节省页面空间。报表的页面空间是有限的，如果已经精心做好了一个报表，最后发现还要补充更细粒度或者更多维度的数据，而空间已经不够用或者必须得改变原有的报表结构时，工具提示是一个很好的选择。

第二，保持页面整洁。太多的维度堆在一起势必造成页面的混乱。而将有关细节的数据放到工具提示中，就避免了这种情况。

第三，满足不同层次用户的需求。将最受关注的数据直接展示在页面中，一目了然，而想了解更多数据的用户，可以很方便地进行探索。

【例 12-25】运用"工具提示"，可以显示不同省份产品的销售数量。

操作指导：

①打开"工具提示销售数据表 .pbix"，新建页面。单击报表画布下方的报表页面新增按钮"+"（该按钮位于页面选项卡区域的 Power BI Desktop 画布底部）新建一个页面，并把这个报表页面命名为"工具提示"。此外，还有两种等效的操作方法：方法之一是，双击新建报表页标签，命名为"工具提示"或右面报表页标签，在右键菜单中选择"重命名页"选项，再命名为"工具提示"；方法之二是，单击"可视化"窗格下的"格式"图标，在下面的"页面信息"中的"名称"属性框中输入文字"工具提示"。

②单击"可视化"窗格下的"设置报表页的格式"，打开"页面信息"下的"工具提示"开关；在"页面大小"下的"类型"属性框的下拉列表中选择"工具提示"（如图 12-59 所示）。

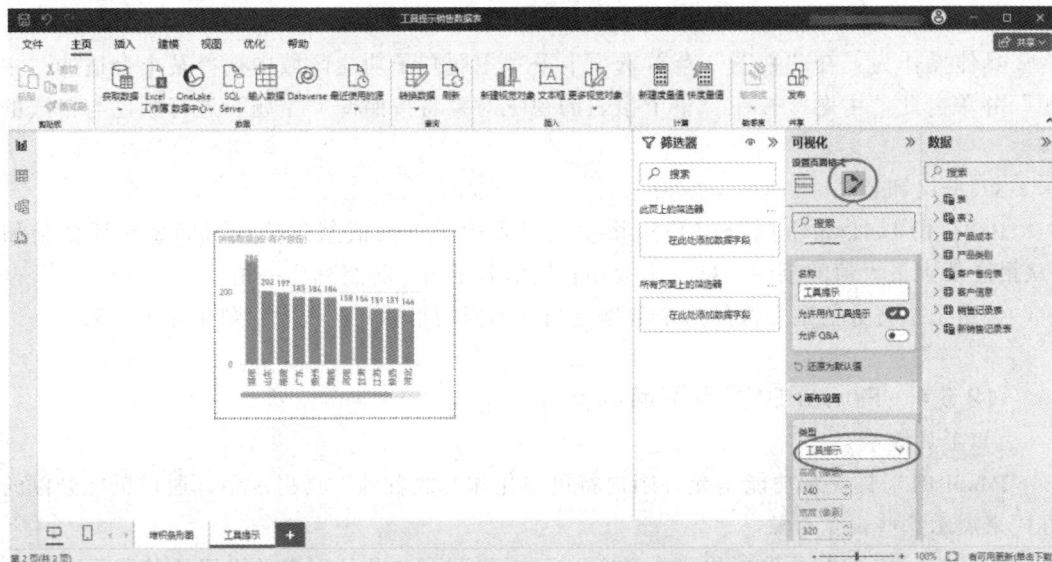

图12-59　设置"工具提示"

③单击"可视化"窗格中"堆积柱形图"控件，将"新销售记录表"中的"客户省份"拖放到"可视化"窗格下"生成视觉对象"中的"X轴"属性框，将"销售数量"拖放到"Y轴"属性框。这样"工具提示"报表页就会出现"客户省份"与"销售数量"的二维柱形图（如图12-60所示）。打开"可视化"窗格下"设置视觉对象格式"中的"视觉对象"子格式图标下的"数据标签"按钮，结果如图12-61所示。

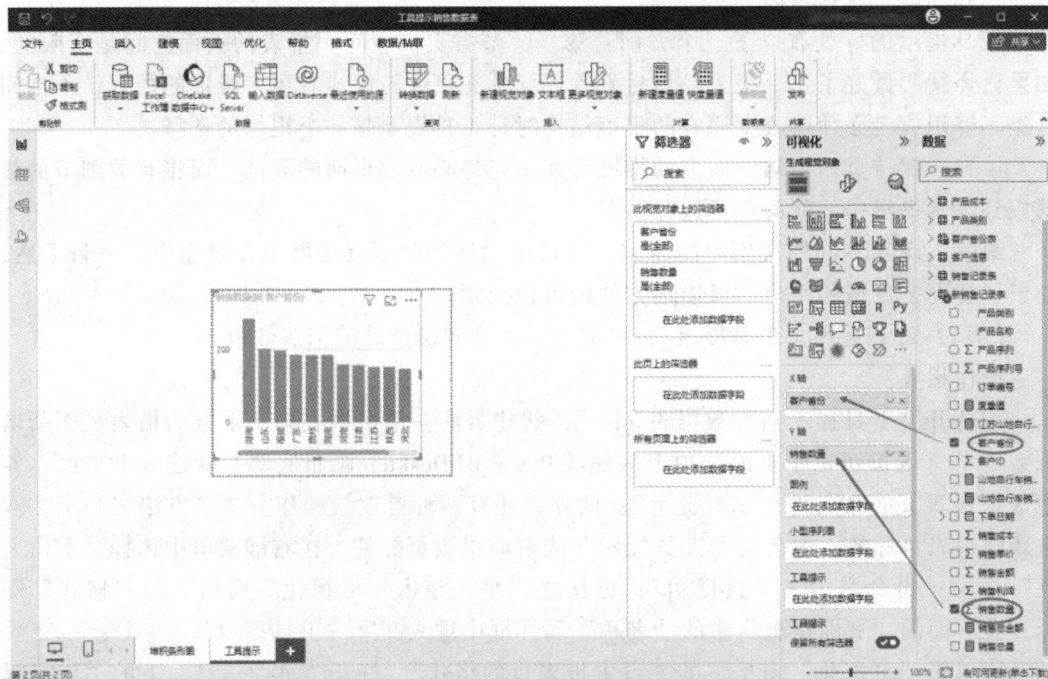

图12-60　销售数量堆积柱形图

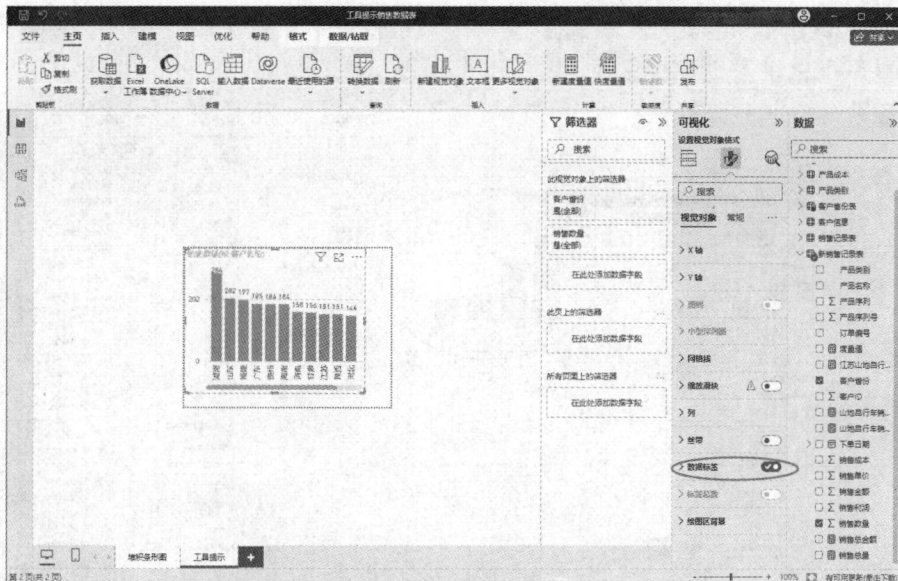

图 12-61　打开数据标签

④在由"产品名称""销售金额"组成的"堆积条形图"报表页面中进行"工具提示"设置。在不选中"堆积条形图"视觉对象的情况下，单击"可视化"窗格下"设置报表页格式"中的"页面信息"属性下的"工具提示"按钮。

⑤选中"堆积条形图"视觉对象，单击"可视化"窗格下"设置视觉对象格式"中的"常规"子格式图标，选中"工具提示"，在"类型"的下拉列表中选择"报表页"，在"页码"的下拉列表选择"工具提示"选项（如图 12-62 所示）。

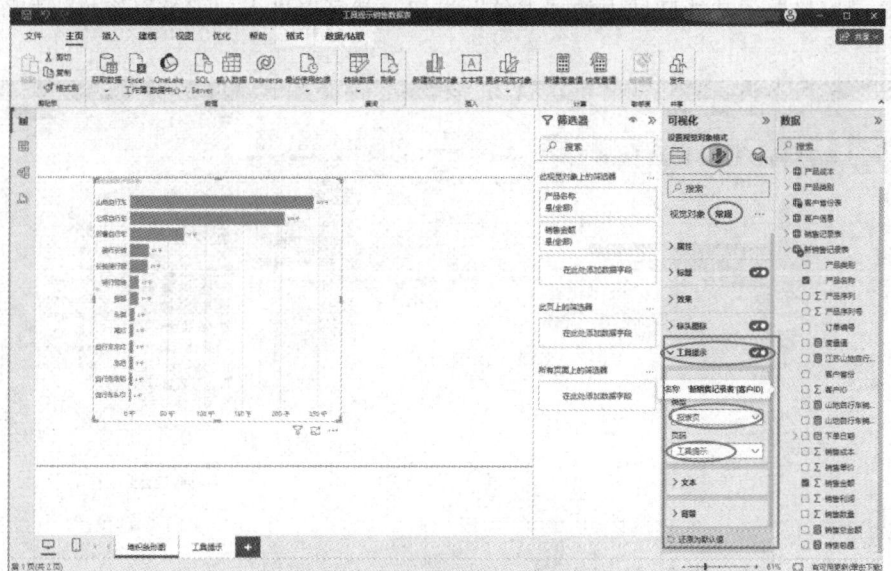

图 12-62　设置条形图"工具提示"

⑥此时，将光标移动到图 12-62 的条形图中，在鼠标指向任何一种产品时将显示各省该产品的销售数量（如图 12-63 所示）。

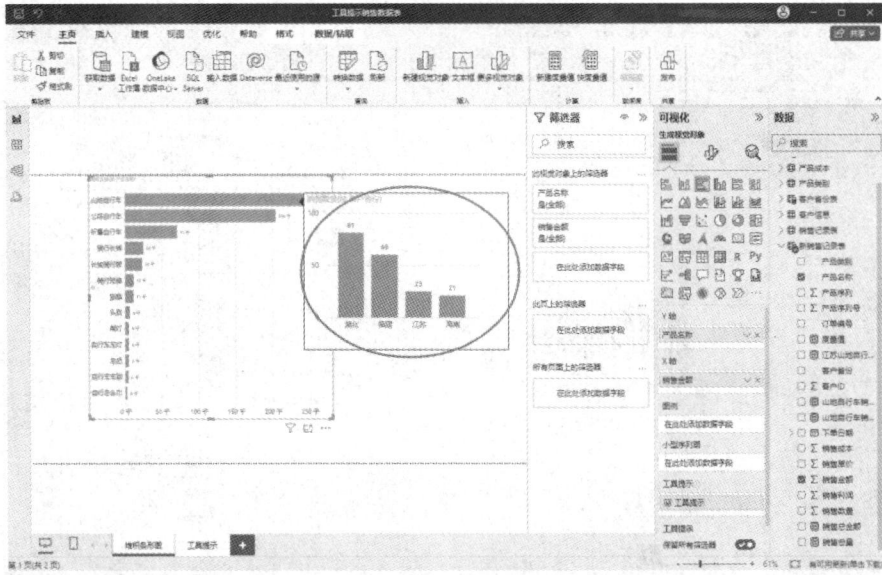

图12-63　条形图"工具提示"结果

2）Power BI Desktop 书签

平时我们阅读书籍的时候习惯在书的一些地方夹一个书签，便于下次阅读时快速翻到上次阅读的页面。Power BI Desktop 的书签功能可以记录报表页面的位置，可以快速跳转到想看的页面，通过添加书签和灵活使用书签，可以大大增强 Power BI Desktop 报表的交互性。

（1）添加书签。打开"可视化报表销售数据表 1.PBIX"文档，单击"视图"菜单选项卡下"显示窗格"子功能区域中的"书签"按钮，就可以进入"书签"窗格（如图 12-64 所示）。

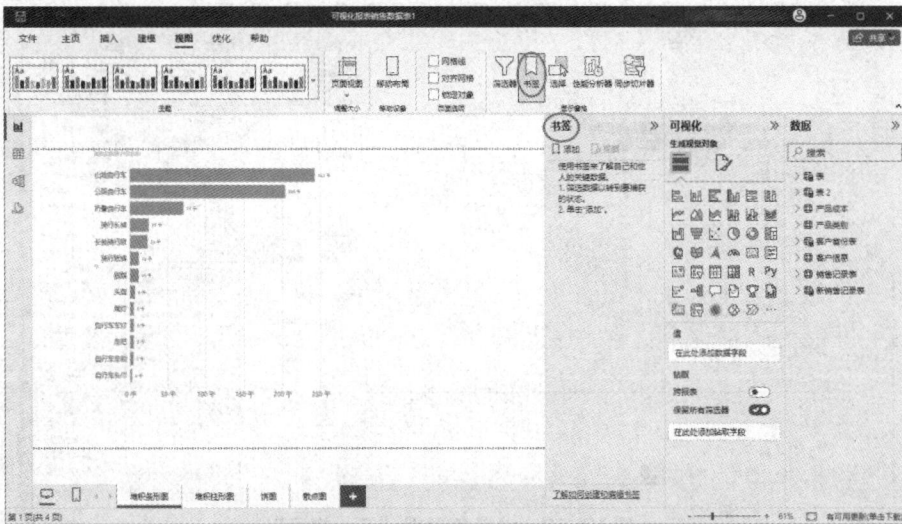

图12-64　打开"书签"功能

单击图 12-64"书签"窗格中的"添加"按钮，就可以为当前页面添加一个书签，单击书签右边的三点（…）可以为书签重命名，也可以通过双击来重命名。值得注意的是，添加书签后及时命名有助于避免书签较多时混淆不清。添加书签后，单击书签，就可以跳转到相应的页面。

（2）书签视图。在给多个报表页面添加书签后，单击"书签"窗格中"视图"按钮，可进入"视图"放映模式，单击各书签可以像 PowerPoint 放映幻灯片一样查看视图。放映模式下可去掉勾选的书签窗格来隐藏编辑窗口。放映的顺序是书签窗口中各书签的顺序。报表设计者还可以使用<Ctrl>键选中多个书签进行分组，方法是选中多个书签后，选中右键后的"分组"选项，这样选中的书签将被放到同一个组中。放映时可以单独选该组。

（3）为书签关联按钮。单击"插入"菜单选项卡下"元素"子功能区的"按钮"，选中"书签"选项，原"可视化"窗格处变为"格式按钮"窗格。在"格式按钮"窗格下进行"操作"属性设置（如图 12-65 所示）。

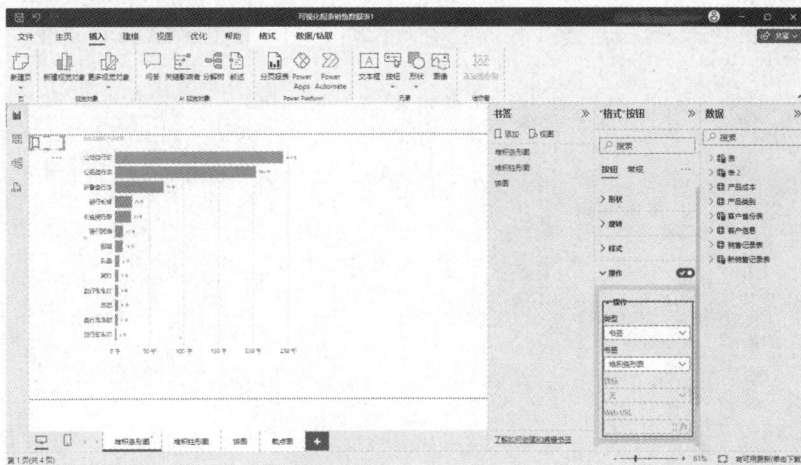

图 12-65　设置书签

（4）书签属性。选中一个书签，右键单击，出现如图 12-66 所示的书签属性选项，默认这些属性不需要调整。

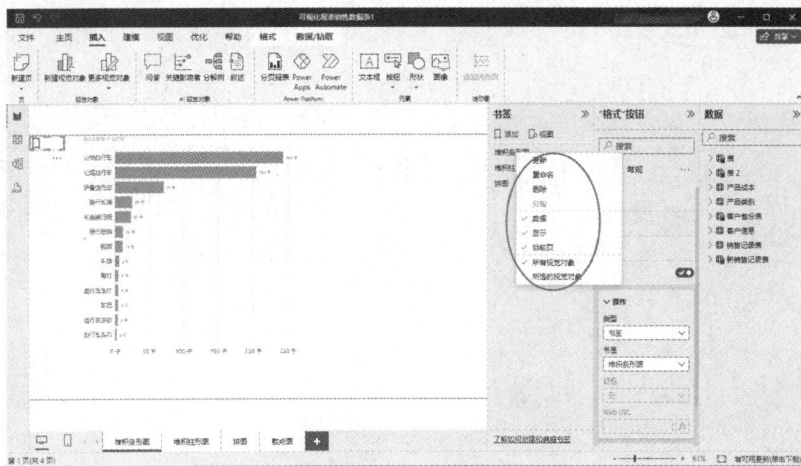

图 12-66　书签属性

（5）书签应用。除了可以跳转到指定的页面外，用户可以通过设置书签实现丰富有趣的交互功能。

【课后思考】

1.请你说说 Power BI 可视化报表的含义。

2.什么是视觉对象？有哪些视觉对象？

3.视觉对象的格式设置一般包括哪些方面？

4.Power BI 中如何创建一个仪表盘？

第13章　Power BI大数据分析应用

【本章导学】

本章是在前面第9章至第12章Power BI按知识点介绍的基础上，通过现实生活中比较重要的销售分析与财务报表分析两个实例，运用Power BI的功能模块及命令对销售与财务数据进行清洗与整理，再运用DAX函数与公式对数据进行分析，最后运用可视化视觉对象进行可视化呈现，并洞察销售业务的情况及财务状况，进而提出决策支持意见。通过本章将收获较为系统的Power BI运用思路与技巧。

【素养导引】

我国正在推进中国式现代化建设，社会经济发展的各个领域都需要利用大数据分析以实现决策支持。大学生毕业后无论从事哪种职业，都应树立大数据思维，掌握好大数据分析工具和大数据分析方法，把大数据分析运用到未来的职业发展中，不断追求卓越，从而更好地践行社会主义核心价值观。

13.1　Power BI大数据分析在销售管理中的应用

13.1.1　案例资料概况

本节通过一个综合实例对Power BI的相关知识点和重点功能进行系统回顾与应用，以帮助学生巩固所学并加深理解。值得注意的是，综合实例中使用的数据均为虚构数据，不代表任何一家真实存在的企业的情况。公司情况及大数据分析要求如下：

F信息技术有限公司于2018年成立，经营各种电子产品与软件，市场遍布各主要城市，目前在8个城市设有门店，主要销售的产品有手机、电脑、平板三类，每一类产品又分别来自A、B、C三个品牌，所以该公司销售的产品共9种。已知该公司2021年和2022年的销售明细数据，需要借助Power BI软件分别从品牌、类别、门店城市、年度、总体概况五个方面对专卖店的销售情况进行多方位的可视化分析，并将分析结果分享，便于同事和领导共同查看并讨论当前销售市场的状况，从而优化销售策略，获取更多销售利润。

相关数据源参见提供的操作素材，文档名为"综合应用案例.xlsx"。Excel文档中包括品牌、类别、门店城市、产品明细、销售明细与日期六个工作表。

13.1.2　导入工作簿数据

在Power BI Desktop中完成导入数据，创建报表操作，然后可以将其发布到Power BI

服务上，在 Power BI 服务中可以通过进一步创建仪表盘或根据需要创建其他报表。导入数据的步骤如下：

（1）启动 Power BI Desktop 后，在"主页"菜单选项卡下选择"获取数据"，从其下拉列表中选择"Excel 工作簿"或直接选择"数据"子功能区中的"Excel 工作簿"按钮，进入打开 Excel 文档窗口，选择"综合应用案例.xlsx"，并单击"打开"按钮，进入"导航器"窗口，选择"品牌""类别""门店城市""产品明细""销售明细""日期"六个数据工作表，单击"加载"按钮，完成数据加载工作。此时在 Power BI Desktop "数据"窗格下就可以看到六个数据工作表（如图 13-1 所示）。

（2）切换到"表格视图"，单击"数据"窗格下"销售明细"表，可以看到销售明细数据，会发现部分数据不是期望的效果，如"订单日期"不是按照远近顺序排列，需要进行整理，右键单击"订单日期"列标题或单击"订单日期"右侧的下拉列表按钮（如图13-2所示），在出现的快捷菜单中选择"以升序排序"命令，完成"订单日期"列的升序排列整理。至此，数据导入完成。

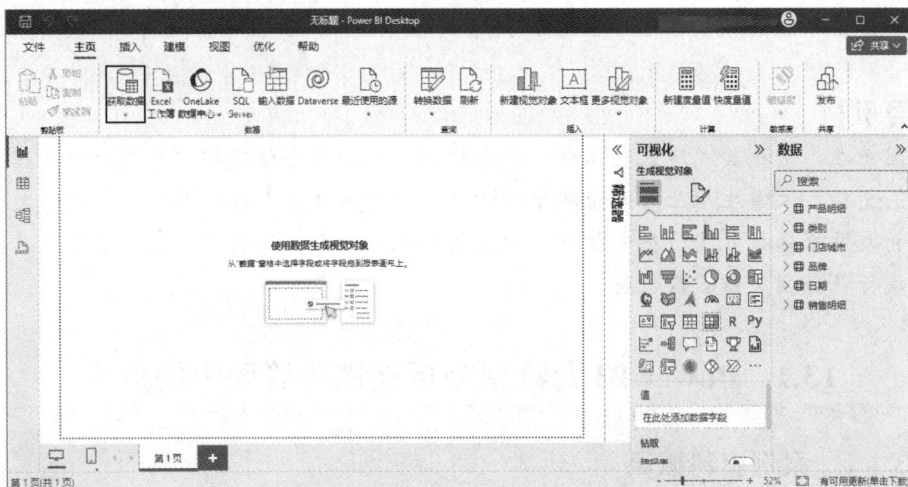

图 13-1　导入综合案例数据表

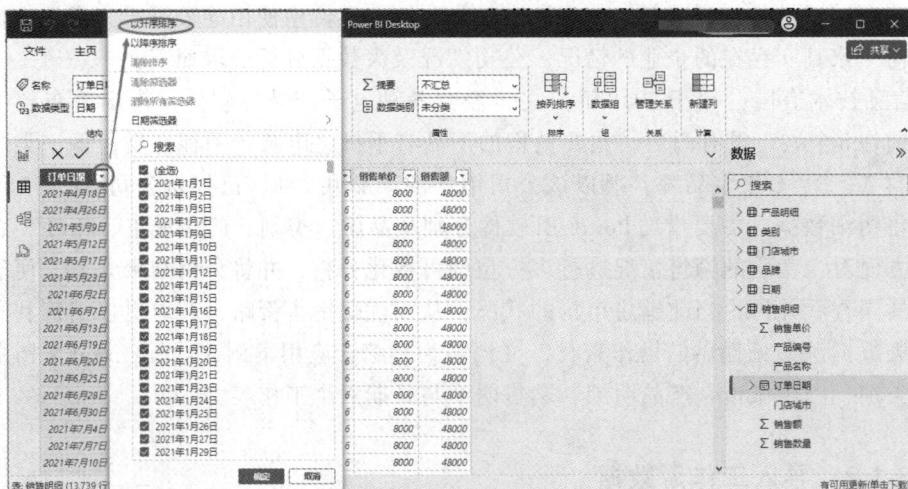

图 13-2　对订单日期升序排列

13.1.3 数据建模

在 Power BI Desktop 中，如果要对多种来源、多个数据表的数据按不同的维度（不同的日期、不同的客户、不同城市、不同的产品等）、不同的逻辑、不同的数据计算原理与不同的统计量进行可视化分析，则首先要为这些数据表建立关系。下面将通过自动检测和手动方式为多个数据表建立关系。

（1）切换到模型视图，Power BI Desktop 系统会显示自动检测到的数据表之间的逻辑关系（如图 13-3 所示）。

（2）因为在导入数据时"数据"窗格下"门店城市"数据表中的字段为"column"，进入 Power Query 将"第一行升级为标题"即"门店城市"，单击"关闭并应用"返回到 Power BI Desktop。

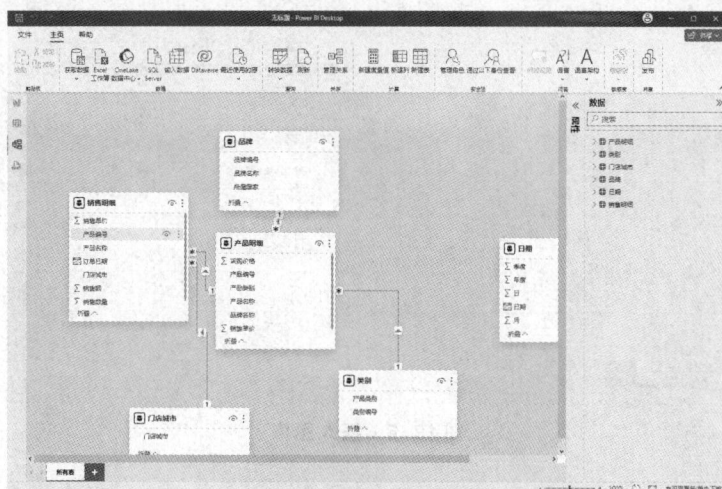

图 13-3 当前模型关系图

（3）由于"日期"表的"日期"字段与"销售明细"表的"订单日期"之间没有建立关系，需要手工建立（如图 13-4 所示）。

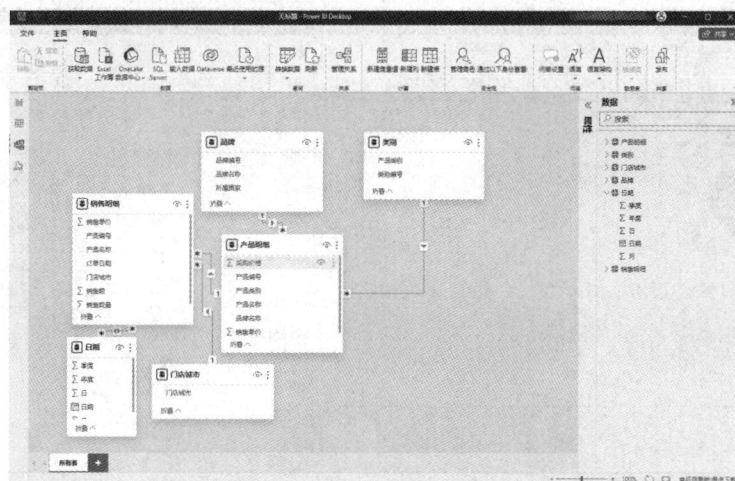

图 13-4 "销售明细"表与"日期"表建立关系

13.1.4　制作导航按钮

为了便于阅读以及更好地提升数据展示和观点表达的灵活性，可结合使用书签和按钮功能来制作导航按钮，实现多个报表的快速切换。下面将通过制作多个书签和按钮来实现报表页的切换。

1）插入图像

切换到报表视图，单击"插入"菜单选项卡下"元素"子功能区域中的"图像"按钮，在弹出的"打开"对话框中找到图像的保存位置，选中要插入的图像，单击"打开"按钮，即可完成图像的插入操作，插入图像的效果如图13-5所示。

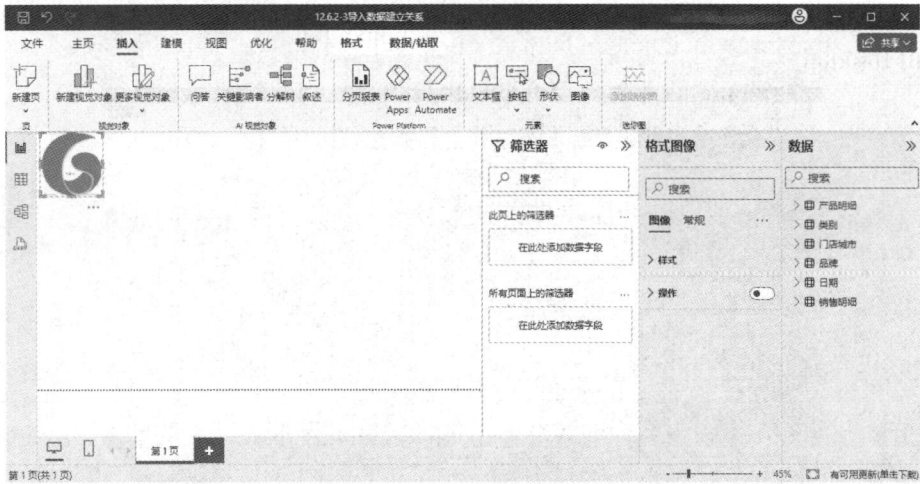

图13-5　插入图像

2）插入按钮

在报表画布中可看到插入图像的效果，接着在画布中插入按钮，单击"插入"菜单选项卡下"元素"子功能区域中的"按钮"按钮，在展开的下拉列表中单击"空白"选项（如图13-6所示）。

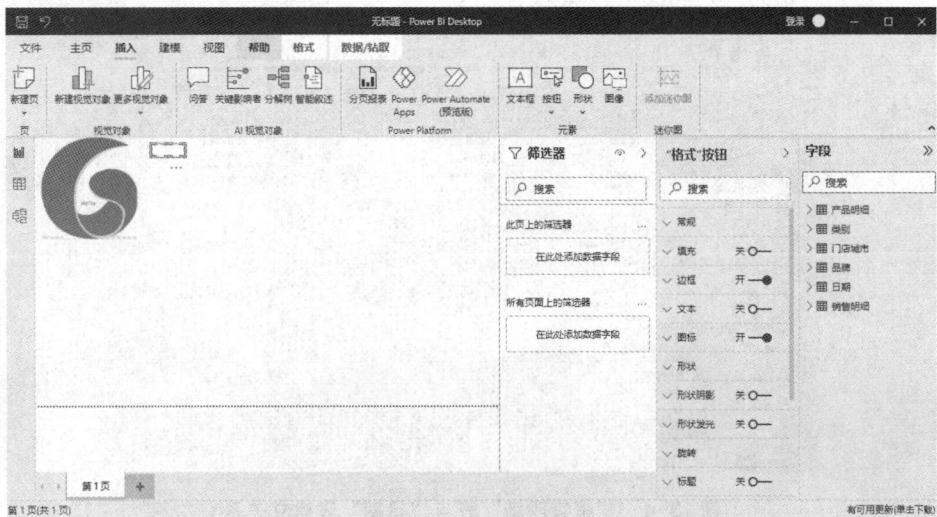

图13-6　插入按钮

3）设置按钮的格式

选中画布中插入的空白按钮，在"格式按钮"窗格的"按钮"下"样式"命令组下打开"填充"开关，设置如图 13-7 所示较深的颜色；再打开"样式"命令下"文本"开关，在"文本"属性框中输入"品牌"、字体颜色选择"白色"、对齐方式设置"居中"、文本大小设置为"16"（如图 13-8 所示）。单击"边框"右侧的滑块，关闭该选项，在"填充"详细界面中设置空白按钮的填充颜色和透明度（如图 13-9 所示）。

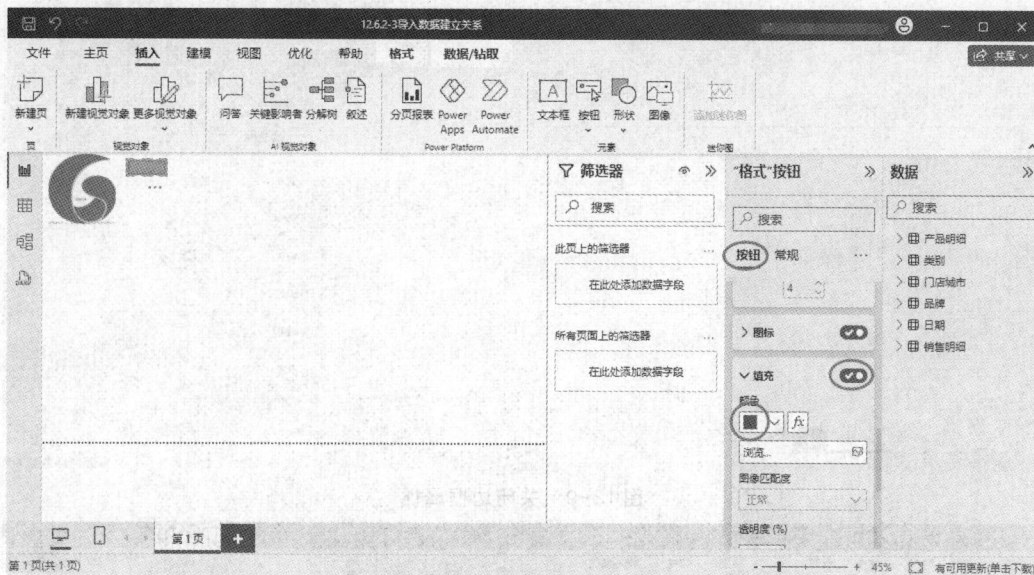

图 13-7　填充按钮颜色

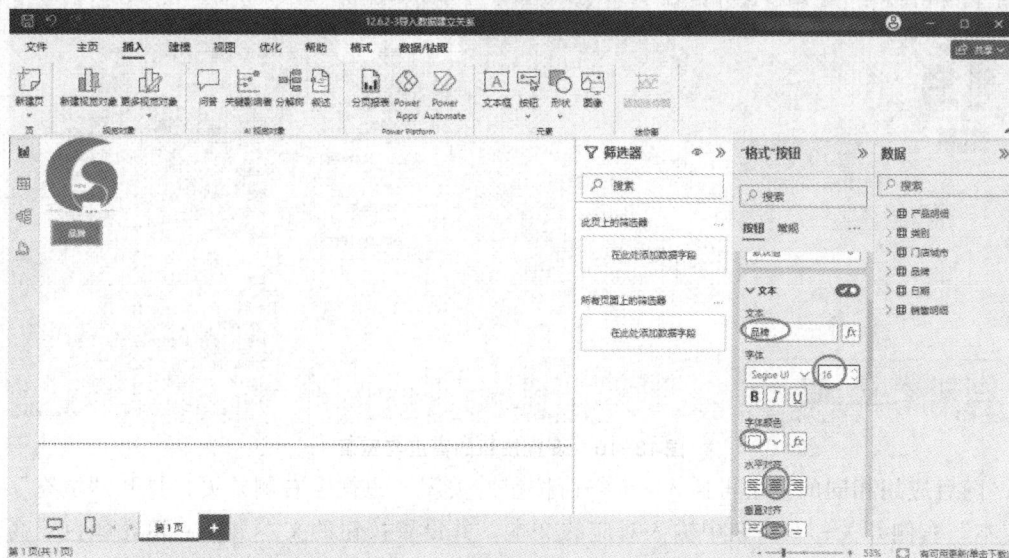

图 13-8　设置品牌文本属性

4）设置按钮大小

在"格式按钮"窗格下的"常规"详细界面中设置按钮的"高度"为"55"，设置按钮的"宽度"为"120"（如图 13-10 所示）。

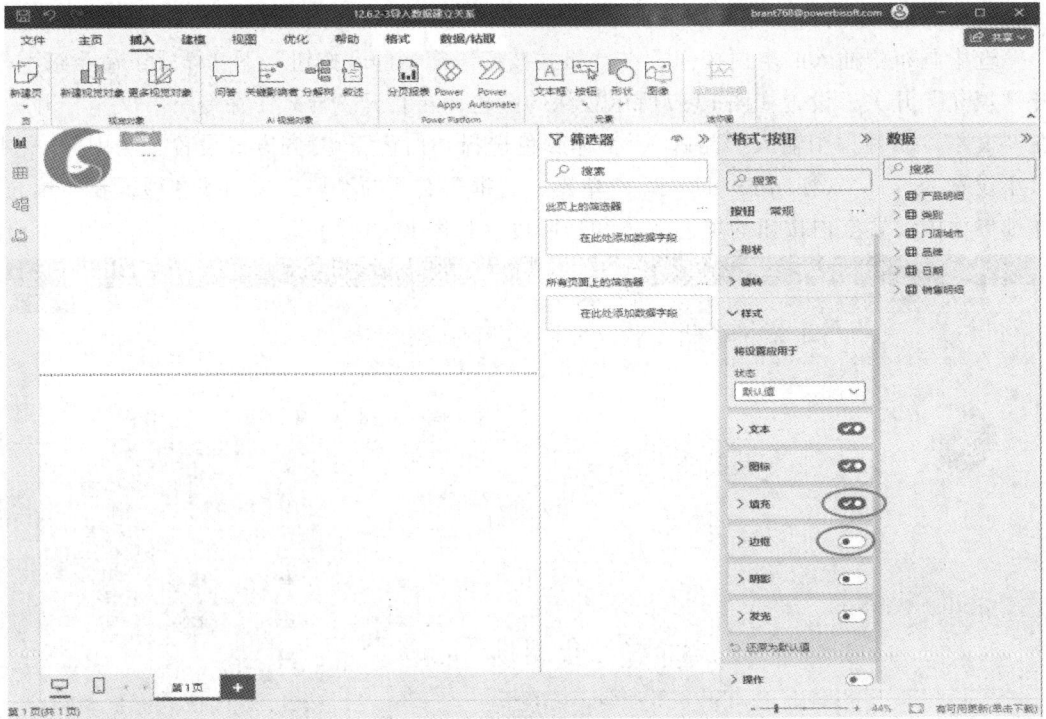

图13-9　关闭边框属性

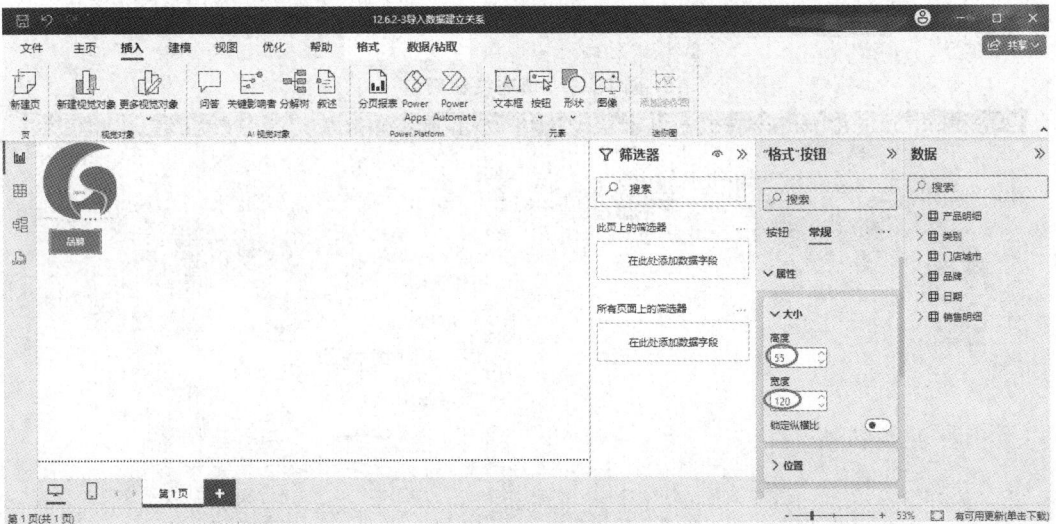

图13-10　设置按钮的高度与宽度

随后应用相同的方法再插入4个空白按钮，关闭"边框"右侧开关，打开"填充"与"文本"右侧开关，在按钮中输入对应的文本，并设置按钮的文本大小、填充颜色、高度和宽度。为了突出当前页的导航按钮，可为当前页的按钮文本设置较大的字号和不同的填充颜色，如将当前页的"品牌"按钮的文本大小设置为16磅，填充颜色设置为黑色，字体颜色为白色；其他按钮的文本内容分别为"类别""门店城市""年度分析""总体概况"，文本大小设置为13磅、填充颜色设置为深蓝色（如图13-11所示）。

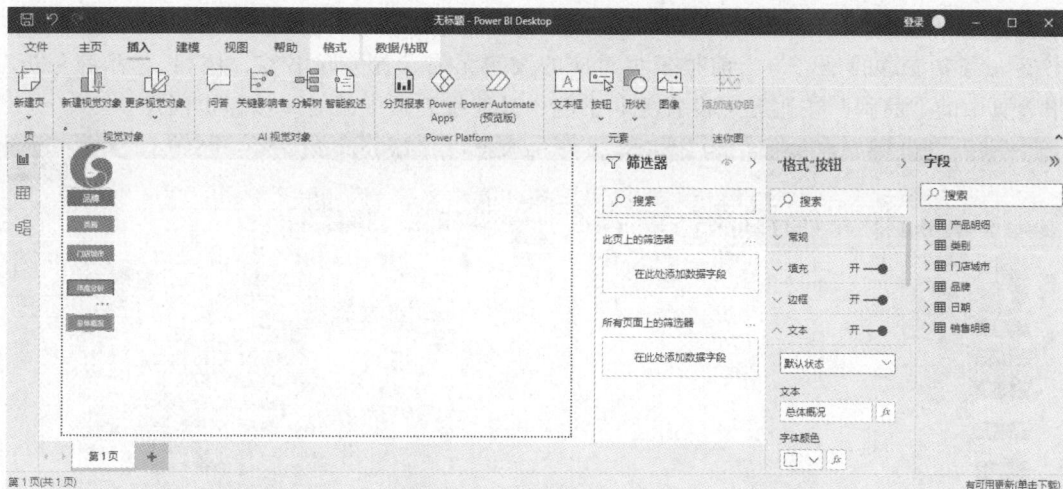

图13-11　设置相关按钮

设置好相关按钮后，调整图像的大小及按钮的大小，并调整到合适的位置。

13.1.5　复制报表页

复制报表页的目的是将不同需求的大数据分析的结果通过不同报表页来呈现。操作步骤如下：

（1）切换到报表视图，右键单击报表页标签（本例将第1页重命名为"总体分析"），在弹出的快捷菜单中单击"复制页"命令。

（2）复制好需要的报表页数后，重命名各报表页，本例将各报表页分别重命名为"品牌分析""类别分析""门店城市分析""年度分析"。

（3）为各报表页对应的导航按钮设置较大的字体与不同的填充颜色。

13.1.6　添加书签

添加书签并与按钮进行关联，目的是实现按钮的导航功能。操作步骤如下：

（1）单击"视图"菜单选项卡下"显示窗格"子功能区域中的"书签"按钮，即可添加"书签"窗格。

（2）单击"书签"窗格中的"添加"按钮，就会出现新创建的书签，并为其提供一个通用名称"书签1"，将其重命名为"品牌分析"，类似地，可以反复切换到要添加书签的报表页，单击"添加"按钮添加书签，分别将其重命名为"类别分析""门店城市分析""年度分析"（如图13-12所示）。

13.1.7　关联书签与按钮

在添加书签后，需要将按钮与书签关联起来才能实现导航功能。关联按钮与书签的操作步骤如下：

（1）切换至"品牌分析"报表页，选中要关联书签的按钮，如"类别"。

（2）在"格式按钮"窗格打开"操作"设置界面，在"操作"详细界面中设置"类型"为"书签"，单击"书签"下拉列表框，在展开的列表中选择要与此按钮关联的书签，如"类别分析"（如图13-13所示）。运用相同的方法为所有报表页中的按钮设置关联书签。需要注意的是，与当前报表页对应的按钮无须设置关联书签，例如，"品牌分析"报表页中的"品牌"按钮无须设置关联书签，其他报表页中的对应按钮也同理。

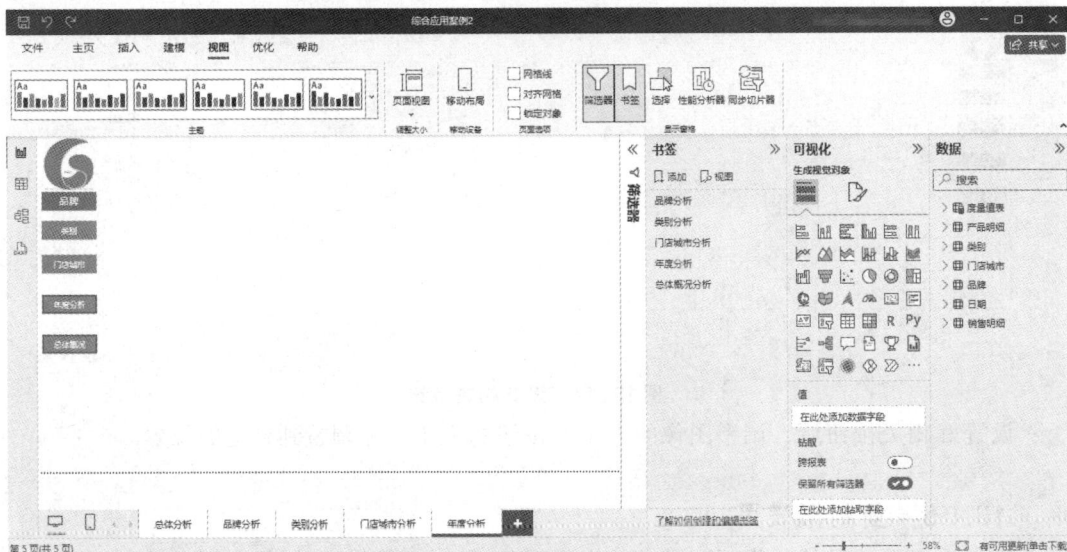

图13-12　添加报表页与书签

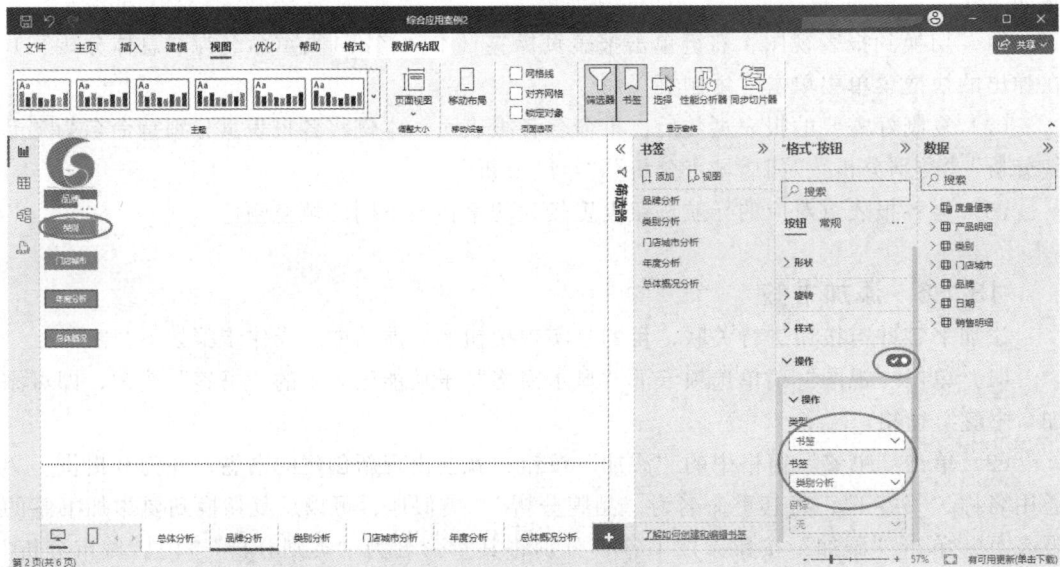

图13-13　关联书签与按钮

13.1.8　测试按钮的导航效果

完成按钮和书签的关联后，测试按钮的导航效果。

操作步骤如下：按住<Ctrl>键不放，单击要测试的按钮，如"总体概况"，即可跳转至与该按钮关联的书签所指向的"总体概况分析"报表页中。

13.1.9　新建表与新建度量值

想在报表中查看数据的特定内容并将这些内容可视化，可在 Power BI Desktop 中创建度量值。下面将在报表中使用 DAX 函数创建新表并将创建的度量值放置在新表中。

（1）创建一个专门的表用于存放所有的度量值，目的是即使在度量值很多的情况下，运用与查看仍十分方便。在"建模"菜单选项卡下单击"计算"组中的"新表"按钮。

（2）在公式栏中将新表命名为"度量值表"，并输入公式"=ROW（"度量值"，BLANK（））"，按回车键，即可在"数据"窗格看到新建的"度量值表"及表中的一个空白字段。

（3）切换到数据视图，单击"表工具"菜单选项卡下的"计算"子功能组中的"新建度量值"按钮，在公式栏输入公式"销售总额=SUM（'销售明细'［销售额］）"（注意，不再描述为将通用度量值名改名为"销售总额"，而直接采用在公式栏输入双引号内的内容，下同）。按回车键后，将在"数据"窗格"度量值表"数据表下出现"销售总额"度量值（如图 13-14 所示）。

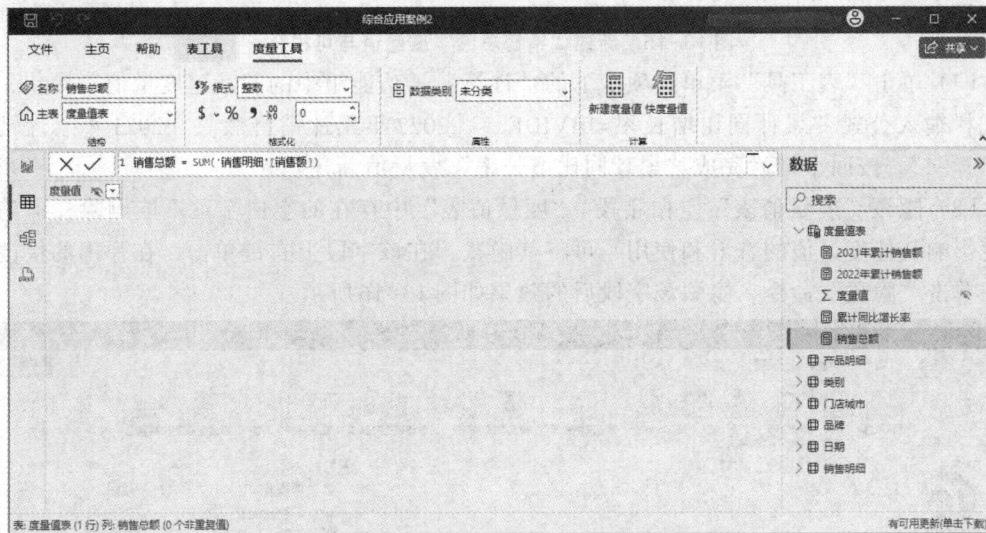

图 13-14　新建度量值表

（4）切换到报表视图，单击"可视化"窗格下"卡片图"，将"数据"窗格下"度量值表"中出现的"销售总额"度量值拖放到报表画布中的卡片图中或拖放到"可视化"窗格"字段"图标下"字段"文本框中，即可看到"销售总额"度量值结果（如图 13-15 所示）。

（5）切换到数据视图，单击"表工具"菜单选项卡下的"计算"子功能组中的"新建度量值"按钮，在公式栏输入公式"2022 年累计销售额=TOTALYTD（'度量值表'［销售总额］，'日期'［日期］）"，按回车键后完成"2022 年累计销售额"度量值新建。

（6）单击"表工具"菜单选项卡下的"计算"子功能组中的"新建度量值"按钮，在公式栏输入公式"2021 年累计销售额=TOTALYTD（'度量值表'［销售总额］，SAMEPERIODLASTYEAR（'日期'［日期］））"，按回车键后完成"2021 年累计销售额"度量值新建。

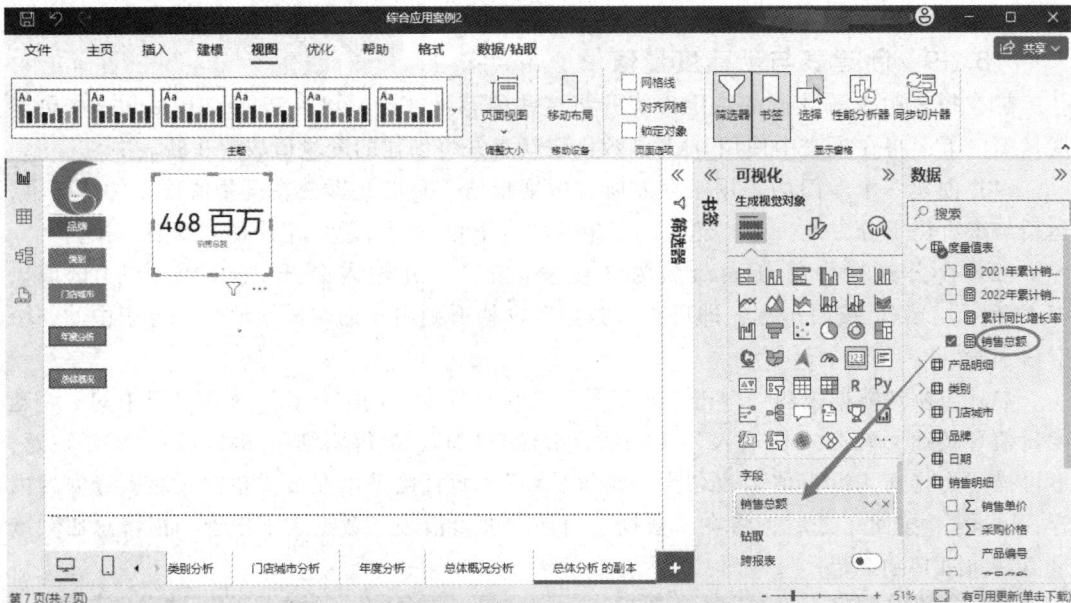

图 13-15　新建"销售总额"度量值与可视化

（7）单击"表工具"菜单选项卡下的"计算"子功能组中的"新建度量值"按钮，在公式栏输入公式"累计同比增长率=DIVIDE（［2022年累计销售额］，［2021年累计销售额］）-1"，按回车键后完成"累计同比增长率"度量值新建。

（8）隐藏"度量值表"空白字段。"度量值表"中存在的空白字段不能删除，但为了避免影响其他度量值的查看和使用，可将其隐藏，在该字段上右键单击，在弹出的快捷菜单中单击"隐藏"命令，隐藏该字段后的效果如图13-16所示。

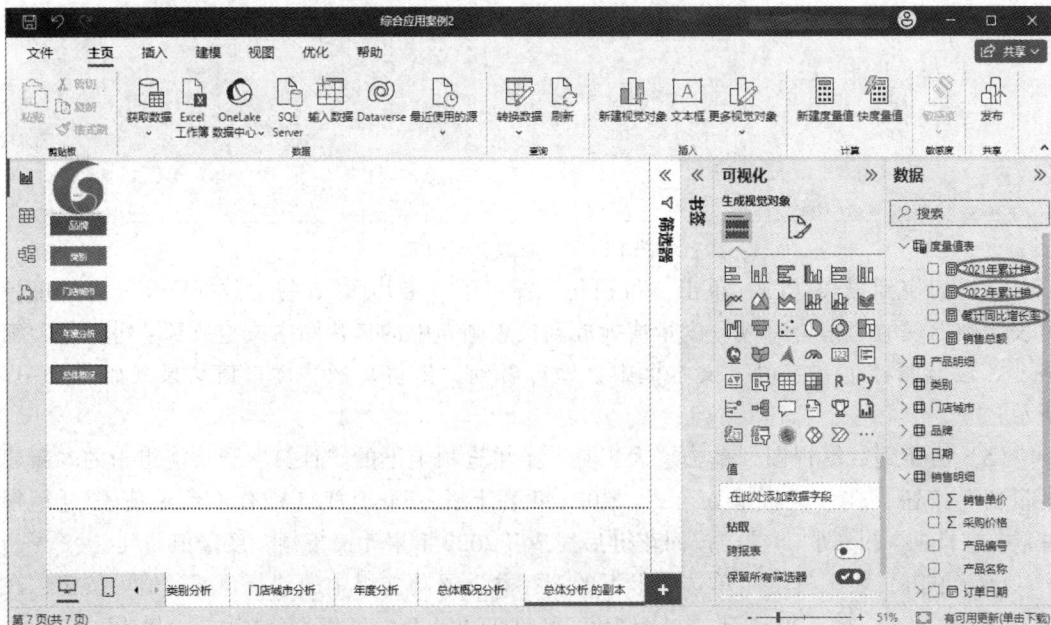

图 13-16　新建"2022年累计销售额"等度量值

13.1.10　整理数据表

如果从 Excel 工作簿中导入的数据不能完全满足后续的可视化分析需求，此时就需要在 Power BI Desktop 中对导入的数据进行整理。下面通过合并查询、自定义列和整理数据类型等功能对报表中的数据进行适当整理。

（1）在"销售明细"表中添加"产品明细"表中的"采购价格"字段。单击"主页"菜单选项卡下"查询"子功能区域中的"转换数据"子命令，单击其下拉箭头，从下拉列表中选择"转换数据"，进入 Power Query 编辑器。

（2）单击"主页"菜单选项卡下"组合"子功能区域中的"合并查询"按钮，选择"合并查询"命令。

（3）设置合并表。选择"合并查询"命令，打开"合并"对话框，在"销售明细"表下方的对话框下拉列表中选择"产品明细"，并选择"销售明细"表与"产品明细"表中共有的字段"产品编号"，单击"确定"按钮（如图 13-17 所示）。

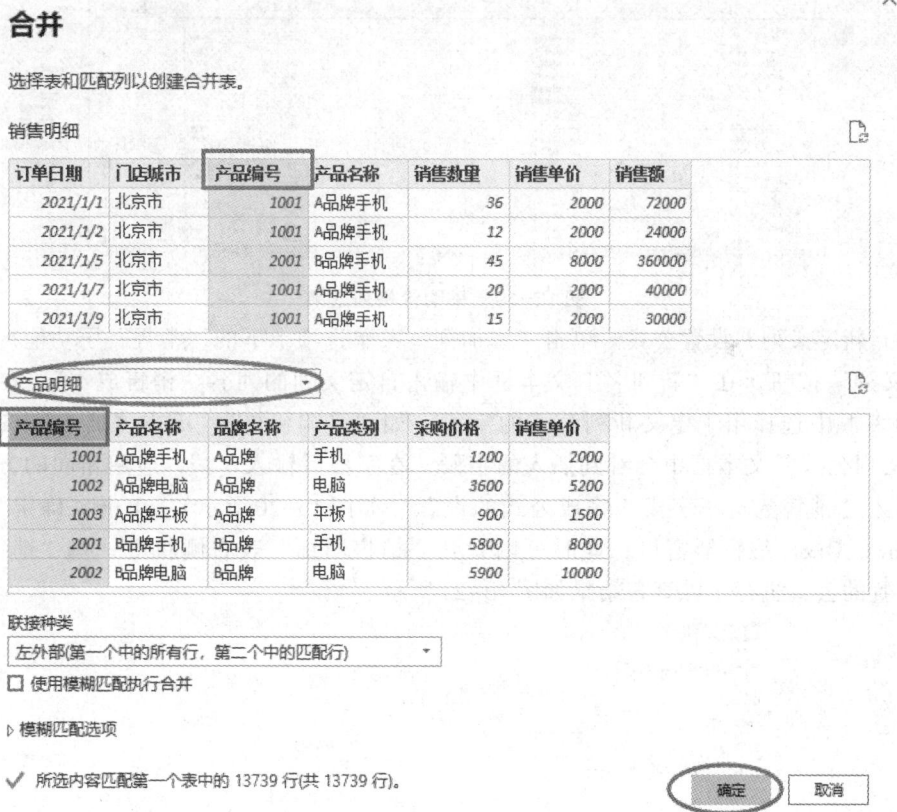

合并

选择表和匹配列以创建合并表。

销售明细

订单日期	门店城市	产品编号	产品名称	销售数量	销售单价	销售额
2021/1/1	北京市	1001	A品牌手机	36	2000	72000
2021/1/2	北京市	1001	A品牌手机	12	2000	24000
2021/1/5	北京市	2001	B品牌手机	45	8000	360000
2021/1/7	北京市	1001	A品牌手机	20	2000	40000
2021/1/9	北京市	1001	A品牌手机	15	2000	30000

产品明细

产品编号	产品名称	品牌名称	产品类别	采购价格	销售单价
1001	A品牌手机	A品牌	手机	1200	2000
1002	A品牌电脑	A品牌	电脑	3600	5200
1003	A品牌平板	A品牌	平板	900	1500
2001	B品牌手机	B品牌	手机	5800	8000
2002	B品牌电脑	B品牌	电脑	5900	10000

联接种类

左外部（第一个中的所有行，第二个中的匹配行）

☐ 使用模糊匹配执行合并

▷ 模糊匹配选项

✓ 所选内容匹配第一个表中的 13739 行（共 13739 行）。

　　确定　　　取消

图 13-17　"合并"对话框

（4）选择扩展列。返回 Power Query 编辑器中，可在"销售明细"表内容的右侧看到一个新增的列，单击该列标题右上角的图标，在展开的列表中勾选需要合并的字段复选框，如"采购价格"（如图 13-18 所示），单击"确定"按钮（如图 13-19 所示）。然后，再将完成列的合并的新列改名为"采购价格"。

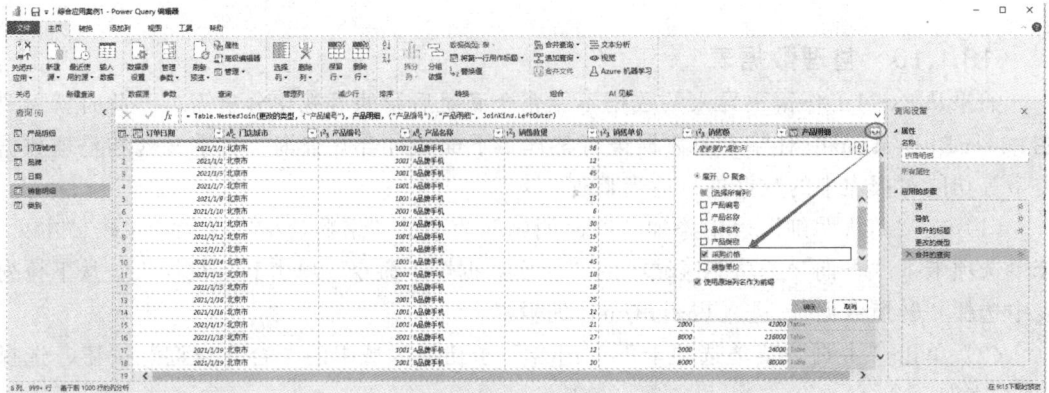

图 13-18　扩展列

图 13-19　采购价格列结果

（5）新定义列并设置公式。单击"添加列"菜单选项卡下的"常规"子功能区域中的"自定义列"按钮，在"新列名"文本框中输入自定义列的列名"销售成本"，在"可用列"列表框中选择用于定义新列公式的字段，如"采购价格"，单击"插入"按钮，在"自定义列公式"文本框中会看到插入的字段，在字段后输入"*"，应用相同的方法在公式中插入"销售数量"字段，完成公式的设置（如图13-20所示）。单击"确定"按钮，返回 Power Query 编辑器窗口，此时可以看到"销售明细"表右侧新增一列"销售成本"并按设置的公式进行了计算，结果如图13-21所示。

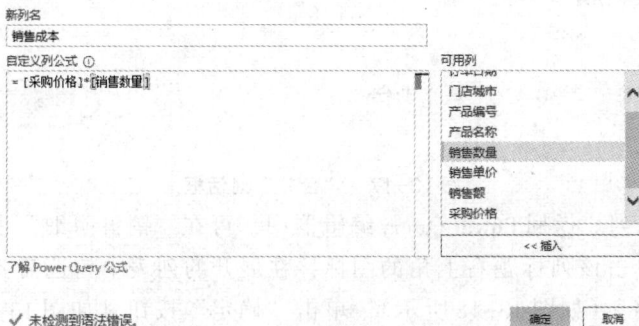

图 13-20　"自定义列"对话框

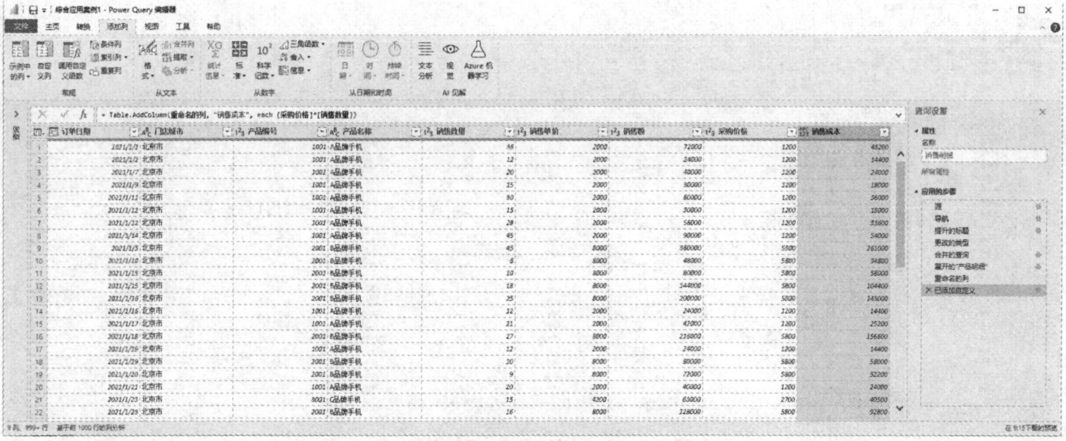

图13-21　销售成本新列生成

（6）再次打开"自定义列"对话框，输入"销售利润"列名，设置公式为"=［销售额］－［销售成本］"（如图13-22所示），单击"确定"按钮，结果如图13-23所示。

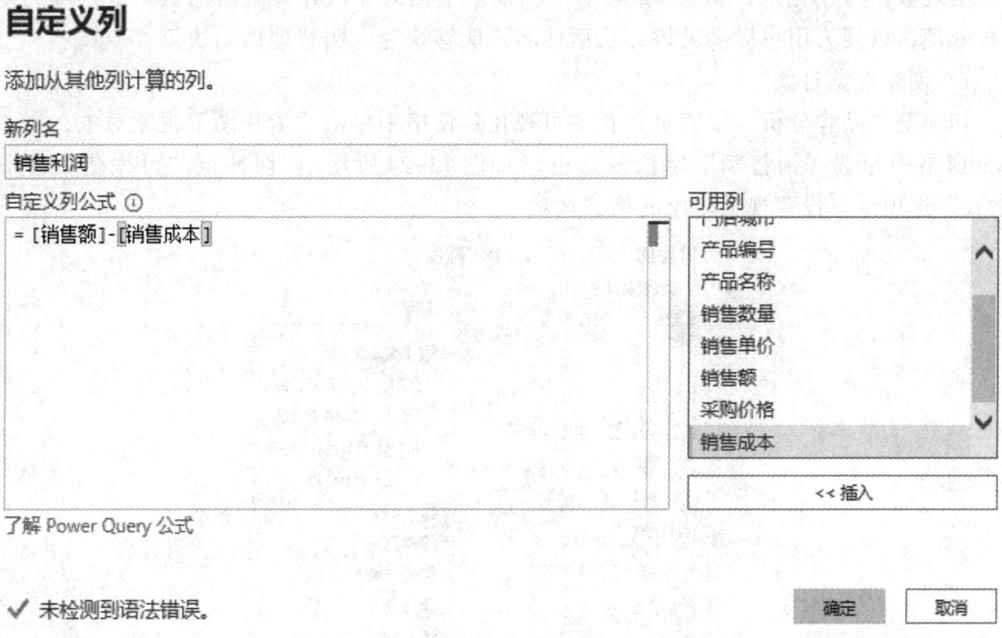

自定义列

添加从其他列计算的列。

新列名

销售利润

自定义列公式 ⓘ

= ［销售额］-［销售成本］

可用列

产品编号
产品名称
销售数量
销售单价
销售额
采购价格
销售成本

<< 插入

了解 Power Query 公式

✓ 未检测到语法错误。

确定　　取消

图13-22　销售利润"自定义列"对话框

（7）调整或更改数据类型。完成列的添加后，如果列的类型不符合实际的工作需求，可在该列的名称上右键单击，在弹出的快捷菜单中单击"更改类型>整数"命令，如图13-23所示。运用相同的方法更改"销售利润"列的数据类型为整数。

（8）完成上面操作后，在"主页"菜单选项卡下单击"关闭并应用"按钮，返回Power Bl Desktop窗口。

图 13-23　"销售利润"列生成

13.1.11　可视化效果的呈现和分析

实现数据可视化是 Power BI 最核心的功能。下面对导入并整理后的数据进行可视化的分析处理，以便为用户提供见解，从而使客户能够快速、明智地做出决策。

1）创建视觉对象

切换至"品牌分析"报表页，在"可视化"窗格中单击"卡片图"视觉对象，在"数据"窗格中勾选"销售额"字段复选框（如图 13-24 所示）。切换至"可视化"窗格的"格式"选项卡，设置视觉对象的格式选项。

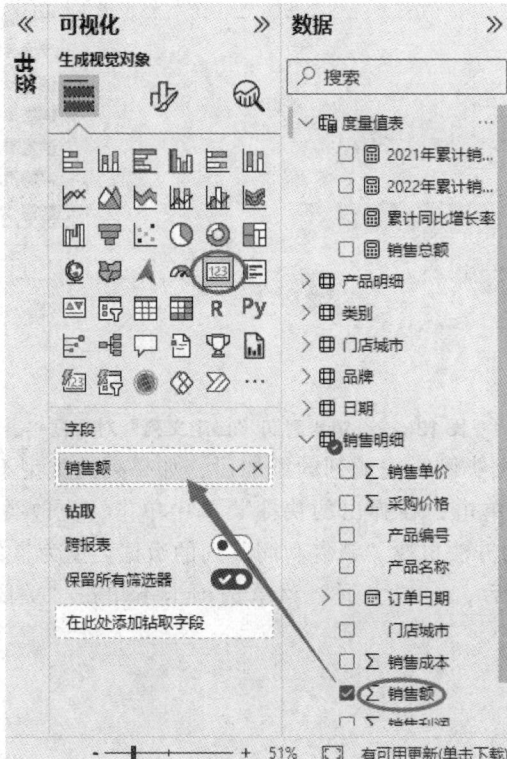

图 13-24　卡片图视觉对象及"销售额"字段选择

2）品牌分析

用相同的方法继续在"品牌分析"报表页中插入需要的视觉对象（本例添加卡片图，分别添加销售成本、销售利润与销售数量等字段），并调整格式、位置和大小。

单击"可视化"窗格下"簇状柱形图"，X轴为年份，Y轴为销售额，将标题设为"各品牌销售额"，同时再单击"可视化"窗格下的"切片器"，将"数据"窗格中"品牌"数据表中"品牌名称"拖放到画布切片器图中，制作出"品牌分析"报表页（如图13-25所示）。若要查看A品牌数据的可视化效果，可在切片器视觉对象上单击代表A品牌数据的复选框。

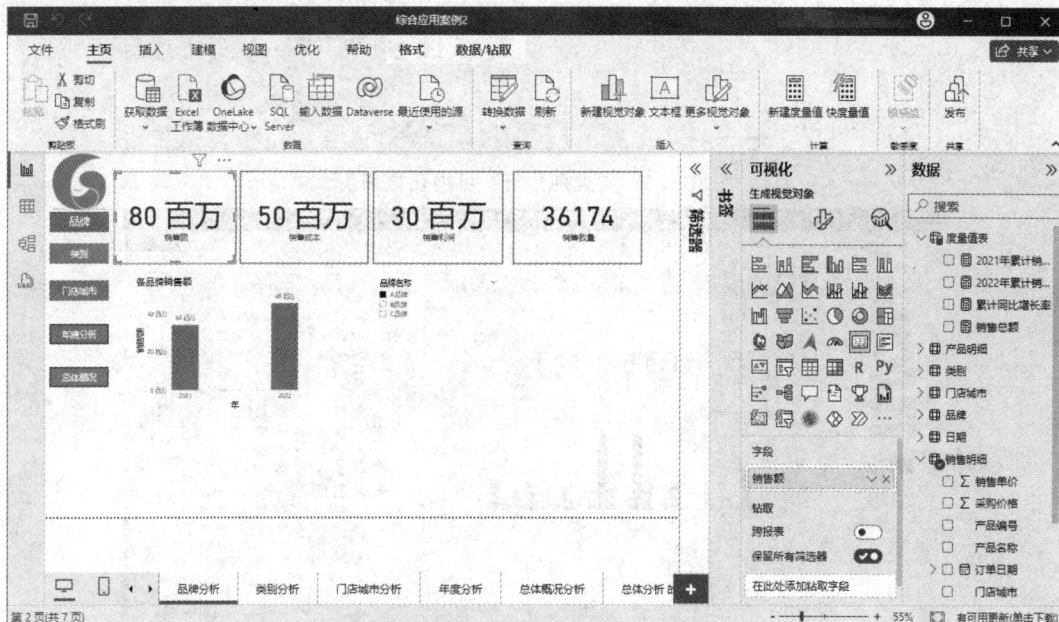

图 13-25   "品牌分析"报表页

3）类别分析

切换到"类别分析"报表页，单击"可视化"窗格的"漏斗图"控件，分别将"产品名称"与"销售额"字段，拖放到"可视化"窗格的"组"文本框与"值"文本框；再制作树状图，将"产品名称"与"销售数量"字段分别拖放到"可视化"窗格的"组"文本框与"值"文本框；再制作饼状图，将"可视化"窗格的"图例"设置为"产品类别"，值为"销售利润"。结果如图13-26所示。

4）门店城市分析

切换到"门店城市分析"报表页，制作出如图13-27所示的视觉对象。首先，制作卡片图，分别呈现销售额、销售利润、销售数量的数据；其次，制作簇状柱形图，"可视化"窗格下"轴"为"门店城市"，"图例"为"品牌名称"，值为"销售利润"；最后，分别根据需要进行格式设置。

5）年度分析

切换到"年度分析"报表页，制作需要的视觉对象并设置格式。制作切片器，字段为月；制作分区图，将"可视化"窗格的"轴"设置为"门店城市"，"图例"设置为"产品类别"，"值"设置为"销售利润"，并进行格式设置。结果如图13-28所示。

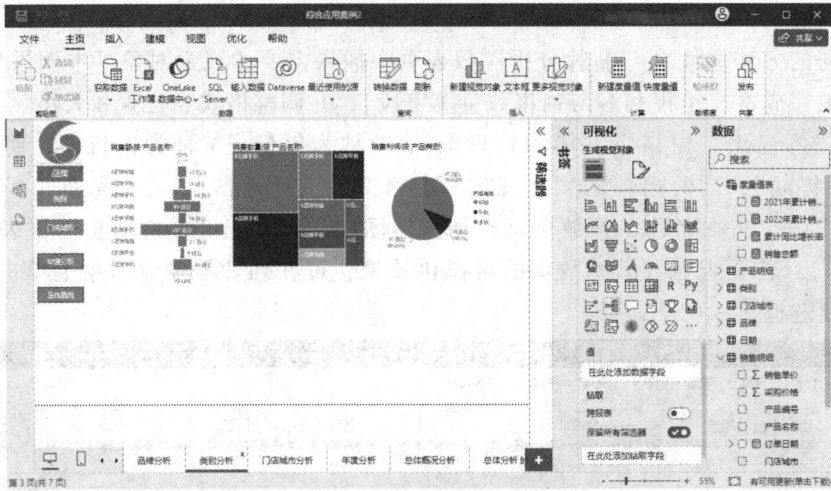

图 13-26　"类别分析"可视化报表页

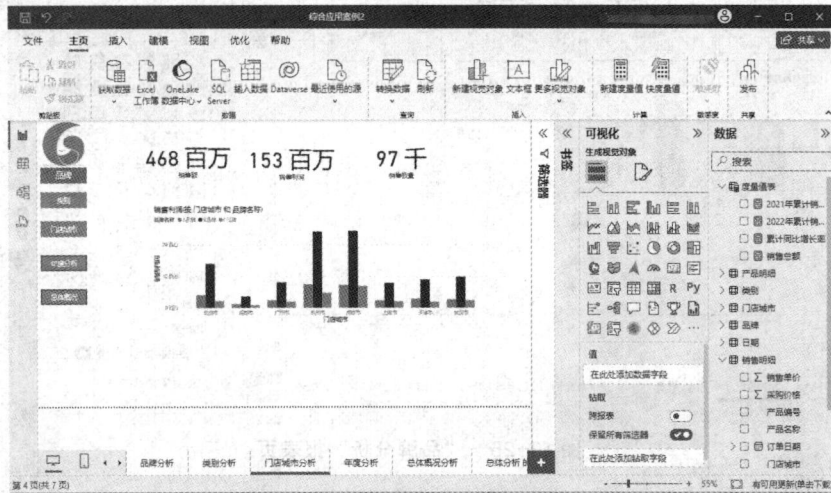

图 13-27　门店城市分析可视化报表页

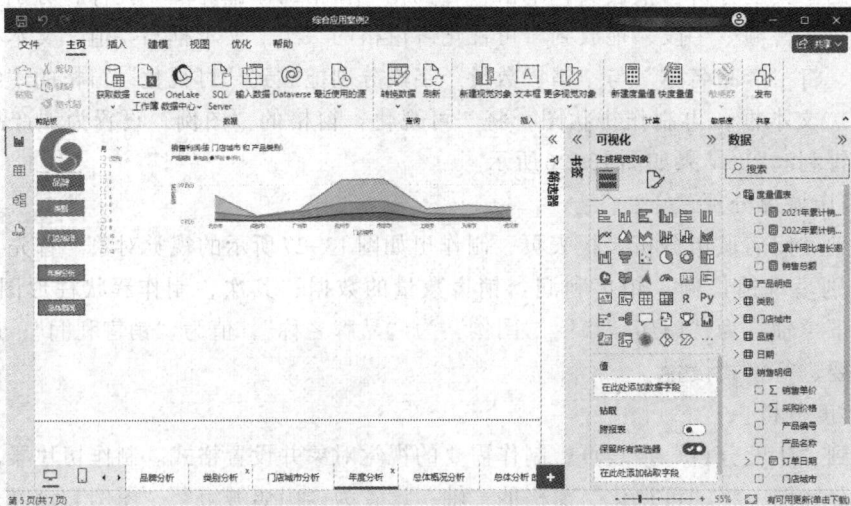

图 13-28　"年度分析"可视化报表页

6）制作总体概况分析视觉对象

制作表格并设置样式。切换至"总体概况分析"报表页后，在"可视化"窗格中单击"矩阵"视觉对象，在"字段"窗格中勾选需要可视化的日期字段和度量值，切换至"可视化"窗格的"格式"选项卡，在"样式"的详细界面中单击"样式"下拉列表框，在展开的列表中单击"交替行"选项（如图 13-29 所示）。继续设置矩阵视觉对象的其他格式，并调整矩阵的列宽，随后在该报表页中插入其他视觉对象并设置格式。矩阵视觉对象制作完毕后，就可以查看筛选结果。

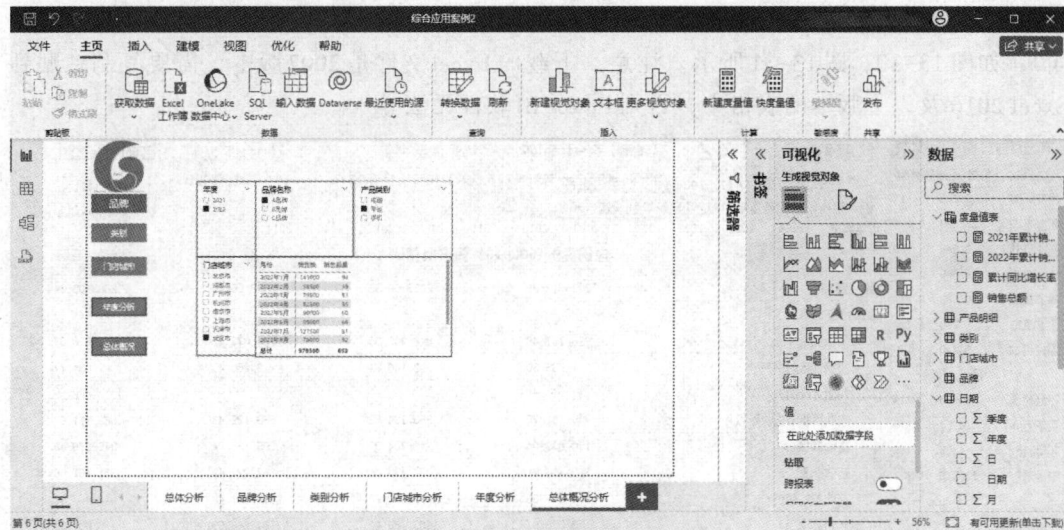

图 13-29 总体概况分析

13.2 Power BI 大数据分析在财务报表分析中的应用

13.2.1 案例概述

上市公司财务报表是生产经营各项业务的货币表现，是企业与资本市场联系的桥梁。财务报表所披露与反映的会计信息反映了企业的财务状况、经营成果与现金管理状况，具有完整、准确、及时、标准化的特征，对内是企业进行经营决策、投资决策等各类决策的主要依据；对外是投资者、债权人等利益相关方了解企业的重要信息来源，也是对该企业投资决策的依据之一。通过 BI 分析财务报表，可以使用户快速洞察财务数据背后的趋势和业务本质。本案例以包钢股份 2019—2023 年的资产负债表、利润表、现金流量表为数据源，对包钢股份利用 Power BI 进行财务报表分析和偿债能力、营运能力、盈利能力、发展能力、市场价值等五大能力的分析。首先，经过数据整理形成 Excel 文档"13.2.xlsx"；其次，通过 Power BI 进行财务报表及各种财务能力可视化分析；最后，完成操作，将分析结果另存为 13.2.pbix 文件。

13.2.2 数据获取与数据清洗

1）数据获取

打开“新浪财经”网页，注册并登录新浪财经账号（也可用新浪微博账号登录）。进入新浪财经股票页面，在“搜索”框输入包钢股份股票代码“600010”，进入到“包钢股份”股票信息页面，在左侧找到“公司公告”子数据区，点击其中的“年报”，再在左侧找到“财务数据”，单击其中的“资产负债表”，即可进入到各年“资产负债表”信息页面。在页面最底端选择下载全部数据到Excel文件中（利润表与现金流量表下载方法相同），如图13-30、图13-31所示。注意：下载的Excel文件是2007版本，需要复制粘贴到Excel 2016及以上版本的表格中，否则Power BI软件无法导入。

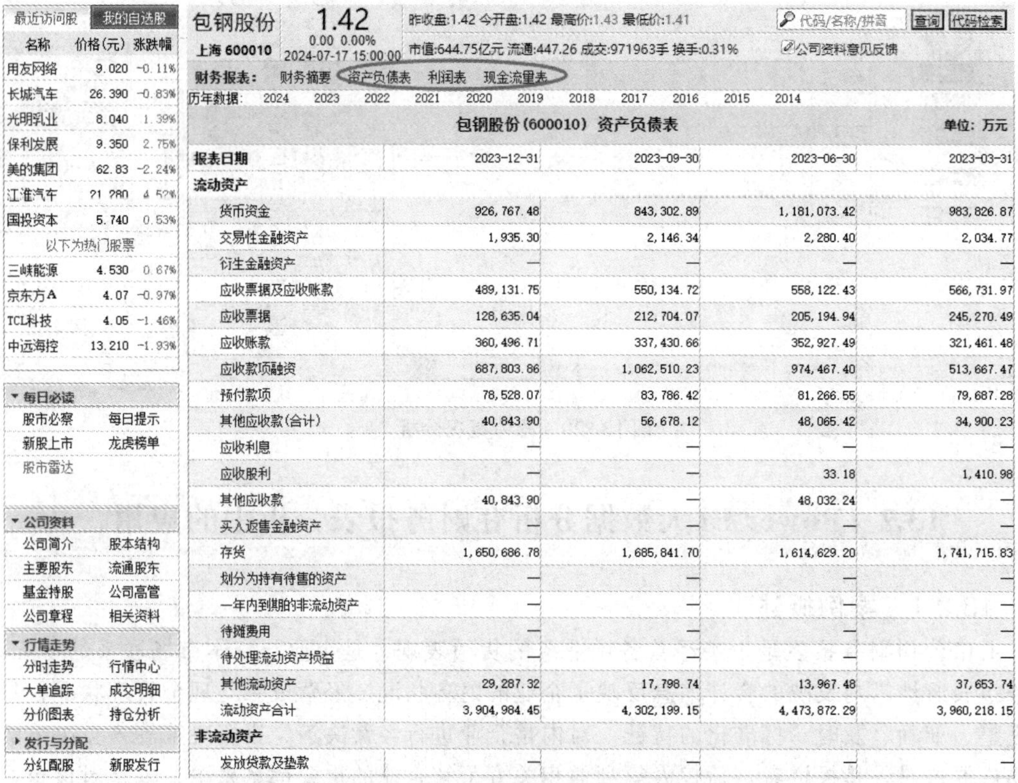

报表日期	2023-12-31	2023-09-30	2023-06-30	2023-03-31
流动资产				
货币资金	926,767.48	843,302.89	1,181,073.42	983,826.87
交易性金融资产	1,935.30	2,146.34	2,280.40	2,034.77
衍生金融资产	—	—	—	—
应收票据及应收账款	489,131.75	550,134.72	558,122.43	566,731.97
应收票据	128,635.04	212,704.07	205,194.94	245,270.49
应收账款	360,496.71	337,430.66	352,927.49	321,461.48
应收款项融资	687,803.86	1,062,510.23	974,467.40	513,667.47
预付款项	78,528.07	83,786.42	81,266.55	79,687.28
其他应收款(合计)	40,843.90	56,678.12	48,065.42	34,900.23
应收利息	—	—	—	—
应收股利	—	—	33.18	1,410.98
其他应收款	40,843.90	—	48,032.24	—
买入返售金融资产	—	—	—	—
存货	1,650,686.78	1,685,841.70	1,614,629.20	1,741,715.83
划分为持有待售的资产	—	—	—	—
一年内到期的非流动资产	—	—	—	—
待摊费用	—	—	—	—
待处理流动资产损益	—	—	—	—
其他流动资产	29,287.32	17,798.74	13,967.48	37,653.74
流动资产合计	3,904,984.45	4,302,199.15	4,473,872.29	3,960,218.15
非流动资产				
发放贷款及垫款	—	—	—	—

图13-30　新浪财经包钢股份财务报表数据界面（一部分）

2）数据整理

①依次将下载的三大报表（资产负债表、利润表和现金流量表）复制到“包钢财务报表.xlsx”文件中，新增年度、现金流量表分类、利润表索引3个维度表。分别如图13-32、图13-33、图13-34所示。

所有者权益				
实收资本(或股本)	4,540,494.22	4,540,494.22	4,540,494.22	4,558,503.26
资本公积	16,715.00	16,715.00	16,715.00	16,715.00
减：库存股	—	—	—	20,000.00
其他综合收益	1,759.00	1,030.17	533.69	801.70
专项储备	28,596.01	36,663.52	38,379.52	37,131.89
盈余公积	8,108.25	99,887.60	99,887.60	101,800.63
一般风险准备				
未分配利润	586,339.25	604,615.58	598,436.81	585,525.37
归属于母公司股东权益合计	5,182,011.73	5,299,406.10	5,294,446.84	5,280,557.94
少数股东权益	964,315.42	855,311.32	864,565.52	875,890.20
所有者权益(或股东权益)合计	6,146,327.15	6,154,717.42	6,159,012.36	6,156,448.14
负债和所有者权益(或股东权益)总计	15,177,563.68	15,355,179.03	15,464,150.82	14,866,690.76

下载全部历史数据到excel中　　　　　　　　　　　　　　　　　　　　↑返回页顶

客户服务热线：4000520066　　欢迎批评指正
常见问题解答 互联网违法和不良信息举报　新浪财经意见反馈留言板

新浪简介 | About Sina | 广告服务 | 联系我们 | 招聘信息 | 网站律师 | SINA English | 通行证注册 | 产品答疑

新浪公司　版权所有

图 13-31　包钢股份财务报表数据下载链接

	A	B
1	年度	
2	2019	
3	2020	
4	2021	
5	2022	
6	2023	
7		

图 13-32　新增的年度表

	A	B
1	CF类别1	CF类别2
2	经营活动	现金流入
3	经营活动	现金流出
4	投资活动	现金流入
5	投资活动	现金流出
6	筹资活动	现金流入
7	筹资活动	现金流出
8	其他	其他

图 13-33　新增的现金流量表分类

	A	B
1	报表项目	索引
2	一、营业总收入	1
3	营业收入	2
4	二、营业总成本	3
5	营业成本	4
6	营业税金及附加	5
7	销售费用	6
8	管理费用	7
9	财务费用	8
10	研发费用	9
11	资产减值损失	10
12	公允价值变动收益	11
13	投资收益	12
14	其中:对联营企业和合营企业的投资收益	13
15	汇兑收益	14
16	三、营业利润	15
17	加:营业外收入	16
18	减：营业外支出	17
19	其中：非流动资产处置损失	18
20	四、利润总额	19
21	减：所得税费用	20
22	五、净利润	21
23	归属于母公司所有者的净利润	22
24	少数股东损益	23
25	六、每股收益	24
26	基本每股收益(元/股)	25
27	稀释每股收益(元/股)	26
28	七、其他综合收益	27

图 13-34　新增的利润表索引

②整理资产负债表

第一步，资产负债表只保留5年数据（2019—2023年），即只保留每年12月31日这一列日期的数据，字段标题改为年。

第二步，资产负债表中除了流动资产合计、非流动资产合计、资产合计、流动负债合计、非流动负债合计、负债合计、所有者权益（或股东权益）合计这七项不能删除，其他末级报表项目合计项需要删除。

第三步，资产负债表工作表中新增两列：BS类别1和BS类别2。整理后的资产负债表如图13-35所示。特别提醒有时在互联网上下载的资产负债表明细科目有缺失，导致资产加负债不等于所有者权益，因此有时需要在更为严谨的财经网站上下载上市公司财务数据（如巨潮网、东方财富网choice数据终端）。

	A	B	C	D	E	F	G	H
1	BS类别1	BS类别2	报表项目	2023	2022	2021	2020	2019
2	资产	流动资产	货币资金	9267674799	11140722719	11144705140	8713760858	11770918572
3	资产	流动资产	交易性金融资产	19352950	16259250	15968500	15514900	12170844.31
4	资产	流动资产	衍生金融资产	0	0	0	0	0
5	资产	流动资产	应收票据及应收账款	4891317452	4468771363	5670771554	4993574598	3895597732
6	资产	流动资产	应收票据	1286350390	1632338895	3299705530	1760861919	771423919.6
7	资产	流动资产	应收账款	3604967062	2836432468	2371066025	3232712680	3124173812
8	资产	流动资产	应收款项融资	6878038610	3606704071	3755660812	5224033902	2922979975
9	资产	流动资产	预付款项	785280688.1	856569821.5	712039308	876543139.2	921630027.8
10	资产	流动资产	其他应收款(合计)	408438996.4	396580415.5	303548277.3	391268630.6	379186020
11	资产	流动资产	应收利息	0	0	0	0	0
12	资产	流动资产	应收股利	0	14109793.96	6250000	0	0
13	资产	流动资产	其他应收款	408438996.4	382470621.5	297298277.3	391268630.6	379186020
14	资产	流动资产	买入返售金融资产	0	0	0	0	0
15	资产	流动资产	存货	16506867799	17418133448	19452400016	18506274159	19856341561
16	资产	流动资产	划分为持有待售的资产	0	0	0	0	0
17	资产	流动资产	一年内到期的非流动资产	0	0	0	0	0
18	资产	流动资产	待摊费用	0	0	0	0	0
19	资产	流动资产	待处理流动资产损益	0	0	0	0	0
20	资产	流动资产	其他流动资产	2928731614	3780257065	5583975991	417498042.2	1560296401
21			流动资产合计	39049844456	38281766794	41613491207	39138468230	41319121132
22	资产	非流动资产	发放贷款及垫款	0	0	0	0	0
23	资产	非流动资产	可供出售金融资产	0	0	0	0	0
24	资产	非流动资产	持有至到期投资	0	0	0	0	0
25	资产	非流动资产	长期应收款	0	0	0	0	0
26	资产	非流动资产	长期股权投资	1308622785	1212775368	1360565670	1224800603	1132485274
27	资产	非流动资产	投资性房地产	0	0	0	0	0
28	资产	非流动资产	在建工程	1206793629	1575609976	1046030571	5112073104	3800759796

图13-35　整理后的资产负债表

③整理利润表和现金流量表。用同样的方法操作，均只保留5年数据（2019—2023年），在现金流量表中添加"CF类别1""CF类别2"两列。整理后的利润表和现金流量表分别如图13-36和图13-37所示。

3）导入数据

将整理好的"包钢财务报表.xlsx"导入Power BI Desktop，由于日期列展示形式为二维表，需要转换为一维表。选择"转换数据"，在Power Query界面选中前三列即"BS类别1""BS类别2""报表项目"列，对其他列逆透视，结果如图13-38所示。对利润表和现金流量表进行类似操作，附注后的内容行需要删除。

4）建立合并查询

将逆透视后的利润表和利润表索引建立合并查询，便于在利润表数据可视化时仍然按照利润表顺序显示，合并查询后的利润表如图13-39所示。

报表项目	2023	2022	2021	2020	2019
一、营业总收入	70565388599	72171753911	86183145818	59266130291	63397466567
营业收入	70565388599	72171753911	86183145818	59266130291	63397466567
二、营业总成本	69596544409	72379527083	82052997252	58500094854	62172855721
营业成本	63707515991	66590945800	76545813981	53537557549	55243777884
营业税金及附加	1513507844	1405077264	983269387.2	596770302.6	742105391.4
销售费用	258459658.9	221814945.8	275245940.4	244733210.8	2424077238
管理费用	1699015813	1963420933	1794199869	1564654318	1357909048
财务费用	1995948456	1935705241	2130985927	2490377141	2345757784
研发费用	422096645.7	262562898.8	323482147.4	66002332.67	59228375.12
资产减值损失	0	0	0	0	0
公允价值变动收益	3093700	290750	453600	3344055.69	-6062903.6
投资收益	63028866.26	-238842389.6	49527522.72	102761154.7	111292030.5
其中:对联营企业和合营企业的投资收益	-71234979.34	-277661424.6	36179261.29	86321216.29	110182918.9
汇兑收益	0	0	0	0	0
三、营业利润	508703592.9	-1014564254	3785593213	765145063	1377218415
加：营业外收入	48975781.45	22430144.36	22350798.62	6499961.82	46682871.16
减：营业外支出	137418984.4	230732124.8	118277609.4	90840982.28	33763600.45
其中：非流动资产处置损失	0	0	0	0	0
四、利润总额	420260389.9	-1222866235	3689666402	680804042.5	1390137685
减：所得税费用	390656149.3	222074303.2	522101288.3	19143809.14	496069901.4
五、净利润	29604240.56	-1444940538	3167565114	661660233.4	894067783.9
归属于母公司所有者的净利润	515270562.5	-7299567716	2866448328	405957990	667930745
少数股东损益	-485666322	-714983766.5	301116785.8	255702243.4	226137038.9
六、每股收益					
基本每股收益(元/股)	0.0113	-0.0161	0.0631	0.0089	0.012
稀释每股收益(元/股)	0.0113	-0.0161	0.0631	0.0089	0.012
七、其他综合收益	12287900.75	6241135.75	-426235.65	-1333706.3	349330.27

图 13-36　整理后的利润表

CF类别1	CF类别2	报表项目	2023	2022	2021	2020	2019
经营活动	现金流入	销售商品、提供劳务收到的现金	61005416238	64426942426	72204777222	55657739852	58861545371
经营活动	现金流入	收到的税费返还	20379937.98	495465149.7	14897198.51	1048566010	65112969.66
经营活动	现金流入	收到的其他与经营活动有关的现金	1524904548	1031133149	756598735.9	1032856082	422085926.9
其他	其他	经营活动现金流入小计	62550700724	65953540724	72976273156	57739161944	59348744267
经营活动	现金流出	购买商品、接受劳务支付的现金	53053400749	54429459257	52992633237	46793599864	51516477082
经营活动	现金流出	支付给职工以及为职工支付的现金	5636278024	5483069658	5333361922	4139771943	4234955304
经营活动	现金流出	支付的各项税费	3827393109	2730555369	2766970080	1876097144	3380571893
经营活动	现金流出	支付的其他与经营活动有关的现金	1022253237	1243598920	908877705.3	1056184841	603569249.4
其他	其他	经营活动现金流出小计	63539334120	63886683204	62001842945	53865653791	59735573528
其他	其他	经营活动产生的现金流量净额	-988633396	2066857520	10974430211	3873508153	-386829260.8
投资活动	现金流入	收回投资所收到的现金	1787803.25	300000000	0	0	11694190.72
投资活动	现金流入	取得投资收益所收到的现金	17127397.14	5233904.17	1760070.7	22039008.35	0
投资活动	现金流入	处置固定资产、无形资产和其他长期资产所收回的现金净额	301074.59	4348760.5	20672	774215.1	67930.91
投资活动	现金流入	处置子公司及其他营业单位所收回的现金净额	0	0	0	0	1433781.07
投资活动	现金流入	收到的其他与投资活动有关的现金	0	3346542.52	173064.49	0	0
其他	其他	投资活动现金流入小计	19216274.98	312929207.2	1953807.19	22813223.45	13195902.7
投资活动	现金流出	购建固定资产、无形资产和其他长期资产所支付的现金	1756215975	977238014.3	9499220047.8	1095963283	1960194996
投资活动	现金流出	投资所支付的现金	470100000	871934425.8	115433801.2	0	4032060
投资活动	现金流出	取得子公司及其他营业单位支付的现金净额	0	0	0	0	0
投资活动	现金流出	支付的其他与投资活动有关的现金	4502913.56	0	11339259	0	0
其他	其他	投资活动现金流出小计	2230818888	1849172440	1076693108	1095963283	1964227056
其他	其他	投资活动产生的现金流量净额	-2211602613	-1536243233	-1074739301	-1073150060	-1951031153
筹资活动	现金流入	吸收投资收到的现金	23653394.72	49000000	73300000	388011.36	5915000000
其他	其他	其中：子公司吸收少数股东投资收到的现金	23653394.72	49000000	73300000	0	5915000000
筹资活动	现金流入	取得借款收到的现金	20099549380	22139000000	21612200000	28200834000	33570250000
筹资活动	现金流入	发行债券收到的现金	1993500000	2123906417	0	0	0
筹资活动	现金流入	收到其他与筹资活动有关的现金	16171802350	17515103241	15285021300	10915605296	10695638365

图 13-37　整理后的现金流量表

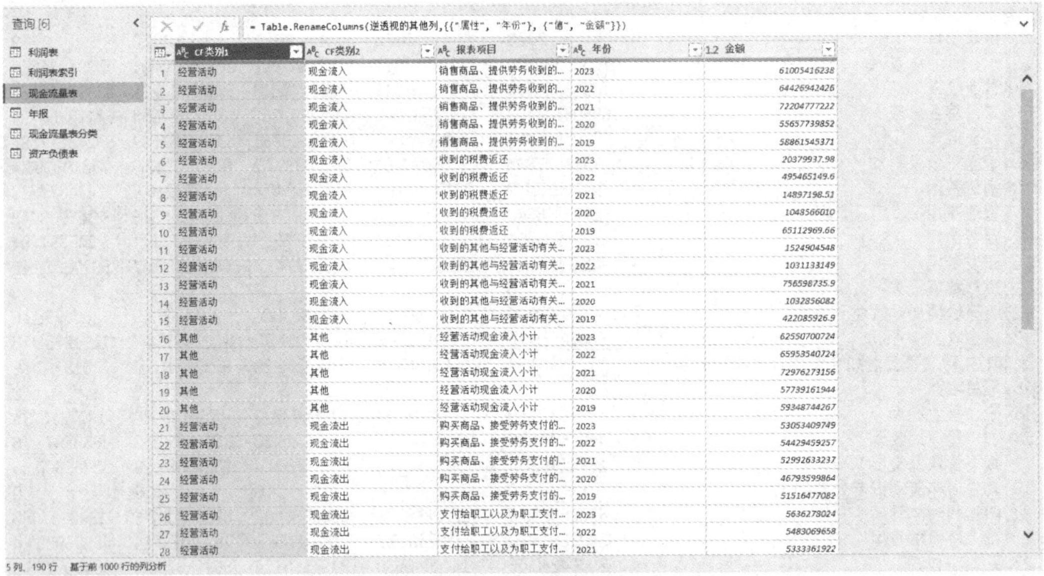

图13-38　对日期列逆透视后的结果

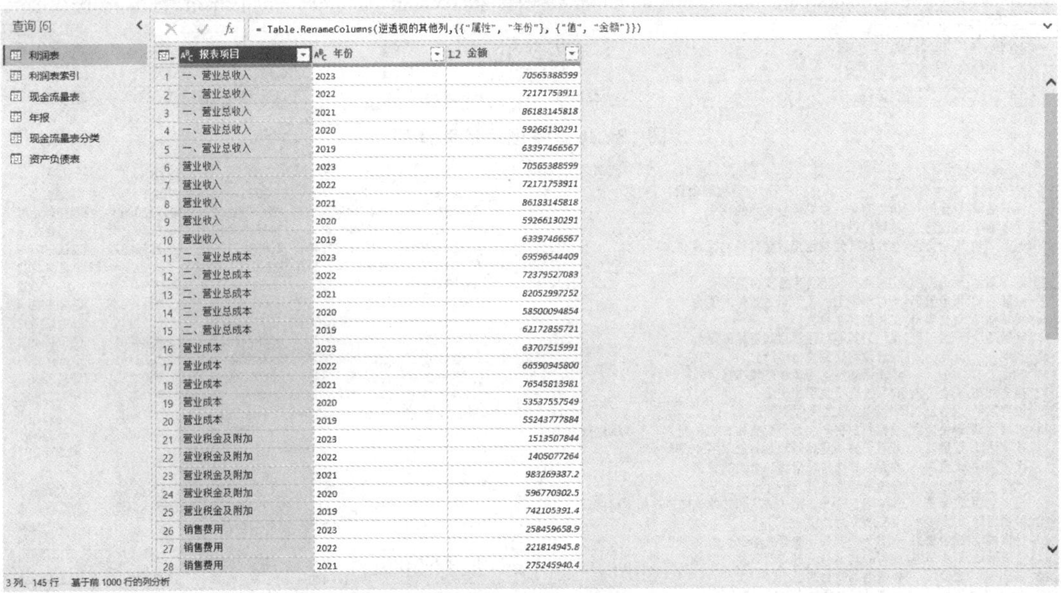

图13-39　合并查询后的利润表

13.2.3　数据建模

加载数据，进入数据建模阶段。隐藏利润表索引，切换到"关系视图"，将各维度表与三大财务报表明细表分别构建一对多的关系，如图13-40所示。

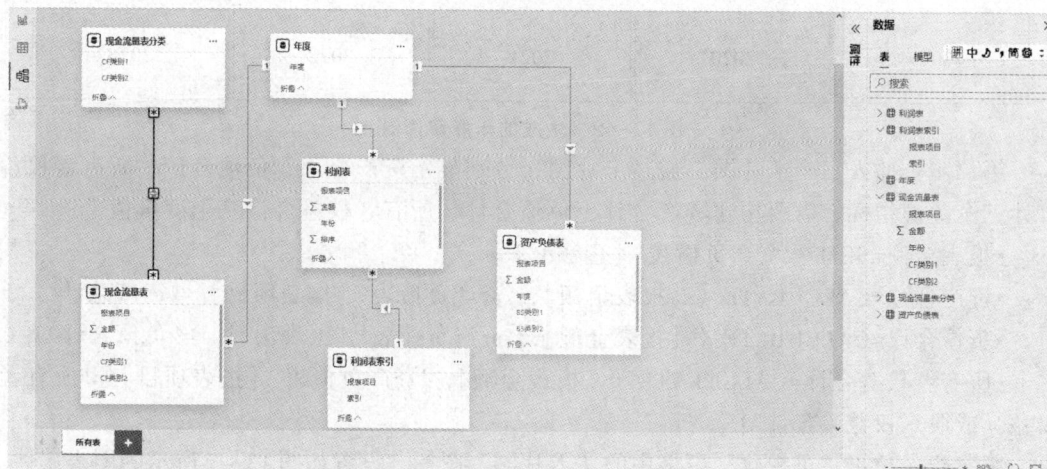

图13-40 构建数据表之间的关系模型

13.2.4 资产负债表可视化分析

资产负债表反映企业在特定会计时点的财务状况，即资产、负债及所有者权益的状况，可以体现资产、负债、所有者权益的合计数与构成比例关系；同时，连续多年的资产负债表数据可以反映企业资产、负债、所有者权益变化的趋势。用Power BI进行资产负债表可视化分析时，需要注意会计的恒等式：资产=负债+所有者权益。资产负债表可视化分析总览如图13-41所示。

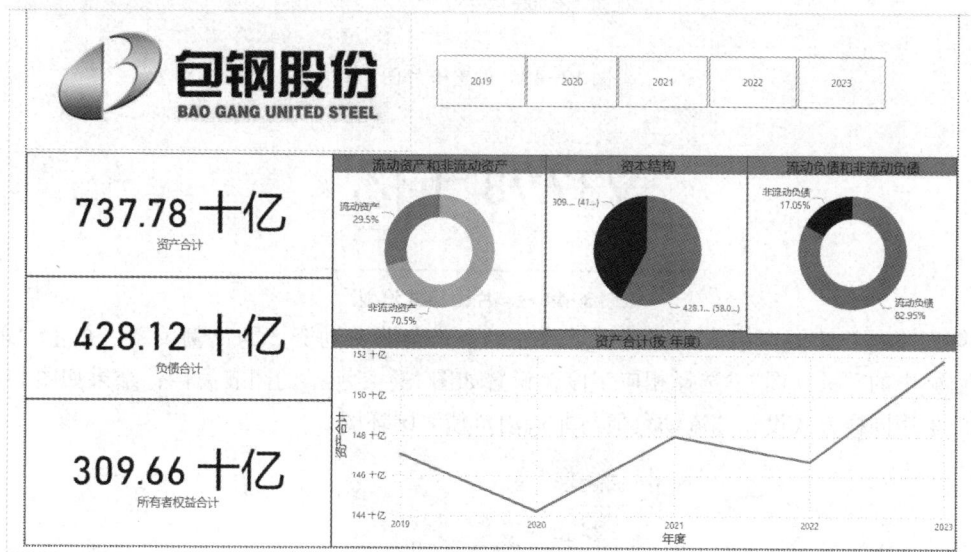

图13-41 资产负债表可视化分析总览

可以看出，包钢股份2019—2023年的总资产持续增长，尤其是2020年、2022年两年增幅较大，负债率偏高。

实施资产负债表可视化分析的操作步骤如下：

第一步：切换到"报表视图"，单击"可视化"窗格下的"切片器"图标，字段选择"年度"，切片器格式下"视觉对象"的设置方向为"磁贴"，生成的切片器如图13-42所示。

2019	2020	2021	2022	2023

图 13-42　生成的年度切片器

第二步：插入三个卡片图。通过卡片图，分别显示资产合计、负债合计、所有者权益合计三个关键指标，需要构建资产合计、负债合计、所有者权益合计三个度量值。

- 报表金额=SUM（'资产负债表'［金额］）
- 资产合计=CALCULATE（［报表金额］，'资产负债表'［报表项目］="资产总计"）
- 负债合计=CALCULATE（［报表金额］，'资产负债表'［报表项目］="负债合计"）
- 所有者权益合计=CALCULATE（［报表金额］，'资产负债表'［报表项目］="所有者权益（或股东权益）合计"）

第三步：单击"可视化"窗格中的"卡片图"图标，设置如图 13-43 所示的图表属性。生成的卡片图如图 13-44 所示。以同样方式设置负债合计和所有者权益合计这两个卡片图。

字段

| 资产合计 | ∨ × |

钻取

跨报表　　　　　　　●

保留所有筛选器　　　✓●

在此处添加钻取字段

图 13-43　设置卡片图

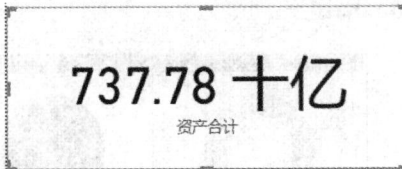

737.78 十亿
资产合计

图 13-44　卡片图格式设置

第四步：构建资产结构圆环图，反映流动资产与非流动资产的比例关系。单击"可视化"窗格中的"圆环图"，选择相应字段，设置如图 13-45 所示的图表属性，结果如图 13-46 所示。采用同样方式设置"流动负债与非流动负债"圆环图。

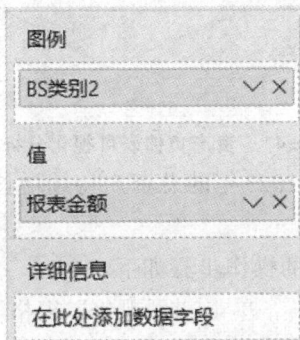

图例

| BS类别2 | ∨ × |

值

| 报表金额 | ∨ × |

详细信息

在此处添加数据字段

图 13-45　设置圆环图属性

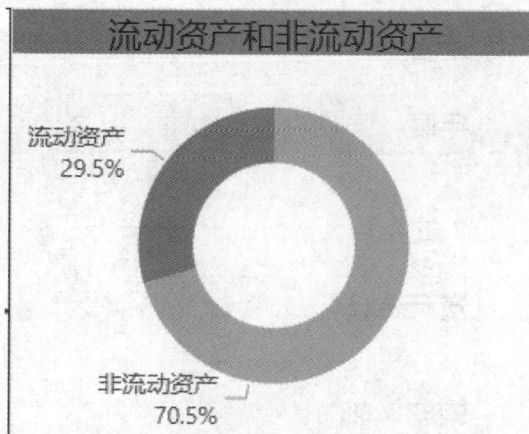

图 13-46　流动资产与非流动资产圆环图

第五步：插入饼图，反映资本结构负债与所有者权益的比例关系。单击"可视化"窗格下的"饼图"，选择相应字段，设置如图 13-47 所示的图表属性，结果如图 13-48 所示。

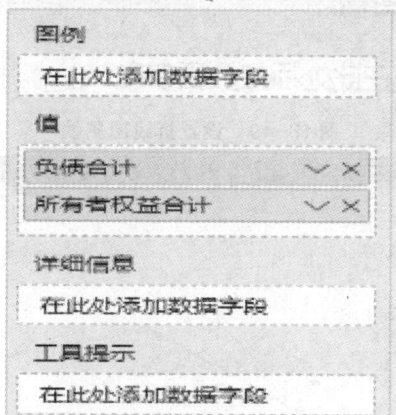

图 13-47　设置饼图属性

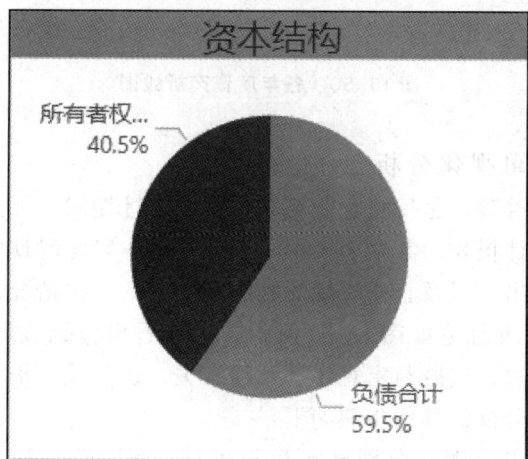

图 13-48　负债与所有者权益饼图

第六步：插入折线图，反映不同年度总资产的变化趋势。单击"可视化"窗格下的"折线图"，选择相应字段，设置如图 13-49 所示的图表属性，结果如图 13-50 所示。

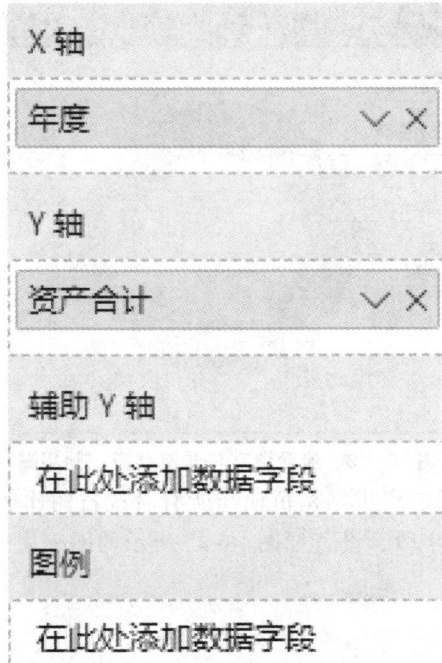

图 13-49　设置折线图属性

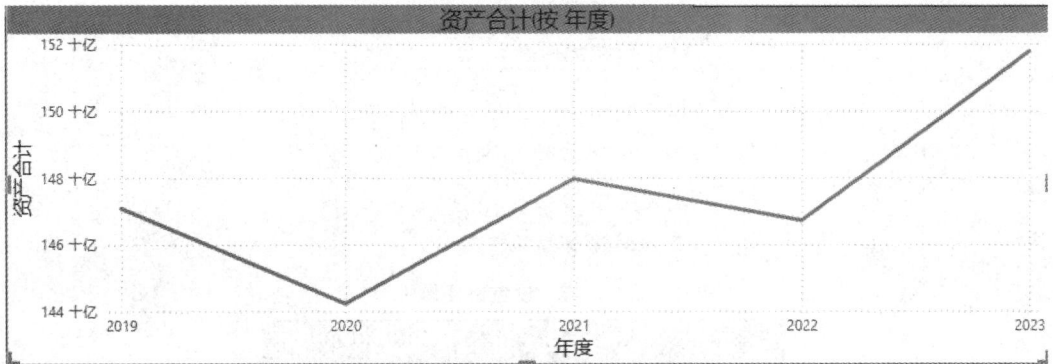

图 13-50　各年度资产折线图

13.2.5　利润表可视化分析

利润表也被称为损益表，是反映企业在某一特定会计期间（如月度、季度、半年度或年度）的经营成果的会计报表，其全面揭示了企业在某一特定时期实现的各种收入、发生的各种费用、成本或支出，以及企业实现的利润或发生的亏损情况，可以为考核经营效益和效果提供依据。利润表总览如图 13-51 所示，可以看出包钢股份 2019—2023 年的营业收入和利润增长较为缓慢，这既与宏观经济调控有关，也与受到消费需求的影响有关。

实施利润表可视化分析的操作步骤如下：

第一步：建立 3 个卡片图，分别显示营业利润、利润总额和净利润 3 个关键指标数据。新建营业利润、利润总额和净利润三个度量值。

•营业利润=CALCULATE（SUM（'利润表'［金额］），'利润表'［报表项目］"三、营业利润"）

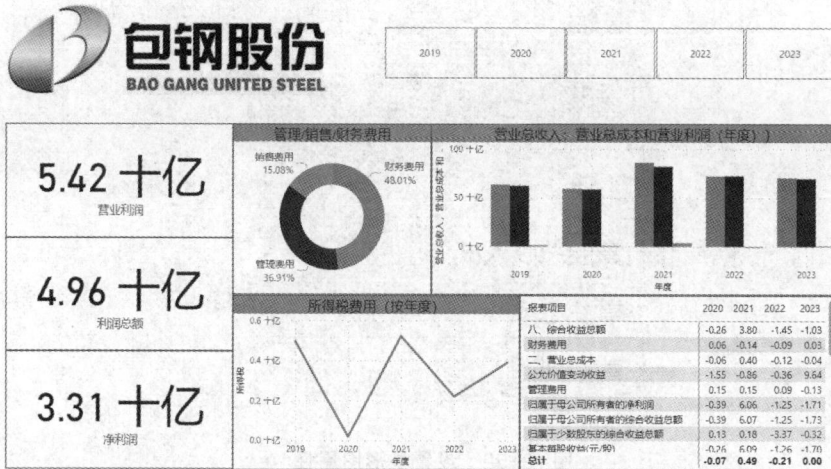

图 13-51　利润表总览

•利润总额=CALCULATE（SUM（'利润表'［金额］），'利润表'［报表项目］"四、利润总额"）

•净利润=CALCULATE（SUM（'利润表'［金额］），'利润表'［报表项目］="五、净利润"）

第二步：插入 3 个圆环图，显示管理费用、销售费用、财务费用三大期间费用的占比关系。需要新建管理费用、销售费用、财务费用三个度量值，具体公式如下：

•管理费用=CALCULATE（SUM（'利润表'［金额］），'利润表'［报表项目］="管理费用"）

•销售费用=CALCULATE（SUM（'利润表'［金额］），'利润表'［报表项目］="销售费用"）

•财务费用=CALCULATE（SUM（'利润表'［金额］），'利润表'［报表项目］="财务费用"）

第三步：插入折线图，反映不同年度所得税费用的变化趋势。需要新建所得税度量值。

所得税=CALCULATE（SUM（'利润表'［金额］），'利润表'［报表项目］="减：所得税费用"）

注意："'利润表'［报表项目］="减：所得税费用""中的冒号是中文输入法状态。

第四步：插入簇状柱形图，反映不同年度营业收入、营业成本、营业利润的增减变化趋势。需要新建如下度量值：

•营业总收入=CALCULATE（SUM（'利润表'［金额］），'利润表'［报表项目］="一、营业总收入"）

•营业总成本=CALCULATE（SUM（'利润表'［金额］），'利润表'［报表项目］="二、营业总成本"）

单击"可视化"窗格下的"簇状柱形图"，选择相应字段，设置如图 13-52 所示的图表属性，结果如图 13-53 所示。

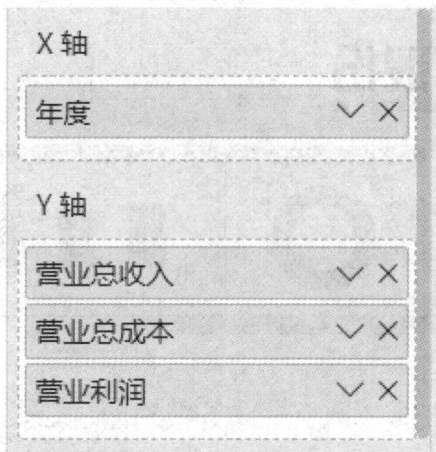

图13-52　设置柱形图属性

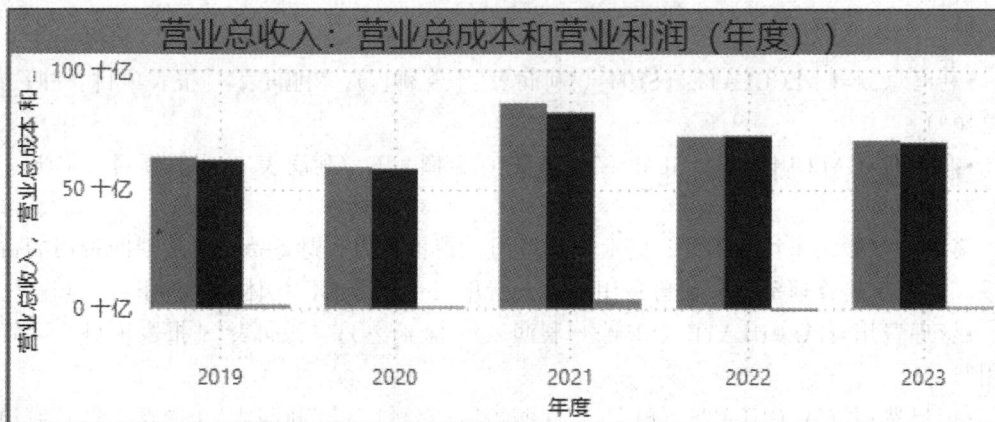

图13-53　簇状柱形图

第五步：插入矩阵，反映利润表各报表项目的同比情况，新建如下度量值：

•去年金额=VAR LastYear=

SELECTEDVALUE（'利润表'［年度］）-1

RETURN

CALCULATE（SUM（'利润表'［金额］），［利润表年度］=LastYear）

•利润表同比=if（SELECTEDVALUE（'利润表'［年度］）>2015，DIVIDE（SUM（'利润表'［金额］）-［去年金额］，［去年金额］））

单击"可视化"窗格下的"矩阵"，选择相应字段，设置如图13-54所示的图表属性结果如图13-55所示。

13.2.6　现金流量表可视化分析

现金流量表是反映企业在某一时期内经营活动、投资活动和筹资活动对其现金及现金等价物所产生影响的财务报表。现金流量表的主要作用是反映公司的短期生存能力，特别是缴付账单的能力。现金流量表可视化分析总览如图13-56所示，可以看出，经营活动现金净流量占比最大，2020—2021年现金流量增长较快，从2021年开始逐步下降。

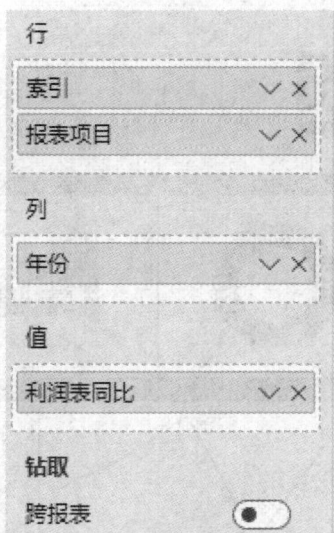

图 13-54　设置矩阵属性

索引		2020	2021	2022	2023
⊟ 1		-0.07	0.45	-0.16	-0.02
	一、营业总收入	-0.07	0.45	-0.16	-0.02
⊟ 2		-0.07	0.45	-0.16	-0.02
	营业收入	-0.07	0.45	-0.16	-0.02
⊟ 3		-0.06	0.40	-0.12	-0.04
	二、营业总成本	-0.06	0.40	-0.12	-0.04
⊟ 4		-0.03	0.43	-0.13	-0.04
	营业成本	-0.03	0.43	-0.13	-0.04
⊟ 5		-0.20	0.65	0.43	0.08
	营业税金及附加	-0.20	0.65	0.43	0.08
⊟ 6		-0.90	0.12	-0.19	0.17
	销售费用	-0.90	0.12	-0.19	0.17
⊟ 7		0.15	0.15	0.09	-0.13
	管理费用	0.15	0.15	0.09	-0.13
⊟ 8		0.06	-0.14	-0.09	0.03
	财务费用	0.06	-0.14	-0.09	0.03
⊟ 9		0.11	3.90	-0.19	0.61
	研发费用	0.11	3.90	-0.19	0.61
⊟ 11		-1.55	-0.86	-0.36	9.64
	公允价值变动收益	-1.55	-0.86	-0.36	9.64
⊟ 12		-0.08	-0.52	-5.82	-1.26
	投资收益	-0.08	-0.52	-5.82	-1.26
⊞ 13		-0.22	-0.58	-8.67	-0.74
⊟ 15		-0.44	3.95	-1.27	-1.50
	三、营业利润	-0.44	3.95	-1.27	-1.50
⊟ 16		-0.86	2.44	0.00	1.18
	加:营业外收入	-0.86	2.44	0.00	1.18
⊟ 17		1.69	0.30	0.95	-0.40
	减：营业外支出	1.69	0.30	0.95	-0.40
⊟ 19		-0.51	4.42	-1.33	-1.34
	四、利润总额	-0.51	4.42	-1.33	-1.34
⊟ 20		-0.96	26.27	-0.57	0.76
	减：所得税费用	-0.96	26.27	-0.57	0.76
总计		-0.07	0.49	-0.21	0.00

图 13-55　矩阵

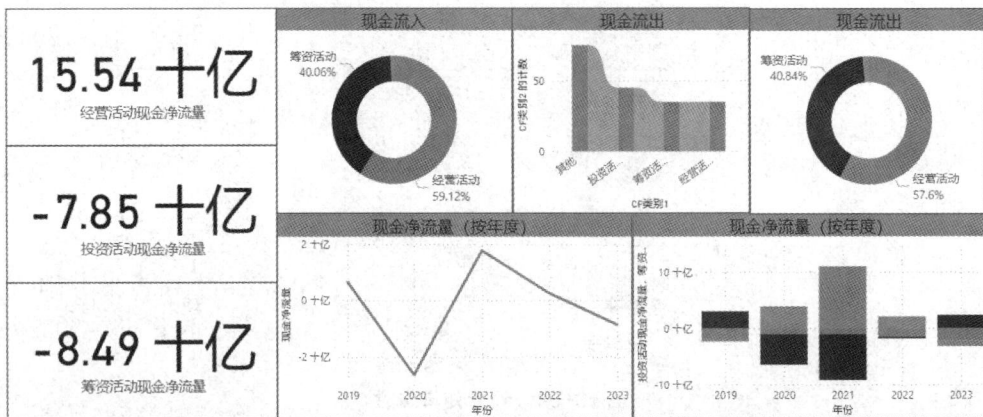

图 13-56 现金流量表可视化分析总览

实施现金流量表可视化分析的操作步骤如下：

第一步：插入三个卡片图，分别显示经营活动现金净流量、投资活动现金净流量、筹资活动现金净流量。需要新建经营活动现金净流量、投资活动现金净流量、筹资活动现金净流量三个度量值：

•经营活动现金净流量=CALCULATE（SUM（'现金流量表'［金额］），现金流量表［报表项目］="经营活动产生的现金流量净额"）

•投资活动现金净流量=CALCULATE（SUM（'现金流量表'［金额］），现金流量表［报表项目］="投资活动产生的现金流量净额"）

•筹资活动现金净流量=CALCULATE（SUM（'现金流量表'［金额］），现金流量表［报表项目］="筹资活动产生的现金流量净额"）

第二步：插入圆环图，显示不同活动的现金流入、现金流出状况。需要新建现金流入、现金流出两个度量值：

•现金流入=CALCULATE（SUM（'现金流量表'［金额］），'现金流量表'［CF类别2］="现金流入"）

•现金流出=CALCULATE（SUM（'现金流量表'［金额］），'现金流量表'［CF类别2］="现金流出"）

第三步：插入折线图，反映不同年度现金净流量的变化趋势。需要新建现金净流量度量值：

现金净流量=CALCULATE（SUM（'现金流量表'［金额］），'现金流量表'［报表项目］="五、现金及现金等价物净增加额"）

第四步：插入簇状柱形图，反映不同年度经营活动、投资活动、筹资活动现金净流量的增减变化趋势。插入簇状柱形图的操作在此不再赘述。

第五步：插入桑基图，反映经营活动、投资活动、筹资活动的现金流入和现金流出的对比变化，桑基图往往用来反映流入流出的流量变化。需要新建如下度量值：

项目金额=SUM（'现金流量表'［金额］）

单击"可视化"窗格下的"桑基图"，选择相应字段，设置如图 13-57 所示的图表属性，结果如图 13-58 所示。

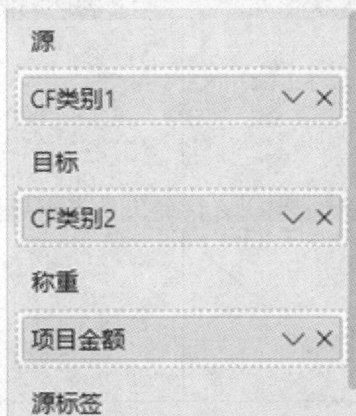

图 13-57   设置桑基图属性

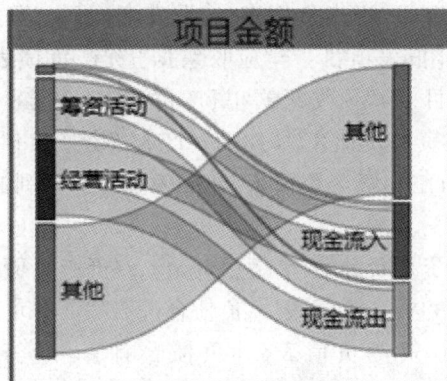

图 13-58   桑基图

13.2.7   偿债能力可视化分析

偿债能力分析反映企业短期偿债能力与长期偿债能力的情况，是检验企业生存和发展的关键指标。偿债能力可视化分析总览如图 13-59 所示，可以看出，包钢股份流动比率不足 1，速动比率远小于 2，说明企业短期偿债能力较差，资产负债率为 58.03%，表示长期偿债能力尚可接受。

实施偿债能力可视化分析的操作步骤如下：

第一步：插入 6 个卡片图。左边 3 个反映流动比率、速动比率、现金比率等短期偿债能力指标，右边 3 个反映资产负债率、产权比率、权益乘数等长期偿债能力指标。需要新建如下度量值：

• 流动资产合计=CALCULATE（报表金额 1，'资产负债表'［报表项目］="流动资产合计"）

• 流动比率=DIVIDE（'资产负债表'［流动资产合计］，'资产负债表'［流动负债合计］）

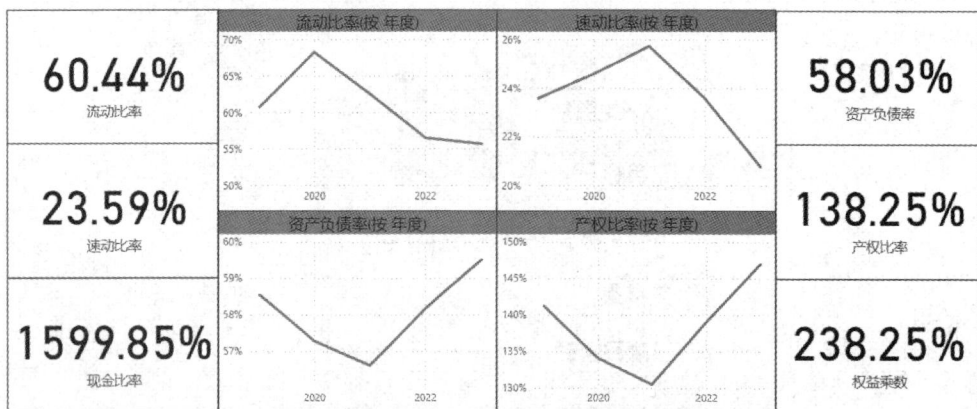

图13-59　偿债能力可视化分析总览

•速动资产=CALCULATE（'资产负债表'［报表金额］，'资产负债表'［报表项目］=
"货币资金"|'资产负债表'［报表项目］="应收票据"|'资产负债表'［报表项目］="应收账
款"|'资产负债表'［报表项目］="预收账款"|'资产负债表'［报表项目］="其他应收款"）

•速动比率=DIVIDE（•资产负债表'［速动资产］，'资产负债表'［流动负债合计］）

•货币资金=CALCULATE（'资产负债表'［报表金额］，'利润表'［报表项目］="货币
资金"）

•现金比率=DIVIDE（'资产负债表'［货币资金］，'资产负债表'［流动负债合计］）

•资产负债率=DIVIDE（'资产负债表'［负债合计］，'资产负债表'［资产合计］）

•产权比率=DIVIDE（'资产负债表'［负债合计］，'资产负债表'［所有者权益
合计］）。

•权益乘数=DIVIDE（'资产负债表'［资产合计］，'资产负债表'［所有者权益合计］）

第二步：插入4个折线图，反映不同年度流动比率、现金比率、资产负债率、产权比
率的变化趋势。生成折线图的操作不再赘述。

13.2.8　营运能力可视化分析

营运能力反映了企业营运资产的效率和效益，效率指资产的周转率，效益指企业产出
与资产占用的比率。营运能力指标反映了企业的营运管理能力，某种程度上体现了经营管
理者的管理水平。营运能力可视化分析总览如图13-60所示，可以看出，该企业的总体周
转效率一般，2019—2023年各项资产周转率呈现先上升后下降趋势，未来的营运能力需
要改进与提升。

实施营运能力可视化分析的操作步骤如下：

第一步：插入6个卡片图。需要建立应收账款周转率等度量值。

•应收账款周转率=

VAR A=［营业总收入］

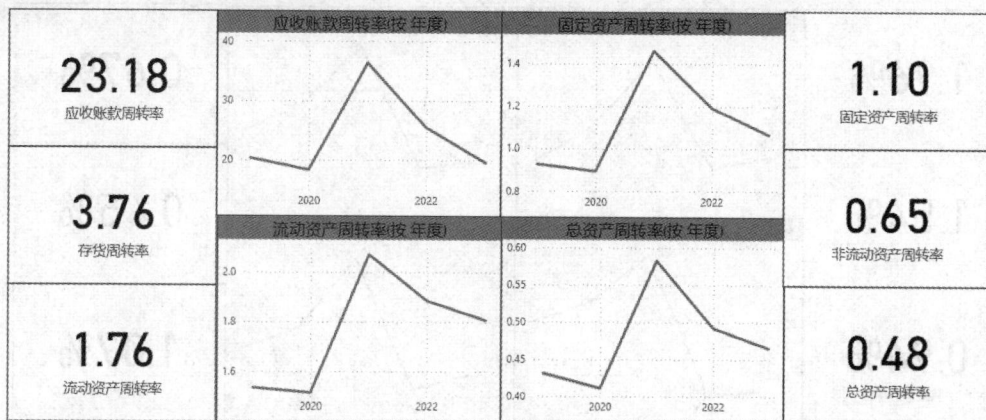

图 13-60　营运能力可视化分析总览

VAR B=CALCULATE（'资产负债表'［报表金额］，'资产负债表'［报表项目］="应收账款"）

VAR C=DIVIDE（A，B）

RETURN C

• 存货周转率=

VAR A=［营业总成本］

VAR B=CALCULATE（'资产负债表'［报表金额］，'资产负债表'［报表项目］="存货"）

VAR C=DIVIDE（A，B）

RETURN C

• 流动资产周转率=

VAR A=［营业总收入］

VAR B=CALCULATE（'资产负债表'［报表金额］，'资产负债表'［报表项目］="流动资产合计"）

VAR C=DIVIDE（A，B）

RETURN C

第二步：插入 4 个折线图，反映不同年度的应收账款周转率、流动资产周转率、固定资产周转率、总资产周转率的变化情况。折线图的操作方法与前面类似，这里不再赘述。

13.2.9　盈利能力可视化分析

盈利能力反映企业获取利润的能力，企业的核心使命就是价值创造，只有创造利润才能给投资者带来回报。盈利能力是经营者和股东最关心的问题。盈利能力可视化分析总览如图 13-61 所示，可以看出，该企业盈利能力一般。

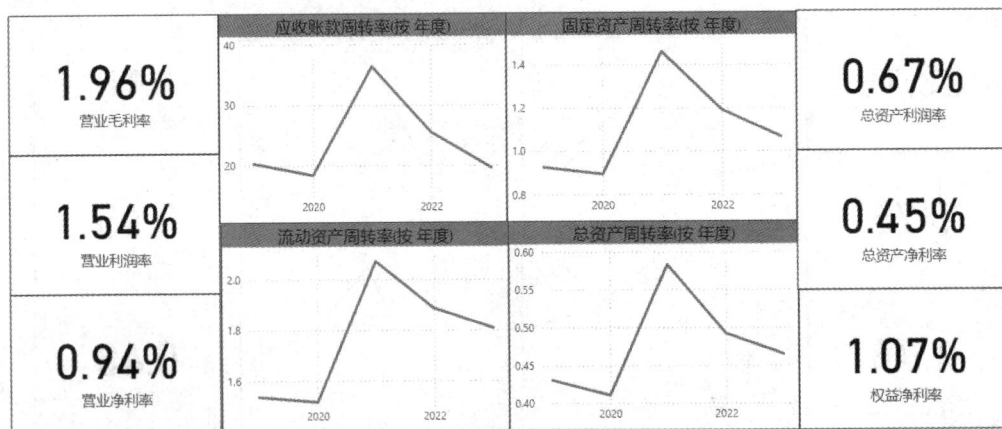

图 13-61　盈利能力可视化分析总览

实施盈利能力可视化分析的操作步骤如下：

第一步：插入 6 个卡片图，显示营业毛利率、营业利润率、营业净利率等反映企业日常营业获取利润的能力指标，同时显示总资产利润率、总资产净利率、权益净利率等反映资产和权益获取利润的能力指标。插入卡片图，需要建立如下度量值：

•营业毛利率=VAR A=［营业总收入］

VAR B=［营业总收入］−［营业总成本］

VAR C=DIVIDE（B，A）

RETURN C

•营业利润率=DIVIDE（［营业利润］，［营业总收入］）

•营业净利率=DIVIDE（［净利润］，［营业总收入］）

•总资产利润率=DIVIDE（［利润总额］，［资产合计］）

•总资产净利率=DIVIDE（［净利润］，［资产合计］）

•权益净利率=［总资产净利率］＊［权益乘数］

第二步：插入 4 个折线图，反映不同年度营业毛利率、营业净利率、总资产净利率、权益净利率等指标的变化情况。生成折线图的操作方法在此不再赘述。

13.2.10　杜邦分析法下的可视化分析

杜邦分析法以净资产收益率为核心财务指标，通过财务指标的内在联系，系统、综合地分析企业的盈利水平，具有很鲜明的层次结构，是典型的利用财务指标之间的关系对企业财务进行综合分析的方法。其基本思想是将企业净资产收益率（权益净利率）逐步分解为多项财务比率乘积。净资产收益率（=销售净利率＊资产周转率＊权益乘数）是一个综合性最强的财务分析指标，是杜邦分析法的核心。运用杜邦分析法有助于深入分析企业经营业绩，为报表分析者全面详尽了解企业的经营和盈利状况提供方便。

杜邦分析模型可视化分析总览如图 13-62 所示，可以看出，该企业总体财务状况一般，资产规模较大，盈利能力一般。

图 13-62   杜邦分析模型可视化分析总览

实施杜邦分析模型可视化分析的操作步骤如下，

第一步：插入 6 个卡片图，反映权益净利率、总资产净利率、营业净利率、总资产周转率、权益乘数、资产负债率 6 个指标的层层分解。

第二步：插入横线竖线、乘号括号等图形图像，建立指标之间的逻辑关系（如图 13-63 所示）。乘号括号等运算符中只能以图片的形式插入（图片应提前做好并保存在本地计算机）。

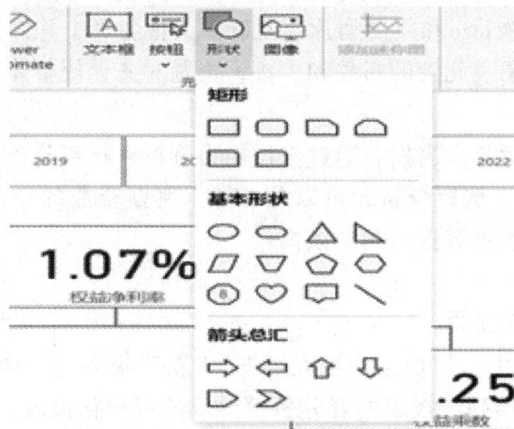

图 13-63   插入线条

第三步：插入公司 Logo。在包钢股份官网上找到其 Logo 并截图，生成图片保存在本地计算机。选择"插入"→"图像"选项，插入存放在本地的 Logo 图片，手动调整图片大小到左上角位置，如图 13-64 所示。

图 13-64　插入 logo 图片

第四步：插入年度切片器，将维度表"年度"字段拖入切片器，格式栏"可视化视图"选项下的"方向"设为"磁铁"，如图 13-65 所示。

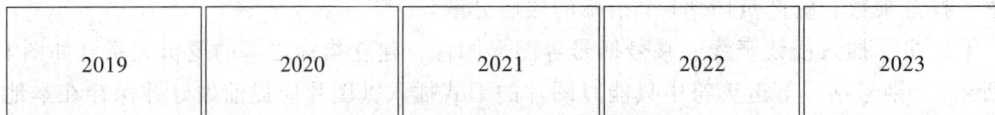

2019	2020	2021	2022	2023

图 13-65　生成的年度切片器

第五步：最后将每个 logo 和年度切片器复制到其他各页中并固定位置，按照前面课程讲到的方法，调整各个图表元素的布局和大小，位置对齐，使整体可视化效果更加齐整和美观。

本案例从财务的三大报表出发，通过三项能力分析和杜邦分析，对上市公司各项财务状况进行了全方位多维度洞察分析，可以从总体上判断企业的经营状况和未来的发展趋势，为经营决策和投资决策等提供判断依据。

13.2.11　制作导航页

在 Power BI Desktop 中，切换到"报表视图"，新建报表页，命名为"导航页"。建立导航页的目的是快速切换到经报表内容分析而形成的可视化报表，发挥类似封面的作用。操作步骤如下：

第一步：在"导航页"下，执行"插入"菜单下"元素"子功能区的"图像"，打开要插入图像的对话框，找到事先保存的"包钢股份"的 logo 图像。再次执行"插入"菜单下"元素"子功能区的"文本框"命令，输入"包钢股份财务报表可视化分析"字样，并进行字体字号设置及颜色填充。选择此文本框，将会在"格式按钮"窗格位置出现"设置文本框格式"窗格，在其下文的"效果"命令集下进行颜色填充。

第二步：在"导航页"下，执行"插入"菜单下"元素"子功能区的"按钮"命令下拉的"空白"选项，然后在"格式按钮"窗格下，在"样式"中打开"填充"选项，并选择一种深颜色进行填充，然后再打开"文本"选项，在其下的文本框内输入"资产负债表分析"几个字作为"空白"按钮的内容。

第三步：类似地，将"资产负债表分析"按钮复制六份，并按第一步中文本框内容将"资产负债表分析"分别修改为"利润表分析""现金流量表分析""偿债能力分析""营运能力分析""盈利能力分析"与"杜邦分析"。结果如图 13-66 所示。

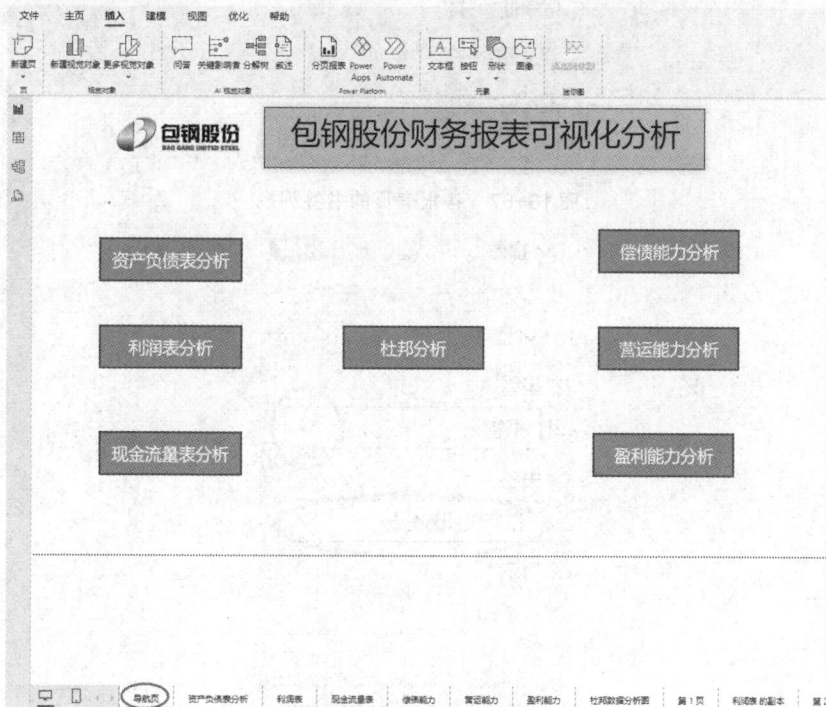

图 13-66　导航页内容

需要说明的是，不同的用户可以根据需要进行不同风格的导航页的结构设计。

第四步：单击"视图"菜单下"显示窗格"子功能区中的"书签"按钮，在"报表视图"右侧会出现"书签"窗格。然后切换到不同的报表页，分别执行"书签"窗格中的"添加"命令，并分别将新建书签重命名为"导航页""资产负债表分析""利润表分析""现金流量表分析""偿债能力分析""营运能力分析""盈利能力分析"与"杜邦分析"，如图 13-67 所示。

第五步：切换到"导航页"报表页，选择"资产负债表分析"按钮，然后在"格式按钮"窗格下打开"操作"命令，在其下面的"类型"下文本框右侧的箭头下选择"书签"，在"书签"下的文本框右侧箭头下选择"资产负债表分析"，如图 13-68 所示。这样就可以在"导航页"报表页，按住 Ctrl 并用鼠标单击"资产负债表分析"按钮，就可以进入到"资产负债表分析"报表页，并可以查看"资产负债表分析"报表页中的资产负债表可视化分析图表。

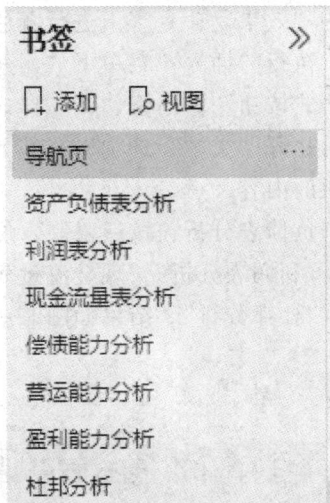

图 13-67　各报表页的书签列表

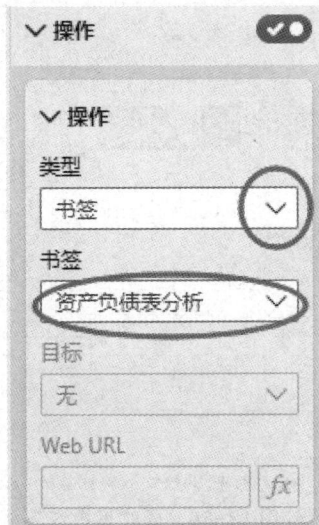

图 13-68　资产负债表分析书签属性设置

第六步：类似地可以分别设置"利润表分析""现金流量表分析""偿债能力分析""营运能力分析""盈利能力分析"与"杜邦分析"的书签属性，实现类似第五步的书签导航。

第七步：切换到"资产负债表分析"报表页，在左上角，选择"插入"菜单下"元素"子功能区的"按钮"命令下的"空白"选项，选择"空白"按钮，然后在"格式按钮"窗格下的"样式"命令集中分别打开"文本"与"填充"功能，并在"文本"功能设置文本内容为"导航页"，设置字体为白色20磅，其他选择默认设置。在"填充"功能下，选择深色的填充色。

第八步：选中"资产负债表分析"报表页左上角"导航页"按钮，再在"格式按钮"窗格打开"操作"功能，对其下的"类型"与"书签"进行属性值设置，如图 13-69 所示。

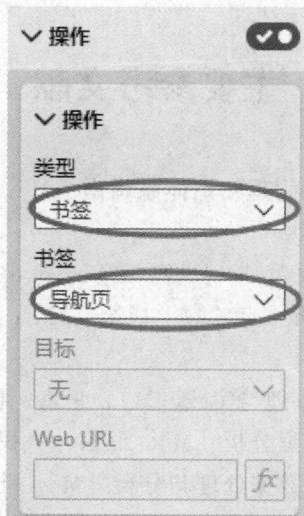

图13-69   "导航页"按钮属性设置

第九步：分别按第八步对"利润表分析""现金流量表分析""偿债能力分析""营运能力分析""盈利能力分析""杜邦分析"进行类似操作，完成书签的设置。经过本节的操作，就可以实现封面（即导航页）与各可视化分析报表页的闭环操作及自如切换（Ctrl+鼠标单击）。

【课后思考】

1.请你谈谈 Power BI 在经济管理中的应用场景。

2.请你谈谈 Power BI 从数据采集到生成可视化报表的流程。

3.请从财经网站下载某上市公司的财务报表数据并进行财务报表可视化分析。

主要参考文献

[1] DAMA国际.DAMA数据管理知识体系指南 [M].DAMA中国分会翻译组,译.北京:机械工业出版社,2020.

[2] 艾瑞斯.大数据思维与决策 [M].宫相真,译.北京:人民邮电出版社,2014.

[3] 奥尔霍斯特.大数据分析:点"数"成金 [M].王伟军,刘凯,杨光,译.北京:人民邮电出版社,2013.

[4] 陈兴蜀,葛龙.云安全原理与实践 [M].北京:机械工业出版社,2022.

[5] 胡永胜.Power BI商业数据分析 [M].北京:人民邮电出版社,2021.

[6] 黄达明,张萍.Power BI数据处理与分析 [M].北京:人民邮电出版社,2022.

[7] 黄颖.一本书读懂大数据 [M].长春:吉林出版集团有限责任公司,2014.

[8] 林子雨.大数据技术原理与应用:概念、存储、处理、分析与应用 [M].3版.北京:人民邮电出版社,2021.

[9] 孟庆娟,李刚.Power BI商业数据分析与可视化 [M].北京:人民邮电出版社,2023.

[10] 潘强,张良均.Power BI数据分析与可视化 [M].北京:人民邮电出版社,2020.

[11] 舍恩伯格,库克耶.大数据时代:生活、工作与思维的大变革 [M].盛杨燕,周涛,译.杭州:浙江人民出版社,2012.

[12] 王道平,陈华.大数据导论 [M].北京:北京大学出版社,2019.

[13] 王伟军,刘蕤,周光有.大数据分析 [M].重庆:重庆大学出版社,2017.

[14] 徐宗本,张宏云.让大数据创造大价值 [J].人民周刊,2018(15):68-69.

[15] 周奇,张纯,苏绚,等.大数据技术基础应用教程 [M].北京:清华大学出版社,2020.